"十二五"普通高

U0185150

模拟电子技术基础

第3版

西安交通大学电子学教研组 编

赵进全　杨拴科　主编

学习指导与解题指南

高等教育出版社·北京

内容简介

　　本书是作者按照《高等工业学校电子技术基础课程教学基本要求》，针对学生在学习中存在的问题和困难，结合多年的教学经验编写的。 它是作者主编的《模拟电子技术基础》（第3版）的教学参考书，章次按主教材的章次安排，包括半导体二极管及其应用、晶体管及放大电路基础、场效应晶体管及其放大电路、集成运算放大器、放大电路的频率特性、反馈和负反馈放大电路、集成运放组成的运算电路、信号检测与处理电路、信号发生器、功率放大电路、直流稳压电源等。 各章内容均包含教学要求、基本概念与分析计算的依据、基本概念自检题与典型题举例、课后习题及其解答。 书中通过典型题分析扩充了主教材中的部分内容，附录为模拟试题与西安交通大学"模拟电子技术基础"模拟考试题。

　　本书可作为本、专科生学习"模拟电子技术基础"课程的辅导教材，也可作为有关专业硕士研究生报考人员的复习参考书。

图书在版编目（CIP）数据

模拟电子技术基础（第3版）学习指导与解题指南 / 赵进全，杨拴科主编；西安交通大学电子学教研组编 . -- 北京：高等教育出版社，2021.3
　　ISBN 978-7-04-055710-7

　　Ⅰ . ①模… Ⅱ . ①赵… ②杨… ③西… Ⅲ . ①模拟电路-电子技术-高等学校-教学参考资料 Ⅳ . ①TN710

中国版本图书馆 CIP 数据核字（2021）第 030958 号

Moni Dianzi Jishu Jichu Xuexi Zhidao yu Jieti Zhinan

| 策划编辑 | 平庆庆 | 责任编辑 | 王 楠 | 封面设计 | 赵 阳 | 版式设计 | 王艳红 |
| 插图绘制 | 黄云燕 | 责任校对 | 张 薇 | 责任印制 | 韩 刚 | | |

出版发行	高等教育出版社	网　址	http://www.hep.edu.cn
社　址	北京市西城区德外大街 4 号		http://www.hep.com.cn
邮政编码	100120	网上订购	http://www.hepmall.com.cn
印　刷	运河（唐山）印务有限公司		http://www.hepmall.com
开　本	787 mm×1092 mm　1/16		http://www.hepmall.cn
印　张	22.75		
字　数	500 千字	版　次	2021 年 3 月第 1 版
购书热线	010-58581118	印　次	2021 年 3 月第 1 次印刷
咨询电话	400-810-0598	定　价	43.00 元

前　言

　　模拟电子技术基础是一门介绍电子器件、电子电路和电子技术应用方面入门性质的技术基础课程。这门课程的特点是将电路理论扩展到包含有源器件(晶体管、场效应管、集成电路等)的电子电路中,概念性、工程性和实践性都很强,难点集中在前几章,初学者因不适应而感觉"入门难、解题更难"。为了改进这种情况,我们编写了与赵进全、杨拴科主编的《模拟电子技术基础》(第 3 版)教材相配套的学习指导书,引导学生较好、较快地掌握常用的电子器件和电子电路的基本工作原理和基本分析方法。

　　本书的编写按《模拟电子技术基础》(第 3 版)教材的内容和次序,逐章编写。每章均分以下 4 个部分:

　　(1) 教学要求

　　这一部分按"熟练掌握""正确理解"和"一般了解"3 个层次给出了教学内容中各个知识点的教学要求。

　　(2) 基本概念与分析计算的依据

　　这一部分提炼了教材各章节的基本概念、基本电路、基本分析方法以及分析计算的依据,目的是帮助学生梳理教学内容中的各种概念、电路和分析方法以及它们之间的联系,也是教材各章内容的总结,以期达到使此课程内容由多变少、由繁变简、由难变易的目的。

　　(3) 基本概念自检题与典型题举例

　　这一部分首先通过基本概念自检题,让学生检验自己对基本概念的掌握程度,然后通过典型例题的分析使学生加深对基本概念、基本分析方法的理解,掌握解题的基本方法和技巧,提高分析和解决一些最基本的工程实际问题的能力。

　　(4) 课后习题及其解答

　　这一部分列举了《模拟电子技术基础》(第 3 版)教材的课后习题,比较详细地给出了大部分习题的解题过程和答案。

　　本书在杨拴科、赵进全主编的《模拟电子技术基础(第 2 版)学习指导与解题指南》的基础上,由赵进全、杨拴科担任主编,由赵进全负责全书的统稿和修订工作。本教学组的杨建国、马积勋、徐正红、陈文洁、刘涛,以及西安石油大学的崔占琴、西安邮电大学的师亚莉、陕西科技大

I

学的侯勇严、商洛学院的何建强等老师对本书的修订提出了宝贵的意见,对此表示诚挚的感谢。

在本书的编写中,编者除了总结多年教学经验外,还参考了若干现有教材和参考书,在许多方面得到启发和教益,在此不再——指明,特致谢意。

限于时间和水平,书中错误和不妥之处在所难免,恳请读者批评指正。

编　者

2020 年 4 月

目　录

1

半导体二极管及其应用

1.1 教 学 要 求

本章介绍了半导体基础知识、半导体二极管及其基本应用,各知识点的教学要求如表 1.1.1 所示。

表 1.1.1 第 1 章教学要求

知 识 点		教 学 要 求		
		熟练掌握	正确理解	一般了解
半导体基础知识	本征半导体,掺杂半导体			√
	PN 结的形成		√	
	PN 结的单向导电性	√		
	PN 结的电容效应			√
	PN 结的反向击穿			√
半导体二极管	二极管的结构及类型			√
	二极管的伏安特性及主要参数	√		
	二极管的应用(整流、检波和限幅)	√		
	硅稳压管的伏安特性、主要参数	√		
	硅稳压管稳压电路	√		
	变容二极管			√

1.2 基本概念与分析计算的依据

1.2.1 半导体基础知识

1. 本征半导体及其特点

纯净的半导体称为本征半导体。在热"激发"条件下,本征半导体中的电子和空穴是成对产生的;当电子和空穴相遇"复合"时,也成对消失;电子和空穴都是载流子;温度越高,"电子-空穴"对越多;在室温下,"电子-空穴"对少,故电阻率大。

2. 掺杂半导体及其特点

(1) N 型半导体:在本征硅或锗中掺入适量五价元素,形成 N 型半导体,N 型半导体中电子为多子,空穴为少子;电子的数目(掺杂+热激发)= 空穴的数目(热激发)+正粒子数;对外呈电中性。

(2) P 型半导体:在本征硅或锗中掺入适量三价元素,形成 P 型半导体,其空穴为多子,电子为少子;空穴的数目(掺杂+热激发)= 电子的数目(热激发)+负粒子数;对外呈电中性。

在本征半导体中,掺入适量杂质元素,就可以形成大量的多子,所以掺杂半导体的电阻率小,导电能力强。

当 N 型半导体中再掺入更高密度的三价杂质元素,可转型为 P 型半导体;反之,P 型半导体也可通过掺入足够的五价元素而转型为 N 型半导体。

3. 半导体中的两种电流

(1) 漂移电流:在电场作用下,载流子定向运动所形成的电流称为漂移电流。

(2) 扩散电流:同一种载流子从浓度高处向浓度低处扩散所形成的电流称为扩散电流。

4. PN 结的形成

通过一定的工艺,在同一块半导体基片的一边掺杂成 P 型,另一边掺杂成 N 型,P 型和 N 型的交界面处会形成 PN 结。

P 区和 N 区中的载流子存在一定的浓度差,浓度差使多子向另一边扩散,从而产生了空间电荷和内电场;内电场将阻止多子扩散而促进少子漂移;当扩散与漂移达到动态平衡时,交界面上就会形成稳定的空间电荷层(或势垒区、耗尽层),即 PN 结形成。

5. PN 结的单向导电性

PN 结正向偏置时,空间电荷层变窄,内电场变弱,扩散大于漂移,正向电流很大(多子扩散形成),PN 结呈现为低电阻,称为正向导通。正向压降很小,且随温度上升而减小。

PN 结反向偏置时,空间电荷层变宽,内电场增强,漂移大于扩散,反向电流很小(少子漂移形成),PN 结呈现为高电阻,称为反向截止。反偏电压在一定范围内,反向电流基本不变(也称为反向饱和电流),且随温度上升而增大。

6. PN 结的电容特性

（1）势垒电容 C_B：当外加在 PN 结两端的电压发生变化时，空间电荷层中的电荷量会发生变化，这一现象是一种电容效应，称为势垒电容。C_B 是非线性电容。

（2）扩散电容 C_D：当 PN 结正向偏置时，多子扩散到对方区域后，在 PN 结边界附近有积累，并会有一定的浓度梯度。积累的电荷量也会随外加电压变化，引起电容效应，称为扩散电容。C_D 也是非线性电容。

7. PN 结的反向击穿机理

（1）齐纳击穿：对于掺杂密度高的 PN 结，空间电荷层很薄，所以在较低的反向电压下，空间电荷区中就有较强的电场，足以把空间电荷层里的半导体原子的价电子从共价键中激发出来，使反向电流突然增大，出现击穿，称这种击穿为齐纳击穿。

（2）雪崩击穿：对于掺杂密度低的 PN 结，空间电荷层很厚，需要更高的电压才能在空间电荷层中有较强的电场，使作漂移运动的少子加速，能量加大，当它们与共价键中的价电子发生"碰撞"时，会产生新的载流子，这一现象称为"碰撞电离"。碰撞电离产生的新的载流子又被加速，又会与共价键中的价电子发生"碰撞"，产生越来越多新的载流子，出现雪崩似的连锁反应，反向电流剧增，PN 结被击穿，称这种击穿为雪崩击穿。

1.2.2 半导体二极管

1. 二极管的结构及类型

半导体二极管是由 PN 结构成的，按半导体材料不同分为硅管和锗管；按结构形式不同，常用的有平面型和点接触型两种。通常，前者结面积较大，结电容也较大，适用于低频、大电流的电路；后者结面积小，结电容也小，适用于高频、小电流的电路。

2. 二极管的伏安特性及主要参数

（1）伏安特性表达式

二极管是一个非线性器件，其伏安特性的数学表达式为

$$i_D = I_S(e^{u_D/U_T} - 1)$$

式中，I_S 为反向饱和电流，$U_T = KT/q$ 为热电压。

当 $u_D > 0$，且 $u_D \gg U_T$ 时，$i_D \approx I_S e^{u_D/U_T}$；当 $u_D < 0$，且 $|u_D| \gg U_T$ 时，$i_D \approx -I_S \approx 0$。在室温下，$U_T \approx 26$ mV。由此可看出二极管具有单向导电的特性。

（2）伏安特性曲线

二极管的伏安特性曲线如图 1.2.1 所示。

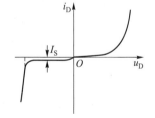

图 1.2.1　二极管的伏安特性曲线

正向特性：u_D 小于死区电压（硅管约为 0.5 V，锗管约为 0.1 V）时，$i_D \approx 0$。正向部分的开始阶段电流增加得比较慢。在电流 i_D 比较大时，二极管两端的电压随电流 i_D 变化很小，称为导通电压（硅管约为 0.7 V，锗管约为 0.3 V）。

反向特性:当反向电压 $|u_D|\gg U_T$,且小于 $U_{(BR)}$ 时,$i_D\approx -I_S$,反向饱和电流很小。当反向电压的绝对值达到 $|U_{(BR)}|$ 后,反向电流会突然增大,二极管反向击穿。

一般情况,击穿电压低于 4 V 的击穿是齐纳击穿;击穿电压大于 6 V 的击穿为雪崩击穿;击穿电压介于 4 V 与 6 V 之间时,两种击穿都可能发生,也可能同时发生。

二极管发生反向击穿时,如果回路中的限流电阻能将反向电流限制在允许的范围内,二极管不会损坏。当反向电压降低后,管子仍可以恢复到原来的状态,这就是电击穿。如果限流电阻太小,使反向电流超过其允许值,则二极管会发生热击穿,造成永久性损坏。

(3) 温度对二极管特性的影响

温度升高时,二极管的正向伏安特性曲线左移,正向压降减小。温度每升高 1 ℃,正向电压降将降低 2~2.5 mV。

二极管的反向饱和电流也随温度的改变而改变,当温度每升高 10 ℃ 左右时,反向饱和电流将翻一番。

击穿电压也受温度的影响,击穿电压小于 4 V 时,有负的温度系数;击穿电压大于 6 V 时,有正的温度系数;击穿电压介于 4 V 与 6 V 之间时,温度系数较小。

(4) 主要参数

二极管的主要参数有:额定整流电流 I_F,反向击穿电压 $U_{(BR)}$,最高允许反向工作电压 U_R,反向电流 I_R,正向电压降 U_F,最高工作频率 f_M。用这些参数来定量描述二极管的特性,它也是合理选用二极管的依据。

3. 二极管电路模型

二极管是一个非线性器件,分析二极管电路时应采用非线性电路的分析方法。图解分析法和模型分析法是分析二极管电路的两种基本方法,模型分析法比较简便。

模型分析法是根据二极管在电路中的实际工作状态,以及分析精度的要求,用一个线性电路模型代替实际的二极管。二极管常用的电路模型有:

① 理想模型。正向导通时,二极管正向压降为零(相当于短路);反向截止时二极管电流为零(相当于开路)。理想二极管的电路符号如图 1.2.2(a) 所示。

② 恒压源模型。正向导通时,二极管正向压降为常数 U_{on}(硅管:0.7 V,锗管:0.3 V);反向截止时,二极管电流为零。二极管的恒压源模型如图 1.2.2(b) 所示。

③ 折线模型。当二极管正向压降 u_D 小于 U_{th} 时二极管截止,电流 i_D 为零;当二极管正向压降 u_D 大于 U_{th} 时二极管导通,导通压降 $u_D=U_{th}+i_D r_D$。二极管的折线模型如图 1.2.2(c) 所示。

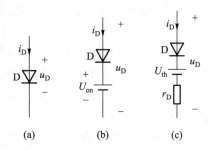

图 1.2.2 二极管模型

(a) 理想模型 (b) 恒压降模型

(c) 折线模型

④ 微变等效模型。如果电路中除了直流电源外,还有微变信号(交流小信号),则对于后者,二极管相当于一个电阻,称为交流等效电阻,用 r_d 表示,其值与静态工作点有关,

即 $r_d \approx 26 \text{ mV}/I_{DQ}$。

4. 硅稳压管的伏安特性及主要参数

稳压管是一种特殊的二极管,它的反向击穿特性很陡,所以常利用其反向电击穿后所具有的稳压性能,在电路中起稳压作用。稳压管通常工作在反向击穿状态。由于硅半导体的温度特性好,通常稳压管是用硅材料制成的,称为硅稳压管。

主要参数:

① 稳定电压 U_Z:电流为规定值 I_Z 时,稳压管两端的电压。

② 最小稳定电流 I_{Zmin}(或稳定电流 I_Z)。

③ 最大允许工作电流 I_{ZM} 和最大允许功率耗散 P_{ZM},二者的关系为 $P_{ZM} = U_Z I_{ZM}$。

④ 动态电阻 r_Z:在稳压范围内,$r_Z = \Delta U_Z/\Delta I_Z$。$r_Z$ 越小稳压管的稳压特性越好。

⑤ 温度系数 α_U:$U_Z > 6 \text{ V}$ 时,α_U 为正值;$U_Z < 4 \text{ V}$ 时,α_U 为负值;U_Z 介于 4 V 到 6 V 之间时,α_U 可能为正,也可能为负。

5. 硅稳压管的等效电路

硅稳压管正向偏置时,可用普通二极管的模型来等效;反向偏置时可由动态电阻 r_Z 及电压源 U_{Z0} 串联支路来等效。等效电路中的电压源 U_{Z0} 可由下式求得

$$U_{Z0} = u_Z - i_Z r_Z$$

6. 硅稳压管稳压电路

(1)稳压原理

硅稳压管组成的稳压电路如图 1.2.3 所示。当稳压管工作在反向击穿状态时,如果输入直流电压有波动或负载发生变化,将会使 U_0 有变化的趋势,这时 I_Z 会发生剧烈变化,通过限流电阻 R 两端电压的变化来补偿输入电压或负载的变化,从而达到稳定 U_0 的目的。

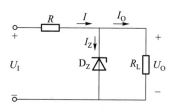

图 1.2.3 硅稳压管稳压电路

(2)稳压条件

图 1.2.3 电路中稳压管 D_Z 能工作在反向电击穿状态的条件是

$$U_I \frac{R_L}{R + R_L} \geq U_Z$$

(3)限流电阻计算

在图 1.2.3 所示电路中,选择合适的限流电阻 R,使流过稳压管的电流满足 $I_{Zmin} \leq I_Z \leq I_{ZM}$ 的条件时,稳压电路才能正常工作。限流电阻的计算公式如下:

$$\frac{U_{Imax} - U_Z}{I_{Omin} + I_{ZM}} \leq R \leq \frac{U_{Imin} - U_Z}{I_{Omax} + I_{Zmin}}$$

式中,U_{Imax}、U_{Imin} 分别为输入直流电压的最大值和最小值;I_{ZM} 是稳压管最大允许工作电流,I_{Zmin} 是最小稳定电流(大约为 1 mA);I_{Omax}、I_{Omin} 分别为输出电流的最大值和最小值。

1.3 基本概念自检题与典型题举例

1.3.1 基本概念自检题

1. 选择填空题(以下每小题后均列出了几个可供选择的答案,请选择其中一个最合适的答案填入空格之中)

(1) 本征半导体中的自由电子浓度____空穴浓度;P 型半导体中的自由电子浓度____空穴浓度;N 型半导体中的自由电子浓度____空穴浓度。

(a) 大于　　　(b) 小于　　　(c) 等于

(2) 在掺杂半导体中,多子的浓度主要取决于____,而少子的浓度则受____的影响很大。

(a) 温度　　　(b) 晶体缺陷　　　(c) 掺杂工艺　　　(d) 掺杂浓度

(3) N 型半导体____,P 型半导体____。

(a) 带正电　　　(b) 带负电　　　(c) 呈中性

(4) 当 PN 结正向偏置时,扩散电流____漂移电流,耗尽层____。当 PN 结反向偏置时,扩散电流____漂移电流,耗尽层____。

(a) 大于　　　(b) 小于　　　(c) 等于　　　　　(d) 不变　　　(e) 变宽　　　(f) 变窄

(5) 当环境温度升高时,二极管的正向电压将____,反向饱和电流将____。

(a) 增大　　　(b) 减小　　　(c) 不变

[答案]　(1) (c),(b),(a)。(2) (d),(a)。(3) (c),(c)。(4) (a),(f),(b),(e)。(5) (b),(a)。

2. 填空题(请在空格中填上合适的词语,将题中的论述补充完整)

(1) 在半导体中,漂移电流是在____作用下形成的,扩散电流是在____作用下形成的。

(2) 二极管最主要的特点是_____;确保二极管安全工作的两个主要参数分别是_____和_____。

(3) 在室温(27 ℃)时,锗二极管的死区电压约____V,导通后在较大电流下的正向压降约____V;硅二极管的死区电压约____V,导通后在较大电流下的正向压降约____V。

(4) 二极管的交流等效电阻 r_d 随静态工作点的增大而____。

(5) 硅稳压管稳压电路正常工作时,稳压管工作在_____状态。

[答案]　(1) 电场,浓度差。(2) 单向导电性,I_F,U_R。(3) 0.1 V,0.3 V,0.5 V,0.7 V。(4) 减小。(5) 反向电击穿。

1.3.2 典型题举例

[**例 1.1**]　某二极管的反向饱和电流 $I_S = 10 \times 10^{-12}$ A,如果将一只 1.5 V 的干电池接在二

极管两端,试计算流过二极管的电流。

[解] 如果将干电池的正、负极分别与二极管的阴极、阳极相接,二极管反向偏置,此时流过二极管的电流等于 $I_S = 10 \times 10^{-12}$ A。反之,流过二极管的电流等于

$$I_D = 10 \times 10^{-12} (e^{1500/26} - 1) \text{ A} \approx 1.14 \times 10^{14} \text{ A}$$

此时二极管的等效直流电阻为

$$R_D = U_D / I_D = \frac{1.5}{1.14 \times 10^{14}} \Omega \approx 1.32 \times 10^{-14} \Omega$$

实际上电池的内阻、接线电阻和二极管的体电阻之和远远大于 R_D,流过二极管的电流远远小于计算值。电路中的电流值不仅仅是由二极管的伏安特性所决定,还与电路中的接线电阻、电池的内阻和二极管的体电阻有关。通常这些电阻都非常小,足以使二极管和干电池损坏。因此,实际应用时电路中必须串接适当的限流电阻,以防损坏电路元器件。

[例1.2] 在图 1.3.1 电路中,设二极管正向导通时的压降为 0.7 V,试估算 a 点的电位。

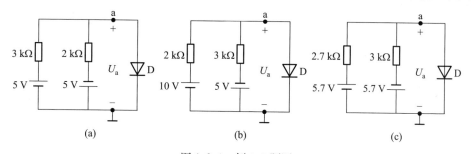

图 1.3.1 例 1.2 题图

[解] 本题的目的是为了巩固二极管单向导电的基本概念。含有二极管的电路是非线性电路,不能直接使用线性电路的计算方法,而是要先判定二极管的工作状态(导通、截止),再选用合适的线性等效模型代替二极管,然后利用线性电路的方法分析计算。

本题电路中二极管工作状态的判定方法:首先分析二极管开路时,管子两端的电位差,从而判断二极管两端加的是正向电压还是反向电压。若是反向电压,则说明二极管处于截止状态;若是正向电压,但正向电压小于二极管的死区电压,则说明二极管仍然处于截止状态;只有当正向电压大于死区电压时,二极管才能导通。

在用上述方法判断的过程中,若出现两个以上二极管承受大小不等的正向电压,则应判定承受正向电压较大者优先导通,其两端电压为正向导通电压,然后再用上述方法判断其他二极管的工作状态。

在图 1.3.1(a) 电路中,当二极管开路时,二极管端电压 $U_{ak} = -1$ V,二极管反向偏置,$U_a = -1$ V。

在图 1.3.1(b) 电路中,当二极管开路时,二极管端电压 $U_{ak} = 4$ V,二极管正向导通,$U_a = 0.7$ V。

在图 1.3.1(c)电路中,当二极管开路时,二极管端电压 $U_{ak} = 0.3$ V,虽然二极管正向偏置,但正向电压小于死区电压,二极管仍处于截止状态,$U_a = 0.3$ V。

[例 1.3] 电路如图 1.3.2(a)(b)所示。设输入信号 $u_i = 10\sin \omega t$ V,$V_C = 5$ V,二极管导通压降可以忽略不计,试分别画出输出电压 u_0 的波形。

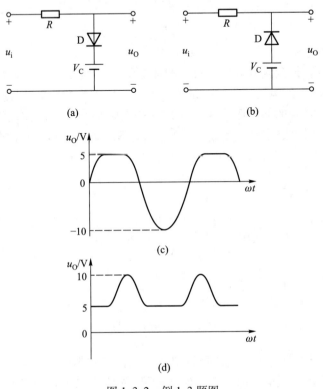

图 1.3.2 例 1.3 题图

[解] 本题图所示电路是二极管限幅电路,分析该题的关键是判定二极管的工作状态。

在图(a)所示电路中,当二极管断开时,二极管两端的电压等于 $u_i - V_C$。当 $u_i \geq V_C$ 时,二极管导通,$u_0 = V_C = 5$ V;当 $u_i < V_C$ 时,二极管截止,$u_0 = u_i$,输出电压 u_0 的波形如图(c)所示。

在图(b)所示电路中,当二极管断开时,二极管两端的电压等于 $u_i - V_C$。当 $u_i \geq V_C$ 时,二极管截止,$u_0 = u_i$;当 $u_i < V_C$ 时,二极管导通,$u_0 = V_C = 5$ V,输出电压 u_0 的波形如图(d)所示。

[例 1.4] 电路如图 1.3.3(a)所示。设电路中的二极管为硅管,输入信号 $u_i = 10\sin \omega t$ mV,$V_C = 10$ V,电容器 C 对交流信号的容抗可以忽略不计,试计算输出电压 u_0 的交流分量。

[解] 本题的目的是为了进一步熟悉二极管电路的分析方法。当二极管电路中同时存在较大的直流电源和微变的交流信号时,应该先假设交流信号为零($u_i = 0$)时,采用二极管的恒压模型计算出流过二极管的直流电流 I_D,然后利用二极管的微变等效模型分析计算其交流分量,即先做直流分析,再做交流分析。

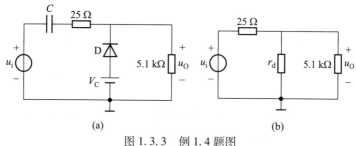

图 1.3.3　例 1.4 题图

在图 1.3.3(a)电路中,当令 $u_i = 0$、电容器 C 开路时,流过二极管的直流电流 $I_D = \dfrac{10-0.7}{5.1 \times 10^3}$ A ≈

1.82 mA。由此可估算出二极管的动态电阻 $r_d \approx 26$ mV/$I_D = \dfrac{26}{1.82}\Omega \approx 14.3\ \Omega$。

在进行交流分析时,令直流电源 V_C 和电容器 C 短路,二极管 D 用交流等效电阻 r_d 代替。此时,图 1.3.3(a)电路的交流等效电路如图 1.3.3(b)所示。由图(b)可得输出电压交流分量为 $u_0 \approx [14.3/(14.3+25)]u_i \approx 3.6\sin \omega t$ mV。

[例 1.5]　电路如图 1.2.2 所示,若稳压管的稳定电压 $U_Z = 12$ V,最大稳定电流 $I_{ZM} = 20$ mA。$U_I = 30$ V,$R = 1.5$ kΩ,$R_L = 2$ kΩ。试求:

(1)电流 I_0、I 和 I_Z。

(2)当负载 $R_L \to \infty$ 时,流过稳压管的电流 I_Z。

(3)当输入电压 U_I 由原来的 30 V 升高到 33 V 时($R_L = 2$ kΩ),电流 I_0、I 和 I_Z。

[解]　(1)由于 $\dfrac{R_L}{R_L+R}U_I = \dfrac{2}{1.5+2} \times 30$ V ≈ 17 V > 12 V,稳压管处于稳压状态。故电路的输出电压

$$U_0 = U_Z = 12 \text{ V}$$

$$I_0 = \frac{U_0}{R_L} = 6 \text{ mA}$$

$$I = \frac{U_I - U_0}{R} = 12 \text{ mA}$$

$$I_Z = I - I_0 = 6 \text{ mA}$$

(2)当负载 $R_L \to \infty$ 断开时,流过稳压管的电流 $I_Z = I = 12$ mA。

(3)当输入电压 U_I 由原来的 30 V 升高到 33 V 时,输出电流 I_0 不变,仍为 6 mA。而

$$I = \frac{U_I - U_0}{R} = 14 \text{ mA}$$

$$I_Z = I - I_0 = 8 \text{ mA}$$

[例 1.6]　有一硅稳压管稳压电路,要求输出电压为 10 V,负载电阻 R_L 可由 ∞ 变到 2 kΩ,

9

输入直流电压有 32 V、24 V 和 15 V 可供选择。试选择拟采用的输入电压值以及电路的元器件参数。

[解]　（1）选择稳压管

根据题意,应选择 U_Z 为 10 V 的稳压管。本题中 $I_{Omin}=0$,$I_{Omax}=\dfrac{U_Z}{R_{Lmin}}=\dfrac{10}{2}\,\text{mA}=5\,\text{mA}$。

要求稳压管的电流变化范围应大于负载电流的变化范围。为了稳压性能好些,一般取 $I_{Zmin}\geqslant 5\,\text{mA}$,$I_{ZM}\geqslant(2\sim3)I_{Omax}$,现可取 $I_{ZM}=15\,\text{mA}$。查半导体器件手册,可选 2CW74 型硅稳压管,其 U_Z 在 10 V 左右,最大稳定电流为 23 mA,最小稳定电流可按 5 mA 计,动态电阻 $r_Z\leqslant 25\,\Omega$,稳定电压温度系数 $\leqslant 0.8\%/\text{℃}$。为了改进性能,还可选用 r_Z 和 U_Z 的温度系数更小的管子。

（2）确定输入电压

为了提高稳定性,可取高一些的 U_1 值,一般取 $U_1\approx(2\sim3)U_0\approx(2\sim3)U_Z$。今选用题中给出的 32 V 输入电压。

（3）确定限流电阻 R

设 U_1 允许偏离规定值 ±10%,则 $U_{Imax}=35.2\,\text{V}$,$U_{Imin}=28.8\,\text{V}$,则由公式

$$\frac{U_{Imax}-U_Z}{I_{Omin}+I_{ZM}}\leqslant R\leqslant\frac{U_{Imin}-U_Z}{I_{Omax}+I_{Zmin}}$$

可得

$$R_{min}\geqslant\frac{U_{Imax}-U_Z}{I_{Omin}+I_{ZM}}=\frac{35.2-10}{23+0}\,\text{k}\Omega\approx1.09\,\text{k}\Omega$$

$$R_{max}\leqslant\frac{U_{Imin}-U_Z}{I_{Omax}+I_{Zmin}}=\frac{28.8-10}{5+5}\,\text{k}\Omega\approx1.88\,\text{k}\Omega$$

可选 1.5 kΩ 的限流电阻。这时在规定的 32 V 输入电压下流经它的电流为 $\dfrac{32-10}{1.5}$ mA ≈ 14.7 mA,功耗约 323 mW;当 U_1 达 U_{Imax} 时,功耗将达 423 mW。因此为安全计,可选用功耗为 1 W、阻值为 1.5 kΩ 的电阻。

[例1.7]　在图 1.3.4 所示电路中,电流源电流 $I=2\,\text{mA}$,二极管管压降的温度系数为 $-2\,\text{mV/℃}$。设 20 ℃时二极管的管压降 $U_D=660\,\text{mV}$,求在 50 ℃时二极管的管压降。该电路有何用途? 电路中为什么要使用电流源?

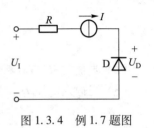

图 1.3.4　例 1.7 题图

[解]　由二极管的温度特性可写出二极管的管压降表达式

$$U_D(T)=U_D(T_0)[1+\alpha(T-T_0)]$$

式中,$U_D(T)$ 为温度 T 时二极管的管压降,α 为二极管的管压降温度系数。

已知在 20 ℃时二极管的管压降

$$U_D = 660 \text{ mV}$$

则温度等于 50 ℃时,二极管的正向管压降

$$U_D = [660 - (2 \times 30)] \text{ mV} = 600 \text{ mV}$$

由二极管的伏安特性表达式可知,其管压降是正向电流和温度的函数。当二极管的正向电流一定时,其管压降仅仅是温度的函数。电路中的恒流源使流过二极管的正向电流等于常数,通过检测二极管的正向管压降,即可换算出被测温度的大小。该电路是温度检测电路。

[**例 1.8**]　在图 1.3.5 所示电路中,设二极管为理想元件,试画出电路的电压传输特性(u_O-u_I)曲线。

[**解**]　由图可知,当 $u_I \leq 25$ V 时,D_1、D_2 均截止,$u_O = 25$ V。

在 $u_I > 25$ V 的一段范围内,D_1 导通,D_2 截止。故

$$u_O = 25 \text{ V} + (u_I - 25 \text{ V})\frac{200}{300}$$

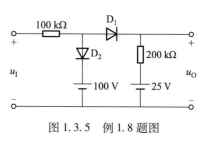

图 1.3.5　例 1.8 题图

当 D_1、D_2 均导通时,$u_O = 100$ V,可算出此时的 $u_I \geq 137.5$ V。

由此可画出电压传输特性曲线如图 1.3.6 所示。

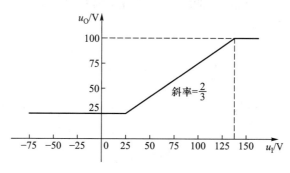

图 1.3.6　电压传输曲线

1.4　课后习题及其解答

1.4.1　课后习题

1.1　一个硅二极管的反向饱和电流为 10 pA,设 $U_T = 26$ mV。试求 U_D 等于 -2 V、0 V、$+0.6$ V 时的电流 I_D 及 $I_D = 2$ A 时的正向压降 U_D 值。

1.2　在题 1.2 图所示的电路中,交流电源的电压 U 为 220 V,现有三只半导体二极管 D_1、

D_2、D_3 和三只 220 V、40 W 灯泡 L_1、L_2、L_3 接在该电源上。试问哪只(或哪些)灯泡发光最亮?哪只(或哪些)二极管承受的反向电压最大?

1.3 在题 1.3 图所示电路中,正弦波电源电压 u 的幅值为 2 V,二极管可采用恒压模型,其导通电压 U_{on} 为 0.7 V。试求在正弦波电源的一个周期 T 中,各二极管导通时间占 T 的几分之几? 在这两个电路中,二极管承受的反向电压峰值各为多大?

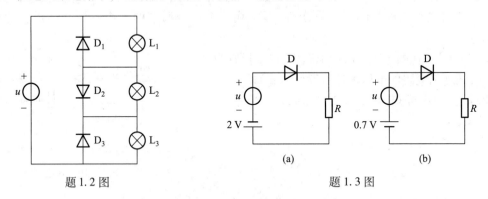

题 1.2 图   题 1.3 图

1.4 电路如题 1.4 图所示,U_{REF} 为基准电压,输入电压 u_i 为正弦波(其幅值 $U_m > U_{REF}$),二极管的性能理想,试画出输出电压 u_O 的波形图,并注明其幅值。

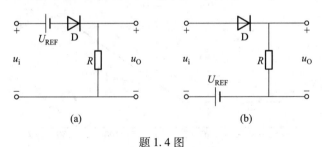

题 1.4 图

1.5 用万用表测量二极管的正向直流电阻 R_F,选用的量程不同,测得的电阻值相差很大。现用 MF30 型万用表测量某二极管的正向电阻,结果如下表,试分析所得阻值不同的原因。

电阻量程	×1	×10	×100	×1 k
测得电阻值	31 Ω	210 Ω	1.1 kΩ	11.5 kΩ

1.6 在题 1.6 图中,u 为正弦交流电压,幅值为 100 V,$R = 100\ \Omega$,设二极管 D 性能理想。试求 R 两端电压的直流分量及 R 中所消耗的功率。

1.7 有一三相半波整流电路如题 1.7 图所示。设三相交流电压 u_A、u_B、u_C 对称,各二极管性能理想。求各二极管在交流电压的一个周期 T 中,导通时间对应的相位角(即导电角)为多少度? 再画出一个周期中输出电压的波形。

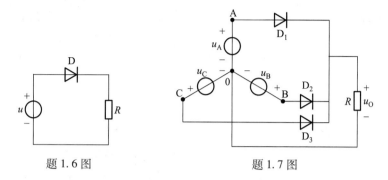

题 1.6 图   题 1.7 图

1.8 设某一只二极管允许流过 5 A 的电流不致烧坏,其 $I_S = 0.1$ pA, $U_T = 26$ mV。试采用二极管方程 $i_D = I_S(e^{\frac{u_D}{U_T}} - 1)$ 计算下列各值。

(a) $U_D = -0.8$ V 时的 I_D;

(b) $U_D = +0.6$ V 时的 I_D 及该二极管的直流电阻 R_D 和交流电阻 r_d;

(c) $U_D = +0.8$ V 时的 I_D、R_D 和 r_d。

1.9 在题 1.9 图中,u_s 为幅值 10 mV 的正弦交流电压,其频率足够高,使电容 C 的容抗很小,可视为短路。求流过硅二极管的电流交流分量。

1.10 电路如题 1.10 图所示,直流电源 $V_D = 10$ V。

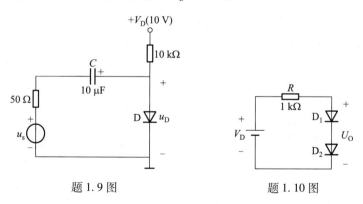

题 1.9 图   题 1.10 图

(a) 利用硅二极管恒压降模型求电路的 I_D 和 U_O 值(设 $U_{on} = 0.7$ V);

(b) 若 V_D 有 ±10% 的变化,利用二极管的小信号模型求 U_O 的变化范围。

1.11 设题 1.11 图所示电路中的各个二极管性能理想。试判断各电路中的二极管是导通还是截止,并求出 A、B 两点之间的电压 U_{AB} 值。

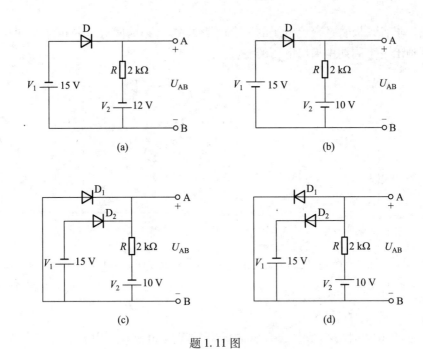

(a)

(b)

(c)

(d)

题 1.11 图

1.12　电路如题 1.12 图所示。设电源变压器二次绕组的输出电压有效值 U_2 为 20 V,二极管 D 的性能理想,负载 $R_L = 1$ kΩ。试求 R_L 两端电压 u_O 的平均值 $U_{O(AV)}$、流过二极管的电流平均值 $I_{O(AV)}$ 及二极管承受的反向电压峰值 U_{DRM} 值。

1.13　限幅电路如题 1.13 图所示。设 D_1、D_2 的性能均理想,输入电压 u_I 的变化范围为 0～30 V。试画出该电路的电压传输特性曲线,即以 u_O 为纵坐标、以 u_I 为横坐标的 u_O 与 u_I 关系曲线。

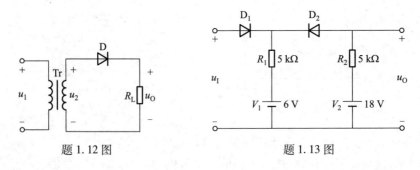

题 1.12 图　　　　　　　　　　题 1.13 图

1.14　电路如题 1.14 图所示。其中限流电阻 $R = 2$ kΩ;硅稳压管 D_{Z1}、D_{Z2} 的稳定电压 U_{Z1}、U_{Z2} 分别为 6 V 和 8 V,正向压降为 0.7 V,动态电阻可以忽略。试求各电路输出端 A、B 两端之间电压 U_{AB} 的值。

14

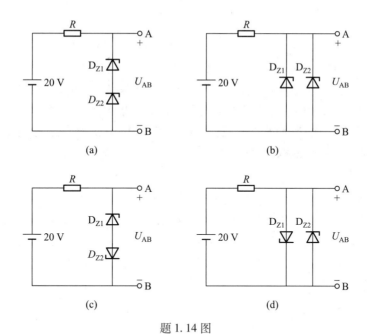

(a)

(b)

(c)

(d)

题 1.14 图

1.15 硅稳压管稳压电路如题 1.15 图所示。其中硅稳压管 D_Z 的稳定电压 $U_Z = 8$ V、动态电阻 r_Z 可以忽略,$U_I = 20$ V。试求:

(a) U_0、I_0、I 及 I_Z 的值;

(b) 当 U_I 降低为 15 V 时的 U_0、I_0、I 及 I_Z 值。

1.16 电路如题 1.16 图所示。其中未经稳定的直流输入电压 U_I 值可变,稳压管 D_Z 采用 2CW58 型硅稳压二极管,在管子的稳压范围内,当 I_Z 为 5 mA 时,其端电压 U_Z 为 10 V,r_Z 为 20 Ω,且该管的 I_{ZM} 为 26 mA。

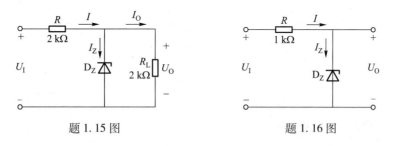

题 1.15 图   题 1.16 图

(a) 试求当该稳压管用图 1.4.3(b) 所示模型等效时的 U_{Z0} 值;

(b) 当 $U_0 = 10$ V 时,U_I 应为多大?

(c) 若 U_I 在上面求得的数值基础上变化 ±10%,即从 $0.9U_I$ 变到 $1.1U_I$,问 U_0 将从多少变化到多少? 相对于原来的 10 V,输出电压变化了百分之几? 在这种条件下,I_Z 变化范围为多大?

（d）若 U_I 值上升到使 $I_Z = I_{ZM}$，而 r_Z 值始终为 20 Ω，这时的 U_I 和 U_O 分别为多少?

（e）若 U_I 值在 6~9 V 间可调，U_O 将怎样变化?

1.17 电路如题 1.17 图所示，已知负载电流变化范围为 0~20 mA，输出电压 $U_O = 10$ V，输入电压 $U_I = 15$ V。试计算所需 R 值和硅稳压二极管的最大功率损耗。

1.18 有一种硅稳压管，管芯由两只硅稳压管 D_{Z1}、D_{Z2} 串联而成，接法如题 1.18 图（a）所示。设 D_{Z1}、D_{Z2} 的伏安特性曲线均如题 1.18 图（b）所示。试画出该双向稳压管的电路模型。

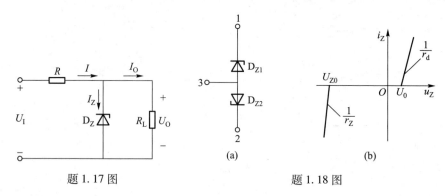

题 1.17 图　　　　　　　　题 1.18 图

1.19 幅值为 10 V、频率为 1 kHz 的矩形波（如题 1.19 图（a）所示）加在如题 1.19 图（b）所示电路的输入端，设二极管的性能理想，试画出在 $RC \gg 0.5$ ms 和 $RC \ll 0.5$ ms 两种情况下输出电压的波形。

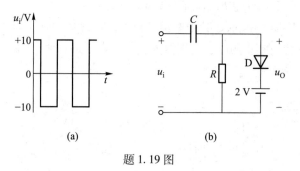

题 1.19 图

1.4.2　课后部分习题解答

1.1 ［解］　设二极管电流正方向为其正向导通方向，二极管电流电压关系为 $i_D = I_S(e^{u_D/U_T} - 1)$，由题意可得，式中 $I_S = 10 \times 10^{-12}$ A，$U_T = 26$ mV $= 26 \times 10^{-3}$ V。

当 $U_D = -2$ V 时，$I_D \approx -I_S = -10 \times 10^{-12}$ A；当 $U_D = 0$ V 时，$I_D = 0$；当 $U_D = +0.6$ V 时，$I_D = 105$ mA。

由二极管电流电压关系可以推导出

$$u_D = U_T \ln\left(\frac{i_D}{I_S} + 1\right)$$

当 $I_D = 2$ A 时,由上式可得正向压降 $U_D = 0.68$ V。

1.2 ［**解**］ 灯泡 L_2 发光最亮;二极管 D_2 承受的反向电压最大。

1.3 ［**解**］ 图 1.3(a) 所示电路中的二极管 D 始终不导通,导电角为零,承受的反向电压峰值为 4 V;图(b)所示电路中的二极管 D 在正弦波电源一个周期中的导通时间为半个周期,即导电角为 180°,承受的反向电压峰值为 1.3 V。

1.4 ［**解**］ 输出电压 u_O 的波形图分别如题 1.4(a)解图、题 1.4(b)解图所示。

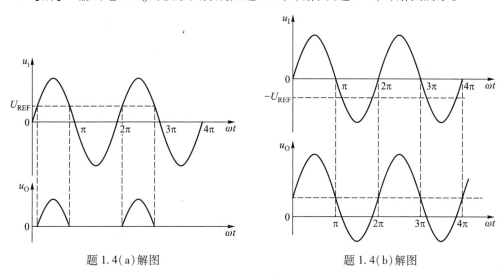

题 1.4(a)解图   题 1.4(b)解图

1.5 ［**解**］ 由于万用表测量电阻时不同量程的内阻不同,以及二极管的正向电阻也是一个非线性电阻所致。

1.6 ［**解**］ R 两端电压的直流分量为其平均值,即 $U_{R(AV)} = 0.45U_2 = 0.45 \times 0.707 \times 100$ V $= 31.8$ V

R 两端的电压有效值为

$$\begin{aligned}
U_R &= \sqrt{\frac{1}{2\pi}\int_0^\pi (100\sin \omega t)^2 \mathrm{d}(\omega t)} \text{ V} \\
&= 100\sqrt{\frac{1}{2\pi}\int_0^\pi \frac{1 - \cos 2\omega t}{2}\mathrm{d}(\omega t)} \text{ V} \\
&= 50 \text{ V}
\end{aligned}$$

故 R 消耗的功率

$$P_R = \frac{U_R^2}{R} = \frac{50^2}{100} \text{ W} = 25 \text{ W}$$

1.7 [解] 各个二极管在交流三相电源的每个周期中导通的相位角均为 $120°$，u_0 波形如题 1.7 解图所示。

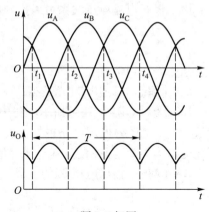

题 1.7 解图

1.8 [解]

（a）$U_D = -0.8 \text{ V}$ 时

$$I_D = I_S(e^{u_D/U_T} - 1) = 0.1 \times 10^{-12} \times (e^{-0.8/26 \times 10^{-3}} - 1) \text{ A}$$
$$= -0.1 \text{ pA}$$

（b）$U_D = 0.6 \text{ V}$ 时

$$I_D = 0.1 \times 10^{-12} \times (e^{0.6/26 \times 10^{-3}} - 1) \text{ A} = 1.05 \text{ mA}$$

$$R_D = \frac{U_D}{I_D} = 571 \ \Omega$$

$$r_d = \frac{U_T}{I_D} = 24.8 \ \Omega$$

（c）$U_D = 0.8 \text{ V}$ 时

$$I_D = 0.1 \times 10^{-12} \times (e^{0.8/26 \times 10^{-3}} - 1) \text{ A} = 2.3 \text{ A}$$

$$R_D = \frac{U_D}{I_D} = 0.35 \ \Omega$$

$$r_d = \frac{U_T}{I_D} = 11.3 \text{ m}\Omega$$

1.9 [解] 分析本题图中二极管两端静态电压,可知二极管始终导通。则二极管的直流电流

$$I_D = \frac{V_D - U_D}{R} = \frac{12 - 0.7}{10 \times 10^3} \text{ A} = 1.13 \text{ mA}$$

其动态电阻

$$r_d = \frac{U_T}{I_D} = \frac{26 \times 10^{-3}}{1.13 \times 10^{-3}} \ \Omega = 23 \ \Omega$$

加入交流信号源,只考虑电路交流分量时,直流电源等效接地,10 kΩ 电阻与二极管交流等效电阻 r_d 并联,因此,二极管交流电流

$$i_d = \frac{10 \times 10^{-3} \sin \omega t}{50 + [23 /\!/ (10 \times 10^3)]} \text{ A} \approx 0.14 \sin \omega t \text{ mA}$$

1.10 [解] （a）采用恒压模型的等效电路如题 1.9(a)解图所示,理想二极管 D_1 及 D_2 正偏导通,故

$$I_D = \frac{V_D - U_{on} - U_{on}}{R} = 8.60 \text{ mA}$$

$$U_O = U_{on} + U_{on} = 1.4 \text{ V}$$

（b）利用小信号模型求 U_O 的变化范围,需要先求出二极管的交流等效电阻

$$r_d = \frac{U_T}{I_{DQ}} = 3.02 \ \Omega$$

然后画出本题电路小信号模型等效电路如题 1.10(b)解图所示。根据 V_D 有±10%的变化,参照题 1.10(b)解图,可直接计算输出电压的变化量

$$\Delta U_O = \left(\frac{\Delta V_D}{R + 2r_d}\right) \times 2r_d = \pm 6.00 \times 10^{-3} \text{ V}$$

所以当 V_D 有±10%的变化时,U_O 的变化范围为

$$U_O' = U_O + \Delta U_O = 1.4 \pm 6.00 \times 10^{-3} \text{ V}$$

即输出电压 U_O 在 1.394 V 至 1.406 V 之间变化。

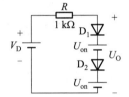 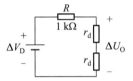

题 1.10(a)解图　恒压模型等效电路　　题 1.10(b)解图　小信号模型等效电路

1.11 [解] 图 1.11(a):D 截止,$U_{AB} = -12$ V;图(b):D 导通,$U_{AB} = 15$ V;图(c):D_1 导通、D_2 截止,$U_{AB} = 0$ V;图(d):D_1 截止、D_2 导通,$U_{AB} = -15$ V。

1.12 [解]
$$U_{O(AV)} = 0.45 U_2 = 9 \text{ V}$$

$$I_{O(AV)} = \frac{U_{O(AV)}}{R_L} = 9 \text{ mA}$$

$$U_{DRM} = \sqrt{2} U_2 = 28.2 \text{ V}$$

1.13 [解] 设流过 D_1、D_2、R_1、R_2 的电流分别为 i_{D1}、i_{D2}、i_1、i_2,它们的正方向如题 1.13 解图(a)所示。当 D_1、D_2 均导通时

$$i_{D2} = i_2 = \frac{V_2 - u_I}{R_2} = \frac{18 \text{ V} - u_I}{5 \text{ k}\Omega}$$

$$i_{D1} = -(i_1 + i_{D2}) = -\left(\frac{V_1 - u_I}{R_1} + \frac{V_2 - u_I}{R_2}\right) = \frac{2u_I - 24 \text{ V}}{5 \text{ k}\Omega}$$

可见,D_1 导通的条件是 $u_I > 12$ V,D_2 导通的条件是 $u_I < 18$ V。故:

$u_I \leqslant 12$ V 时,D_1 截止、D_2 导通,$u_O = \left(6 + \frac{18-6}{5+5} \times 5\right)$ V = 12 V;

12 V $< u_I < 18$ V 时,D_1、D_2 均导通,$u_O = u_I$;

$u_I \geqslant 18$ V 时,D_1 导通、D_2 截止,$u_O = 18$ V。

由此可作出电压传输特性曲线如题 1.13 解图(b)所示。

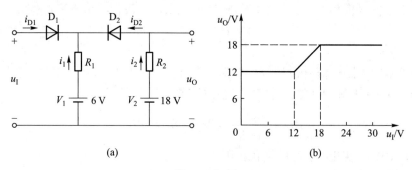

(a)   (b)

题 1.13 解图

1.14 [解] 设 D_1、D_2 导通时的电压降为 U_{D1}、U_{D2}。

图 1.14(a)：$U_{AB} = U_{Z1} + U_{Z2} = 14$ V；图(b)：$U_{AB} = U_{Z1} = 6$ V；图(c)：$U_{AB} = U_{Z1} + U_{D2} = 6.7$ V；图(d)：$U_{AB} = U_{D1} = 0.7$ V。

1.15 [解] (a) $U_I \dfrac{R_L}{R+R_L} = 20 \times \dfrac{2}{2+2}$ V $= 10$ V $> U_Z$，D_Z 工作于反向电击穿状态，电路具有稳压功能。故

$$U_O = U_Z = 8 \text{ V}$$

$$I_O = \frac{U_O}{R_L} = 4 \text{ mA}$$

$$I = \frac{U_I - U_O}{R} = 6 \text{ mA}$$

$$I_Z = I - I_O = 2 \text{ mA}$$

(b) 由于这时的 $U_I \dfrac{R_L}{R+R_L} = 7.5$ V $< U_Z$，D_Z 没有被击穿。故

$$U_O = U_I \frac{R_L}{R+R_L} = 7.5 \text{ V}$$

$$I_O = \frac{U_O}{R_L} = 3.75 \text{ mA}$$

$$I_Z = 0$$

1.16 [解] (a) 等效电路如题 1.16 解图所示。其中

$$U_{Z0} = U_Z - I_Z r_Z = 9.9 \text{ V}$$

(b) $U_I = U_Z + I_Z R = 15$ V

(c) 设 r_Z 不变。当 $U_I' = 0.9 U_I = 13.5$ V 时，

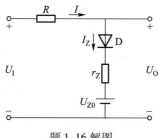

题 1.16 解图

$$I'_Z = \frac{U'_Z - U_{Z0}}{R + r_Z} = 3.53 \text{ mA}$$

$$U'_O = U_{Z0} + I'_Z r_Z = 9.97 \text{ V}$$

$$\frac{\Delta U'_O}{U_O} = \frac{9.97 - 10}{10} = -0.3\%$$

当 $U''_I = 1.1 U_I = 16.5$ V 时

$$I''_Z = \frac{U''_I - U_{Z0}}{R + r_Z} = 6.47 \text{ mA}$$

$$U''_O = U_{Z0} + I''_Z r_Z = 10.03 \text{ V}$$

$$\frac{\Delta U''_O}{U_O} = \frac{10.03 - 10}{10} = +0.3\%$$

（d） $U_O = U_{Z0} + I_{ZM} r_Z = 10.42$ V

$$U_I = U_O + IR = U_O + I_{ZM}R = 36.42 \text{ V}$$

（e）由于 $U_I < U_{Z0}$，D_Z 不发生击穿，$I = I_Z = 0$，故 U_O 将随 U_I 在 6～9 V 之间变化，$U_O = U_I$。

1.17 ［解］ 硅稳压管电路限流电阻 R 的选取关系式为

$$\frac{U_{Imax} - U_Z}{I_{Omin} + I_{ZM}} \leqslant R \leqslant \frac{U_{Imin} - U_Z}{I_{Omax} + I_{Zmin}}$$

由题意可知 $U_Z = U_O = 10$ V，$I_{Omax} = 20$ mA，$I_{Omin} = 0$ mA；当电网电压有 $\pm 10\%$ 的变化时，$U_{Imax} = 1.1\ U_I = 16.5$ V，$U_{Imin} = 0.9\ U_I = 13.5$ V。在硅稳压管电路设计中，为了确保器件工作在安全区，硅稳压管的最大电流 I_{ZM} 通常应取负载最大电流 I_{Omax} 的 2～3 倍。这里取 $I_{ZM} = 3 I_{Omax} = 60$ mA，$I_{Zmin} = 2$ mA。由此可计算出限流电阻 R 应在（108～190 Ω）范围内取值，这里取其中间值为 150 Ω。

硅稳压管的最大功率损耗为

$$P_{ZM} = U_O I_{ZM} = 600 \text{ mW}$$

1.18 ［解］ 电路模型如题 1.18 解图所示。其中各二极管均为理想的二极管，$r_{Z1} = r_{Z2} = r_Z$，$r_{d1} = r_{d2} = r_d$，$U_{Z01} = U_{Z02} = U_{Z0}$，$U_{01} = U_{02} = U_0$。

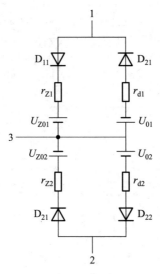

题 1.18 解图

1.19 ［**解**］　设电容器上的初始电压 $u_C(t) = 0$。

（1）当 $RC \ll 0.5$ ms 时，输出电压 u_0 的波形图如题 1.19(a)解图所示。

（2）$RC \gg 0.5$ ms 时，输出电压 u_0 的波形图如题 1.19(b)解图所示。

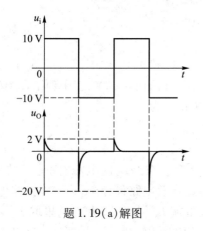

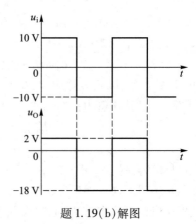

题 1.19(a)解图　　　　　　　　题 1.19(b)解图

2

晶体管及放大电路基础

2.1 教 学 要 求

本章介绍了放大电路的主要技术指标、放大电路的分析方法、晶体管、晶体管三种基本放大电路、多级放大电路等有关内容。各知识点的教学要求如表 2.1.1 所列。

表 2.1.1 第 2 章教学要求

<table>
<tr><td rowspan="2" colspan="2" align="center">知 识 点</td><td colspan="3" align="center">教 学 要 求</td></tr>
<tr><td align="center">熟练掌握</td><td align="center">正确理解</td><td align="center">一般了解</td></tr>
<tr><td rowspan="3" align="center">晶体管</td><td align="center">晶体管的结构</td><td></td><td></td><td align="center">√</td></tr>
<tr><td align="center">电流分配与放大作用</td><td></td><td align="center">√</td><td></td></tr>
<tr><td align="center">晶体管的工作状态、伏安特性及主要参数</td><td align="center">√</td><td></td><td></td></tr>
<tr><td rowspan="5" align="center">放大电路基础</td><td align="center">放大电路的组成原则及工作原理</td><td></td><td align="center">√</td><td></td></tr>
<tr><td align="center">放大电路的主要技术指标</td><td align="center">√</td><td></td><td></td></tr>
<tr><td rowspan="3" align="center">放大电路的分析方法</td><td align="center">图解法</td><td></td><td align="center">√</td><td></td></tr>
<tr><td align="center">静态工作点估算法</td><td align="center">√</td><td></td><td></td></tr>
<tr><td align="center">微变等效电路法</td><td align="center">√</td><td></td><td></td></tr>
</table>

知　识　点		教　学　要　求		
		熟练掌握	正确理解	一般了解
放大电路基础	三种基本放大电路比较	√		
	静态工作点的选择与稳定	√		
多级放大电路	耦合方式及直接耦合电路的特殊问题			√
	分析计算方法	√		

2.2　基本概念与分析计算的依据

2.2.1　晶体管

1. 晶体管的结构及类型

晶体管有双极型和单极型两种,通常把双极型晶体管简称为晶体管,而单极型晶体管简称为场效应管。

晶体管是半导体器件,其内部有掺杂类型和浓度不同的三个区(发射区、基区和集电区),以及由三个不同的区形成的两个 PN 结(发射结和集电结),分别从三个区引出三个电极(发射极 E、基极 B 和集电极 C)。

晶体管根据掺杂类型不同,可分为 NPN 型和 PNP 型两种;根据使用的半导体材料不同,又可分为硅管和锗管两类。

晶体管内部结构的特点是发射区的掺杂浓度远远高于基区掺杂浓度,并且基区很薄,集电结的面积比发射结面积大。这是晶体管具有放大能力的内部条件。

2. 电流分配与放大作用

晶体管具有放大能力的外部条件是发射结正向偏置,集电结反向偏置。在这种偏置条件下,发射区的多数载流子扩散到基区后,只有极少部分在基区被复合,绝大多数会被集电区收集后形成集电极电流。通过改变发射结两端的电压,可以达到控制集电极电流的目的。

晶体管的电流分配关系如下:

$$I_E = I_C + I_B$$
$$I_C = \bar{\alpha}I_E + I_{CBO}$$
$$I_C = \bar{\beta}I_B + I_{CEO}$$

其中,电流放大系数$\bar{\alpha}$和$\bar{\beta}$之间的关系是$\bar{\alpha} = \bar{\beta}/(1+\bar{\beta})$,$\bar{\beta} = \bar{\alpha}/(1-\bar{\alpha})$;$I_{CBO}$是集电极－基极反向饱和电流,$I_{CEO}$是基极开路时集电极和发射极之间的穿透电流,并且$I_{CEO} = (1+\bar{\beta})I_{CBO}$。

在放大电路中,通过改变 u_{BE},改变 i_B 或 i_E,由 Δi_b 或 Δi_E 产生 Δi_C,再通过集电极电阻 R_C,把电流的控制作用转化为电压的控制作用,产生 $\Delta u_O = \Delta i_C R_C$。

3. 晶体管的工作状态

当给晶体管的两个 PN 结分别施加不同的直流偏置时,晶体管会有放大、饱和和截止三种不同的工作状态。这几种工作状态的偏置条件及其特点如表 2.2.1 所列。

表 2.2.1 晶体管的三种工作状态

工作状态	直流偏置条件	各电极之间的电位关系		特点
		NPN	PNP	
放大	发射结正偏,集电结反偏	$U_C > U_B > U_E$	$U_C < U_B < U_E$	$I_C = \beta I_B$
饱和	发射结正偏,集电结正偏	$U_B > U_E$,$U_B > U_C$	$U_B < U_E$,$U_B < U_C$	$I_C < \beta I_B$,$U_{CB} \leqslant U_{CES}$
截止	发射结反偏,集电结反偏	$U_B < U_E$,$U_B < U_C$	$U_B > U_E$,$U_B > U_C$	$I_C = 0$

4. 伏安特性及主要参数

(1)共射极输入特性(以 NPN 管为例)

输入特性表达式为:$i_B = f(u_{BE})\big|_{u_{CE}=常数}$。当 $u_{CE} = 0$ 时,输入特性相当于两个并联二极管的正向特性。当 $u_{CE} > 0$ 时,输入特性右移,$u_{CE} \geqslant 1$ V 后输入特性基本重合。

因为发射结正偏,晶体管的输入特性类似于二极管的正向伏安特性。

(2)共射极输出特性(以 NPN 管为例)

共射极输出特性表达式为:$i_C = f(u_{CE})\big|_{I_B=常数}$。晶体管输出特性曲线的三个区域对应于晶体管的三个工作状态(饱和、放大和截止)。

a)饱和区:此时 u_{CE} 很小,集电区收集载流子的能力很弱。i_C 主要取决于 u_{CE},而与 i_B 关系不大。

b)放大区:位于特性曲线近似水平的部分。此时,i_C 主要取决于 i_B,而与 u_{CE} 几乎无关。

c)截止区:位于 $i_B = -I_{CBO}$ 的输出特性曲线与横轴之间的区域。此时 i_C 几乎为零。

(3)主要参数

a)直流参数:共基极直流电流放大系数 $\overline{\alpha}$,共射极直流电流放大系数 $\overline{\beta}$;集电极-基极反向饱和电流 I_{CBO},集电极-发射极穿透电流 I_{CEO}。

b)交流参数:共基极交流电流放大系数 α,共射极交流电流放大系数 β,其中 $\overline{\alpha} \approx \alpha$,$\overline{\beta} \approx \beta$。

c)极限参数:集电极最大允许功率耗散 P_{CM},集电极最大允许电流 I_{CM};反向击穿电压:$U_{(BR)CEO}$,$U_{(BR)EBO}$,$U_{(BR)CBO}$。

(4)温度对参数的影响

温度每增加 1 ℃,U_{BE} 将减小 2~2.5 mV;温度每增加 10 ℃ 左右,I_{CBO} 增加一倍;温度每增加 1 ℃,β 增大 (0.5~1)%。

2.2.2 放大电路的组成及工作原理

1. 放大电路的组成原则

放大电路的作用是把微弱的电信号不失真地放大到负载所需要的数值,即要求放大电路既要有一定的放大能力,又要不产生失真。因此,首先要给电路中的晶体管(非线性器件)施加合适的直流偏置,使其工作在放大状态(线性状态);其次要保证信号源、放大器和负载之间的信号传递通道畅通。

(1)直流偏置原则

晶体管的发射结正偏,集电结反偏。

(2)对耦合电路的要求

第一,信号源和负载接入放大电路时,不能影响晶体管的直流偏置;第二,在交流信号的频率范围内,耦合电路应能使信号无阻地传输。

固定偏置的共射极放大电路如图2.2.1所示。图中电容器 C_1、C_2 起耦合作用,只要电容器的容量足够大,在信号频率范围内的容抗足够小,就可以保证信号无阻地传输;同时电容器又有"隔直"作用,信号源和负载不会影响放大器的直流偏置。这种耦合方式称为阻容耦合。

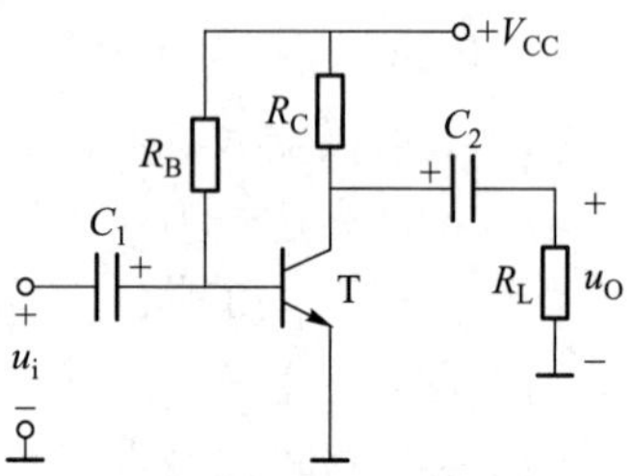

图 2.2.1 共射放大电路

2. 放大电路的两种工作状态

(1)静态

放大电路输入信号为零时的工作状态称为静态。静态时,电路中只有直流电源,晶体管的 U_{BEQ}、U_{CEQ}、I_{BQ} 和 I_{CQ} 都是直流量,称为静态工作点。

(2)动态

放大电路输入信号不为零时的工作状态称为动态。动态时,电路中的直流电源和交流信号源同时存在,晶体管的 u_{BE}、u_{CE}、i_B 和 i_C 都是直流和交流分量叠加后的总量。放大电路的目的是放大交流信号,静态工作点是电路能正常工作的基础。

3. 放大原理

在图2.2.1所示电路中,合理设置静态工作点使晶体管工作在放大状态。当加入输入信号 u_i 以后,u_i 和 U_{BEQ} 同时作用在基极和发射极之间,u_i 的变化控制发射结两端的电压 u_{BE},使基极电流 i_B 在 I_{BQ} 的基础上叠加了交流分量 i_b,相应的集电极电流 i_C 也在 I_{CQ} 的基础上叠加了交流分量 i_c($=\beta i_b$);集电极电流 I_{CQ} 和 i_c 都在 R_C 上产生压降,使 u_{CE} 也在 U_{CEQ} 的基础上叠加了交流分量 u_{ce},通过耦合电容 C_2 以后,负载两端只有交流分量 $u_o = u_{ce}$。由此可见,输出信号 u_o 受输入信号 u_i 的控制,只要电路参数合理,就有 U_o 大于 U_i,实现了放大输入信号的目的。

2.2.3 放大电路的主要技术指标

1. 输入电阻 R_i

输入电阻 R_i 定义为放大电路输入端的电压 U_i 与输入电流 I_i 的比值,即 $R_i = U_i / I_i$。它就是从放大电路输入端口视入的等效电阻。对输入为电压信号的放大电路,R_i 越大越好;对输入为电流信号的放大电路,R_i 越小越好。输入电阻的大小决定了放大电路从信号源吸取信号幅值的大小,它表征了放大电路对信号源的负载特性。

2. 输出电阻 R_o

输出电阻 R_o 定义为当信号电压源短路或信号电流源开路并断开负载电阻 R_L 时,从放大电路输出端口视入的等效电阻,即

$$R_o = \frac{U}{I}\Bigg|_{\substack{U_S = 0 \\ R_L = \infty}}$$

式中,U 为从断开负载处加入的电压;I 表示由外加电压 U 引起流入放大电路输出端口的电流。若要求放大电路的输出电压不随负载变化,则输出电阻越小越好;若要求放大电路的输出电流不随负载变化,则输出电阻越大越好。输出电阻表征了放大电路带负载能力的特性。

3. 放大倍数 $\dot{A}$

放大倍数(也称为增益)定义为放大电路输出信号的变化量与输入信号的变化量的比值。它有四种不同的形式:电压放大倍数 $\dot{A}_u = \dot{U}_o / \dot{U}_i$;电流放大倍数 $\dot{A}_i = \dot{I}_o / \dot{I}_i$;互阻放大倍数 $\dot{A}_r = \dot{U}_o / \dot{I}_i$;互导放大倍数 $\dot{A}_g = \dot{I}_o / \dot{U}_i$。放大倍数也常用"分贝"(dB)表示,例如电压放大倍数用分贝表示时,$A_u(\text{dB}) = 20 \lg |\dot{A}_u|$。放大倍数表征了放大电路的放大能力。

4. 总谐波失真度 D

由于放大器件特性的非线性,当输入信号为正弦波时,输出信号含有谐波分量,输出波形发生畸变,即失真。谐波分量越多且越大,失真就越严重。所以常用谐波电压总有效值与基波电压有效值之比来表征失真的程度,定义为

$$D = \frac{\sqrt{\sum_{n=2}^{\infty} U_{on}^2}}{U_{o1}}$$

5. 动态范围 U_{opp}

动态范围(也称为最大不失真输出幅度)是指随着输入信号电压的增大,使输出电压的非线性失真度达到某一规定数值时的输出电压 u_o 峰–峰值,即 U_{opp}。

6. 频带宽度 f_{BW}

放大电路的频带宽度(又称为通频带或带宽)定义为 $f_{BW} = f_H - f_L$。频带越宽,表示放大电路能够放大的频率范围越大。

2.2.4 放大电路的分析方法

放大电路有静态和动态两种工作状态。分析放大电路时,首先要分析静态(直流),然后再分析动态。分析静态时,用放大电路的直流通路(耦合电容和旁路电容开路);分析动态时,用放大电路的交流通路(直流电源、耦合电容和旁路电容短路)。

1. 图解法

图解法是分析非线性电路的常用方法。它既可以分析放大电路的静态,也可以分析放大电路的动态。

(1)静态分析步骤

a)列出输入回路直流负载线方程,在晶体管输入特性曲线上作输入回路直流负载线,两者的交点就是静态工作点,即 U_{BEQ} 和 I_{BQ}。

b)列出输出回路直流负载线方程,在晶体管输出特性曲线上作输出回路直流负载线,直流负载线与基极电流等于 I_{BQ} 的那条输出特性曲线的交点就是静态工作点,即 U_{CEQ} 和 I_{CQ}。

(2)动态分析步骤

a)将输入信号叠加于静态电压 U_{BEQ} 之上,画出 $u_{BE}(=U_{BEQ}+u_i)$ 的波形。

b)根据输入特性和 u_{BE} 的波形,画出 i_B 的波形,获得基极电流的交流分量 i_b 的波形。

c)利用交流通路算出交流负载线的斜率,通过静态工作点,画出交流负载线。

d)由 i_b 的波形,利用交流负载线画出 i_C 和 u_{CE} 的波形,获得 u_{CE} 的交流分量 u_{ce} 就可得到输出电压 $u_o(=u_{ce})$。

通过图解分析可得到输出信号电压和输入信号电压的最大值,从而计算出电路的电压放大倍数。通过图解分析也可得到 u_o 与 u_i 的相位关系以及放大电路的失真情况和动态范围。

虽然说图解法是分析放大电路常用的方法,然而在电路分析过程中,很难得到准确的晶体管特性曲线,同时小信号分析作图准确度较差,实际上在小信号分析中并不常用。

由于图解分析可以清楚地看到电路中的电压、电流波形图,比较形象,对初学者理解电路的工作原理很有利,并且在分析放大电路的失真情况和动态范围时使用的较多。

(3)共射极放大电路 U_{opp} 的估算

当放大电路的静态工作点设置不合理并且输入信号较大时,晶体管有可能工作在非线性区(饱和或截止区),使输出电压波形出现削波现象,即产生饱和或截止失真。当静态工作点较高,靠近饱和区时,输出电压容易产生饱和失真;当静态工作点较低,靠近截止区时,输出电压容易产生截止失真。为此,估算放大电路 U_{opp} 时,要从产生截止失真和饱和失真两个方面来分析。

a)当静态工作点较低($U_{CE}-U_{CES}>I_{CQ}R'_L$)时,$U_{opp}$ 由下式决定:

$$U_{opp}=2I_{CQ}R'_L$$

b)当静态工作点较高($U_{CE}-U_{CES}<I_{CQ}R'_L$)时,$U_{opp}$ 由下式决定:

$$U_{opp}=2(U_{CEQ}-U_{CES})$$

式中，U_{CES} 为晶体管的饱和压降，一般小功率晶体管的饱和压降近似等于 0.5 V。当输出信号电压峰-峰值小于 U_{opp} 时，输出信号不会产生截止失真和饱和失真。

2. 静态工作点估算法

利用估算法（也称为近似计算法）分析放大电路静态工作点时，首先根据放大电路的直流通路列出输入回路的电压方程，近似估计晶体管的 U_{BEQ}（硅管：0.7 V；锗管：0.2 V），代入方程求解基极静态电流 I_{BQ}，从而计算 $I_{CQ}=\beta I_{BQ}$；再列出输出回路的电压方程计算 U_{CEQ}。

3. 微变等效电路法

（1）指导思想

当交流信号幅值较小时，放大电路在动态时的工作点只是在静态工作点附近作小的变化。虽然放大电路是非线性电路，但在较小的变化范围内，晶体管的非线性特性可近似为线性特性，即可以用一个线性等效电路（线性化模型）来代替小信号时的晶体管，利用处理线性电路的方法分析放大电路。

（2）晶体管的微变等效电路

晶体管的 H 参数微变等效电路如图 2.2.2 所示，它是用来分析晶体管低频应用时的等效电路。其中，h_{ie} 称为晶体管共射极输入电阻，也常用符号 r_{be} 表示；h_{re} 称为反向电压比或内电压反馈系数；h_{fe} 为晶体管的正向电流放大系数，h_{fe} 就是 β；h_{oe} 称为晶体管共射极输出电导。由于管子的 h_{re} 和 h_{oe} 均很小，可以忽略，所以在放大电路分析中，常用图 2.2.2(b) 所示的简化的 H 参数微变等效电路来等效晶体管。

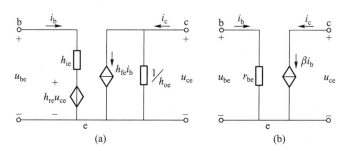

图 2.2.2　晶体管 H 参数微变等效电路

（a）H 参数微变等效电路　（b）简化的 H 参数微变等效电路

（3）晶体管 r_{be} 的计算公式

$$r_{be}=r_{bb'}+(1+\beta)26(\text{mV})/I_{EQ}$$

式中，晶体管的基区体电阻 $r_{bb'}$ 的值可通过查阅器件手册得到，低频小功率管可取 $r_{bb'}$ 值为 300 Ω。

（4）晶体管 r_{ce} 的近似估算

晶体管共射极输出电阻 r_{ce} 等于输出电导 h_{oe} 的倒数。r_{ce} 的大小可用厄尔利（Early）电压 U_A 和静态工作点电流 I_{CQ} 来估算。

$$r_{ce} = \Delta u_{CE} / \Delta i_C \approx U_A / I_{CQ}$$

对于小功率晶体管,U_A一般大于 100 V。例如 U_A 等于 150 V,当 I_{CQ} 等于 2 mA 时,r_{ce} 近似等于 75 kΩ。

(5)用微变等效电路法分析放大电路的步骤

a)在静态分析之后,根据静态电流 $I_{EQ} \approx I_{CQ}$ 计算晶体管的输入电阻 r_{be}。

b)将交流通路中的晶体管用微变等效电路替代,画出放大电路的微变等效电路。

c)根据微变等效电路,利用线性电路的分析方法,按照放大电路动态指标的定义,可分别求得放大电路的 $\dot{A}$、R_o、R_i 等技术指标。

2.2.5 三种基本放大电路

(1)三种基本组态的判别

按照管子的哪个电极作为输入和输出回路的公共端,晶体管放大电路可分别命名为共射极、共集电极和共基极三种基本组态。三种基本组态的判别方法如表 2.2.2 所列。

表 2.2.2 三种基本组态的判别

组态	接输入端(信号源)	接输出端(负载)	接交流地(公共端)
共射极	基极(b)	集电极(c)	发射极(e)
共集电极	基极(b)	发射极(e)	集电极(c)
共基极	发射极(e)	集电极(c)	基极(b)

(2)三种基本放大电路的比较

共射极、共集电极和共基极三种基本放大电路的性能各有特点,并且应用场合也有所不同。它们的性能特点如表 2.2.3 所列。

表 2.2.3 三种基本放大电路的性能特点

	共射极	共集电极	共基极
输入电阻的大小	中等	大	小
输出电阻的大小	较大	小	较大
电压放大能力	有	无($A_u \leqslant 1$)	有
电流放大能力	有	有	无
u_o 与 u_i 的相位关系	反相	同相	同相
应用范围	低频,中间级	输入级,输出级,缓冲级	高频,宽频带放大,恒流源

2.2.6 静态工作点的选择与稳定

(1)静态工作点的选择

a)为了防止晶体管损坏,静态工作点应设置在特性曲线的安全区内。

b）若要放大电路动态范围大,静态工作点应设置在交流负载线的中间。

c）若要放大电路输入电阻大,应减小静态工作点 I_{CQ} 值,使 r_{be} 增大。

d）若要提高电压放大倍数,应增大静态工作点 I_{CQ} 值,使 r_{be} 减小。

e）为了减小功耗,当信号较小时,应降低直流电源电压并减小静态工作点 I_{CQ} 值。

（2）静态工作点的稳定

电路元器件的"老化"和环境温度的变化会影响静态工作点的稳定性,但温度变化引起晶体管的参数变化是放大电路静态工作点不稳定的主要因素。

稳定静态工作点的途径,除了选用温度系数小的元器件,使用前进行"老化"处理以及采用温度补偿电路以外,最常用的方法是利用负反馈电路技术。

利用电流负反馈稳定静态工作点的电路如图 2.2.3 所示。为了提高该电路的稳定性,通常要求流过偏置电阻(R_{B1}、R_{B2})的静态电流满足 $I \gg I_{BQ}$,基极静态电位满足 $U_{BQ} \gg U_{BEQ}$。

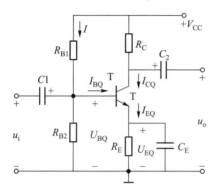

图 2.2.3　电流负反馈稳定静态工作点电路

静态工作点的稳定过程如下:

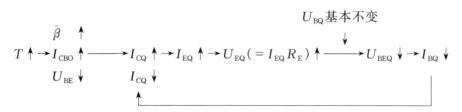

2.2.7　多级放大电路

多级放大电路由输入级、中间级和输出级组成。通常要求输入级具有输入阻抗高和噪声低的特性;中间级应有较大的电压放大倍数;输出级应有输出阻抗低和输出功率大的特点。

（1）多级放大电路的耦合方式

阻容耦合、变压器耦合和直接耦合是常用的几种耦合方式。前两种耦合电路的共同特点是各级静态工作点相互独立,调整比较方便,但低频响应较差,不能放大频率较低的信号。变压器耦合电路的另一个特点是它具有阻抗变换的能力。

直接耦合电路可以放大低频信号,但各级电路的静态工作点是相互有关联的。因此,这种耦合电路存在级间电位配合以及零点漂移两个特殊问题。

(2)直接耦合电路的特殊问题

a)级间电位配合

直接耦合电路级联后,后级电路的静态工作点会影响前级电路的静态工作点,如果级间电位配合不好,整个电路将不能正常工作。通常利用提高后一级的发射极电位、设置电平移位电路、采用双电源以及 NPN 型与 PNP 型晶体管互补电路等来解决电位配合问题。

b)零点漂移

放大电路在静态时,输出端电位的不规则变化称为零点漂移。实际上,零点漂移就是静态工作点不稳定的问题。解决这一特殊问题的方法与稳定静态工作点的方法类似。

在直接耦合电路中,前级电路的零点漂移会被后级电路逐级放大,零点漂移严重时有可能使后级放大电路不能正常工作。由于阻容耦合和变压器耦合电路不能放大变化缓慢的信号,所以零点漂移对这两种电路的危害比直接耦合电路小。

零点漂移的大小,通常用折合到输入端的零点漂移电压的大小来衡量。例如,某放大电路输出端的零点漂移电压为 ΔU_0,电压放大倍数为 A_u,则折合到输入端的零点漂移电压为 $\Delta U_0 / A_u$。

(3)多级放大电路的分析计算方法

a)静态分析

阻容耦合和变压器耦合电路的静态工作点分析与基本放大电路相同。直接耦合电路静态工作点的分析十分麻烦,学习时应重点掌握解决问题的思路和方法,计算问题可利用计算机辅助分析的工具解决。

b)动态分析

多级放大电路总的电压放大倍数等于各级电压放大倍数的乘积,级间的相互关系表现为各级电路的输入和输出电阻之间的关系。解决这一问题的方法有两种:一种是把后级的输入电阻作为前级的负载电阻,通过后级的输入电阻反映后级对前级的影响;另一种是把前级的开路电压作为后级的信号源电压,前级的输出电阻作为后级的信号源内阻,通过前级的输出电阻反映前级对后级的影响。必须指出,这两种方法不能同时混用,如果计算前级放大倍数时把后级看作了前级的负载,计算后级放大倍数时就再不能考虑信号源内阻,反之相似。

多级放大电路总的输入电阻等于第一级放大电路的输入电阻。

多级放大电路总的输出电阻等于最后一级放大电路的输出电阻。

多级放大电路的动态范围 U_{opp} 等于最后一级放大电路的动态范围。

2.3 基本概念自检题与典型题举例

2.3.1 基本概念自检题

1. 选择填空题(以下每小题后均列出了几个可供选择的答案,请选择其中一个最合适的答案填入空格之中)

(1) 晶体管能够放大的外部条件是( )。

(a) 发射结正偏,集电结正偏　　　　(b) 发射结正偏,集电结反偏

(c) 发射结反偏,集电结正偏　　　　(d) 发射结反偏,集电结反偏

(2) 测得晶体管三个电极的静态电流分别为 0.06 mA、3.66 mA 和3.6 mA。则该管的 β 为( )。

(a) 60　　　　(b) 61　　　　(c) 100　　　　(d) 50

(3) 只用万用表判别晶体管的三个电极,最先判别出的应是( )。

(a) 基极　　　　(b) 发射极　　　　(c) 集电极　　　　(d) 发射极或集电极

(4) 当晶体管的集电极电流 $I_C > I_{CM}$ 时,下列说法正确的是( )。

(a) 晶体管一定被烧毁　　　　(b) 晶体管的 $P_C = P_{CM}$

(c) 晶体管的 β 一定减小　　　　(d) 晶体管的 β 一定增大

(5) 某放大电路中,晶体管各电极对地的电位如图 2.3.1 所示,由此可判断该晶体管为( )。

(a) NPN 型硅管　　　　(b) NPN 型锗管

(c) PNP 型硅管　　　　(d) PNP 型锗管

(6) 某晶体管各电极相对于"地"的电压如图 2.3.2 所示,由此可判断该晶体管( )。

(a) 处于放大状态　　　　(b) 处于饱和状态

(c) 处于截止状态　　　　(d) 已损坏

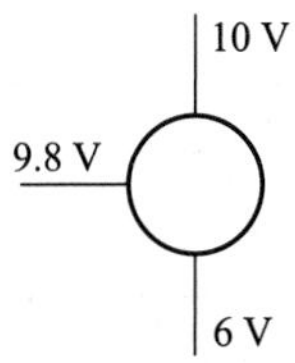

图 2.3.1 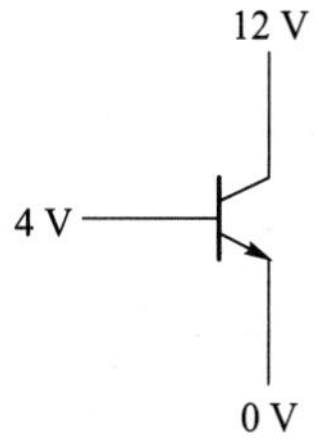　　　　　　　　　图 2.3.2

(7) 共射极接法的晶体管工作在放大状态下,对直流而言其( )。

（a）输入具有近似的恒压特性,而输出具有恒流特性

（b）输入和输出均具有近似的恒流特性

（c）输入和输出均具有近似的恒压特性

（d）输入具有近似的恒流特性,而输出具有恒压特性

（8）NPN 型晶体管工作在放大状态时,其发射结电压与发射极电流的关系为

（a）$I_{\mathrm{B}}=I_{\mathrm{S}}(\mathrm{e}^{\frac{u_{\mathrm{BE}}}{u_{\mathrm{T}}}}-1)$　　　　　　　（b）$I_{\mathrm{C}}=I_{\mathrm{S}}(\mathrm{e}^{\frac{u_{\mathrm{BE}}}{u_{\mathrm{T}}}}-1)$

（c）$I_{\mathrm{E}}=I_{\mathrm{S}}(\mathrm{e}^{\frac{u_{\mathrm{BE}}}{u_{\mathrm{T}}}}-1)$　　　　　　　（d）$I_{\mathrm{C}}=I_{\mathrm{S}}(\mathrm{e}^{\frac{u_{\mathrm{CB}}}{u_{\mathrm{T}}}}-1)$

（9）已知图 2.3.3 所示放大电路中的 $R_{\mathrm{B}}=100$ kΩ,$R_{\mathrm{C}}=1.5$ kΩ,$+V_{\mathrm{CC}}=12$ V,晶体管的$\beta=80$,$U_{\mathrm{BE}}=0.6$ V。则可以判定,该晶体管处于(　　　）。

（a）放大状态　　　　　　　（b）饱和状态

（c）截止状态　　　　　　　（d）状态不定

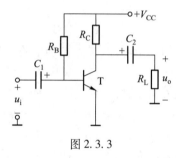

图 2.3.3

（10）晶体管的参数受温度影响较大,当温度升高时,晶体管的 β、I_{CBO}、U_{BE} 的变化情况为(　　　）。

（a）β 增加,I_{CBO} 和 U_{BE} 减小　　　　　　　（b）β 和 I_{CBO} 增加,U_{BE} 减小

（c）β 和 U_{BE} 减小,I_{CBO} 增加　　　　　　　（d）β、I_{CBO} 和 U_{BE} 都增加

（11）电路如图 2.3.4(a)所示,输出特性曲线如图 2.3.4(b)所示。那么,电路的直流负载线为图(b)中的(　　　）。

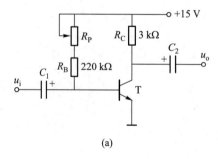
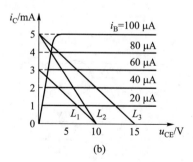

（a）　　　　　　　　　　　　　　（b）

图 2.3.4

（a）L_1 线　　　　　（b）L_2 线　　　　　（c）L_3 线　　　　　（d）L_2 和 L_3 线

（12）利用微变等效电路可以计算晶体管放大电路的（　　）。

（a）输出功率　　　　　　　　　（b）交流参数

（c）静态工作点　　　　　　　　（d）交流和直流参数

（13）阻容耦合放大电路的直流负载线与交流负载线的关系为（　　）。

（a）不会重合　　　（b）一定会重合　　　（c）平行　　　（d）至少有一点会重合

（14）由 NPN 型晶体管组成的固定偏置的共射极放大电路，若 $U_{CEQ} < I_{CQ}R_L'$，当输入信号增大时，该电路将可能先出现（　　）。

（a）线性失真　　　（b）截止失真　　　（c）饱和失真　　　（d）交越失真

（15）放大电路如图 2.3.3 所示，当逐渐增大输入电压 u_i 的幅度时，输出电压 u_o 的波形首先出现了顶部被削平的情况，为了消除这种失真，应（　　）。

（a）减小 R_C　　　（b）减小 R_B　　　（c）减小 V_{CC}　　　（d）换用 β 小的管子

（16）在如图 2.3.3 所示的放大电路中，输出端接有负载电阻 R_L，输入端加有正弦电压 u_i。若输出电压 u_o 的波形出现了底部被削平的情况，在不改变输入信号的条件下，适当减小 R_L 的值，将出现（　　）现象。

（a）可能使失真消失　　　　　　（b）失真更加严重

（c）波形两头都被削平的失真　　（d）输出波形消失

（17）射极输出器的特点是（　　）。

（a）$A_u < 1$，输入电阻小，输出电阻大

（b）$A_u > 1$，输入电阻大，输出电阻小

（c）$A_u < 1$ 且 $A_u \approx 1$，输入电阻大，输出电阻小

（d）$A_u \leqslant 1$，输入电阻小，输出电阻大

（18）某阻容耦合射极跟随器的 $V_{CC} = 12$ V，$R_L = 2$ kΩ，静态工作点为 $I_{EQ} = 3$ mA，$U_{CEQ} = 6$ V，若晶体管的临界饱和压降 $U_{CES} = 0.7$ V，则该电路跟随输入电压的最大不失真输出电压幅值为（　　）。

（a）5.3 V　　　（b）6 V　　　（c）3 V　　　（d）1.5 V

（19）假定两个放大电路 A 和 B 具有相同的电压放大倍数，但二者的输入电阻和输出电阻均不同。在负载开路的条件下，用这两个放大电路放大同一个信号源（具有内阻）电压，测得放大电路 A 的输出电压比放大电路 B 的输出电压小，这说明放大电路 A 的（　　）。

（a）输入电阻大　　　　　　　　（b）输入电阻小

（c）输出电阻大　　　　　　　　（d）输出电阻小

（20）为了使高内阻的信号源与低阻负载能很好地配合，可以在信号源与负载之间接入（　　）。

（a）共射极放大电路・　　　　　　（b）共基极放大电路

（c）共集电极放大电路　　　　　　（d）共射极-共基极串联电路

（21）直接耦合多级放大电路(　　)。

（a）只能放大直流信号　　　　　　　　（b）只能放大交流信号

（c）既能放大直流信号，也能放大交流信号

（d）既不能放大直流信号，也不能放大交流信号

（22）放大器产生零点漂移的主要原因是(　　)。

（a）电路增益太大　　　　　　　　（b）电路采用了直接耦合方式

（c）电路采用了变压器耦合　　　　（d）电路参数随环境温度的变化而变化

（23）有两个性能完全相同的放大器，其开路电压增益为 20 dB，$R_i = 2$ kΩ，$R_o = 3$ kΩ。现将两个放大器级联构成两级放大器，则开路电压增益为(　　)。

（a）40 dB　　　　　（b）32 dB　　　　　（c）16 dB　　　　　（d）160 dB

[答案]　（1）（b）。（2）（a）。（3）（a）。（4）（c）。（5）（d）。（6）（d）。（7）（a）。（8）（c）。（9）（b）。（10）（b）。（11）（c）。（12）（b）。（13）（d）。（14）（c）。（15）（b）。（16）（a）。（17）（c）。（18）（c）。（19）（b）。（20）（c）。（21）（c）。（22）（d）。（23）（b）。

2. 填空题（请在空格中填上合适的词语，将题中的论述补充完整）

（1）晶体管从结构上可分成_____和_____两种类型；根据使用的半导体材料不同可分成_____和_____管。它们工作时有_____和_____两种载流子参与导电，常称之为双极型晶体管。

（2）晶体管的穿透电流 I_{CEO} 是集电极–基极反向饱和电流 I_{CBO} 的_____倍。在设计电路时，一般希望尽量选用 I_{CEO} _____的管子。

（3）晶体管的电流放大作用是指基极或发射极电流对_____电流的控制作用。

（4）已知晶体管 $\beta = 99$，$I_E = 1$ mA，$I_{CBO} = 0$，则 $I_B =$ _____，$I_C =$ _____。

（5）晶体管在放大电路中三种接法分别是_____、_____和_____。

（6）当温度上升时，晶体管的管压降 $|U_{BE}|$、电流放大系数 β 及反向饱和电流 I_{CBO} 分别将_____、_____和_____。

（7）晶体管的极限参数 $U_{(BR)CEO}$、$U_{(BR)CBO}$、$U_{(BR)CES}$ 中数值最大的（指同一种晶体管）是_____，最小的是_____。

（8）从晶体管的输入特性可知，晶体管存在死区电压。硅管的死区电压约为_____，锗管约为_____；晶体管在导通之后，管压降 $|U_{BE}|$ 变化不大，硅管的 $|U_{BE}|$ 约为_____，锗管的 $|U_{BE}|$ 约为_____。

（9）从晶体管的输出特性可知，当基极电流增大，集电极和发射极之间的击穿电压会随着基极电流的增大而_____。

（10）温度升高时，晶体管的共射极输入特性曲线将_____，输出特性曲线将_____。而且输出特性曲线的间隔将_____。

（11）晶体管放大电路中，测得晶体管三个引脚对地的电位分别为：$U_A = -5$ V、$U_B = -8$ V、

$U_C = -5.2$ V,则晶体管对应的电极是：A 为_____、B 为_____、C 为_____。该晶体管属于_____型_____晶体管。

（12）在晶体管共射极放大电路中，当 $|U_{CE}| > |U_{BE}|$ 时，管子工作于_____状态，此时集电极电流 I_C 的大小只与_____有关，而与_____几乎无关。当 I_B 恒定，_____具有恒流的特性。

（13）某晶体管的最大允许耗散功率 P_{CM} 是受_____限制的。

（14）某晶体管的极限参数 $P_{CM} = 150$ mW，$I_{CM} = 100$ mA，$U_{(BR)CEO} = 30$ V。若它的工作电压 $U_{CE} = 10$ V，则最大允许工作电流为_____；若工作电压 $U_{CE} = 1$ V，则最大允许工作电流为_____；若工作电流 $I_C = 1$ mA，则最大允许工作电压为_____。

（15）放大电路的非线性失真包括_____失真和_____失真。引起非线性失真的主要原因是_____。

（16）在图 2.3.3 所示的固定偏置共射极放大电路中，若当输入电压为正弦波时，输出电压波形下半部出现了失真。这种失真对 NPN 管为_____失真，对 PNP 管为_____失真。

（17）在图 2.3.3 所示的放大电路中，原来没有发生非线性失真，然而在换上一个 β 比原来大的晶体管后，失真出现了，这个失真必定是_____失真；该电路原来发生了非线性失真，但在减小 R_B 以后，失真消失了，这个失真必定是_____失真。

（18）在图 2.3.3 示放大电路中，当 $R_L = \infty$ 时，电路的动态范围可表示为_____；当 $R_L \neq \infty$ 时，电路的动态范围可表示为_____。显然，接上负载后，电路的动态范围变_____。

（19）引起电路静态工作点不稳定的主要因素是_____。为了稳定静态工作点，通常在放大电路中引入_____。

（20）某放大电路在负载开路时的输出电压为 4 V，接入 3 kΩ 的负载后输出电压降为 3 V，则此电路的输出电阻为_____。

（21）在晶体管组成的三种基本放大电路中，输出电阻最小的是_____电路，输入电阻最小的是_____电路，输出电压与输入电压相位相反的是_____电路。无电流放大能力的是_____放大电路，无电压放大能力的是_____放大电路。但三种放大电路都有_____放大的能力。

（22）多级放大电路常见的耦合方式有_____、_____和_____。

（23）直接耦合多级放大电路存在的两个主要的问题是_____和_____。

（24）所谓零点漂移是输入信号为零时，_____信号会产生缓慢的无规则的变化。

（25）若三级放大电路的 $\dot{A}_{u1} = \dot{A}_{u2} = 30$ dB，$\dot{A}_{u3} = 20$ dB，则其总电压增益为_____ dB，电路将输入信号放大了_____倍。

［答案］ （1）NPN，PNP；硅，锗；电子，空穴。（2）$1+\beta$，小。（3）集电极。（4）0.01 mA，0.99 mA。（5）共射极，共集电极，共基极接法。（6）降低，增大，增大。（7）$U_{(BR)CBO}$，$U_{(BR)CEO}$。（8）0.5 V，0.1 V；0.7 V，0.2 V。（9）减小。（10）左移，上移，增大。（11）发射极，集电极，基极，PNP，锗。（12）线性放大，I_B，U_{CE}，I_C。（13）管子的结温允许值的大小。（14）15 mA，100 mA，30 V。（15）饱和，截止，① 静态工作点不合适，太高或太低；② 输入

信号幅值太大。(16) 饱和,截止。(17) 饱和,截止。(18) $U_{opp}=2\times\min\left[U_{CEQ},I_{CQ}R_C\right]$, $U_{opp}=2\times\min\left[U_{CEQ},I_{CQ}R_C/\!/R_L\right]$。小了。(19) 温度变化引起元器件参数变化,直流负反馈。(20) 1 kΩ。(21) 共集电极,共基极,共射极。共基极,共集电极,功率。(22) 直接耦合,变压器耦合,阻容耦合。(23) 零点漂移,电位配合。(24) 输出。(25) $80,10^4$。

2.3.2　典型题举例

[**例 2.1**]　试问图 2.3.5 所示各电路能否实现电压放大? 若不能,请指出其中错误。图中各电容对交流可视为短路。

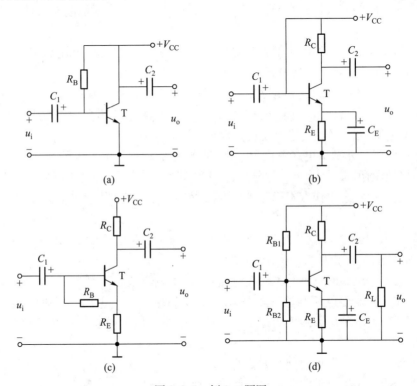

图 2.3.5　例 2.1 题图

[**解**]　图(a)电路不能实现电压放大。电路缺少集电极电阻 R_C,动态时电源 V_{CC} 相当于短路,输出端没有交流信号。

图(b)电路不能实现电压放大。电路中缺少基极偏置电阻 R_B,动态时电源 V_{CC} 相当于短路,输入交流电压信号也被短路。

图(c)电路不能实现电压放大。电路中晶体管发射结没有直流偏置电压,静态电流 $I_{BQ}=0$,放大电路工作在截止状态。

图(d)电路能实现小信号正常放大。为了保证输出信号不失真(截止、饱和),当输入信号

38

u_i为正时,应不足以使晶体管饱和;当输入信号u_i为负时,应不会使晶体管截止。

[例2.2] 晶体管电路如图2.3.6所示,已知各晶体管的$\beta=50$。试分析各电路中晶体管的工作状态。

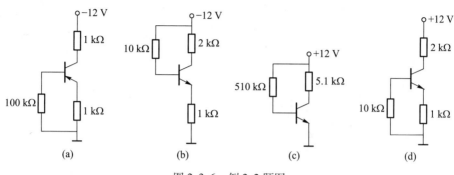

图2.3.6 例2.2题图

[解] 在图(a)(d)电路中,由于发射结电压$|U_{BE}|=0$,因而晶体管均处于截止状态。在图(b)电路中,由于基极电流$I_B=\dfrac{12\text{ V}-U_{BE}}{[10+(1+\beta)\times 1]\text{ k}\Omega}\approx 0.2\text{ mA}$,集电极-发射极电压$U_{CE}\approx$ $12\text{ V}-I_C(2+1)=(12-3\times 50\times 0.2)\text{ V}=-18\text{ V}$。实际上$U_{CE}$不会小于零,这是由于饱和区电流放大系数$\beta$很小,实际电流没有估算值那么大。故集电结必然处于正偏,晶体管工作于饱和状态。

同理,在图(c)电路中,由于$I_B=\dfrac{12\text{ V}-U_{BE}}{510\text{ k}\Omega}\approx 0.023\text{ mA}$,$U_{CE}\approx 12\text{ V}-I_C\times 5.1\text{ k}\Omega=6.1\text{ V}$。$U_{CE}$大于$U_{BE}$,故晶体管工作于放大状态。

[例2.3] 某放大电路如图2.3.7所示。已知图中$+V_{CC}=15$ V,$R_s=500$ Ω,$R_{B1}=40$ kΩ,$R_{B2}=20$ kΩ,$R_C=2$ kΩ,$R_{E1}=200$ Ω,$R_{E2}=1.8$ kΩ,$R_L=2$ kΩ,$C_1=10$ μF,$C_2=10$ μF,$C_E=47$ μF。晶体管T的$\beta=50$、$r_{bb'}=300$ Ω,$U_{BE}\approx 0.7$ V。试求:

(1) 电路的静态工作点I_{CQ}和U_{CEQ}。

(2) 输入电阻R_i及输出电阻R_o。

(3) 电压放大倍数$\dot{A}_u=\dfrac{\dot{U}_o}{\dot{U}_i}$及$\dot{A}_{us}=\dfrac{\dot{U}_o}{\dot{U}_s}$。

[解] (1) 由图可知,该电路为一能够稳定静态工作点的分压式偏置共射极放大电路。画出放大电路的直流通路如图2.3.8(a)所示。分析该电路的静态工作点有两种方法。

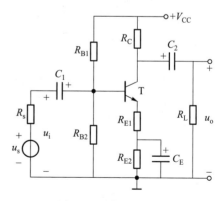

图2.3.7 例2.3题图

方法一:戴维南等效电路法。

将放大电路的直流通路中的输入回路(包括 V_{CC}、R_{B1}、R_{B2})进行戴维南等效,其等效电路如图 2.3.8(b)所示。

$$R_B = R_{B1} /\!/ R_{B2} = 13.3 \text{ k}\Omega$$

$$V_{BB} = \frac{R_{B2}}{R_{B1}+R_{B2}} \cdot V_{CC} = 5 \text{ V}$$

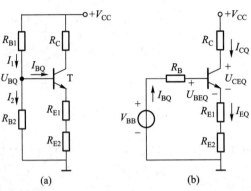

图 2.3.8　放大电路的直流通路

(a) 直流通路　(b) 戴维南等效电路

写出输入回路方程

$$V_{BB} = I_{BQ}R_B + U_{BEQ} + I_{EQ}R_E$$
$$I_{EQ} = (1+\bar{\beta}) I_{BQ}$$

由上式,可得

$$I_{BQ} = \frac{V_{BB}-U_{BEQ}}{R_B+(1+\bar{\beta})(R_{E1}+R_{E2})} = \frac{5-0.7}{13.3+51\times(1.8+0.2)} \text{mA} \approx 0.037 \text{ mA}$$

$$I_{CQ} = \bar{\beta} I_{BQ} = 1.85 \text{ mA}$$

$$U_{CEQ} = V_{CC} - I_{CQ}R_C - I_{EQ}R_E \approx V_{CC} - I_{CQ}(R_C+R_E) = 7.6 \text{ V}$$

方法二:估算法。

当晶体管的基极电流 I_{BQ} 相对于电流 I_2 小得多时,可将 I_{BQ} 忽略,以简化求解过程。故有

$$U_{BQ} \approx \frac{R_{B2}}{R_{B1}+R_{B2}} \cdot V_{CC} = 5 \text{ V}$$

$$I_{EQ} \approx \frac{U_{BQ}-U_{BEQ}}{R_E} = 2.15 \text{ mA}$$

$$U_{CEQ} \approx V_{CC} - I_{EQ}(R_C+R_{E1}+R_{E2}) = 6.4 \text{ V}$$

可见第二种方法误差较大。

（2）为了计算电路的动态指标，画出放大电路的微变等效电路，如图 2.3.9 所示。

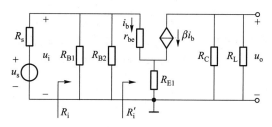

图 2.3.9　放大电路的微变等效电路

由于

$$r_{be} = r_{bb'} + (1+\beta)\frac{U_T}{I_{EQ}} \approx 1\ \mathrm{k\Omega}$$

则由图可知

$$U_i = I_b \left[r_{be} + (1+\beta) R_{E1} \right]$$

$$R_i' = \frac{U_i}{I_b} = r_{be} + (1+\beta) R_{E1} = 11.2\ \mathrm{k\Omega}$$

故输入电阻

$$R_i = R_{B1} /\!/ R_{B2} /\!/ R_i' \approx 6\ \mathrm{k\Omega}$$

根据输出电阻 R_o 的定义，令 $U_s = 0$，移去 R_L，且在原来接 R_L 处接入电压源 u，流入输出端口的电流为 i。则放大电路的输出电阻可由图 2.3.10 求得。由于 $U_s = 0$，且因 βi_b 为受控电流源，当 r_{ce} 可以忽略时，βi_b 为恒流源，等效内阻为"∞"，故

$$R_o = \frac{U}{I}\bigg|_{\substack{U_s = 0 \\ R_L = \infty}} = R_C = 2\ \mathrm{k\Omega}$$

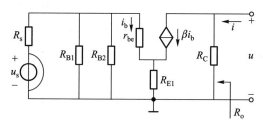

图 2.3.10　求输出电阻的等效电路

（3）
$$\dot{A}_u = \frac{\dot{U}_o}{\dot{U}_i} = -\beta \frac{R_C /\!/ R_L}{r_{be} + (1+\beta) R_{E1}} \approx -4.5$$

$$\dot{A}_{us} = \frac{\dot{U}_o}{\dot{U}_s} = \frac{\dot{U}_i}{\dot{U}_s}\frac{\dot{U}_o}{\dot{U}_i} = \frac{R_i}{R_s + R_i}\dot{A}_u \approx -3.9$$

[**例2.4**] 放大电路如图 2.3.11(a)所示,晶体管的输出特性和交、直流负载线如图 2.3.11(b)所示。已知 $U_{BE} = 0.6$ V,$r_{bb'} = 300$ Ω。试求:

(1) R_B、R_C、R_L 的数值。

(2) 不产生失真时,最大输入电压的峰值。

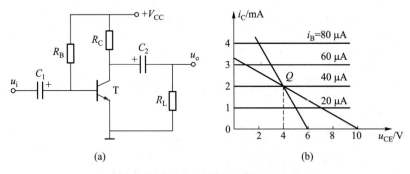

(a)   (b)

图 2.3.11 例 2.4 题图

[**解**] (1) 从输出特性和直流负载线可以看出,$+V_{CC} = 10$ V,$I_{BQ} = 40$ μA,$I_{CQ} = 2$ mA,$U_{CEQ} = 4$ V。由交流负载线可看出最大不失真输出电压幅值受截止失真的限制,输出电压峰值的最大值

$$U_{op} = I_{CQ}R_L' = 2 \text{ V}$$

由 $I_{BQ} = \dfrac{V_{CC} - U_{BEQ}}{R_B} = 40$ μA 可以算出

$$R_B = \frac{V_{CC} - U_{BEQ}}{I_{BQ}} = 235 \text{ k}\Omega$$

由 $U_{CEQ} = 4$ V $= V_{CC} - I_{CQ}R_C$ 可以算出

$$R_C = \frac{V_{CC} - U_{CEQ}}{I_{CQ}} = 3 \text{ k}\Omega$$

由 $R_L' = \dfrac{U_{op}}{I_{CQ}} = R_L /\!/ R_C = \dfrac{6-4}{2 \times 10^{-3}}\Omega = 1 \text{ k}\Omega$ 可以算出

$$R_L = \frac{R_C}{R_C - 1} = 1.5 \text{ k}\Omega$$

(2) 有两种方法可求出不产生失真时的最大输入电压的峰值 U_{ip}。一种方法是通过计算 U_{op} 和电路的电压放大倍数 $\dot{A}_u$ 求解 U_{ip};另一种方法是通过计算 I_{BQ} 确定 I_{bp},然后利用 $U_{ip} = I_{bp}r_{be}$

的关系求解 U_{ip}。

由图 2.3.8(b) 看出

$$U_{op}=2\ V, I_{CQ}=2\ mA, \beta=\frac{\Delta i_C}{\Delta i_B}=\frac{2-1}{(40-20)\times10^{-3}}=50$$

则

$$r_{be}=r_{bb'}+(1+\beta)\frac{26\ mV}{I_{EQ}}=0.95\ k\Omega$$

$$\dot{A}_u=-\beta\frac{R'_L}{r_{be}}=-50\times\frac{1}{0.95}\approx-52.63$$

所以

$$U_{ip}=\frac{U_{op}}{|\dot{A}_u|}=\frac{2\ V}{52.63}\approx38\ mV$$

电路不产生截止失真的临界条件是 $i_B=I_{BQ}+i_b=0$，即

$$I_{bp}=I_{BQ}$$

而 $I_{bp}=\dfrac{U_{ip}}{r_{be}}$。由此可以求出

$$U_{ip}=I_{bp}r_{be}=I_{BQ}r_{be}=40\times10^{-6}\times0.95\times10^3\ V=38\ mV$$

[**例 2.5**] 图 2.3.12 所示放大电路为自举式射极输出器。在电路中,设 $+V_{CC}=15\ V, R_{B1}=R_{B2}=100\ k\Omega, R_{B3}=20\ k\Omega, R_E=R_L=10\ k\Omega$,晶体管的 $\beta=60, r_{be}=3\ k\Omega$,各电容的容量足够大。

（1）断开电容 C,求放大电路的输入电阻 R_i 和输出电阻 R_o。

（2）接上电容 C,写出 R_i 的表达式,并求出具体数值。并与（1）中的值比较。

（3）接上电容 C,若通过增大 R_{B3} 来提高 R_i,那么 R_i 的极限值等于多少?

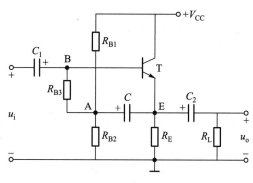

图 2.3.12 例 2.5 题图

[**解**] 在分析电路的指标之前,先对自举式射极输出器的工作原理作一简要说明。在静态时,电容 C 相当于开路;在动态时,大电容 C 相当于短路,点 E 和点 A 的交流电位相等。由于点 E 的交流电位跟随输入信号（点 B 的交流电位）变化,所以 R_{B3} 两端的交流电位接近相等,

流过 R_{B3} 的交流电流接近于零。对交流信号来说，R_{B3} 相当于一个很大的电阻，从而减小了 R_{B1}、R_{B2} 对电路输入电阻的影响。由于大电容 C 的存在，点 A 的交流电位会随着输入信号而自行举起，所以叫自举式射极输出器。这种自举作用能够减小直流偏置电阻对电路输入电阻的影响，可以进一步提高射极输出器的输入电阻。

（1）在断开电容 C 后，电路的微变等效电路如图 2.3.13(a) 所示。图中 $R_B = R_{B1} /\!/ R_{B2} = 50 \text{ k}\Omega$，$R'_E = R_E /\!/ R_L = 5 \text{ k}\Omega$。

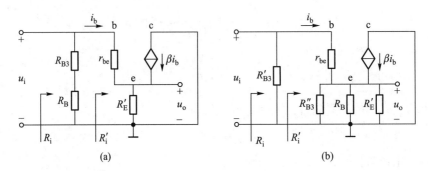

图 2.3.13　例 2.5 题解图

由图可以求出

$$R'_i = r_{be} + (1+\beta)R'_E = 308 \text{ k}\Omega$$

$$R_i = (R_{B3} + R_B) /\!/ R'_i = 57 \text{ k}\Omega$$

可见，射极输出器的 R'_i 原来是很大的，但由于直流偏置电阻的并联，使 R_i 减小了很多。

$$R_o = R_E /\!/ \frac{r_{be}}{1+\beta} \approx 49 \text{ } \Omega$$

（2）接上自举电容 C 后，用密勒定理（可参考主教材 185 页）把 R_{B3} 等效为两个电阻，一个是接在 B 点和地之间的 $R'_{B3} = \dfrac{R_{B3}}{1-\dot{A}'_u}$，另一个是接在 A(E) 点和地之间的 $R''_{B3} = \dfrac{R_{B3}\dot{A}'_u}{\dot{A}'_u - 1}$，其中 $\dot{A}'_u$ 是

考虑了 R''_{B3} 与 R_E、R_B 以及 R_L 并联后的 $\dot{A}_u$，如图 2.3.13(b) 所示。由于 $\dot{A}'_u \approx 1$，但小于 1，所以 R''_{B3} 是一个比 R_{B3} 大得多的负电阻，它与 R_E、R_B、R_L 并联后，总的电阻仍为正。由于 R''_{B3} 很大，它的并联效应可以忽略，从而使

$$\dot{A}'_u \approx \dot{A}_u = \frac{(1+\beta)(R'_E /\!/ R_B)}{r_{be} + (1+\beta)(R'_E /\!/ R_B)} \approx 0.989$$

此时

$$R'_i = r_{be} + (1+\beta)(R'_E /\!/ R_B) = 279.94 \text{ k}\Omega$$

$$R'_{B3} = \frac{R_{B3}}{1-\dot{A}'_u} \approx 181\,8 \text{ k}\Omega$$

所以,自举式射极输出器的输入电阻
$$R_i = R'_{B3} \mathbin{/\mkern-5mu/} R'_i \approx 242.6 \text{ k}\Omega$$
由于 R'_{B3} 对 R'_i 的并联影响小得多,所以 R_i 比没有自举电容时增大了185.6 kΩ。

(3) 通过增大 R_{B3} 以增大 R_i 的极限情况为 $R_i \approx R'_i = 280$ kΩ,即用自举电阻提高 R_i 的结果,使 R_i 只取决于从管子基极看进去的电阻,与偏置电阻几乎无关。

[**例 2.6**] 放大电路如图 2.3.14(a)所示,试推导本电路的电压增益 $\dot{A}_u$ 的表达式。

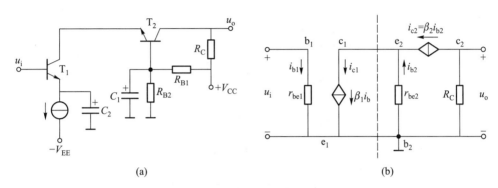

图 2.3.14 例 2.6 题图

[**解**] 由图可知,输入信号 u_i 接到晶体管 T_1 的基极,信号由 T_2 的集电极输出。T_1 的发射极经电容 C_2 交流接地,所以晶体管 T_1 是共射极接法。对晶体管 T_2 来说,交流信号由发射极输入,从集电极输出,而基极经电容 C_1 交流接地,所以 T_2 是共基极接法。因此,图 2.3.16(a)所示放大电路是共射极-共基极放大电路。这种放大电路将共射极电路与共基极电路组合在一起,既保持了共射极放大电路电压放大能力较强的优点,又获得了共基极放大电路较好的高频特性。

该放大电路的微变等效电路如图 2.3.14(b)所示。由图可以写出如下关系式:
$$\dot{U}_o = -\beta_2 \dot{I}_{b2} R_C$$
$$\dot{I}_{c1} = \dot{I}_{c2} = (1+\beta_2) \dot{I}_{b2}$$
$$\dot{U}_i = \dot{I}_{b1} r_{be1} = \frac{\dot{I}_{c1} r_{be1}}{\beta_1}$$

联立求解以上各式得
$$\dot{A}_u = \frac{\dot{U}_o}{\dot{U}_i} = -\frac{-\beta_1 \beta_2 R_C}{(1+\beta_2) r_{be1}}$$

[**例 2.7**] 单级放大电路如图 2.3.15 所示,已知 $+V_{CC} = 15$ V, $r_{bb'} = 300$ Ω, $\beta = 100$, $U_{BE} = 0.7$ V, R_{B1} 此时调到 49 kΩ, $R_{B2} = 30$ kΩ, $R_E = R_C = R_L = 2$ kΩ, $C_1 = C_2 = 10$ μF, $C_E = 47$ μF, $C_L = 1\,600$ pF,在中频区 C_L 可视为开路,晶体管饱和压降 $\dot{U}_{CES}$ 为 1 V,晶体管的结电容可以忽略。

试求：

（1）静态工作点 I_{CQ}、U_{CEQ}。

（2）中频电压放大倍数 $\dot{A}_{um}$、输出电阻 R_o、输入电阻 R_i。

（3）动态范围 U_{opp}，输入电压最大值 U_{ip}。

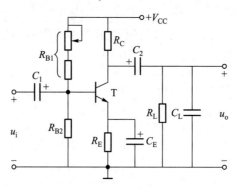

图 2.3.15　例 2.7 题图

（4）当输入电压 u_i 的最大值大于 U_{ip} 时将首先出现什么失真。

[**解**]　（1）采用估算法。由图可知

$$U_{BQ} \approx \frac{R_{B2}}{R_{B1}+R_{B2}} V_{CC} \approx 5.7 \text{ V}$$

故

$$I_{CQ} \approx I_{EQ} = \frac{U_{BQ}-U_{BEQ}}{R_E} = 2.5 \text{ mA}$$

$$U_{CEQ} = V_{CC} - I_{CQ}R_C - I_{EQ}R_E = 5 \text{ V}$$

（2）

$$r_{be} = r_{bb'} + (1+\beta)\frac{26 \text{ mV}}{I_{EQ}} \approx 1.35 \text{ k}\Omega$$

$$\dot{A}_{um} = -\beta \frac{R_L /\!/ R_C}{r_{be}} \approx -74$$

$$R_i = R_{B1} /\!/ R_{B2} /\!/ r_{be} \approx 1.35 \text{ k}\Omega$$

$$R_o = R_C = 2 \text{ k}\Omega$$

（3）由于 $I_{CQ}R_L' \approx 2.5\times10^{-3}\times1\times10^3 \text{ V} = 2.5 \text{ V} < U_{CEQ}-U_{CES} = 4 \text{ V}$，即电路的最大不失真输出电压受截止失真的限制，故电路的动态范围

$$U_{opp} = 2\times I_{CQ}R_L' = 5 \text{ V}$$

输入电压最大值

$$U_{ip} = \frac{U_{op}}{|\dot{A}_u|} = \frac{U_{opp}}{2|\dot{A}_u|} = \frac{5 \text{ V}}{2\times74} \approx 34 \text{ mV}$$

（4）由上述分析可知，当输入电压 u_i 的最大值大于 U_{ip} 时，电路将首先出现截止失真。

[**例 2.8**]　图 2.3.16 所示电路是由共集电极电路与共射极电路组成的共集电极-共射极放大电路。这种电路既具有高的输入电阻，又具有高的电压放大倍数。已知 $\beta_1=\beta_2=50$，$U_{BE}=0.7$ V，$r_{bb'}=300$ Ω。试求电路的电压放大倍数 $\dot{A}_u$、输入电阻 R_i 和输出电阻 R_o。

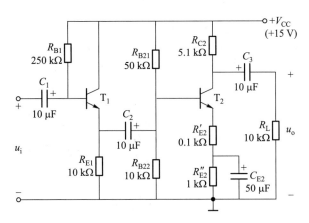

图 2.3.16　例 2.8 题图

[**解**]　① 估算两级电路的静态工作点，计算两个晶体管的输入电阻 r_{be1} 和 r_{be2}。

第一级：
$$I_{B1Q}=\frac{V_{CC}-U_{BE1Q}}{R_{B1}+(1+\beta_1)R_{E1}}\approx 20\ \mu A$$

$$r_{be1}=r_{bb'}+\frac{U_T}{I_{B1Q}}=1.6\ k\Omega$$

第二级：　对基极回路进行戴维南等效，得

$$U_{B2Q}=\frac{R_{B22}}{R_{B21}+R_{B22}}V_{CC}=2.5\ V$$

$$R_{B2}=R_{B21}/\!/R_{B22}\approx 8.33\ k\Omega$$

故
$$I_{B2Q}=\frac{U_{B2Q}-U_{BE2Q}}{R_{B2}+(1+\beta_2)(R'_{E2}+R''_{E2})}\approx 28\ \mu A$$

$$r_{be2}=r_{bb'}+\frac{U_T}{I_{B2Q}}=1.23\ k\Omega$$

② 因为电路第一级为共集电极放大电路，第二级为共射极放大电路，故

$$\dot{A}_u=\dot{A}_{u1}\dot{A}_{u2}\approx\dot{A}_{u2}=-\beta_2\frac{R_{C2}/\!/R_L}{r_{be2}+(1+\beta_2)R'_{E2}}\approx -27$$

$$R_o=R_{C2}=5.1\ k\Omega$$

又因为第二级电路的输入电阻 $R_{i2}=R_{B2}/\!/[\,r_{be2}+(1+\beta_2)R'_{E2}\,]\approx3.6\ \text{k}\Omega$，所以

$$R_i=R_{B1}/\!/[\,r_{be1}+(1+\beta_1)(R_{E1}/\!/R_{i2})\,]\approx88.3\ \text{k}\Omega$$

[例2.9]　在图2.3.17所示的两级放大电路中，$\beta_1=\beta_2=50$，$r_{bb'1}=r_{bb'2}=300\ \Omega$，$U_{BE1Q}=U_{BE2Q}=0.7\ \text{V}$。设各电容器的容量均足够大。当输入信号 $u_s=4.2\sin\omega t$ mV 时，试求电路输出电压的最大值。

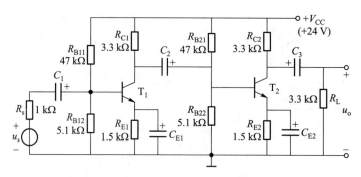

图 2.3.17　例 2.9 题图

[解]　由图可知，两级放大电路的直流通路完全相同。两放大电路的静态工作点

$$U_{B1Q}=U_{B2Q}=\frac{R_{B12}}{R_{B11}+R_{B12}}V_{CC}\approx2.35\ \text{V}$$

$$I_{E1Q}=I_{E2Q}=\frac{U_{B1Q}-U_{BE1Q}}{R_{E1}}=1.1\ \text{mA}$$

$$U_{CE1Q}=U_{CE2Q}\approx V_{CC}-I_{E1Q}(R_{C1}+R_{E1})\approx18.7\ \text{V}$$

由此可得两晶体管的输入电阻

$$r_{be1}=r_{be2}=r_{bb'}+(1+\beta)\frac{26\ \text{mV}}{I_{E1Q}}\approx1.5\ \text{k}\Omega$$

两级电路的输入电阻相等

$$R_{i1}=R_{i2}=R_{B11}/\!/R_{B12}/\!/r_{be1}\approx1.1\ \text{k}\Omega$$

第一级电路的电压放大倍数

$$\dot{A}_{u1}=-\beta_1\frac{R_{C1}/\!/R_{i2}}{r_{be1}}=-27.5$$

第二级电路的电压放大倍数

$$\dot{A}_{u2}=-\beta_2\frac{R_{C2}/\!/R_L}{r_{be2}}=-55$$

总的电压放大倍数

48

$$\dot{A}_u = \dot{A}_{u1}\dot{A}_{u2} = 27.5 \times 55 = 1\,512.5$$

所以电路输出电压的幅值

$$U_{om} = \frac{R_{i1}}{R_{i1}+R_s}U_{sm}\,|\dot{A}_u| \approx 3.3 \text{ V}$$

但是在本例的条件下,由于 $U_{op}=(R_{C2}/\!/R_L)I_{C2Q}\approx 1.8$ V<3.3 V,输出波形已经出现截止失真(削波),所以,电路实际输出电压的峰值为 1.8 V。

[**例 2.10**]　某多级放大电路如图 2.3.18 所示。图中两级放大器之间采用了直接耦合方式。

(1) 设 $\beta_1 = \beta_2 = 49$,$r_{be1} = r_{be2} = 1$ kΩ,$R_{E1} = R_{E2} = R_L = 1$ kΩ,$R_{B1} = 300$ kΩ,$R_s = 500$ Ω。计算放大电路的输入电阻 R_i 和输出电阻 R_o。

(2) 如果两管的 $r_{bb'}$ 均近似为零,$r_{be1} = 2.6$ kΩ,其余参数不变。在 R_{E1} 断开后,求 R_i 和 R_o。

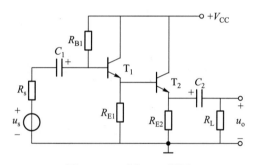

图 2.3.18　例 2.10 题图

[**解**]　(1) 由于放大电路是由两级共集电极放大电路组成,所以电路的输入电阻

$$R_i = R_{B1}/\!/[r_{be1}+(1+\beta_1)R_{E1}/\!/R_{i2}]$$

式中,R_{i2} 为第二级放大电路的输入电阻,$R_{i2} = r_{be2}+(1+\beta_2)R_{E2}/\!/R_L$。代入有关参数得

$$R_i = 42.2 \text{ k}\Omega$$

电路的输出电阻

$$R_o = R_{E2}/\!/\frac{r_{be2}+R_{o1}}{1+\beta_2}$$

式中,R_{o1} 为第一级的输出电阻

$$R_{o1} = R_{E1}/\!/\frac{r_{be1}+R_{B1}/\!/R_s}{1+\beta_1}$$

代入有关参数得

$$R_{o1} = R_{E1}/\!/\frac{r_{be1}+R_{B1}/\!/R_s}{1+\beta_1} \approx \frac{r_{be1}+R_s}{1+\beta_1} = 30 \text{ } \Omega$$

$$R_o = R_{E2} // \frac{r_{be2} + R_{o1}}{1 + \beta_2} \approx 20 \ \Omega$$

（2）在 R_{E1} 断开，并且 $r_{bb'}$ 均近似为零时，由于

$$r_{be2} = \frac{U_T}{I_{B2Q}} = \frac{U_T}{I_{E1Q}} = \frac{U_T}{(1 + \beta_1) I_{B1Q}} = \frac{r_{be1}}{1 + \beta_1} = 52 \ \Omega$$

$$R'_{E1} = r_{be2} + (1 + \beta_2)(R_{E2} // R_L)$$
$$\approx (1 + \beta_2)(R_{E2} // R_L)$$
$$= 25 \ k\Omega$$

电路的输入电阻

$$R_i = R_{B1} // [r_{be1} + (1 + \beta_1) R'_{E1}] = 242 \ k\Omega$$

又由于

$$R_{o1} = \frac{r_{be1} + R_{B1} // R_s}{1 + \beta_1} = 62 \ \Omega$$

电路的输出电阻

$$R_o = R_{E2} // \frac{r_{be2} + R_{o1}}{1 + \beta_2} \approx \frac{r_{be2} + R_{o1}}{1 + \beta_2} = 2.28 \ \Omega$$

2.4 课后习题及其解答

2.4.1 课后习题

2.1 已知某晶体管的 $I_{CQ} = 1.02$ mA，$I_{EQ} = 1.05$ mA，I_{CEO} 可以忽略。试估算该晶体管的 $\bar{\alpha}$ 及 $\bar{\beta}$ 值。

2.2 若管子的集电极电流和发射极电流与题 2.1 相同，仍分别为 1.02 mA 和 1.05 mA，但极间反向电流不能忽略，其 $I_{CBO} = 20$ μA，试求管子的 $\bar{\alpha}$ 及 $\bar{\beta}$ 值。

2.3 有两只晶体管，现测得它们两个电极的电流方向和大小如题 2.3 图（a）（b）所示。

（a）试求另一电极的电流大小，并标出该电流的实际流向；

（b）判断这两个晶体管的三个电极各是什么电极；

（c）若 I_{CBO} 均为零，试求各管的 $\bar{\alpha}$ 及 $\bar{\beta}$ 值。

2.4 在工作正常的放大电路中，测得四只晶体管各电极相对于"地"的电压如题 2.4 图所示。试判断各管的三个引脚 X、Y、Z 各是什么电极，各晶体管分别是硅管还是锗管、是 NPN 型还是 PNP 型。

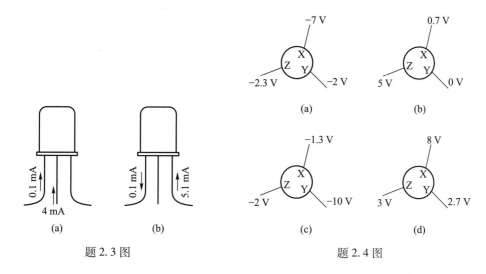

(a)　　　　(b)

题 2.3 图　　　　　　　题 2.4 图

2.5 在题 2.5 图所示的电路中,当开关 S 放在 1、2、3 哪个位置时,I_B 的值最大? 哪个位置时,I_B 的值最小? 为什么?

2.6 在题 2.6 图所示电路中,当开关 S 放在 1、2 哪个位置时的 I_C 值大? 哪个位置时的管子耐压高? 为什么?

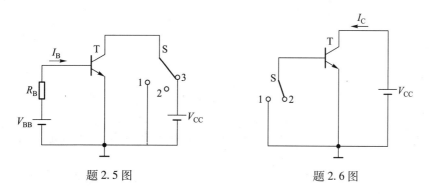

题 2.5 图　　　　　　　题 2.6 图

2.7 测得各晶体管静态时三个电极相对于"地"的电压如题 2.7 图所示。问哪个(或哪些)管子可以正常放大信号? 哪个(或哪些)管子处于截止、饱和或倒置状态?

2.8 在题 2.8 图所示的四个电路中,各晶体管均为硅管,试分析这四个电路中的管子各工作于放大、截止、饱和及倒置四种工作状态中的哪一种状态。

2.9 电路如题 2.9 图所示,设晶体管的 $U_{BE} = 0.7$ V。试求:

(a) 静态时晶体管的 I_{BQ}、I_{CQ}、U_{CEQ} 及管子功耗 $P_C(= I_{CQ}U_{CEQ})$ 值;

(b) 当加入峰值为 15 mV 的正弦波输入电压 u_i 时的输出电压交流分量 u_o;

(c) 输入上述信号时管子的平均功耗 $P_{C(AV)}\left(= \dfrac{1}{T}\displaystyle\int_0^T u_{CE}i_C \mathrm{d}t\right)$ 值,并与静态时管子的功耗

比较;

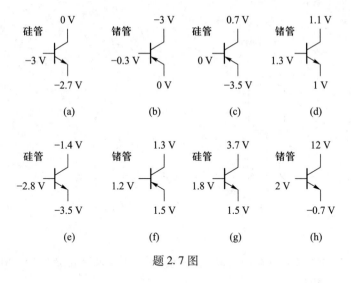

题 2.7 图

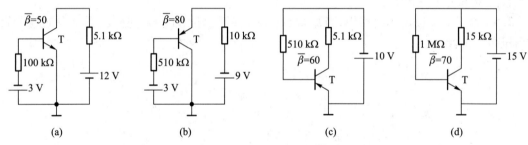

题 2.8 图

（d）若将电路中的晶体管换成另一只 $\beta = 150$ 的管子,电路还能否正常放大信号? 为什么?

2.10 电路如题 2.10 图所示。其中 $V_{CC} = 15\ \text{V}$、$R_B = 1\ \text{M}\Omega$,要求 $I_{CQ} = 1.5\ \text{mA}$、$U_{CEQ} = 7.5\ \text{V}$,选用小功率高频硅管 3DG4C,其 $\bar{\beta} = \beta = 100$、$r_{bb'} = 60\ \Omega$。

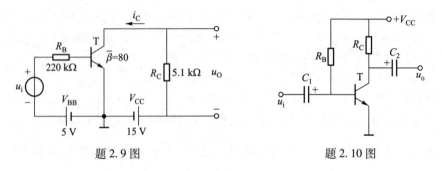

题 2.9 图 　　　　　　　　　　 题 2.10 图

（a）选择集电极电阻 R_C 的电阻值及其额定功率值；

（b）计算电压放大倍数 $\dot{A}_u = \dfrac{\dot{U}_o}{\dot{U}_i}$ 值；

（c）当 R_B 值为多大时，电路中管子的静态工作点将刚好进入饱和区。

2.11 题 2.11 图所示的电路中，晶体管的 $\alpha = 0.99$、$r_{bb'} = 200\ \Omega$、$U_{BEQ} = -0.3\ V$、$R_B = 560\ k\Omega$、$R_C = 2\ k\Omega$、$-V_{CC} = -10\ V$，电容 C_1、C_2 的电容量均足够大。试求：

（a）动态范围 U_{opp} 值；

（b）电压放大倍数 $\dot{A}_u$ 及输入电阻 R_i 值。

2.12 电路如题 2.12 图所示。其中 $-V_{CC} = -12\ V$、$+V_{EE} = +12\ V$、$R_C = 5.1\ k\Omega$、$R_E = 12\ k\Omega$，T 为 3CG21 型硅管，$\bar{\beta} = 50$。若要求 $|I_{CQ}| = 1\ mA$，问 R_B 值应取多大。

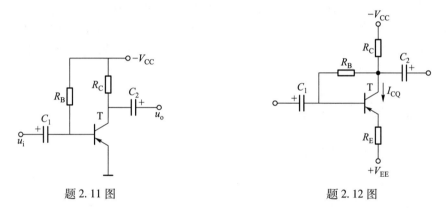

题 2.11 图 　　　　　　　　　　　题 2.12 图

2.13 放大电路如题 2.13 图（a）所示，晶体管的输出特性曲线以及放大电路的交、直流负载线如题 2.13 图（b）所示。设晶体管的 $\beta = 50$，$U_{BE} = 0.7\ V$。

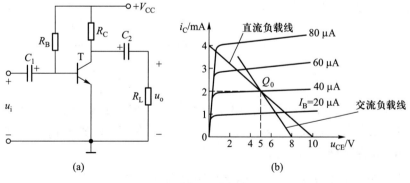

（a）　　　　　　　　　　　　（b）

题 2.13 图

（a）计算 R_B、R_C、R_L；

（b）计算放大电路的电压放大倍数 $\dot{A}_u$、输入电阻 R_i 和输出电阻 R_o；

（c）试求电路的动态范围；

（d）若不断加大输入正弦波电压的幅值,该电路先出现什么失真? 怎样减小这种失真?

（e）若电路中其他参数不变,只将晶体管换一个 β 值小一半的管子,这时 I_B、I_C、U_{CE} 以及 $\dot{A}_u$、R_i 和 R_o 将如何变化?

2.14 电路如题 2.14 图所示。其中 $R_{B1} = 62\ \text{k}\Omega$、$R_{B2} = 15\ \text{k}\Omega$、$R_C = 3\ \text{k}\Omega$、$R_E = 3\ \text{k}\Omega$、负载电阻 $R_L = 3\ \text{k}\Omega$、$C_1 = C_2 = 10\ \mu\text{F}$、$C_E = 47\ \mu\text{F}$、$V_{CC} = 24\ \text{V}$,设 T 为硅管,其 $\overline{\beta} = \beta = 50$、$r_{bb'} = 100\ \Omega$。

（a）计算 I_{CQ}、U_{CQ}、U_{EQ} 的值；

（b）画出该电路的微变等效电路,并求出 r_{be} 值；

（c）求电路的电压放大倍数 $\dot{A}_u$、输入电阻 R_i 及输出电阻 R_o 值。

2.15 电路如题 2.15 图所示。其中 $V_{CC} = 12\ \text{V}$、$R_{B1} = 50\ \text{k}\Omega$、$R_{B2} = 10\ \text{k}\Omega$、$R_C = 4.7\ \text{k}\Omega$、$R_E = 750\ \Omega$、负载电阻 $R_L = 10\ \text{k}\Omega$、信号源的内阻 $R_s = 5\ \text{k}\Omega$,各电容器的电容量均足够大,晶体管 T 的 $\beta = 99$、$r_{be} = 1.6\ \text{k}\Omega$。试求：

（a）电压放大倍数 $\dot{A}_u\left(=\dfrac{\dot{U}_o}{\dot{U}_i}\right)$ 及 $\dot{A}_{us}\left(=\dfrac{\dot{U}_o}{\dot{U}_s}\right)$ 值；

（b）输入电阻 R_i 及输出电阻 R_o 值。

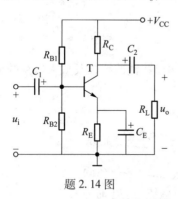 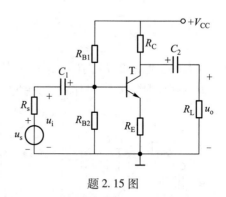

题 2.14 图　　　　　　　　　　　　题 2.15 图

2.16 电路如题 2.16 图所示。其中 $V_{CC} = 24\ \text{V}$、$R_{B1} = 62\ \text{k}\Omega$、$R_{B2} = 15\ \text{k}\Omega$、$R_C = 3\ \text{k}\Omega$、$R_{E1} = 100\ \Omega$、$R_{E2} = 1\ \text{k}\Omega$,负载电阻 $R_L = 3\ \text{k}\Omega$,$C_1 = C_2 = 10\ \mu\text{F}$,$C_E = 47\ \mu\text{F}$,管子的 $\overline{\beta} = \beta = 50$、$r_{be} = 1\ \text{k}\Omega$。

（a）画出该电路的微变等效电路；

（b）试求电路的电压放大倍数 $\dot{A}_u$、输入电阻 R_i 及输出电阻 R_o 值。

2.17 共集电极放大电路如题 2.17 图所示。其中,$-V_{CC} = -6\ \text{V}$,$R_B = 43\ \text{k}\Omega$,$R_C = 100\ \Omega$、$R_E = 150\ \Omega$、负载电阻 $R_L = 2\ \text{k}\Omega$、信号源的内阻 $R_s = 1\ \text{k}\Omega$,各电容器的电容量均足够大。晶体

管 T 为锗管,其 $\overline{\beta}=\beta=80$、$r_{bb'}=80\ \Omega$。

（a）试估算静态工作点 I_{BQ}、I_{CQ}、U_{CEQ} 值；

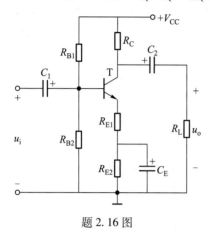

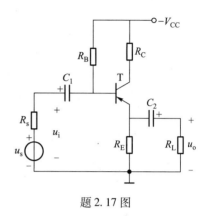

题 2.16 图   题 2.17 图

（b）画出该电路的微变等效电路；

（c）计算 $\dot{A}_u$、R_i 及 R_o 值。

2.18 共基极放大电路如题 2.18 图所示。其中 $V_{CC}=24\ \mathrm{V}$、$R_{B1}=90\ \mathrm{k}\Omega$、$R_{B2}=48\ \mathrm{k}\Omega$、$R_C=R_E=2.4\ \mathrm{k}\Omega$、负载电阻 $R_L=2.2\ \mathrm{k}\Omega$,电容器 C_1、C_2、C_3 的电容量均足够大。晶体管 T 为 3DG4A 型硅管,其 $r_{bb'}=80\ \Omega$、$\overline{\beta}=\beta=20$。

（a）试估算静态工作点 I_{CQ}、U_{CEQ} 值；

（b）计算 $\dot{A}_u$、R_i 及 R_o 值。

2.19 电路如题 2.19 图所示。晶体管 T 为 3DG4A 型硅管,其 $\overline{\beta}=\beta=20$、$r_{bb'}=80\ \Omega$。电路中的 $V_{CC}=24\ \mathrm{V}$、$R_B=96\ \mathrm{k}\Omega$、$R_C=R_E=2.4\ \mathrm{k}\Omega$,电容器 C_1、C_2、C_3 的电容量均足够大,输入正弦波电压有效值 $U_i=1\ \mathrm{V}$。

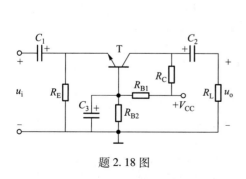

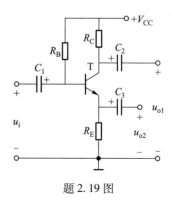

题 2.18 图   题 2.19 图

（a）试求输出电压 U_{o1}、U_{o2} 的有效值；

（b）用内阻为 10 kΩ 的交流电压表分别测量 u_{o1}、u_{o2} 时，表的读数各为多少?

2.20 电路如题 2.20 图所示。已知晶体管 T_1、T_2、T_3 为特性相同的硅管，它们的 U_{BEQ} 均为 0.7 V，$r_{bb'}$ 均为 80 Ω，$\bar{\beta}=\beta$ 均为 50；电路中的 $V_{CC}=12$ V，$R_1=10$ kΩ、$R_2=5.1$ kΩ、$R_3=1$ kΩ、$R_4=1.2$ kΩ、$R_5=3$ kΩ、$R_6=12$ kΩ、$R_7=20$ kΩ、$R_8=1.2$ kΩ、$R_9=12$ kΩ、$R_{10}=5$ kΩ、$R_{11}=1.2$ kΩ、$R_L=10$ kΩ；各电容器的电容量均足够大。试求：

（a）电压放大倍数 $\dot{A}_u$；

（b）输入电阻 R_i 及输出电阻 R_o 值。

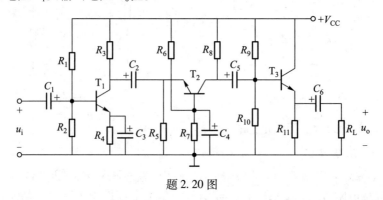

题 2.20 图

2.21 放大电路如题 2.21 图所示。已知 $R_s=2$ kΩ，$R_{E1}=5.3$ kΩ，$R_{C2}=3$ kΩ，$R_{E3}=3$ kΩ，$R_L=0.2$ kΩ，$V_{CC}=V_{EE}=6$ V，晶体管的 $\beta=100$，$r_{be1}=3$ kΩ，$r_{be2}=2$ kΩ，$r_{be3}=1.5$ kΩ，二极管的交流电阻可以忽略。试求放大器的输入电阻 R_i、输出电阻 R_o 及电压放大倍数 $\dot{A}_u=\dfrac{\dot{U}_o}{\dot{U}_s}$。

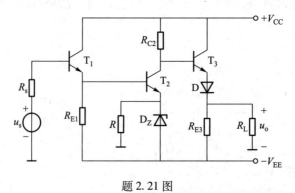

题 2.21 图

2.4.2　课后部分习题解答

2.1 [解]

$$\bar{\beta}=\frac{I_C}{I_B}=\frac{I_{CQ}}{I_{EQ}-I_{CQ}}=34$$

$$\bar{\alpha}=\frac{\bar{\beta}}{1+\bar{\beta}}=0.97$$

2.2 [解]

$$\bar{\beta}=\frac{I_C-I_{CBO}}{I_B+I_{CBO}}=\frac{I_{CQ}-I_{CBO}}{I_{EQ}-I_{CQ}+I_{CBO}}=20$$

$$\bar{\alpha}=\frac{\bar{\beta}}{1+\bar{\beta}}=0.95$$

2.3 [解]　（a）另一个电极的电流大小及实际流向如题 2.3 解图所示。

（b）管子的电极如题 2.3 解图所示。

（c）图(a)所示管子的

$$\bar{\beta}=\frac{I_C}{I_B}=40$$

$$\bar{\alpha}=\frac{\bar{\beta}}{1+\bar{\beta}}=0.976$$

图(b)所示管子的

$$\bar{\beta}=\frac{I_C}{I_B}=50$$

$$\bar{\alpha}=\frac{\bar{\beta}}{1+\bar{\beta}}=0.98$$

2.4 [解]　各个管子的类型及引脚如题 2.4 解图所示。

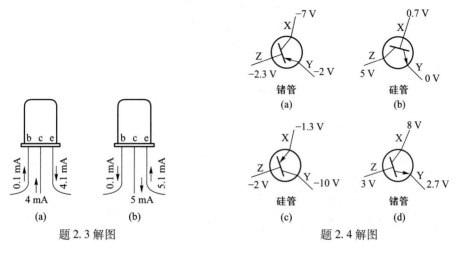

题 2.3 解图　　　　　题 2.4 解图

2.5 [解] S 置"1"时,J_E 和 J_C 均正向偏置且并联,I_B 是两个正向偏置 PN 结的正向电流之和;S 置"2"时,J_E 正向偏置、J_C 开路,I_B 是一个正向偏置 PN 结(J_E)的正向电流;S 置"3"时,J_E 正向偏置、J_C 反向偏置,T 工作于放大状态,只有少量的非平衡少数载流子在基区复合形成 I_B。故 S 置"1"时的 I_B 最大,S 置"3"时的 I_B 最小。

2.6 [解] S 置"1"时基极与发射极短路,$I_C = I_{CBO}$,耐压为 $U_{(BR)CES}$;S 置"2"时基极开路,$I_C = I_{CEO}$,耐压为 $U_{(BR)CEO}$。故 S 置"2"时管子的 I_C 大,S 置"1"时管子的耐压高。

2.7 [解] 图(a)截止状态;图(b)放大状态;图(c)倒置状态;图(d)饱和状态;图(e)放大状态;图(f)饱和状态;图(g)放大状态;图(h)管子已经损坏。

2.8 [解] 图(a)所示电路中的管子 J_E 和 J_C 均反向偏置,工作于截止状态;图(b)所示电路中的管子 J_C 正向偏置、J_E 反向偏置,工作于倒置状态;图(c)所示电路中的管子 J_E 正向偏置,

$$I_{BQ} = \frac{V_{CC} - U_{BEQ}}{R_B} = -0.018 \text{ mA}$$

$$I_{CQ} = \overline{\beta} I_{BQ} = -1.08 \text{ mA}$$

$$U_{CEQ} = V_{CC} - I_{CQ} R_C = -4.5 \text{ V}$$

管子工作于放大状态;(d)图所示电路中的管子 J_E 正向偏置,

$$I_{BQ} = \frac{V_{CC} - U_{BEQ}}{R_B} = 14.3 \text{ μA}$$

$$I_{CQ} = \overline{\beta} I_{BQ} = 1 \text{ mA}$$

$$U_{CEQ} = V_{CC} - I_{CQ} R_C = 0 \text{ V}$$

管子工作于饱和状态。

2.9 [解] (a)
$$I_{BQ} = \frac{V_{CC} - U_{BEQ}}{R_B} = 19.5 \text{ μA}$$

$$I_{CQ} = \overline{\beta} I_{BQ} = 1.56 \text{ mA}$$

$$U_{CEQ} = V_{CC} - I_{CQ} R_C = 7.04 \text{ V}$$

$$P_C = U_{CEQ} I_{CQ} = 11 \text{ mW}$$

(b) 由于 $R_B \gg r_{be}$,故

$$i_b \approx \frac{u_i}{R_B} = \frac{15 \sin \omega t}{220} \text{ μA} = 0.068 \sin \omega t \text{ μA}$$

$$i_c = \beta i_b = 80 \times 0.068 \sin \omega t \text{ μA} = 5.44 \sin \omega t \text{ μA}$$

$$u_o = -R_c i_c = -5.1 \times 5.44 \sin \omega t \text{ mV} = -27.7 \sin \omega t \text{ mV}$$

u_o 的峰值为 27.7 mV,u_o 与 u_i 的相位相反。

(c) 管子在放大电路有信号时的功耗

$$P_{C(AV)} = \frac{1}{2\pi} \int_0^{2\pi} u_{CE} i_C \text{d}(\omega t)$$

$$= \frac{1}{2\pi} \int_0^{2\pi} (7.04 - 27.7 \times 10^{-3} \sin \omega t)(1.56 + 5.44 \times 10^{-3} \sin \omega t) \mathrm{d}(\omega t)$$

$$= (11 - 0.075 \times 10^{-3}) \text{ mW}$$

可见,动态时管子的功耗有所降低。

（d）当 $\overline{\beta} = 150$ 时

$$I_{CQ} = \overline{\beta} I_{BQ} = 2.93 \text{ mA}$$

$$U_{CEQ} = V_{CC} - I_{CQ} R_C = 0.06 \text{ V}$$

可见,管子工作于饱和状态,故电路不能正常放大信号。

2.10 ［解］ （a） $\qquad V_{CC} = U_{CEQ} + I_{CQ} R_C$

故 $\qquad R_C = \dfrac{V_{CC} - U_{CEQ}}{I_{CQ}} = 5 \text{ k}\Omega$

管子饱和时的 I_C 最大, R_C 的功耗也最大,这时有

$$I_{CQ} = I_{CS} \approx I_S = \frac{V_{CC}}{R_C} = 3 \text{ mA}$$

$$P_{R_C} = I_{CQ}^2 R_C = 45 \text{ mW}$$

根据电阻标称值的标准, R_C 可选用 5.1 kΩ、0.125 W 的电阻。

（b） $\qquad r_{be} = r_{bb'} + (1+\beta)\dfrac{U_T}{I_{EQ}} = 1.81 \text{ k}\Omega$

$$\dot{A}_u = \frac{\dot{U}_o}{\dot{U}_i} = -\frac{\beta R_C}{r_{be}} = -281.8$$

（c）管子临界饱和时

$$I_{BQ} = I_{BS} \approx \frac{I_{CS}}{\overline{\beta}} = \frac{V_{CC}}{\overline{\beta} R_C} = 0.029 \text{ mA}$$

$$R_B = \frac{V_{CC} - U_{BEQ}}{I_{BQ}} = 493 \text{ k}\Omega$$

故 R_B 为 493 kΩ 时,静态工作点刚好进入饱和区。

2.11 ［解］ （a） $\qquad \overline{\beta} = \dfrac{\overline{\alpha}}{1 - \overline{\alpha}} = 99$

$$|I_{BQ}| = \frac{|V_{CC} - U_{BEQ}|}{R_B} = 0.017 \ 3 \text{ mA}$$

$$|I_{CQ}| = \overline{\beta} |I_{BQ}| = 1.71 \text{ mA}$$

$$2|I_{CQ} R_C| = 6.84 \text{ V}$$

$$2|U_{CEQ}| = 2|V_{CC} - I_{CQ} R_C| = 13.2 \text{ V}$$

故
$$U_{opp} = 2 \mid I_{CQ} R_C \mid = 6.84 \text{ V}$$

（b）
$$r_{be} = r_{bb'} + (1+\beta) \frac{U_T}{\mid I_{EQ} \mid} = 1.72 \text{ k}\Omega$$

$$\dot{A}_u = \frac{\dot{U}_o}{\dot{U}_i} = -\frac{\beta R_C}{r_{be}} = -115$$

$$R_i = R_B \mathbin{/\mkern-5mu/} r_{be} = 1.71 \text{ k}\Omega$$

2.12 [解] 由电路可见
$$V_{EE} - (-V_{CC}) = \frac{1+\bar{\beta}}{\bar{\beta}} \mid I_{CQ} \mid (R_C + R_E) + \frac{\mid I_{CQ} \mid}{\bar{\beta}} R_B + \mid U_{BEQ} \mid$$

即
$$(12+12) \text{ V} = \left[\frac{1+50}{50} \times 1 \times (5.1+12) + \frac{R_B}{50} + 0.7 \right] \text{ V}$$

解上式得
$$R_B \approx 293 \text{ k}\Omega$$

2.13 [解] （a）从输出特性和直流负载线可以看出，$V_{CC} = 10$ V，$I_{BQ} = 40$ μA，$I_{CQ} = 2$ mA，$U_{CEQ} = 5$ V。

由 $I_{BQ} = \dfrac{V_{CC} - U_{BEQ}}{R_B} = 40$ μA 可以算出

$$R_B = \frac{V_{CC} - U_{BEQ}}{I_{BQ}} = \frac{10-0.7}{40 \times 10^{-6}} \ \Omega = 232.5 \text{ k}\Omega$$

由 $U_{CEQ} = V_{CC} - I_{CQ} R_C$ 可以算出

$$R_C = \frac{V_{CC} - U_{CEQ}}{I_{CQ}} = \frac{10-5}{2 \times 10^{-3}} \ \Omega = 2.5 \text{ k}\Omega$$

由 $I_{CQ} R_L' = V_{CC}' - U_{CEQ} = 3$ V 可以算出

$$R_L' = \frac{V_{CC}' - U_{CEQ}}{I_{CQ}} = 1.5 \text{ k}\Omega = R_L \mathbin{/\mkern-5mu/} R_C$$

$$R_L = \frac{R_C R_L'}{R_C - R_L'} = 3.75 \text{ k}\Omega$$

（b）取 $r_{bb'} = 300$ Ω，晶体管的输入电阻

$$r_{be} = r_{bb'} + (1+\beta) \frac{26 \text{ mV}}{I_{EQ}} = 0.95 \text{ k}\Omega$$

$$\dot{A}_u = -\beta \frac{R_L'}{r_{be}} \approx -78.9$$

$$R_i = R_B \mathbin{/\mkern-5mu/} r_{be} \approx 0.95 \text{ k}\Omega$$

60

$$R_o = R_C = 2.5 \text{ k}\Omega$$

（c）由交流负载线可看出，最大不失真输出电压幅值受截止失真的限制，放大电路的动态范围

$$U_{opp} = 2 \times \min[U_{CEQ}, I_{CQ}R_L'] = 2 \times \min[5, 3]\text{ V} = 6 \text{ V}$$

（d）由于 $U_{CEQ} > I_{CQ}R_L'$，若不断加大输入正弦波电压的幅值，该电路先出现截止失真。为了减小截止失真，可以减小电阻 R_B。

（e）若电路中其他参数不变，只将晶体管换一个 β 值小一半的管子。由于基极电流 I_B 与管子的 β 无关，其值不变；集电极电流 $I_C = \beta I_B$，其值减小一半；集电极电流 I_C 减小，集电极-发射极电压 $U_{CE} = V_{CC} - I_C R_C$ 将增大。

电路输出电阻 $R_o = R_C$ 与 β 无关，所以 R_C 不变；输入电阻 $R_i \approx r_{be}$，而 $r_{be} = r_{bb'} + (1+\beta)\dfrac{U_T}{I_{EQ}} = r_{bb'} + \dfrac{U_T}{I_{BQ}}$ 不变，所以输入电阻 R_i 也不变；对于电路的电压放大倍数 $\dot{A}_u$，由于 $\dot{A}_u = \beta \dfrac{R_L'}{r_{be}}$，所以 $\dot{A}_u$ 减小一半。

2.14 ［解］ （a）$U_{BQ} = V_{CC} \dfrac{R_{B2}}{R_{B1} + R_{B2}} = 24 \times \dfrac{15}{62 + 15}\text{ V} \approx 4.7\text{ V}$

$$I_{CQ} \approx I_{EQ} = \frac{U_{BQ} - U_{BEQ}}{R_E} = 1.33\text{ mA}$$

$$U_{CQ} = V_{CC} - I_{CQ}R_C = 20\text{ V}$$

$$U_{EQ} = U_{BQ} - U_{BEQ} = 4\text{ V}$$

（b）微变等效电路如题2.14解图所示。其中

$$r_{be} = r_{bb'} + (1+\beta)\frac{U_T}{I_{EQ}} = 1.1\text{ k}\Omega$$

$$R_B = R_{B1} /\!/ R_{B2}$$

题2.14解图

（c）

$$\dot{A}_u = \frac{\dot{U}_o}{\dot{U}_i} = -\frac{\beta(R_C /\!/ R_L)}{r_{be}} = -68.2$$

$$R_i = R_B \mathbin{/\!/} r_{be} = R_{B1} \mathbin{/\!/} R_{B2} \mathbin{/\!/} r_{be} = 1 \text{ k}\Omega$$

$$R_o = R_C = 3 \text{ k}\Omega$$

2.15 [解] （a）
$$\dot{A}_u = \frac{\dot{U}_o}{\dot{U}_i} = -\frac{\beta(R_C \mathbin{/\!/} R_L)}{r_{be} + (1+\beta)R_E} \approx -4.2$$

$$R_i = R_{B1} \mathbin{/\!/} R_{B2} \mathbin{/\!/} [r_{be} + (1+\beta)R_E] \approx 7.5 \text{ k}\Omega$$

$$\dot{A}_{us} = \frac{\dot{U}_o}{\dot{U}_s} = \frac{\dot{U}_i \dot{U}_o}{\dot{U}_s \dot{U}_i} = \frac{R_i}{R_s + R_i} \dot{A}_u = -2.5$$

（b）
$$R_i = 7.5 \text{ k}\Omega$$

$$R_o = R_C = 4.7 \text{ k}\Omega$$

2.16 [解] （a）微变等效电路如题 2.16 解图所示。其中

$$R_B = R_{B1} \mathbin{/\!/} R_{B2}$$

（b）
$$\dot{A}_u = \frac{\dot{U}_o}{\dot{U}_i} = -\frac{\beta(R_C \mathbin{/\!/} R_L)}{r_{be} + (1+\beta)R_{E1}} = -12$$

$$R_i = R_{B1} \mathbin{/\!/} R_{B2} \mathbin{/\!/} [r_{be} + (1+\beta)R_{E1}] = 4 \text{ k}\Omega$$

$$R_o = R_C = 3 \text{ k}\Omega$$

2.17 [解] （a）
$$I_{BQ} = \frac{V_{CC} - U_{BEQ}}{R_B + (1+\beta)R_E} = -0.1 \text{ mA}$$

$$I_{CQ} = \overline{\beta} I_{BQ} = -8 \text{ mA}$$

$$U_{CEQ} = V_{CC} - I_{EQ}(R_C + R_E) = -4 \text{ V}$$

（b）微变等效电路如题 2.17 解图所示。其中

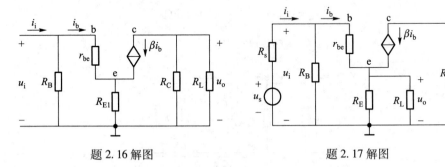

题 2.16 解图　　　　　　　　题 2.17 解图

$$r_{be} = r_{bb'} + (1+\beta)\frac{U_T}{|I_{EQ}|} = 0.34 \text{ k}\Omega$$

（c）
$$\dot{A}_u = \frac{\dot{U}_o}{\dot{U}_i} = \frac{(1+\beta)(R_E \mathbin{/\!/} R_L)}{r_{be} + (1+\beta)(R_E \mathbin{/\!/} R_L)} = 0.97$$

$$R_i = R_B /\!/ [r_{be} + (1+\beta)(R_E /\!/ R_L)] = 9.2 \text{ k}\Omega$$

$$R_o = \frac{(R_s /\!/ R_B) + r_{be}}{1+\beta} /\!/ R_E = 0.0147 \text{ k}\Omega = 14.7 \ \Omega$$

2.18 [解] （a）本题电路中，基极电流 I_{BQ} 较大，应利用戴维南定理等效，并考虑偏置电阻的影响后，计算静态工作点。

$$V_{BB} = V_{CC} \frac{R_{B2}}{R_{B1} + R_{B2}} = 8.35 \text{ V}$$

$$R_B = R_{B1} /\!/ R_{B1} = 31.3 \text{ k}\Omega$$

$$I_{BQ} = \frac{V_{BB} - U_{BEQ}}{R_B + (1+\beta) R_E} = 93.6 \ \mu\text{A}$$

$$I_{CQ} = \beta I_{BQ} = 1.87 \text{ mA}$$

$$U_{CEQ} \approx V_{CC} - I_{CQ}(R_C + R_E) = 15 \text{ V}$$

（b）
$$r_{be} = r_{bb'} + (1+\beta)\frac{U_T}{I_{EQ}} = 0.372 \text{ k}\Omega$$

$$\dot{A}_u = \frac{\dot{U}_o}{\dot{U}_i} = \frac{\beta(R_C /\!/ R_L)}{r_{be}} = 61.7$$

$$R_i = \frac{r_{be}}{1+\beta} /\!/ R_E = 18 \ \Omega$$

$$R_o = R_C = 2.4 \text{ k}\Omega$$

2.19 [解] （a）
$$I_{BQ} = \frac{V_{CC} - U_{BEQ}}{R_B + (1+\beta) R_E} = 0.16 \text{ mA}$$

$$r_{be} = r_{bb'} + (1+\beta)\frac{U_T}{I_{EQ}} = r_{bb'} + \frac{U_T}{I_{BQ}} = 0.24 \text{ k}\Omega$$

$$U_{o1} = |\dot{A}_{uo1}| U_i = \frac{\beta R_C}{r_{be} + (1+\beta) R_E} U_i = 0.95 \text{ V}$$

$$U_{o2} = |\dot{A}_{uo2}| U_i = \frac{(1+\beta) R_E}{r_{be} + (1+\beta) R_E} U_i = 0.995 \text{ V}$$

（b）设表内阻为 R_L

$$U_{o1} = |\dot{A}_{u1}| U_i = \frac{\beta(R_C /\!/ R_L)}{r_{be} + (1+\beta) R_E} U_i = 0.76 \text{ V}$$

$$U_{o2} = |\dot{A}_{u2}| U_i = \frac{(1+\beta)(R_E /\!/ R_L)}{r_{be} + (1+\beta)(R_E /\!/ R_L)} U_i = 0.994 \text{ V}$$

由以上计算结果可见，信号由射极输出时，因输出电阻小而电路带负载能力强。

2.20 [解] （a）先求各级的 I_{EQ} 及 r_{be}

$$U_{B1Q} = V_{CC} \frac{R_2}{R_1 + R_2} = 4.05 \text{ V}$$

$$I_{E1Q} = \frac{U_{B1Q} - U_{BE1Q}}{R_4} = 2.79 \text{ mA}$$

$$r_{be1} = r_{bb'1} + (1 + \beta_1) \frac{U_T}{I_{E1Q}} = 0.56 \text{ k}\Omega$$

$$U_{B2Q} = V_{CC} \frac{R_7}{R_6 + R_7} = 7.5 \text{ V}$$

$$I_{E2Q} = \frac{U_{B2Q} - U_{BE2Q}}{R_5} = 2.27 \text{ mA}$$

$$r_{be2} = r_{bb'2} + (1 + \beta_2) \frac{U_T}{I_{E2Q}} = 0.66 \text{ k}\Omega$$

$$U_{B3Q} = V_{CC} \frac{R_{10}}{R_9 + R_{10}} = 3.53 \text{ V}$$

$$I_{E3Q} = \frac{U_{B3Q} - U_{BE3Q}}{R_{11}} = 2.36 \text{ mA}$$

$$r_{be3} = r_{bb'3} + (1 + \beta_3) \frac{U_T}{I_{E3Q}} = 0.64 \text{ k}\Omega$$

求各级的等效负载电阻

$$R'_{L1} = R_3 /\!/ R_{i2} = R_3 /\!/ R_5 /\!/ \frac{r_{be2}}{1 + \beta_2} = 0.013 \text{ k}\Omega$$

$$R'_{L2} = R_8 /\!/ R_{i3} = R_8 /\!/ R_9 /\!/ R_{10} /\!/ [r_{be3} + (1 + \beta_3)(R_{11} /\!/ R_L)] = 0.88 \text{ k}\Omega$$

$$R'_{L3} = R_{11} /\!/ R_L = 1.07 \text{ k}\Omega$$

求各级的电压放大倍数及整个电路的电压放大倍数 $\dot{A}_u$

$$\dot{A}_{u1} = -\frac{\beta_1 R'_{L1}}{r_{be1}} = -1.16$$

$$\dot{A}_{u2} = \frac{\beta_2 R'_{L2}}{r_{be2}} = 66.7$$

$$\dot{A}_{u3} = \frac{(1 + \beta_3) R'_{L3}}{r_{be3} + (1 + \beta_3) R'_{L3}} = 0.99$$

$$\dot{A}_u = \dot{A}_{u1} \dot{A}_{u2} \dot{A}_{u3} = -76.6$$

(b)　　　　$R_i = R_{i1} = R_1 /\!/ R_2 /\!/ r_{be1} = 0.48 \text{ k}\Omega$

第二级的输出电阻 $R_{o2}(=R_8)$ 是第三级的信号源内阻,故

64

$$R_o = R_{o3} = \frac{(R_8 /\!/ R_9 /\!/ R_{10}) + r_{be3}}{1 + \beta_3} /\!/ R_{11} = 0.029 \text{ kΩ}$$

2.21〔解〕 该电路为三级直接耦合放大电路,第一级为共集电极放大电路,第二级为共射极放大电路,第三级为共集电极放大电路。为了保证静态时输出端的直流电位为零,电路采用了正、负电源,并且用稳压管 D_Z 和二极管 D_1 分别垫高 T_2、T_3 的发射极电位。在动态分析时,D_Z 和 D 的动态电阻可以忽略不计。

（1）求放大电路的输入电阻。由于第一级放大电路为共集电极放大电路,其输入电阻与负载和第二级电路的输入电阻有关。第二级放大电路的输入电阻

$$R_{i2} = r_{be2} = 2 \text{ kΩ}$$

故放大电路的输入电阻

$$R_i = R_{i1} = r_{be1} + (1+\beta)(R_{E1} /\!/ R_{i2}) \approx 150 \text{ kΩ}$$

（2）求放大电路的输出电阻。由于最后一级为共集电极放大电路,故放大电路的输出电阻

$$R_o = R_{o3} = R_{E3} /\!/ \frac{R_{C2} + r_{be3}}{1 + \beta} \approx 45 \text{ Ω}$$

（3）计算各级放大电路的电压放大倍数及整个放大电路的电压放大倍数。

$$\dot{A}_{u1} = \frac{\dot{U}_{o1}}{\dot{U}_i} = \frac{(1+\beta)(R_{E1} /\!/ R_{i2})}{r_{be1} + (1+\beta)(R_{E1} /\!/ R_{i2})} = \frac{101 \times (5.3 /\!/ 2)}{3 + 101 \times (5.3 /\!/ 2)} \approx 0.98$$

$$R_{i3} = r_{be3} + (1+\beta)(R_{E3} /\!/ R_L) = 1.5 + 101 \times (3 /\!/ 0.2) \approx 20 \text{ kΩ}$$

$$\dot{A}_{u2} = \frac{\dot{U}_{o2}}{\dot{U}_{i2}} = -\frac{\beta(R_{C2} /\!/ R_{i3})}{r_{be2}} = -\frac{100 \times (3 /\!/ 20)}{2} \approx -130$$

$$\dot{A}_{u3} = \frac{\dot{U}_o}{\dot{U}_{i3}} = \frac{(1+\beta)(R_{E3} /\!/ R_L)}{r_{be3} + (1+\beta)(R_{E3} /\!/ R_L)} = \frac{101 \times (3 /\!/ 0.2)}{1.5 + 101 \times (3 /\!/ 0.2)} \approx 0.95$$

$$\dot{A}_{us} = \frac{\dot{U}_o}{\dot{U}_s} = \frac{R_i}{R_S + R_i} \dot{A}_{u1} \dot{A}_{u2} \dot{A}_{u3} = \frac{150}{2 + 150} \times 0.98 \times (-130) \times 0.95 \approx -120$$

3

场效应管及其放大电路

3.1　教　学　要　求

本章介绍了场效应管及其放大电路,各知识点的教学要求如表 3.1.1 所示。

表 3.1.1　第 3 章教学要求

知　识　点		教　学　要　求		
		熟练掌握	正确理解	一般了解
场效应管	场效应管的结构与类型			√
	场效应管的工作原理		√	
	场效应管的伏安特性及主要参数	√		
	场效应管的微变等效电路	√		
场效应管放大电路	场效应管放大电路的静态分析	√		
	场效应管放大电路的动态分析	√		
	场效应管三种基本放大电路	√		

3.2 基本概念与分析计算的依据

3.2.1 场效应管

1. 场效应管的结构与类型

场效应管是一种半导体器件,与第 2 章介绍的晶体管类似,器件内部也有两个 PN 结,器件外部也有三个电极(源极 s、栅极 g 和漏极 d)。

场效应管按照结构和控制电场的形式,有结型和绝缘栅型两大类型。结型的栅极与硅材料直接接触,控制电场是 PN 结的内电场;绝缘栅型的栅极与硅材料之间隔有绝缘层(SiO_2),不直接接触,控制电场是外电压产生的表面电场。

场效应管按照工作方式,有耗尽型和增强型之分。耗尽型:在外加电压为零时,管内有固定的导电沟道,随外加电压的绝对值增大,导电沟道逐渐消失(耗尽);增强型:在外加电压为零时,管内没有导电沟道,当外加电压的绝对值增大到一定程度后,导电沟道逐渐形成(增强)。

场效应管按照导电沟道的掺杂类型,有 N 沟道和 P 沟道。两者的外加电压极性相反。

2. 场效应管的工作原理

学习场效应管的工作原理时应正确理解以下几个概念:

(1)控制漏极电流的基本原理

场效应管的导电沟道可等效为一个可变电阻,外加电压改变导电沟道的宽度,以改变导电沟道电阻的大小,从而达到控制漏极电流的目的。

(2)外加电压对导电沟道的影响

当漏源电压等于零时,栅源电压变化,导电沟道处处宽度相等;当漏源电压不等于零时,导电沟道呈楔状,靠近漏极处沟道较窄。

(3)夹断电压和开启电压

对耗尽型管,当栅源电压的绝对值增大到某一数值时,导电沟道就消失——称为夹断,把这一状态时的栅源电压称为夹断电压 $U_{GS(off)}$。N 沟道 $U_{GS(off)} < 0$,P 沟道 $U_{GS(off)} > 0$。

对增强型管,当栅源电压的绝对值增大到某一数值时,导电沟道就出现——称为开启,把这一状态时的栅源电压称为开启电压 $U_{GS(th)}$。N 沟道 $U_{GS(th)}>0$,P 沟道 $U_{GS(th)}<0$。

（4）预夹断和全夹断

预夹断——当 U_{GS} 一定,U_{DS} 增大到一定大小时,漏极端的沟道开始夹断。

全夹断——导电沟道从源极端到漏极端全部夹断,漏极电流为零。

（5）预夹断前后的导电情况

预夹断前,漏源极之间电压变化,漏极电流随之变化,类似电阻。当栅源极之间电压不同时,漏源极之间的等效电阻不同,称为"可变电阻区"。

预夹断后,漏源极之间电压变化,漏极电流近似等于常数。因为 U_{DS} 数值增大,夹断区由漏极向源极延伸,沟道电阻增大,使 U_{DS} 数值的增加为沟道压降的增加抵消,漏极电流基本不变,称为"恒流区"。但是,对应于不同的 U_{GS},漏极电流的恒值不同。也就是说,U_{GS} 对漏极电流有控制作用,所以又称为"放大区"。

3. 场效应管的特性

各种不同类型场效应管的特性如表 3.2.1 所列。

表 3.2.1　各种场效应管的特性

	N 沟道			P 沟道		
	增强型 MOS	耗尽型 MOS	JFET	增强型 MOS	耗尽型 MOS	JFET
$U_{GS(th)}$ 或 $U_{GS(off)}$	+	−	−	−	+	+
导通条件	$U_{GS}>U_{GS(th)}$	$U_{GS}>U_{GS(off)}$	$U_{GS}>U_{GS(off)}$	$U_{GS}<U_{GS(th)}$	$U_{GS}<U_{GS(off)}$	$U_{GS}<U_{GS(off)}$
U_{DS}	+	+	+	−	−	−
工作在可变电阻区的条件	$U_{DS}\leqslant U_{GS}-U_{GS(th)}$	$U_{DS}\leqslant U_{GS}-U_{GS(off)}$	$U_{DS}\leqslant U_{GS}-U_{GS(off)}$	$U_{DS}\geqslant U_{GS}-U_{GS(th)}$	$U_{DS}\geqslant U_{GS}-U_{GS(off)}$	$U_{DS}\geqslant U_{GS}-U_{GS(off)}$
工作在恒流区的条件	$U_{DS}\geqslant U_{GS}-(U_{GS(th)}$ 或 $U_{GS(off)})$			$U_{DS}\leqslant U_{GS}-(U_{GS(th)}$ 或 $U_{GS(off)})$		
工作在恒流区的漏极电流	$i_D=I_{DSS}\left(1-\dfrac{u_{GS}}{U_{GS(off)}}\right)^2$ 或 $i_D=\dfrac{\mu_n C_{OX}}{2}\dfrac{W}{L}(u_{GS}-U_{GS(th)})^2=K(u_{GS}-U_{GS(th)})^2$					

4. 场效应管的主要参数

（1）直流参数:开启电压 $U_{GS(th)}$,夹断电压 $U_{GS(off)}$;零偏漏极电流 I_{DSS}。

（2）交流参数:跨导 g_m（也称为互导）,它是管子在保持 U_{DS} 一定时,漏极电流微变量与栅极电压微变量的比值;极间电容:栅源电容 C_{gs}、栅漏电容 C_{gd}、漏源电容 C_{ds}。输出电阻 r_{ds} 与双极型晶体管的输出电阻 r_{ce} 类似,r_{ds} 是模拟场效应管的沟道调制效应而等效的输出电阻。

（3）极限参数:漏极最大允许耗散功率 P_{DSM},相当于双极型晶体管的 P_{CM};最大漏极电流

I_{DSM}是管子在工作时允许的漏极电流最大值,相当于双极型晶体管的I_{CM};栅源击穿电压$U_{(BR)GS}$;漏源击穿电压$U_{(BR)DS}$。

5. 场效应管的微变等效电路

场效应管的微变等效电路如图 3.2.1 所示。

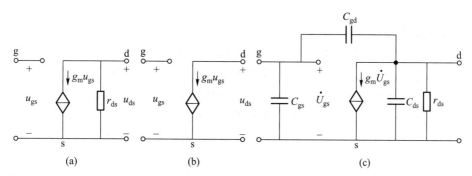

图 3.2.1 FET 的微变等效电路及高频模型

(a) FET 的微变等效电路 (b) FET 简化的微变等效电路 (c) FET 的高频模型

6. 场效应管与晶体管的比较

(1)导电机理

场效应管利用多子导电,而晶体管则利用多子和少子导电。

(2)结构对称性

场效应管的结构具有对称性,如果绝缘栅型管的衬底在电路内部事先不与源极相连,场效应管的源极和漏极可以互换。而晶体管的结构不对称,集电极与发射极是不能互换的。

(3)控制方式

场效应管工作在放大状态时,漏极电流i_D基本上只随栅源极间电压的变化而变化。所以,常称其为电压控制型器件。

晶体管工作在放大状态时,集电极电流i_C基本上只随基极电流i_B的变化而变化,习惯上称其为电流控制型器件。但基极电流i_B又受基极与发射极间电压的控制,实质上仍然是电压控制型器件。

(4)直流输入电阻

场效应管的直流输入电阻大(结型:一般大于$10^7\ \Omega$,绝缘栅型:一般大于$10^9\ \Omega$);而晶体管直流输入电阻较小(发射结正偏)。

(5)稳定性及噪声

场效应管具有较好的温度稳定性、抗辐射性和低噪声性能;晶体管则受温度和辐射的影响较大,这些都与导电机理有关。

(6)放大能力

场效应管因跨导g_m较小,而放大能力较弱;晶体管因电流放大系数β较大而放大能力

69

较强。

3.2.2　场效应管放大电路

场效应管放大电路与双极型晶体管放大电路类似,也有与之对应的三种基本组态:共源极(共射极)、共漏极(共集电极)和共栅极(共基极)。

1. 直流偏置及静态分析

场效应管放大电路有两种常用的直流偏置方式:自给偏压和分压式偏置。

由于耗尽型(包括结型)管子在 $U_{GS}=0$ 时就有漏极电流 I_D,利用这一电流 I_D 在源极电阻 R_S 上产生的电压给管子提供直流偏置,因此自给偏压仅适合于耗尽型管子。

分压式偏置方式,利用分压电阻提供的栅极直流电位和源极电阻 R_S 上产生的直流压降共同建立栅源极间的直流偏置。调整分压比可以使偏置电压 U_{GS} 为正或为负,使用灵活,适合于各种场效应管。

场效应管放大电路的静态分析有图解法和解析法两种。图解法与双极型晶体管放大电路的图解法类似,读者可对照学习。解析法是根据直流偏置电路分别列出输入、输出回路电压电流关系式,并与场效应管工作在恒流区(放大区)漏极电流 I_D 和 U_{GS} 的关系联立求解获得静态工作点。

2. 动态分析

场效应管放大电路的动态分析也有图解法和微变等效电路法两种。它与双极型晶体管放大电路的分析法类似,读者可对照学习。

在双极型晶体管放大电路动态分析中,通常给出了管子的 β 值,而在场效应管放大电路分析中则需要利用解析法计算跨导 g_m。例如耗尽型管子的 g_m 由下式求得:

$$g_m = \frac{di_D}{du_{GS}}\bigg|_{\Delta u_{DS}=0} = -\frac{2I_{DSS}}{U_{GS(off)}}\left(1 - \frac{U_{GSQ}}{U_{GS(off)}}\right)$$

$$= -\frac{2}{U_{GS(off)}}\sqrt{I_{DSS} \cdot I_{DQ}}$$

上式表明 g_m 与 I_{DQ} 有关,I_{DQ} 越大,g_m 也就越大。

对于增强型的 MOS 管,在静态工作点 Q 处的跨导可由下式求得

$$g_m = 2\sqrt{\frac{\mu_n C_{OX}}{2}\frac{W}{L}I_{DQ}} = 2\sqrt{KI_{DQ}}$$

上式表明,增大 MOS 管的宽长比 (W/L) 和静态工作电流,都可以提高 g_m。

另外,场效应管的输出电阻 r_{ds} 可由下式近似计算:

$$r_{ds} = \frac{\partial u_{DS}}{\partial i_D}\bigg|_{\Delta u_{GS}=0} \approx \frac{U_A}{I_{DQ}}$$

式中,U_A 为厄尔利电压。由于 U_A 可在 100 V 以上,故 r_{ds} 的数值在几十千欧以上。

3. 三种基本放大电路的特点

场效应管放大电路的组态判别与双极型晶体管放大电路类似,此处不再赘述。三种基本放大电路的性能特点如表 3.2.2 所示。

表 3.2.2 场效应管三种基本放大电路的性能特点

	共源极	共漏极	共栅极
输入电阻	大	大	小
输出电阻	较大	小	较大
电压放大倍数	大	小于或等于 1	大
u_o 与 u_i 的相位关系	反相	同相	同相

3.3 基本概念自检题与典型题举例

3.3.1 基本概念自检题

1. 选择填空题(以下每小题后均列出了几个可供选择的答案,请选择其中一个最合适的答案填入空格之中)

(1) N 沟道结型场效应管中的载流子是( )。

(a) 自由电子   (b) 空穴   (c) 电子和空穴   (d) 带电离子

(2) 场效应管是一种( )控制型电子器件。

(a) 电流   (b) 电压   (c) 光   (d) 磁

(3) 对于结型场效应管来说,如果 $|U_{GS}| > |U_{GS(off)}|$,那么,管子一定工作于( )。

(a) 可变电阻区   (b) 饱和区   (c) 截止区   (d) 击穿区

(4) 增强型场效应管,$|i_D| \neq 0$ 的必要条件是( )。

(a) $|u_{GS}| > |U_{GS(th)}|$ (b) $|u_{GS}| = |U_{GS(th)}|$

(c) $|u_{GS}| < |U_{GS(th)}|$ (d) $u_{GS} > |U_{GS(off)}|$

(5) 反映场效应管放大能力的一个重要参数是( )。

(a) 输入电阻   (b) 输出电阻   (c) 击穿电压   (d) 跨导

(6) 某场效应管的 $I_{DSS} = 6$ mA,$I_{DQ} = 8$ mA,i_D 的方向是从漏极流出,则该管为( )。

(a) 耗尽型 PMOS   (b) 耗尽型 NMOS

(c) 增强型 PMOS   (d) 增强型 NMOS

（7）某场效应管的转移特性如图 3.3.1 所示，则该管是（　　）场效应管。

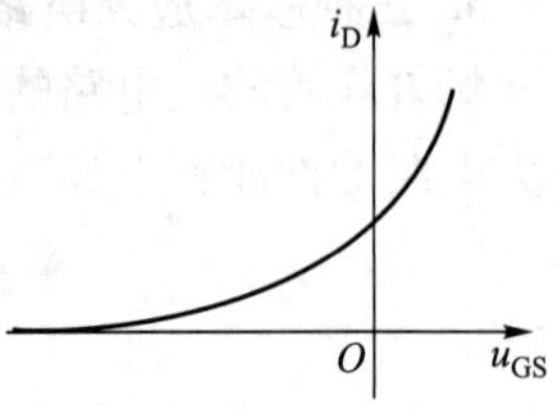

（a）增强型 NMOS

（b）增强型 PMOS

（c）耗尽型 NMOS

（d）耗尽型 PMOS

（8）与双极型晶体管比较，场效应管（　　）。

（a）输入电阻小

（b）制作工艺复杂

（c）不便于集成

（d）放大能力弱

图 3.3.1

（9）P 沟道增强型 MOS 管工作在恒流区的条件是（　　）。

（a）$U_{GS}<U_{GS(th)}$，$U_{DS}\geqslant U_{GS}-U_{GS(th)}$　　　（b）$U_{GS}<U_{GS(th)}$，$U_{DS}\leqslant U_{GS}-U_{GS(th)}$

（c）$U_{GS}>U_{GS(th)}$，$U_{DS}\geqslant U_{GS}-U_{GS(th)}$　　　（d）$U_{GS}>U_{GS(th)}$，$U_{DS}\geqslant U_{GS}-U_{GS(th)}$

（10）工作在恒流状态下的场效应管，关于其跨导 g_m，下列说法正确的是（　　）。

（a）g_m 与静态漏极电流 I_{DQ} 成正比

（b）g_m 与栅源电压的平方 U_{GS}^2 成正比

（c）g_m 与漏源电压 U_{DS} 成正比

（d）g_m 与静态漏极电流的开平方 $\sqrt{I_{DQ}}$ 成正比

（11）放大电路如图 3.3.2 所示，$R_S=R_D$，且电容的容量都足够大，则 $u_{o1}+u_{o2}$ 的值是（　　）。

（a）$-\dfrac{g_m R_D}{1+g_m R_S}$　　　　（b）0　　　　（c）$\dfrac{2g_m R_D}{1+g_m R_S}$　　　　（d）$-\dfrac{2g_m R_D}{1+g_m R_D}$

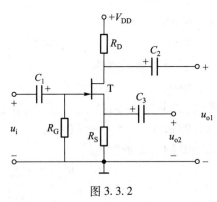

图 3.3.2

[答案]　（1）（a）。（2）（b）。（3）（c）。（4）（a）。（5）（d）。（6）（a）。（7）（c）。（8）（d）。（9）（b）。（10）（d）。（11）（b）。

2. 填空题（请在空格中填上合适的词语，将题中的论述补充完整）

（1）按照结构，场效应管可分为_____。

（2）场效应管属于_____型器件，它是利用一种载流子导电的。

（3）场效应管突出的优点是_____。

（4）跨导 g_m 描述了栅源电压 u_GS 对漏极电流 i_D 的控制作用。其数学表达式为_____，单位是_____。

（5）与双极性晶体管类似，场效应管也可接成三种基本放大电路，即_____极、_____极和_____极放大电路。

（6）当场效应管工作于线性区时，其漏极电流 i_D 只受电压_____的控制，而与电压_____几乎无关。i_D 的数学表达式为：耗尽型_____，增强型_____。

（7）由输出特性可知，结型场效应管的漏源击穿电压 $|U_{\mathrm{(BR)DS}}|$ 随着栅源电压 $|u_\mathrm{GS}|$ 的增大而_____。

（8）在使用场效应管时，由于结型场效应管的结构是对称的，所以____极和____极是可互换的。MOS 管中如果衬底在管内不与____极预先接在一起，则____极和____极也可互换。

（9）某场效应管的转移特性如图 3.3.3 所示，它的 $I_\mathrm{DSS}=$ _____、$U_{\mathrm{GS(off)}}\approx$ _____。

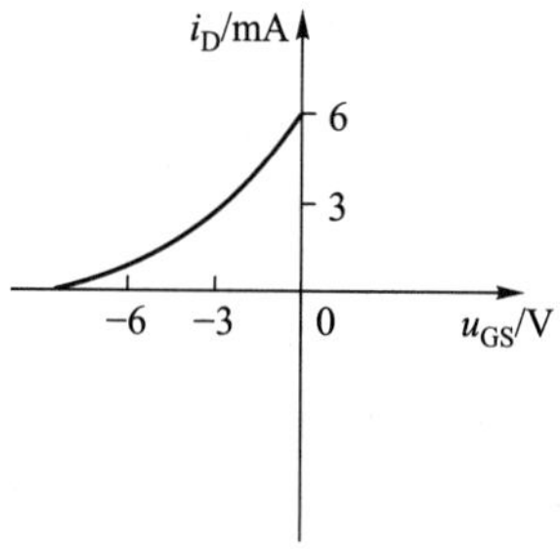

（10）耗尽型场效应管可采用_____偏压电路，增强型场效应管只能采用_____偏置电路。

图 3.3.3

（11）N 沟道结型场效应管工作于放大状态时，要求：$0 \geqslant U_\mathrm{GSQ} >$ _____，$U_\mathrm{DSQ} >$ _____；而 N 沟道增强型 MOSFET 工作于放大工作状态时，要求 $U_\mathrm{GSQ} >$ _____，$U_\mathrm{DSQ} > U_\mathrm{GSQ}-U_\mathrm{GS(th)}$。

（12）在图 3.3.4 所示电路中，如果电路中的场效应管工作在放大区，则电路具有_____的特性。

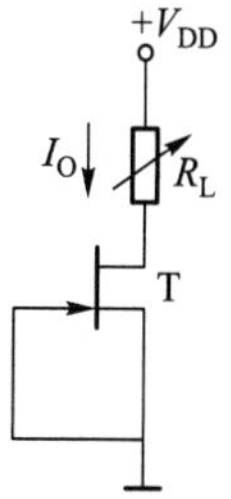

（13）在构成放大器时，可以采用自给偏压电路的场效应管是_____。

[**答案**] （1）结型和绝缘栅型。（2）电压控制。（3）输入电阻高。（4）$g_\mathrm{m}= \dfrac{\partial i_\mathrm{D}}{\partial u_\mathrm{GS}}\bigg|_{u_\mathrm{DS}=常数}$，西（S）或毫西（mS）。（5）共源，共漏，共栅。（6）u_GS，u_DS，$i_\mathrm{D}=$

图 3.3.4

$I_\mathrm{DSS}\left(1-\dfrac{u_\mathrm{GS}}{U_\mathrm{GS(off)}}\right)^2$，$i_\mathrm{D}=K(u_\mathrm{GS}-U_\mathrm{GS(th)})^2$。（7）减小。（8）源（s），漏（d），源（s），源（s），漏（d）。（9）6 mA，-8 V。（10）自给，分压式。（11）$U_\mathrm{GS(off)}$，$U_\mathrm{GS}-U_\mathrm{GS(off)}$，$U_\mathrm{GS(th)}$。（12）恒流。（13）耗尽型场效应管。

3.3.2 典型题举例

[**例 3.1**]　在实验中，发现图 3.3.5 中所示的（a）（b）两个电路均不能进行正常放大。指出电路中存在的问题，并加以改正。

[**解**]　图 3.3.5（a）中的放大器件是增强型的 MOS 管，必须加正偏压才能工作。该电路中的器件实际上组成了自给偏压电路，偏压实际为负值，因此管子处于截止状态。为了给管子

施加正偏压,可采用分压式偏置电路。修改图如图3.3.6(a)所示。

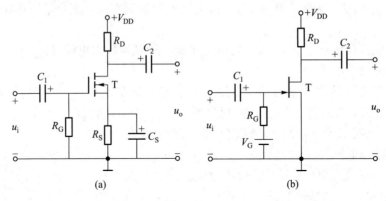

图3.3.5　例3.1题图

图3.3.5(b)中的放大器件是结型场效应管,应加反向偏压。该电路中器件栅源两电极所加的是正向偏压,管子处于正向导通状态。可采用图3.3.6(b)所示电路,由电阻R_S产生自给反向偏压。

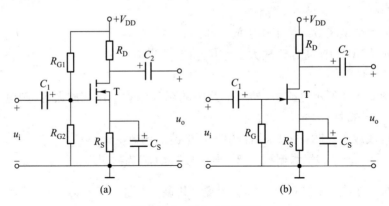

图3.3.6　例3.1题解图

[**例3.2**]　在图3.3.7所示电路中,场效应管 T 的 $I_{DSS}=2$ mA, $U_{GS(off)}=-3$ V。试求:

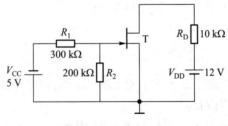

图3.3.7　例3.2题图

（1）栅源电压 U_{GSQ}。

（2）漏极电流 I_{DQ}。

（3）漏源电压 U_{DSQ}。

（4）低频跨导 g_{m}。

［解］ （1）由图可知

$$U_{\mathrm{GSQ}} = -\frac{R_2}{R_1+R_2}V_{\mathrm{CC}} = -2 \text{ V}$$

（2）场效应管为 N 沟道耗尽型,其转移特性曲线可用近似公式表示:

$$I_{\mathrm{DQ}} = I_{\mathrm{DSS}}\left(1-\frac{U_{\mathrm{GSQ}}}{U_{\mathrm{GS(off)}}}\right)^2 \approx 0.22 \text{ mA}$$

（3）由图可知

$$U_{\mathrm{DSQ}} = V_{\mathrm{DD}} - I_{\mathrm{DQ}}R_{\mathrm{D}} \approx 9.8 \text{ V}$$

（4）场效应管的低频跨导为

$$g_{\mathrm{m}} = \frac{2I_{\mathrm{DSS}}\left(1-\dfrac{U_{\mathrm{GSQ}}}{U_{\mathrm{GS(off)}}}\right)}{U_{\mathrm{GS(off)}}} \approx 0.44 \text{ mS}$$

［例 3.3］ 电路如图 3.3.8(a)所示。其中 $R_{\mathrm{G}} = 1 \text{ M}\Omega, R_{\mathrm{D}} = 3 \text{ k}\Omega, R_{\mathrm{S}} = 1 \text{ k}\Omega, +V_{\mathrm{DD}} = 30 \text{ V}$,场效应管的输出特性如图(b)所示。试求电路的静态工作点 U_{GSQ}、I_{DQ} 和 U_{DSQ} 之值。

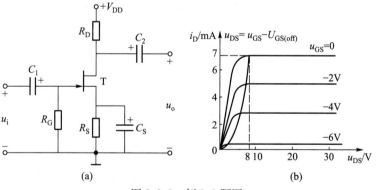

图 3.3.8 例 3.3 题图

［解］ 与双极型晶体管放大电路一样,场效应管放大电路也有两种分析方法,图解法和估算法。

方法一:图解法。

（1）在输出特性曲线上,根据输出回路直流负载线方程

$$V_{\mathrm{DD}} = u_{\mathrm{DS}} + i_{\mathrm{D}}(R_{\mathrm{S}}+R_{\mathrm{D}})$$

作直流负载线 MN,如图 3.3.9(b)所示。MN 与不同 u_{GS} 的输出特性曲线有不同的交点。Q 点应该在 MN 上。

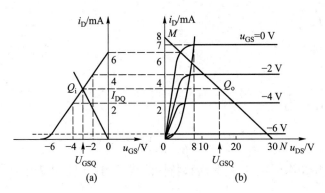

图 3.3.9　例 3.3 解题图

（2）由交点对应的 i_D、u_{GS} 值在 i_D-u_{GS} 坐标上作曲线,称为 i_D-u_{GS} 控制特性,如图 3.3.9（a）所示。

（3）在控制特性上,根据输入回路直流负载线方程

$$u_{GS} = -i_D R_S$$

代入 $R_S = 1\ \text{k}\Omega$,可作出输入回路直流负载线。该负载线过原点,其斜率为 $-1/R_S$,与控制线的交点 Q_i 即为静态工作点。由此可得 $I_{DQ} = 3.1\ \text{mA}$,$U_{GSQ} = -3.1\ \text{V}$。

（4）根据 $i_D = I_{DQ} = 3.1\ \text{mA}$,在输出回路直流负载线上可求得工作点 Q_o,再由 Q_o 点可得 $U_{DSQ} = 17\ \text{V}$。

方法二:估算法。

由场效应管的输出特性可知管子的 $I_{DSS} = 7\ \text{mA}$,$U_{GS(off)} = -8\ \text{V}$。由式

$$I_{DQ} = I_{DSS}\left(1 - \frac{U_{GSQ}}{U_{GS(off)}}\right)^2$$

及

$$U_{GSQ} = -I_{DQ} R_S$$

得

$$I_{DQ} = 2.9\ \text{mA}, \quad U_{GSQ} = -2.9\ \text{V}$$

$$U_{DSQ} = V_{DD} - I_{DQ}(R_D + R_S) = 18.4\ \text{V}$$

由于公式 $i_D = I_{DSS}\left(1 - \dfrac{u_{GS}}{U_{GS(off)}}\right)^2$ 及作图均有误差,所以用两种方法求得的数值略有差别。

［例 3.4］　由 N 沟道耗尽型场效应管组成的电路如图 3.3.10 所示。设 $U_{GSQ} = -0.2\ \text{V}$,$g_m = 1.2\ \text{mS}$。试求:

（1）电路的静态工作点 I_{DQ} 和 U_{GSQ} 之值。

（2）电压放大倍数 $\dot{A}_u$、输入电阻 R_i 和输出电阻 R_o。

［解］　（1）由该电路的直流通路可求出管子的栅极和源极电位。

$$U_{GQ} = \frac{R_{G2}}{R_{G1} + R_{G2}} V_{DD} = 4\ \text{V}$$

又

76

$$U_{SQ} = U_{GQ} - U_{GSQ} = 4.2 \text{ V} = I_{DQ} R_S$$

所以

$$I_{DQ} = \frac{U_{SQ}}{R_S} = 0.42 \text{ mA}$$

又由于

$$V_{DD} = I_{DQ} R_S + U_{DSQ}$$

故

$$U_{DSQ} = V_{DD} - I_{DQ} R_S = 15.8 \text{ V}$$

（2）画出放大电路的微变等效电路,如图 3.3.11 所示。由图可得

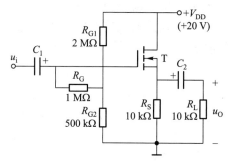

图 3.3.10　例 3.4 题图

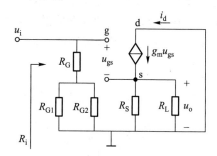

图 3.3.11　图 3.3.10 电路的微变等效电路

$$\dot{U}_o = g_m \dot{U}_{gs} R'_L = g_m \dot{U}_{gs} R_S /\!/ R_L$$
$$\dot{U}_i = \dot{U}_{gs} + \dot{U}_o = (1 + g_m R_S /\!/ R_L) \dot{U}_{gs}$$

故电压放大倍数

$$\dot{A}_u = \frac{\dot{U}_o}{\dot{U}_i} = \frac{g_m R_S /\!/ R_L}{1 + g_m R_S /\!/ R_L} = 0.86$$

输入电阻

$$R_i = R_G + R_{G1} /\!/ R_{G2} = 1.4 \text{ M}\Omega$$

　　根据输出电阻的求法:将输入信号源短路,负载开路,在输出端外加交流电压 u,如图 3.3.12 所示。由图可知

$$I = \frac{U}{R_S} - g_m U_{gs}$$
$$U_{gs} = -U$$

故输出电阻

$$R_o = \frac{U}{I} = \frac{1}{\dfrac{1}{R_S} + g_m} = R_S /\!/ \frac{1}{g_m} = 0.77 \text{ k}\Omega_\circ$$

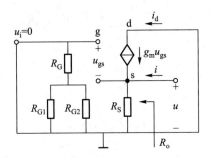

图 3.3.12 求 R_o 的等效电路

[**例 3.5**] 一 N 型沟道增强型 MOS 场效应管放大电路如图 3.3.13(a)所示。

(1) 设场效应管漏极特性曲线的间隔是均匀的,现用示波器观察电路的输入、输出电压,出现如图 3.3.13(b)所示的失真波形。试问:该电路的静态工作点 Q 可能处于或靠近哪个区?

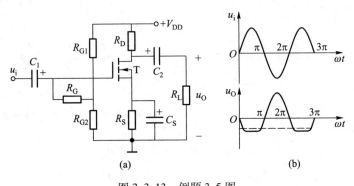

图 3.3.13 例题 3.5 图

(2) 已知漏极电流可以表示为 $i_D = K(u_{GS} - U_{GS(th)})^2$,其中 $U_{GS(th)}$ 为增强型 MOS 场效应管的开启电压,K 为常数。为了得到符合要求的静态工作电流 I_{DQ},在 R_{G1} 和 R_{G2} 不变的条件下,求电阻 R_S。

(3) 在线性放大条件下,写出电路的电压放大倍数 $\dot{A}_u$、输入电阻 R_i 及输出电阻 R_o 的表达式。

[**解**] 由图可知,该电路是一由 N 型沟道增强型 MOS 场效应管组成的共源极放大电路。

(1) 由于电路的输出波形负半周出现了失真,故该电路的静态工作点 Q 靠近可变电阻区。

(2) 已知
$$I_{DQ} = K(U_{GSQ} - U_{GS(th)})^2$$
而
$$U_{GSQ} = \frac{R_{G2}V_{DD}}{R_{G1} + R_{G2}} - I_{DQ}R_S$$

将以上两式联立求解得

$$R_S = \left(\frac{R_{G2}V_{DD}}{R_{G1} + R_{G2}} - \sqrt{\frac{I_{DQ}}{K}} - U_{GS(th)} \right) \frac{1}{I_{DQ}}$$

78

（3）
$$\dot{A}_u = \frac{\dot{U}_o}{\dot{U}_i} = -g_m R_D /\!/ R_L$$

$$R_i = R_G + R_{G1} /\!/ R_{G2}$$

$$R_o = R_D$$

[**例 3.6**] 场效应管具有输入电阻很大的优点，但它的跨导一般不大，工作频率也不高，而晶体管正好相反。因此在实际应用中，常常将场效应管和晶体管组合使用。在如图 3.3.14 所示的电路中，已知 T_1 的 g_m 和 T_2 的 β、r_{be}，试写出电压放大倍数 $\dot{A}_u$ 的表达式。

[**解**] 该电路是场效应管和晶体管组成的放大器，其微变等效电路如图 3.3.15 所示。

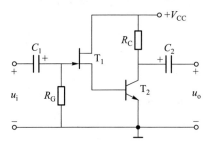

图 3.3.14　例 3.6 题图

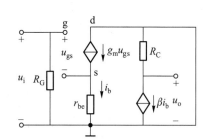

图 3.3.15　图 3.3.14 电路的微变等效电路

由图可知

$$\dot{U}_i = \dot{U}_{gs} + g_m \dot{U}_{gs} r_{be}$$

$$\dot{I}_b = g_m \dot{U}_{gs}$$

$$\dot{U}_o = -\beta \dot{I}_b R_C = -\beta g_m \dot{U}_{gs} R_C$$

所以，电压放大倍数

$$\dot{A}_u = \frac{\dot{U}_o}{\dot{U}_i} = -\frac{\beta g_m R_C}{1 + g_m r_{be}}$$

[**例 3.7**] 某场效应管自举电路如图 3.3.16 所示。已知 $+V_{DD} = 20$ V，$R_G = 51$ MΩ，$R_{G1} = 200$ kΩ，$R_{G2} = 200$ kΩ，$R_S = 22$ kΩ，场效应管的 $g_m = 1.2$ mS。试求：

（1）无自举电容 C 时，电路的输入电阻 R_i。

（2）有自举电容 C 时，电路的输入电阻 R_i。

[**解**] 电路中跨接在电阻 R_G 和源极 s 之间的电容 C 与第 2 章例 2.6 题电路中跨接在 A 和 E 点之间的电容 C 的作用相同，常称为自举电容。该电容将输出信号反馈到栅极，形成正反馈，减小了流过电阻 R_G 中的动态电流，从而提升了电路的输入电阻。

（1）不接电容 C 时，输入电阻 R_i 的表达式可直接由图 3.3.16 所示电路写出

$$R_i = R_G + R_{G1} /\!/ R_{G2} = 51.1 \text{ MΩ}$$

（2）接有电容 C 时，画出微变等效电路如图 3.3.17 所示。由微变等效电路得

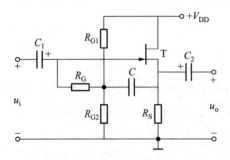

图 3.3.16　例 3.7 题图

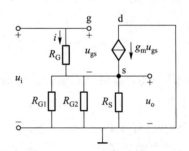

图 3.3.17　图 3.3.16 电路的微变等效电路

$$I = \frac{U_{gs}}{R_G}$$

$$U_i = U_{gs} + (I + g_m U_{gs}) R_{G1} /\!/ R_{G2} /\!/ R_S$$

$$= U_{gs} + \left(\frac{U_{gs}}{R_G} + g_m U_{gs} \right) (R_{G1} /\!/ R_{G2} /\!/ R_S)$$

故输入电阻

$$R_i = \frac{U_i}{I} = R_G + (1 + g_m R_G)(R_{G1} /\!/ R_{G2} /\!/ R_S)$$

将已知参数值代入 R_i 表达式，得

$$R_i = 1\ 152.6\ \text{M}\Omega$$

[**例 3.8**]　两级放大电路如图 3.3.18 所示。假定 T_1 的 g_m 和 T_2 的 β、r_{be} 已知。试写出电路的输入电阻 R_i、输出电阻 R_o 和电压放大倍数 $\dot{A}_u$ 的表达式。

[**解**]　为解题方便，画出放大电路的微变等效电路如图 3.3.19 所示。由放大电路的微变等效电路可写出电路的输入电阻为

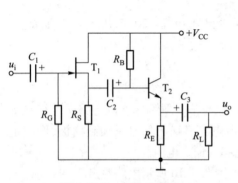

图 3.3.18　例 3.8 题图

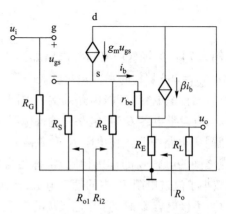

图 3.3.19　图 3.3.18 电路的微变等效电路

$$R_i = R_G$$

由于两级放大电路的第二级是射极输出器,所以整个电路的输出电阻 R_o 与第一级电路的输出电阻 R_{o1} 有关。

第一级电路(源极输出器)的输出电阻为

$$R_{o1} = \frac{1}{g_m} /\!/ R_S$$

实际上,R_{o1} 是第二级电路的信号源内阻,故

$$R_o = R_E /\!/ \frac{r_{be} + R_B /\!/ R_{o1}}{1 + \beta}$$

将第二级电路的输入电阻作为第一级电路的负载电阻,可得第一级电路的电压放大倍数

$$\dot{A}_{u1} = \frac{g_m(R_S /\!/ R_{i2})}{1 + g_m(R_S /\!/ R_{i2})}$$

其中
$$R_{i2} = R_B /\!/ [r_{be} + (1+\beta)R_E /\!/ R_L]$$

第二级电路的电压放大倍数

$$\dot{A}_{u2} = \frac{(1+\beta)R_E /\!/ R_L}{r_{be} + (1+\beta)R_E /\!/ R_L}$$

总的电压放大倍数

$$\dot{A}_u = \frac{\dot{U}_o}{\dot{U}_i} = \dot{A}_{u1}\dot{A}_{u2}$$

$$= \frac{g_m(R_S /\!/ R_{i2})}{1 + g_m(R_S /\!/ R_{i2})} \cdot \frac{(1+\beta)R_E /\!/ R_L}{r_{be} + (1+\beta)R_E /\!/ R_L}$$

3.4 课后习题及其解答

3.4.1 课后习题

3.1 场效应管有哪些类型?它们在结构和特性上各有什么特点?

3.2 为什么场效应管导电沟道出现预夹断后,其漏极电流基本上不再随漏源电压的增大而增大?

3.3 场效应管放大电路有哪些偏置方式?不同类型的场效应管放大电路的偏置方式有什么不同?

3.4 试比较场效应管组成的基本放大电路与晶体管组成的基本放大电路各有什么特点。

3.5 已知某结型场效应管的 $I_{DSS} = 10$ mA,$U_{GS(off)} = -4$ V,试定性地画出其输出特性曲线

和转移特性曲线,并求出 $U_{GS} = -2$ V 时管子的跨导 g_m 的值。

3.6 电路如题 3.6 图所示。已知 $V_{DD} = 12$ V, $V_{CC} = 2$ V, $R_G = 100$ kΩ, $R_D = 1$ kΩ, 场效应管 T 的 $I_{DSS} = 8$ mA、$U_{GS(off)} = -4$ V。求该管子的 I_{DQ} 及静态工作点处的 g_m 值。

3.7 已知某种场效应管的参数为 $U_{GS(th)} = 2$ V, $U_{(BR)GS} = 30$ V, $U_{(BR)DS} = 15$ V, 当 $U_{GS} = 4$ V、$U_{DS} = 5$ V 时,管子的 $I_{DQ} = 9$ mA。现用这种管子接成如题 3.7 图所示的四种电路,电路中的 $R_G = 100$ kΩ, $R_{D1} = 5.1$ kΩ, $R_{D2} = 3.3$ kΩ, $R_{D3} = 2.2$ kΩ, $R_S = 1$ kΩ。试问各电路中的管子各工作于放大、截止、可变电阻、击穿四种状态中的哪一种?

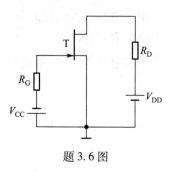

题 3.6 图

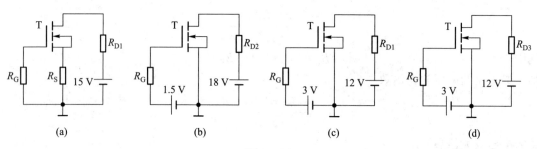

| (a) | (b) | (c) | (d) |

题 3.7 图

3.8 在题 3.8 图所示的四种电路中, R_G 均为 100 kΩ, R_D 均为 3.3 kΩ, $V_{DD} = 10$ V, $V_{CC} = 2$ V。又已知: T_1 的 $I_{DSS} = 3$ mA、$U_{GS(off)} = -5$ V; T_2 的 $U_{GS(th)} = 3$ V; T_3 的 $I_{DSS} = -6$ mA、$U_{GS(off)} = 4$ V; T_4 的 $I_{DSS} = -2$ mA、$U_{GS(off)} = 2$ V。试分析各电路中的场效应管工作于放大区、截止区、可变电阻区中的哪一个工作区。

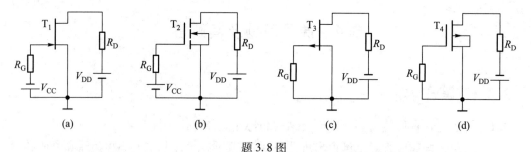

| (a) | (b) | (c) | (d) |

题 3.8 图

3.9 试判断题 3.9 图所示的四种电路中,哪个(或哪几个)电路具有电压放大作用。

3.10 电路如题 3.10 图所示。已知 $-V_{DD} = -40$ V, $R_G = 1$ MΩ, $R_D = 12$ kΩ, $R_S = 1$ kΩ, 场效应管的 $I_{DSS} = -6$ mA、$U_{GS(off)} = 6$ V、$r_{ds} = 40$ kΩ, 各电容器的电容量均足够大。试求:

(a) 电路静态时的 I_{DQ}、U_{GSQ}、U_{DQ} 值;

（b）电路的 $\dot{A}_u$、R_i、R_o 值。

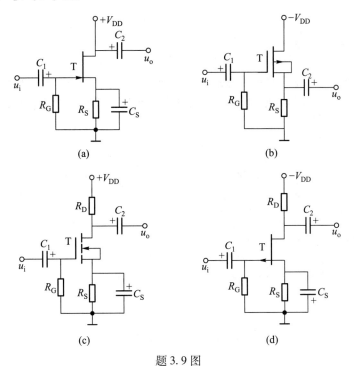

题 3.9 图

3.11 电路如题 3.11 图所示。其中 $R_G = 1.1\ \text{M}\Omega$，$R_S = 10\ \text{k}\Omega$，场效应管的 $g_m = 0.9\ \text{mS}$，r_{ds} 可以忽略，各电容器的电容量均足够大，电源电压 V_{DD} 的大小已足以保证管子能工作于恒流区。试求 $\dot{A}_u$、R_i 和 R_o 的值。

3.12 在题 3.12 图所示的电路中，$R_D = R_S = 5.1\ \text{k}\Omega$，$R_{G2} = 1\ \text{M}\Omega$，$V_{DD} = 24\ \text{V}$，场效应管的 $K = 0.05\ \text{mA/V}^2$，$U_{GS(th)} = 3\ \text{V}$，r_{ds} 可以忽略，各电容器的电容量均足够大。若要求管子的 $U_{GSQ} = 4.5\ \text{V}$，求：

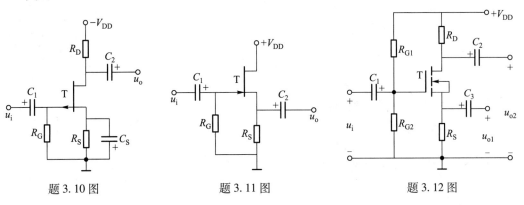

题 3.10 图 　　　　　　　 题 3.11 图 　　　　　　　 题 3.12 图

(a) R_{G1} 的数值；

(b) I_{DQ} 的值；

(c) $\dot{A}_{u1} = \dfrac{\dot{U}_{o1}}{\dot{U}_i}$ 及 $\dot{A}_{u2} = \dfrac{\dot{U}_{o2}}{\dot{U}_i}$ 的值。

3.13 共漏极-共射极组合的两级放大电路如题 3.13 图所示，已知 T_1 的 $g_m = 2\ \text{mS}$、$r_{ds} = 40\ \text{k}\Omega$，$T_2$ 的 $I_{CQ} = 2\ \text{mA}$、$r_{bb'} = 300\ \Omega$、$\beta = 50$，试计算电路的中频电压放大倍数。

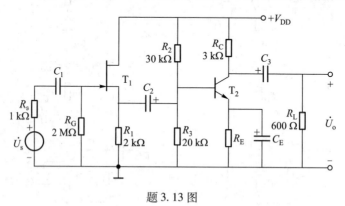

题 3.13 图

3.14 设题 3.14 图所示电路的静态工作点合适，并已知 $\dot{T}_1$ 的 g_m 和 T_2 的 β、r_{be}。画出其微变等效电路，并写出 $\dot{A}_u$、R_i 和 R_o 的表达式。

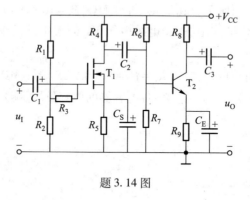

题 3.14 图

3.4.2　课后部分习题解答

3.1~3.4　解答略。

3.5 ［解］　由 $I_{DQ} = I_{DSS}\left(1 - \dfrac{U_{GSQ}}{U_{GS(off)}}\right)^2 = 2.5\ \text{mA}$　得

$$g_{\mathrm{m}} = -\frac{2}{U_{\mathrm{GS(off)}}}\sqrt{I_{\mathrm{DSS}}I_{\mathrm{DQ}}} = 2.5\ \mathrm{mS}$$

输出特性曲线和转移特性曲线略。

3.6 ［解］
$$U_{\mathrm{GSQ}} = -V_{\mathrm{CC}} = -2\ \mathrm{V}$$

$$I_{\mathrm{DQ}} = I_{\mathrm{DSS}}\left[1 - \frac{U_{\mathrm{GSQ}}}{U_{\mathrm{GS(off)}}}\right]^{2} = 2\ \mathrm{mA}$$

$$g_{\mathrm{m}} = \frac{2}{|U_{\mathrm{GS(off)}}|}\sqrt{I_{\mathrm{DSS}}I_{\mathrm{DQ}}} = 2\ \mathrm{mS}$$

3.7 ［解］ 先求场效应管的 K 值。由已知的 $U_{\mathrm{GS}} = 4\ \mathrm{V}$ 时 $I_{\mathrm{DQ}} = 9\ \mathrm{mA}$ 及 $U_{\mathrm{GS(th)}} = 2\ \mathrm{V}$，代入公式 $i_{\mathrm{D}} = K[u_{\mathrm{GS}} - U_{\mathrm{GS(th)}}]^{2}$，可求得 $K = 2.25\ \mathrm{mA/V}^{2}$。

图（a）：$U_{\mathrm{GSQ}} = 0 < U_{\mathrm{GS(th)}}$，管子不导通，$U_{\mathrm{DSQ}} = 15\ \mathrm{V} = U_{\mathrm{(BR)DS}}$，管子击穿。

图（b）：$U_{\mathrm{GSQ}} = 1.5\ \mathrm{V} < U_{\mathrm{GS(th)}}$，管子截止；$U_{\mathrm{DSQ}} = 18\ \mathrm{V} > U_{\mathrm{(BR)DS}}$ 管子击穿。

图（c）：$U_{\mathrm{GSQ}} = 3\ \mathrm{V} > U_{\mathrm{GS(th)}}$，设管子工作于放大区，则

$$I_{\mathrm{DQ}} = K[U_{\mathrm{GSQ}} - U_{\mathrm{GS(th)}}]^{2} = 2.25\ \mathrm{mA}$$

$$U_{\mathrm{DSQ}} = V_{\mathrm{DD}} - I_{\mathrm{DQ}}R_{\mathrm{D1}} \approx 0.5\ \mathrm{V}$$

$$U_{\mathrm{GDQ}} = U_{\mathrm{GSQ}} - U_{\mathrm{DSQ}} = 2.5\ \mathrm{V}$$

由于 $U_{\mathrm{GDQ}} > U_{\mathrm{GS(th)}}$，漏极附近的沟道尚未出现预夹断，故管子工作于可变电阻区。

图（d）：$U_{\mathrm{GSQ}} = 3\ \mathrm{V} > U_{\mathrm{GS(th)}}$，设管子工作于放大区，则

$$I_{\mathrm{DQ}} = K[U_{\mathrm{GSQ}} - U_{\mathrm{GS(th)}}]^{2} = 2.25\ \mathrm{mA}$$

$$U_{\mathrm{DSQ}} = V_{\mathrm{DD}} - I_{\mathrm{DQ}}R_{\mathrm{D1}} \approx 7\ \mathrm{V}$$

$U_{\mathrm{GDQ}} = U_{\mathrm{GSQ}} - U_{\mathrm{DSQ}} = -4\ \mathrm{V}$，$U_{\mathrm{GDQ}} < U_{\mathrm{GS(th)}}$，漏极附近的沟道出现了预夹断，故管子工作于放大区。

3.8 ［解］ 图（a）：T_{1} 为 N 沟道 JFET，由图可知

$$U_{\mathrm{GSQ}} = -V_{\mathrm{CC}} = -2\ \mathrm{V}$$

$$I_{\mathrm{DQ}} = I_{\mathrm{DSS}}\left[1 - \frac{U_{\mathrm{GSQ}}}{U_{\mathrm{GS(off)}}}\right]^{2} = 1.08\ \mathrm{mA}$$

$$U_{\mathrm{DSQ}} = V_{\mathrm{DD}} - I_{\mathrm{DQ}}R_{\mathrm{D}} = 6.4\ \mathrm{V}$$

由于 $U_{\mathrm{GSQ}} - U_{\mathrm{GS(off)}} = 3\ \mathrm{V}$，$U_{\mathrm{DSQ}} > U_{\mathrm{GSQ}} - U_{\mathrm{GS(off)}}$，故所设正确，$\mathrm{T}_{1}$ 工作于放大区。

图（b）：T_{2} 为 N 沟道增强型 MOSFET，由图可知 $U_{\mathrm{GSQ}} = V_{\mathrm{CC}} = 2\ \mathrm{V} < U_{\mathrm{GS(th)}}$，故 T_{2} 工作于截止状态。

图（c）：T_{3} 为 P 沟道 JFET，由图可知 $U_{\mathrm{GSQ}} = 0\ \mathrm{V}$，设管子工作于放大区，则

$$I_{\mathrm{DQ}} = I_{\mathrm{DSS}} = -6\ \mathrm{mA}$$

$$U_{\mathrm{DSQ}} = -V_{\mathrm{DD}} - I_{\mathrm{DQ}}R_{\mathrm{D1}} = 9.8\ \mathrm{V}$$

由电路可见，电路实际的 U_{DSQ} 值应该小于零，所以设管子工作于放大区不正确，管子实际的 $|I_{\mathrm{DQ}}|$ 小于 $|I_{\mathrm{DSS}}|$，故 T_{3} 工作于可变电阻区。

图(d)：T_4 为 P 沟道耗尽型 MOSFET，由图可知 $U_{GSQ}=0$ V，设管子工作于放大区，则
$$I_{DQ}=I_{DSS}=-2 \text{ mA}$$
$$U_{DSQ}=-V_{DD}-I_{DQ}R_D=-3.4 \text{ V}$$
由于 $U_{GSQ}-U_{GS(off)}=-2$ V，$|U_{DSQ}|>|U_{GSQ}-U_{GS(off)}|$，故所设正确，$T_4$ 工作于放大区。

3.9 [解] 图(a)所示电路，场效应管的漏极与 V_{DD} 之间没有 R_D，故没有电压放大能力；图(b)所示电路为共漏极放大电路，$\dot{A}_u<1$，没有电压放大能力；图(c)所示电路中的场效应管为增强型 MOSFET，当采用自给偏压方式的偏置电路时，管子的 $I_{DQ}=0$，工作于截止区，没有电压放大能力；图(d)所示电路若电路参数合适就有电压放大能力。

3.10 [解] （a）设 T 工作于放大区，则可建立下面两个方程：
$$I_{DQ}=I_{DSS}\left[1-\frac{U_{GSQ}}{U_{GS(off)}}\right]^2=-6 \text{ mA}\times\left[1-\frac{U_{GSQ}}{6 \text{ V}}\right]^2$$
$$U_{GSQ}=-I_{DQ}R_S=-I_{DQ}$$
联解上面两个方程可得两组解：$I_{DQ1}=-15.7$ mA、$U_{GSQ1}=15.7$ V 及 $I_{DQ2}=-2.3$ mA、$U_{GSQ2}=2.3$ V。第一组解不合实际，应予舍去，故
$$I_{DQ}=-2.3 \text{ mA}、U_{GSQ}=2.3 \text{ V}$$
$$U_{DQ}=V_{DD}-I_{DQ}R_D=-12.4 \text{ V}$$
$$U_{DSQ}=V_{DD}-I_{DQ}(R_D+R_S)=-10.1 \text{ V}$$
由于 $|U_{DSQ}|>|U_{GSQ}-U_{GS(off)}|$，故所设正确，T 工作于放大区。管子的 $I_{DQ}=-2.3$ mA、$U_{GSQ}=2.3$ V、$U_{DQ}=-12.4$ V。

（b）
$$g_m=\frac{2}{|U_{GS(off)}|}\sqrt{I_{DSS}I_{DQ}}=1.24 \text{ mS}$$
$$\dot{A}_u=-g_m(R_D /\!/ r_{ds})=-11.4$$
$$R_i=R_G=1 \text{ M}\Omega$$
$$R_o=R_D=12 \text{ k}\Omega$$

3.11 [解]
$$\dot{A}_u=\frac{\dot{U}_o}{\dot{U}_i}=\frac{g_mR_S}{1+g_mR_S}=0.9$$
$$R_i=R_G=1.1 \text{ M}\Omega$$
$$R_o=R_S /\!/ \frac{1}{g_m}=1 \text{ k}\Omega$$

3.12 [解] （a）设管子 T 工作于放大区
$$I_{DQ}=K[U_{GSQ}-U_{GS(th)}]^2=0.05\times(4.5-3)^2 \text{ mA}=0.11 \text{ mA}$$
将已知及已求得的数据代入式
$$U_{GSQ}=V_{DD}\frac{R_{G2}}{R_{G1}+R_{G2}}-I_{DQ}R_S$$

得

$$4.5\ \text{V} = 24\ \text{V} \times \frac{1\ \text{M}\Omega}{R_{\text{G1}} + 1\ \text{M}\Omega} - 0.11\ \text{mA} \times 5.1\ \text{k}\Omega$$

$$R_{\text{G1}} \approx 3.73\ \text{M}\Omega$$

（b）
$$I_{\text{DQ}} = 0.11\ \text{mA}$$

（c）
$$g_{\text{m}} = 2K[U_{\text{GSQ}} - U_{\text{GS(th)}}] = 2 \times 0.05 \times (4.5 - 3)\ \text{mS} = 0.15\ \text{mS}$$

$$\dot{A}_{u1} = \frac{\dot{U}_{\text{o1}}}{\dot{U}_{\text{i}}} = \frac{g_{\text{m}}R_{\text{S}}}{1 + g_{\text{m}}R_{\text{S}}} = \frac{0.15 \times 5.1}{1 + 0.15 \times 5.1} \approx 0.43$$

$$\dot{A}_{u2} = \frac{\dot{U}_{\text{o2}}}{\dot{U}_{\text{i}}} = -\frac{g_{\text{m}}R_{\text{D}}}{1 + g_{\text{m}}R_{\text{S}}} = -\frac{0.15 \times 5.1}{1 + 0.15 \times 5.1} = -0.43$$

3.13〔解〕 由本题图可知,第 2 级为共射极放大电路,管子的输入电阻 r_{be} 为

$$r_{\text{be}} \approx r_{\text{bb}'} + (1 + \beta)\frac{U_{\text{T}}}{I_{\text{CQ}}} = 963\ \Omega$$

电压放大倍数为

$$\dot{A}_{um2} = -\frac{\beta(R_{\text{C}} /\!/ R_{\text{L}})}{r_{\text{be}}} \approx -25.96$$

第 1 级为共漏极放大电路,其电压放大倍数为

$$\dot{A}_{um1} = \frac{g_{\text{m}}(R_{\text{S}}' /\!/ r_{\text{ds}})}{1 + g_{\text{m}}(R_{\text{S}}' /\!/ r_{\text{ds}})}$$

由于 $R_{\text{S}}' = R_1 /\!/ R_2 /\!/ R_3 /\!/ r_{\text{be}} \approx 0.62\ \text{k}\Omega$,那么

$$\dot{A}_{um1} \approx 0.55$$

故本题电路的中频电压放大倍数为

$$\dot{A}_{um} = \frac{\dot{U}_{\text{o}}}{\dot{U}_{\text{s}}} = \frac{R_{\text{G}}}{R_{\text{S}} + R_{\text{G}}}\dot{A}_{um1}\dot{A}_{um2} \approx -14.27$$

3.14〔解〕 这是一个两级阻容耦合放大电路,第一级为场效应管组成的共源极放大电路,第二级为晶体管组成的共射极放大电路。放大电路的微变等效电路如题 3.14 解图所示。

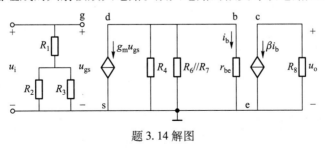

题 3.14 解图

第一级放大电路的电压放大倍数

$$\dot{A}_{u1} = -g_{\mathrm{m}}(R_4 /\!/ R_6 /\!/ R_7 /\!/ r_{\mathrm{be}})$$

第二级放大电路的电压放大倍数

$$\dot{A}_{u2} = -\frac{\beta R_8}{r_{\mathrm{be}}}$$

由此得整个电路的电压放大倍数

$$\dot{A}_u = \dot{A}_{u1}\dot{A}_{u2} = \beta g_{\mathrm{m}} R_8 \frac{R_4 /\!/ R_6 /\!/ R_7 /\!/ r_{\mathrm{be}}}{r_{\mathrm{be}}}$$

输入电阻

$$R_{\mathrm{i}} = R_1 + R_2 /\!/ R_3$$

输出电阻

$$R_{\mathrm{o}} = R_8$$

集成运算放大器

4.1　教学要求

本章介绍了集成运放中的单元电路、通用运算放大器简化电路、运算放大器的主要参数、电流模电路基础、电流模运放、跨导运放等内容。各知识点的教学要求如表 4.1.1 所示。

表 4.1.1　第 4 章教学要求

知 识 点		教 学 要 求		
		熟练掌握	正确理解	一般了解
集成电路中元器件的特点及集成运放大典型结构				√
差分放大电路	电路的类型与特点		√	
	分析计算方法	√		
	大信号传输特性		√	
电流源电路	电路组成及特性		√	
	电流源有源负载			√
复合管电路结构及特性			√	
通用集成运放的电路及工作原理				√
集成运放的主要参数及简化低频等效电路		√		
其他集成运放	几种特殊用途运放的特点			√
	跨导集成运放的工作原理			√
	电流模电路基础			√
	电流模运放的工作原理及基本特性			√

4.2 基本概念与分析计算的依据

4.2.1 集成运放概述

1. 集成电路中元器件的特点

由于集成电路是利用半导体生产工艺把整个电路的元器件制作在同一块硅基片上,与分立元件电路相比,集成电路中的元件有如下特点:

(1) 相邻元器件的特性一致性好。

(2) 用有源器件代替无源器件。

(3) 二极管大多由晶体管构成。

(4) 只能制作小容量的电容器。

2. 集成运放的典型结构

集成运算放大器是一种高增益的直接耦合多级放大电路,它由输入级、中间级、输出级和偏置电路四部分组成,其典型结构如图 4.2.1 所示。

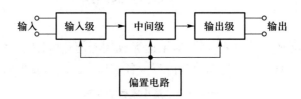

图 4.2.1 集成运放的电路框图

一般要求输入级的输入电阻大、失调和零漂小;中间级的电压放大倍数大;输出级的输出电阻小、带负载能力强;偏置电路为各级提供稳定的偏置电流。

通常输入级采用差分放大电路;中间级采用共射极放大电路;输出级采用互补推挽乙类放大电路;偏置电路采用电流源电路。

4.2.2 差分放大电路

典型的差分放大电路如图 4.2.2 所示。

1. 电路的主要类型

按输入输出方式分:有双端输入双端输出、双端输入单端输出、单端输入双端输出和单端输入单端输出四种类型。

按共模负反馈的形式分:有典型电路和射极带恒流源的电路两种。

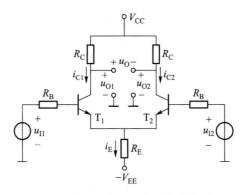

图 4.2.2　典型差分放大电路

2. 电路的主要特点

（1）电路结构具有对称性

电路两边完全对称，即：两个晶体管的参数相同，基极和集电极电阻也分别相等。

（2）抑制零点漂移

由于电路两边完全对称，两个晶体管集电极的零点漂移也相等，双端输出时电路的零点漂移为零；单端输出时射极电阻 R_E 的共模负反馈具有抑制零点漂移的能力。即差分放大电路利用电路的对称性和共模负反馈抑制零点漂移。

（3）抑制共模信号

当两个输入信号为大小相等、方向相同的"共模信号"时，由于电路的对称性和共模负反馈的作用，输出共模信号很小。双端输出时，输出共模信号近似为零。

（4）放大差模信号

当两个输入信号为大小相等、方向相反的"差模信号"时，由于电路的对称性，两个输出端有大小相等、方向相反的"差模信号"输出。双端输出时，输出差模信号等于两边输出电压之差，即该电路对差模信号有较大的放大能力。

（5）共模抑制比 K_{CMR}

差分放大电路对差模信号有较强的放大能力，而对共模信号有较强的抑制能力。即差模放大倍数 A_{ud} 大，而共模放大倍数 A_{uc} 小。为了综合评价差分放大电路性能定义共模抑制比 $K_{CMR} = |A_{ud}/A_{uc}|$，$K_{CMR}$ 越大越好。

3. 静态分析方法

利用电路的对称性，将电路分解成两半，原电路中的 R_E（电流为 $2I_{E1}$）在等效电路中应该为 $2R_E$（电流为 I_{E1}），根据电路列方程求解静态工作点。

4. 动态分析方法

（1）小信号差模特性

按差模信号的性质画出差模等效电路，分析计算差模电压放大倍数、差模输入电阻和输出电阻。对图 4.2.2 所示的典型电路,当电路输入差模信号时,流过射极电阻 R_E 的信号电流等于零。分析差模电压放大倍数时射极按"交流地"处理,分析差模输入电阻时射极电阻 R_E 按开路处理。根据电路的对称性,双端输出时负载电阻折半处理,单端输出时负载电阻不必折半。

（2）小信号共模特性

按共模信号的性质画出共模等效电路,分析计算共模电压放大倍数、共模输入电阻和共模抑制比。对图 4.2.2 所示的典型电路,当电路输入共模信号时,流过射极电阻 R_E 的信号电流等于单管射极电流的两倍,共模等效电路中的射极电阻按 $2R_E$ 处理。

（3）任意输入信号分解

如果电路的两个输入信号既不是差模信号又不是共模信号,这时可将两个任意输入信号 u_{I1} 和 u_{I2} 分解成差模和共模两种性质的输入信号。根据输入信号的定义可得差模输入信号 u_{Id} 和共模输入信号 u_{Ic} 分别为 $u_{Id}=u_{I1}-u_{I2}$ 和 $u_{Ic}=(u_{I1}+u_{I2})/2$。

电路的总输出信号为：$\Delta u_O=A_{ud}\Delta u_{Id}+A_{uc}\Delta u_{Ic}$。

差分放大电路的单端输入方式相当于双端输入方式时 u_{I1} 或 u_{I2} 等于零的情况。因此,差分放大电路的技术指标分析计算只与输出方式有关,与输入方式无关。

图 4.2.2 所示典型电路的技术指标如表 4.2.1 所列。

表 4.2.1　典型差分电路的技术指标

	双端输出	单端输出
A_{ud}	$-\dfrac{\beta[R_C /\!/ (R_L/2)]}{R_B+r_{be}}$	$\pm\dfrac{\beta(R_C /\!/ R_L)}{2(R_B+r_{be})}$
A_{uc}	0	$-\dfrac{\beta(R_C /\!/ R_L)}{R_B+r_{be}+2(1+\beta)R_E}\approx-\dfrac{R_C /\!/ R_L}{2R_E}$
K_{CMR}	∞	$\approx\dfrac{\beta R_E}{R_B+r_{be}}$
R_{id}	$2(R_B+r_{be})$	
R_{ic}	$R_B+r_{be}+2(1+\beta)R_E$	
R_o	$2R_C$	R_C

（4）大信号特性

当输入信号在 ±26 mV 范围内,电流与电压之间有良好的线性关系。当输入信号超过 ±100 mV 后,两个放大管的电流几乎不再随输入电压变化,出现了一个管子进入截止区,而另一个管子的电流则接近 $I_E(=I_{E1}+I_{E2})$ 的情况,这是很有用的限幅特性。

92

4.2.3　电流源电路

电流源电路具有输出电流稳定和输出电阻大等特点。因此,在集成电路中常用来给晶体管提供稳定的偏置电流和有源负载。几种常用电流源的特性如表 4.2.2 所列。

表 4.2.2　常用电流源电路及特性

	微电流源	比例电流源	电流镜
电路结构	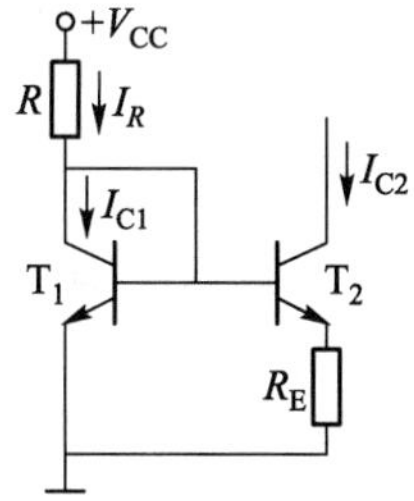	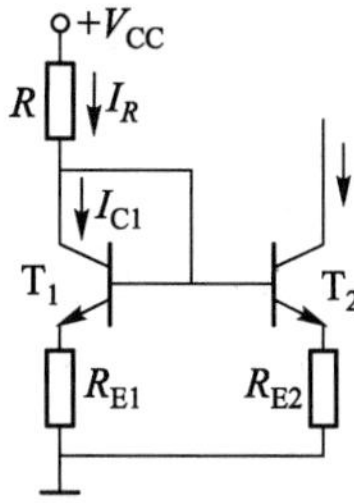	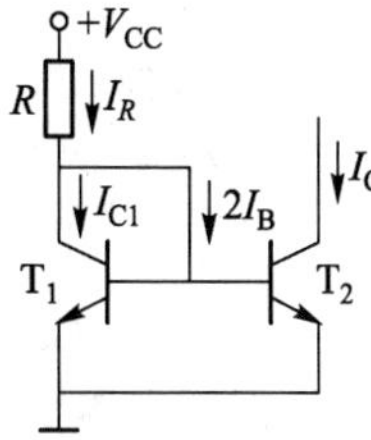
电流关系	$I_{C2} \approx (U_T/R_E)\ln(I_R/I_{C2})$	$I_{C2} \approx (R_{E1}/R_{E2})I_R$	$I_{C2} \approx I_R \approx V_{CC}/R$

4.2.4　复合管及输出级电路

1. 复合管电路

几个晶体管复合能增大电流放大系数 β,用在电压放大级能增大电压放大倍数,用在输出级能增大电路的负载能力。几种常用的复合管电路及特性如表 4.2.3 所列。

表 4.2.3　复合管电路及特性

$T_1 - T_2$	NPN-NPN	PNP-PNP	NPN-PNP	PNP-NPN
复合管电路结构及类型	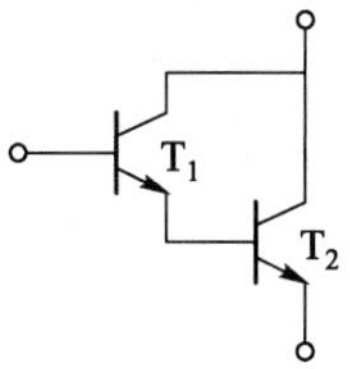 NPN	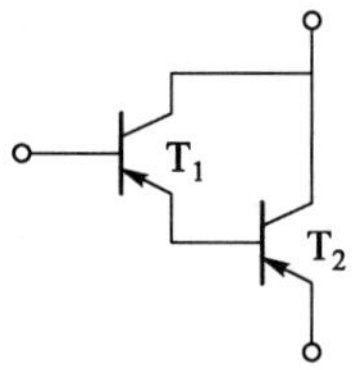 PNP	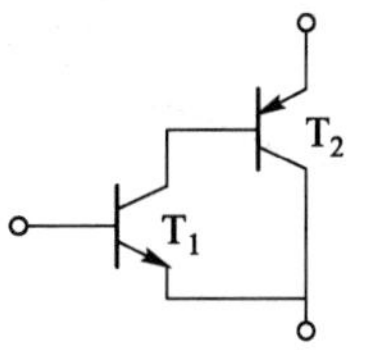 NPN	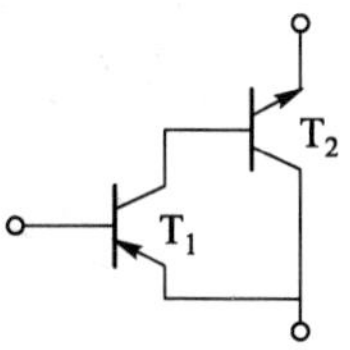 PNP
u_{BE}	$u_{BE} = u_{BE1} + u_{BE2}$		$u_{BE} = u_{BE1}$	
β	$\beta \approx \beta_1\beta_2$			
r_{be}	$r_{be} = r_{be1} + (1+\beta_1)r_{be2}$		$r_{be} = r_{be1}$	

2. 输出级电路

输出级电路需要输出电阻小、负载能力强。集成电路的输出级通常采用互补推挽功率放大电路,功率放大电路的工作原理及电路分析将在第10章中详细讨论。

4.2.5 集成运放的特性

1. 主要参数

为了能合理选择和正确使用集成运算放大器,就必须正确理解运放各种参数的含义,学会查阅集成电路手册,下面列出几种常用的参数。

（1）交流参数

交流参数主要有:开环差模电压增益 A_{ud},共模抑制比 K_{CMR},差模输入电阻 r_{id},输出电阻 r_o,开环带宽(−3 dB 带宽)f_H,单位增益带宽 f_{BWG},单位增益上升速率 S_R,建立时间 T_{set},最大差模输入电压 U_{IDM},最大共模输入电压 U_{ICM},最大输出电流 I_{OM},输出电压峰−峰值 U_{opp} 等。

（2）直流参数

直流参数主要有:输入失调电压 U_{IO},输入偏置电流 I_{IB},输入失调电流 I_{IO},失调电压的温漂 $\Delta U_{IO}/\Delta T$,失调电流的温漂 $\Delta I_{IO}/\Delta T$ 等。

2. 低频等效电路

集成运放是电子电路中常用的器件,根据需要建立合理的等效电路有利于电路分析。在低频情况下,运放的等效电路如图4.2.3所示;如果仅研究差模信号的放大问题,不考虑偏置电流 I_{IB}、失调电压 U_{IO}、失调电流 I_{IO} 的影响时,集成运放的简化低频等效电路如图4.2.4所示。

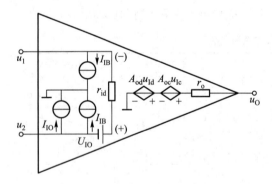

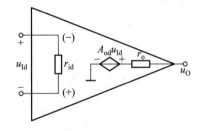

图4.2.3　集成运放低频等效电路　　　　图4.2.4　集成运放简化低频等效电路

3. 理想运算放大器

如果需要进一步简化电路分析,可认为 A_{ud}、K_{CMR} 和 r_{id} 都趋向无限大,并且 r_o、I_{IO}、U_{IO} 和 I_{IB} 均等于零,其他参数也不考虑,这就是理想运算放大器。

4.3 基本概念自检题与典型题举例

4.3.1 基本概念自检题

1. 选择填空题(以下每小题后均列出了几个可供选择的答案,请选择其中一个最合适的答案填入空格之中)

(1) 在集成运放电路中,各级放大电路之间采用了( )耦合方式。

(a) 直接　　　　(b) 变压器　　　　(c) 阻容　　　　(d) 光电

(2) 通用型集成运放的输入级通常采用( )电路。

(a) 差分放大　　　　　　　　　(b) 互补推挽

(c) 基本共射极放大　　　　　　(d) 电流源

(3) 双端输出的差分放大电路主要是( )来抑制零点漂移的。

(a) 通过增加一级放大　　　　　(b) 利用两个输入端

(c) 利用参数对称的对管子　　　(d) 利用电路的对称性

(4) 在典型的差分放大电路中,适当地增大射极公共电阻 R_E 将会提高电路的( )。

(a) 输入电阻　　　　　　　　　(b) 差模电压增益

(c) 共模抑制比　　　　　　　　(d) 共模电压增益

(5) 典型的差分放大电路由双端输出变为单端输出,共模电压放大倍数( )。

(a) 变大　　　　(b) 变小　　　　(c) 不变　　　　(d) 无法判断

(6) 差分放大电路由双端输入变为单端输入,差模电压放大倍数( )。

(a) 增加一倍　　　　　　　　　(b) 减小一半

(c) 不变　　　　　　　　　　　(d) 按指数规律变化

(7) 在单端输出的差分放大电路中,差模电压放大倍数 $A_{ud} = 100$,共模电压放大倍数 $A_{uc} = -0.5$。若输入电压当 $u_{I1} = 60$ mV, $u_{I2} = 40$ mV,则输出电压 $\Delta u_O = ($)。

(a) 2.025 V　　(b) 2 V　　(c) 1.975 V　　(d) −2.025 V

(8) 差分放大电路的共模抑制比 K_{CMR} 越大,表明电路( )。

(a) 放大倍数越稳定　　　　　　(b) 交流放大倍数越大

(c) 直流放大倍数越大　　　　　(d) 抑制零漂的能力越强

(9) 差分放大电路用恒流源代替射极公共电阻 R_E 的目的是提高( )。

(a) 共模抑制比　　　　　　　　(b) 共模电压放大倍数

(c) 差模电压放大倍数　　　　　(d) 输出电阻

(10) 差分放大电路由双端输出改为单端输出,其共模抑制比 K_{CMR} 减小的原因是( )。

(a) $|A_{ud}|$ 不变, $|A_{uc}|$ 增大　　　　(b) $|A_{ud}|$ 减小, $|A_{uc}|$ 增大

(c) $|A_{ud}|$ 减小，$|A_{uc}|$ 不变　　　　　　(d) $|A_{ud}|$ 增大，$|A_{uc}|$ 增大

(11) 某差分放大电路的两个输入端的电压分别是 10 mV 和 30 mV，单端输出的电压是 1 V，若 $K_{CMR}=\infty$，则此时的差模电压放大倍数为（　　）。

(a) 30　　　　　　　　　　　　(b) 40

(c) 50　　　　　　　　　　　　(d) 60

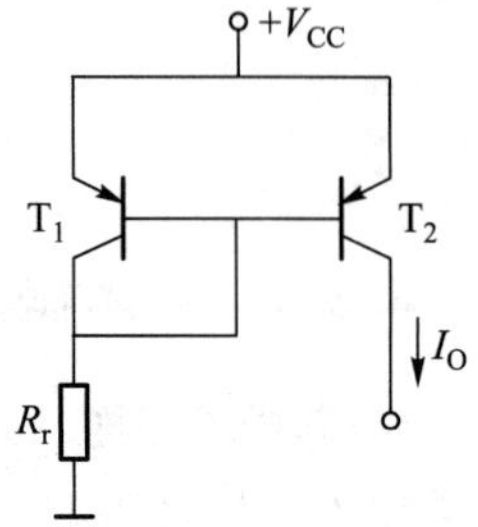

(12) 图 4.3.1 所示电路是（　　）。

(a) 差分放大电路　　　　　　　(b) 镜像电流源

(c) 微电流源　　　　　　　　　(d) 复合管电路

图 4.3.1

(13) 差分放大电路改用电流源偏置后，可以增大（　　）。

(a) 差模电压放大倍数　　　　　(b) 差模输入电阻

(c) 输出电阻　　　　　　　　　(d) 共模抑制比，减小零点漂移

(14) 复合管的额定功率主要取决于（　　）。

(a) 各晶体管的额定功耗之和

(b) 前面管子的额定功耗

(c) 后面管子的额定功耗

(d) 各晶体管的额定功耗的平均值

(15) 复合管的击穿电压 $U_{(BR)CEO}$ 等于（　　）。

(a) 各晶体管的击穿电压 $U_{(BR)CEO}$ 之和

(b) 前面管子的击穿电压 $U_{(BR)CEO}$

(c) 后面管子的击穿电压 $U_{(BR)CEO}$

(d) 各晶体管的击穿电压 $U_{(BR)CEO}$ 中的较小者

(16) 复合管的集电极最大允许电流等于（　　）。

(a) 各晶体管的集电极最大允许电流之和

(b) 前面管子的集电极最大允许电流

(c) 后面管子的集电极最大允许电流

(d) 各晶体管的集电极最大允许电流值的平均值

(17) 集成运放的输入失调电流是（　　）。

(a) 两个输入端信号电流之差　　(b) 两个输入端电流的平均值

(c) 输入电流为零时的输出电流　(d) 两个输入端静态电流之差

(18) 集成运放的失调电压越大，表明运放（　　）。

(a) 放大倍数越大　　　　　　　(b) 输入差放级 β 的不对称程度越严重

(c) 输入差放级 U_{BE} 的失配越严重　(d) 输出电阻越高

(19) 晶体管的连接方式如图 4.3.2 所示，图（a）和图（b）的两种连接方式（　　）。

(a) 都是复合管结构

（b）都不是复合管结构，它们属于并联连接

（c）既不是复合管结构，也不属于并联连接

（d）图（a）是复合管结构，图（b）是并联连接

（20）在如图 4.3.2 所示的晶体管连接方式中，设 T_1 和 T_2 的特性完全相同，即 $\beta_1 = \beta_2$，$r_{be1} = r_{be2}$，$r_{ce1} = r_{ce2}$，则图（a）连接方式下的等效晶体管电流放大系数 β 为（　　）。

（a）β_1^2　　　　（b）$2\beta_1$　　　　（c）β_1　　　　（d）$2\beta_1^2$

（21）在与（20）相同的条件下，图（b）接法的等效晶体管输入电阻 r_{be} 为（　　）。

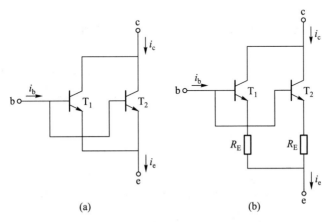

图 4.3.2

（a）$2(r_{be1} + R_E)$ 　　　　　　　（b）$2[r_{be1} + (1 + \beta_1)R_E]$

（c）$r_{be1} + (1 + \beta_1)R_E$ 　　　　（d）$\dfrac{1}{2}[r_{be1} + (1 + \beta_1)R_E]$

（22）复合管的连接方式如图 4.3.3 所示。那么，连接方式正确的是（　　）。

（a）两图都正确　　　　　　（b）图（a）

（c）图（b）　　　　　　　　（d）两图都不正确

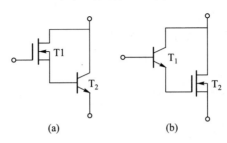

图 4.3.3

［答案］　（1）（a）。（2）（a）。（3）（d）。（4）（c）。（5）（a）。（6）（c）。（7）（c）。（8）（d）。
（9）（a）。（10）（b）。（11）（c）。（12）（b）。（13）（d）。（14）（c）。（15）（d）。（16）（c）。

2. 填空题（请在空格中填上合适的词语，将题中的论述补充完整）

（1）集成运放是一种直接耦合的多级放大电路，因此其下限截止频率_____。

（2）集成运放的两个输入端分别是_____，_____输入端的极性与输出端相反，_____输入端的极性与输出端相同。

（3）电流源电路的特点是输出电流_____、直流等效电阻_____和交流等效电阻_____。

（4）在多级直接耦合放大器中，对电路零点漂移影响最严重的一级是_____，零点漂移最大的一级是_____。

（5）理想集成运放的放大倍数 A_u = _____，输入电阻 R_i = _____，输出电阻 R_o = _____。

（6）通用型集成运放的输入级大多采用_____电路，输出级大多采用_____电路。

（7）由于电流源的交流等效电阻_____，因而若把电流源作为放大电路的有源负载，将会_____电路的电压增益。

（8）差分放大电路放大两输入端的_____信号，而抑制_____信号。

（9）如果差分放大电路完全对称，那么双端输出时，共模输出电压为_____，共模抑制比 K_{CMR} 为_____。

（10）当晶体管工作在线性区，且其基极电流不变时，集电极电流具有_____特性。

（11）当场效应管工作在放大区，且栅源电压不变时，漏极电流具有_____特性。

（12）两只不同类型的晶体管组成复合管时，其等效管的管型与_____管子相同。

（13）集成运放的单位增益带宽 f_{BWG} 定义为集成运放的_____下降到零分贝时的信号频率。转换速率（压摆率）S_R 的定义为在运放（接成电压跟随器）的输入端加入规定的大信号阶跃脉冲时，输出电压随时间变化的_____，两者之间的关系为_____。

（14）由于场效应管的栅极几乎不取电流，所以两个场效应管_____组成复合管。

（15）图 4.3.4 所示电路是_____。

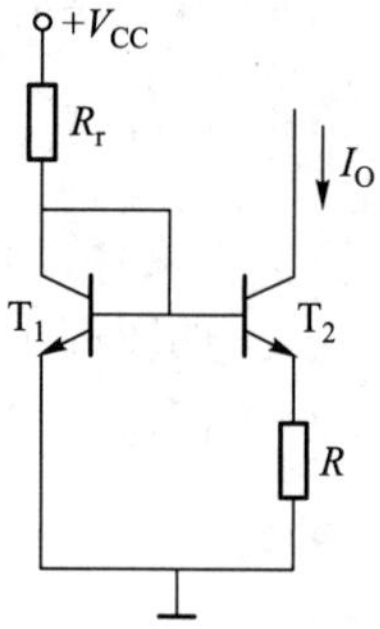

（16）由两只晶体管组成的复合管电路如图 4.3.5（a）~（d）所示。已知 T_1、T_2 的电流放大系数分别为 β_1、β_2，输入电阻分别为 r_{be1}、r_{be2}。那么复合后等效管子的类型分别是：图（a）_____、图（b）_____、图（c）_____、图（d）_____；电流放大系数 β 为_____；输入电阻 r_{be} 分别为图（a）_____，图（b）_____、图（c）_____、图（d）_____。

（17）两个同类型的晶体管（NPN 或 PNP）组成复合管，复合管的管压降 U_{BE} 等于_____，受温度的影响比单管_____。

（18）某双端输入、单端输出的差分放大电路的差模电压放大倍数为 200，当两个输入端并接 $u_I = 1\text{ V}$ 的输入电压时，输出电压 $\Delta u_O = 100\text{ mV}$。那么，该电路的共模电压放大倍数为

图 4.3.4

_____,共模抑制比为_____。

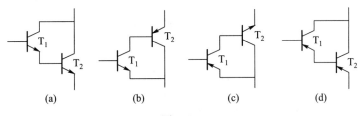

图 4.3.5

[**答案**] （1）等于 0。（2）同相输入端和反相输入端,反相,同相。（3）恒定,小,大。（4）输入级,输出级。（5）∞,∞,0。（6）差分放大,互补推挽。（7）大,提高。（8）差模,共模。（9）0,∞。（10）恒流。（11）恒流。（12）前面的。（13）开环增益,最大变化率,S_R 与 f_{BWG} 成正比。（14）不能。（15）微电流源电路。（16）NPN 型,NPN 型,PNP 型,PNP 型;$\beta_1\beta_2$;$r_{be1}+(1+\beta_1)r_{be2}$,$r_{be1}$,$r_{be1}$,$r_{be1}+(1+\beta_1)r_{be2}$。（17）两个管压降之和,大。（18）-0.1,2 000。

4.3.2 典型题举例

[**例 4.1**] 某差分放大电路如图 4.3.6 所示。设晶体管 T_1 和 T_2 的 $r_{bb'}=300\ \Omega$,$U_{BE}=0.7\ V$,$\beta=50$。$V_{CC}=V_{EE}=12\ V$,$R_B=1\ k\Omega$,$R_C=5\ k\Omega$,$R_E=5\ k\Omega$,$R_L=5\ k\Omega$。试估算:

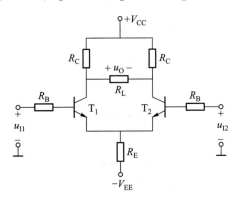

图 4.3.6　例 4.1 题图

（1）T_1 和 T_2 的静态工作点。
（2）差模电压放大倍数 A_{ud}、共模电压放大倍数 A_{uc}。
（3）差模输入电阻 R_{id}、共模输入电阻 R_{ic} 和输出电阻 R_o。

[**解**] 由图可知,本题电路是双端输入、双端输出的差分放大器。
（1）由基极回路方程

$$I_{BQ}R_B+U_{BEQ}+2(1+\beta)I_{BQ}R_E=V_{EE}$$

得

$$I_{BQ} = \frac{V_{EE} - U_{BEQ}}{R_B + 2(1+\beta)R_E} \approx 0.022 \text{ mA}$$

$$I_{CQ} = \beta I_{BQ} = 1.1 \text{ mA}$$

$$U_{CEQ} = V_{CC} - (-V_{EE}) - I_{CQ}R_C - 2I_{EQ}R_E = 7.5 \text{ V}$$

(2)
$$r_{be} = r_{bb'} + (1+\beta)\frac{26 \text{ mV}}{I_{EQ}} \approx 1.5 \text{ k}\Omega$$

$$A_{ud} = -\frac{\beta[R_C /\!/ (R_L/2)]}{R_B + r_{be}} \approx -33.3$$

$$A_{uc} = 0$$

(3)
$$R_{id} = 2(R_B + r_{be}) = 5 \text{ k}\Omega$$

$$R_{ic} = R_B + r_{be} + 2(1+\beta)R_E = 512.5 \text{ k}\Omega$$

$$R_o = 2R_C = 10 \text{ k}\Omega$$

[**例 4.2**] 差分放大电路如图 4.3.7 所示,晶体管 r_{ce} 的影响可忽略。

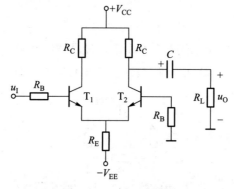

图 4.3.7 例 4.2 题图

（1）试写出输出电压 u_O 的表达式。

（2）若要求等效共模信号引起的误差小于 10%,试求共模抑制比 K_{CMR} 应满足的关系式。

[**解**] （1）由图可知,本题电路是单端输入、单端输出的差分放大器。所以

差模信号
$$u_{Id} = u_{I1} - u_{I2} = u_I$$

共模信号
$$u_{Ic} = \frac{u_{I1} + u_{I2}}{2} = \frac{u_I}{2}$$

输出电压

$$\Delta u_O = A_{ud}\Delta u_{Id} + A_{uc}\Delta u_{Ic}$$

$$= A_{ud}\Delta u_I + A_{uc}\frac{\Delta u_I}{2}$$

$$= \left(A_{ud} + \frac{A_{uc}}{2}\right)\Delta u_I$$

式中

$$A_{ud} = \frac{1}{2}\beta\frac{R_C /\!/ R_L}{R_B + r_{be}}, \qquad A_{uc} = -\beta\frac{R_C /\!/ R_L}{R_B + r_{be} + 2(1+\beta)R_E}$$

故

$$\Delta u_O = \frac{1}{2}\beta\frac{R_C /\!/ R_L}{R_B + r_{be}}\Delta u_I - \beta\frac{R_C /\!/ R_L}{R_B + r_{be} + 2(1+\beta)R_E}\cdot\frac{\Delta u_I}{2}$$

$$= \beta(R_C /\!/ R_L)\frac{(1+\beta)R_E}{(R_B + r_{be})[R_B + r_{be} + 2(1+\beta)R_E]}\Delta u_I$$

（2）由题意可知,共模信号引起误差为

$$\Delta u_{Oc} = A_{uc}\Delta u_{Ic} = A_{uc}\frac{\Delta u_I}{2}$$

若要求共模信号引起误差小于 10%,则应有

$$\frac{\Delta u_{Oc}}{\Delta u_O} = \frac{A_{uc}\Delta u_{Ic}}{A_{ud}\Delta u_{Id} + A_{uc}\Delta u_{Ic}} = \frac{A_{uc}\dfrac{\Delta u_I}{2}}{A_{ud}\Delta u_I + A_{uc}\dfrac{\Delta u_I}{2}} = \frac{A_{uc}}{2A_{ud} + A_{uc}} < 10\%$$

由于 $K_{CMR} = \left|\dfrac{A_{ud}}{A_{uc}}\right|$,代入上式得

$$\frac{1}{2K_{CMR} + 1} < 10\%$$

故共模抑制比应满足关系式

$$K_{CMR} > 4.5$$

［**例 4.3**］ 差分放大电路如图 4.3.8 所示,已知各晶体管参数 $r_{bb'} = 300\ \Omega$,$U_{BE} = 0.7\ V$,$\beta = 50$。$R_C = 5.1\ k\Omega$,$R_E = 3.3\ k\Omega$,$R_1 = 11\ k\Omega$,$R_P = 1.8\ k\Omega$,$R_2 = 2\ k\Omega$。当 R_P 的滑动端调至最上端时,试求电路的差模电压放大倍数 A_{ud}。

［**解**］ 当 R_P 的滑动端调至最上端时

$$U_{B3} \approx -\frac{R_1}{R_1 + R_P + R_2}V_{EE}$$

$$\approx -11.15\ V$$

$$I_{C3} \approx \frac{U_{B3} - (-V_{EE}) - U_{BE3}}{R_{E3}}$$

$$\approx 0.98\ mA$$

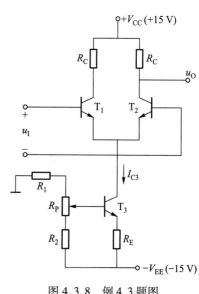

图 4.3.8 例 4.3 题图

$$I_{EQ1} = I_{EQ2} \approx \frac{1}{2}I_{C3} \approx 0.49 \text{ mA}$$

$$r_{be1} = r_{be2} = r_{bb'} + (1+\beta)\frac{26 \text{ mV}}{I_{EQ1}} \approx 3\,000 \ \Omega$$

$$A_{ud} = \frac{1}{2}\beta\frac{R_C}{r_{be1}} \approx 42.5$$

[**例4.4**]   已知场效应管差分放大电路如图4.3.9所示,T_1、T_2特性相同,$I_{DSS}=1.2$ mA,夹断电压 $U_{GS(off)} = -2.4$ V,稳压管的稳定电压 $U_Z = 6$ V,晶体管的 $U_{BE} = 0.7$ V,$R_D = 82$ kΩ,$R_E = 51$ kΩ,$R_L = 240$ kΩ。试计算:

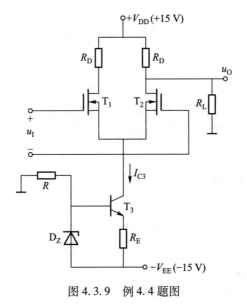

图 4.3.9　例 4.4 题图

（1）T_1 的工作电流 I_{D1} 和电压 U_{GS1}。

（2）电路的差模电压放大倍数 A_{ud}。

[**解**]   由图可知,差分放大电路是由 N 沟道耗尽型场效应管组成的。

（1）晶体管 T_3 的集电极电流

$$I_{C3} \approx \frac{U_Z - U_{BE3}}{R_E} \approx 0.1 \text{ mA}$$

因 T_1、T_2 的特性相同,所以 T_1 的漏极电流

$$I_{D1} = \frac{1}{2}I_{C3} = 0.05 \text{ mA}$$

根据耗尽型场效应管工作在恒流区的电压电流关系

$$i_\mathrm{D} = I_\mathrm{DSS}\left(1 - \frac{u_\mathrm{GS}}{U_\mathrm{GS(off)}}\right)^2$$

可得

$$U_\mathrm{GS} = U_\mathrm{GS(off)}\left(1 - \sqrt{\frac{I_\mathrm{D}}{I_\mathrm{DSS}}}\right) \approx -1.9\ \mathrm{V}$$

（2）因本电路为单端输出，所以电路的差模电压放大倍数

$$A_{ud} = \frac{1}{2}g_\mathrm{m}(R_\mathrm{D} /\!/ R_\mathrm{L})$$

式中

$$g_\mathrm{m} = -\frac{2I_\mathrm{DSS}}{U_\mathrm{GS(off)}}\left(1 - \frac{U_\mathrm{GS}}{U_\mathrm{GS(off)}}\right) = 0.2\ \mathrm{mS}$$

故

$$A_{ud} = \frac{1}{2}g_\mathrm{m}(R_\mathrm{D} /\!/ R_\mathrm{L}) \approx 6$$

[**例 4.5**] 图 4.3.10 所示为带有射极分流电阻 R_E 的复合管，T_1、T_2 的电流放大系数分别为 β_1、β_2，输入电阻分别为 r_be1、r_be2。试求复合后的等效电流放大系数 β 和等效输入电阻 r_be 的表达式。

[**解**] 画出复合管电路的微变等效电路，如图 4.3.11 所示。由图可知

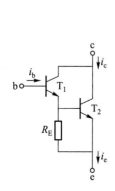 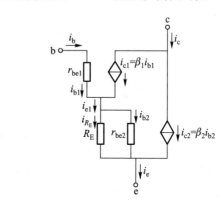

图 4.3.10　例 4.5 题图　　　　图 4.3.11　图 4.3.10 电路的微变等效电路

$$i_\mathrm{c} = i_\mathrm{c1} + i_\mathrm{c2} = \beta_1 i_\mathrm{b1} + \beta_2 i_\mathrm{b2}$$

式中 $i_\mathrm{b1} = i_\mathrm{b}$，$i_\mathrm{b2} = \dfrac{R_\mathrm{E}}{r_\mathrm{be2} + R_\mathrm{E}}i_\mathrm{e1} = \dfrac{R_\mathrm{E}}{r_\mathrm{be2} + R_\mathrm{E}}(1+\beta_1)i_\mathrm{b1}$。所以

$$i_\mathrm{c} = \beta_1 i_\mathrm{b1} + \beta_2 \frac{R_\mathrm{E}}{r_\mathrm{be2} + R_\mathrm{E}}(1+\beta_1)i_\mathrm{b1} = \left[\beta_1 + (1+\beta_1)\beta_2\frac{R_\mathrm{E}}{r_\mathrm{be2} + R_\mathrm{E}}\right]i_\mathrm{b}$$

等效电流路放大系数

$$\beta = \frac{i_c}{i_b} = \beta_1 + (1+\beta_1)\beta_2 \frac{R_E}{R_E + r_{be2}}$$

又由于

$$u_{be} = i_{b1}r_{be1} + i_{b2}r_{be2}$$

$$= i_{b1}r_{be1} + \frac{R_E}{r_{be2}+R_E}(1+\beta_1)r_{be2}i_{b1}$$

$$= \left[r_{be1} + (1+\beta_1)\frac{R_E r_{be2}}{r_{be2}+R_E} \right]i_b$$

故等效输入电阻

$$r_{be} = \frac{u_{be}}{i_b} = r_{be1} + (1+\beta_1)\frac{R_E r_{be2}}{R_E + r_{be2}}$$

[**例4.6**]　某两级差分放大电路如图4.3.12所示。已知场效应管的 $g_m = 1.5$ mS, $V_{CC} = V_{EE} = 12$ V, $R = 240$ kΩ, $R_D = 100$ kΩ, $R_C = 12$ kΩ, $R_L = 240$ kΩ, $R_E = 18$ kΩ, $R_P = 390$ Ω。晶体管的 $U_{BE} = 0.7$ V, $\beta = 100$, $r_{bb'} = 300$ Ω。试计算：

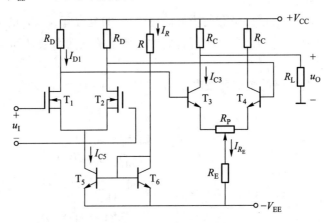

图4.3.12　例4.6题图

（1）第一级的静态工作电流 I_{D1} 和第二级的静态工作电流 I_{C3}。

（2）电路的差模电压放大倍数 A_{ud}。

[**解**]　（1）由图可知，晶体管 T_5、T_6 组成镜像电流源。所以

$$I_{C5} \approx I_R = \frac{V_{CC} - U_{BE6} - (-V_{EE})}{R} \approx 0.1 \text{ mA}$$

由 T_1、T_2 对称有

$$I_{D1} = \frac{1}{2}I_{C5} \approx 0.05 \text{ mA}$$

而

$$U_{B3} \approx V_{CC} - I_{D1}R_D = 7 \text{ V}$$

所以

104

$$I_{R_E} = \frac{U_{B3} - U_{BE3} - (-V_{EE})}{\frac{R_P}{4} + R_E} \approx 1 \text{ mA}$$

由 T_3、T_4 对称可得

$$I_{C3} = \frac{1}{2} I_{R_E} \approx 0.5 \text{ mA}$$

（2）由于电路由两级差分放大电路组成，所以，电路的差模电压放大倍数为

$$A_{ud} = A_{ud1} A_{ud2}$$

第一级电路差模电压放大倍数为

$$A_{ud1} = -g_m \left(R_D \mathbin{/\!/} \frac{R_{id2}}{2} \right)$$

式中，R_{id2} 为第二级电路的差模输入电阻。

$$r_{be3} = r_{bb'} + (1 + \beta_3) \frac{26 \text{ mV}}{I_{E3}} \approx 5.6 \text{ k}\Omega$$

$$R_{id2} = 2 \left[r_{be3} + (1 + \beta_3) \frac{R_P}{2} \right] \approx 50.6 \text{ k}\Omega$$

第一级电路差模电压放大倍数为

$$A_{ud1} = -g_m \left(R_D \mathbin{/\!/} \frac{R_{id2}}{2} \right) \approx -30.3$$

第二级电路差模电压放大倍数为

$$A_{ud2} = -\beta_3 \frac{R_C \mathbin{/\!/} R_L}{2 \left[r_{be3} + (1 + \beta_3) \frac{R_P}{2} \right]} \approx -22.6$$

故有

$$A_{ud} = (-30.3) \times (-22.6) \approx 685$$

[例 4.7] 某复合管差分放大电路如图 4.3.13 所示。假设晶体管的电流放大系数 β 是已知的，且 $r_{be1} = r_{be2}$，$r_{be3} = r_{be4}$。试写出下述要求的表达式：

（1）I_{C3}、I_{C4}。

（2）输入电阻 R_{id} 和输出电阻 R_{od}。

（3）差模电压放大倍数 A_{ud}。

[解] （1）由图可知，晶体管 T_5、T_6 组成镜像电流源，所以

$$I_{C5} \approx I_R = \frac{V_{CC} - U_{BE6} - (-V_{EE})}{R} = \frac{V_{CC} - U_{BE6} + V_{EE}}{R}$$

根据差分放大电路的对称性，有

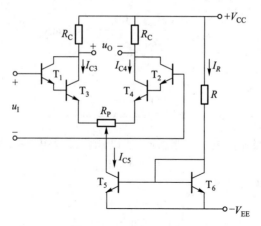

图 4.3.13   例 4.7 题图

$$I_{C3} = I_{C4} = \frac{1}{2} I_{C5}$$

（2）输入电阻

$$R_{id} = 2\left\{ r_{be1} + (1+\beta_1)\left[r_{be3} + (1+\beta_3)\frac{R_P}{2} \right] \right\}$$

输出电阻

$$R_{od} = 2R_C$$

（3）差模电压放大倍数

$$A_{ud} = -\beta_1\beta_3 \frac{R_C}{r_{be1} + (1+\beta_1)\left[r_{be3} + (1+\beta_3)\frac{R_P}{2} \right]}$$

[**例 4.8**]   电路如图 4.3.14 所示。已知 $g_m = 5$ mS，$\beta_5 = \beta_6 = 100$，$R_{C5} = 5.1$ kΩ，$r_{be5} = r_{be6} = 1$ kΩ，$R_L = 1$ kΩ，$R_{E5} = 510$ Ω。$u_I = 0$ 时，$u_O = 0$。

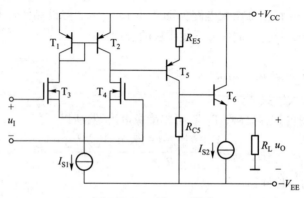

图 4.3.14   例 4.8 题图

（1）试说明 T_1 和 T_2、T_3 和 T_4、T_5 以及 T_6 分别组成什么电路？

（2）若要求 R_L 上电压的极性为上正下负,则输入电压 u_1 的极性如何？

（3）写出差模电压放大倍数 A_{ud} 的表达式,并求其值。

[**解**]　（1）T_1、T_2 组成恒流源电路,作 T_3 和 T_4 的漏极有源电阻,T_3、T_4 组成差分放大电路,并且恒流源 I_{S1} 作源极有源电阻。T_5 组成共射极放大电路,并起到电平转化作用,使输出能达到零输入时零输出。T_6 组成射极输出器,降低电路的输出电阻,提高带负载能力,这里恒流源 I_{S2} 作为 T_6 的射极有源电阻。

（2）为了获得要求的输出电压的极性,则必须是 T_6 基极为正,T_5 基极为负,也就是 T_4 的栅极应为正,而 T_3 的栅极应为负。

（3）整个放大电路可分输入级（差分放大电路）、中间级（共射极放大电路）和输出级（射极输出器）。

对于输入级（差分放大电路）,由于恒流源作漏极负载电阻,使单端输出具有与双端输出相同的放大倍数。所以

$$A_{ud1} = g_m R'_{L1}$$

式中,漏极负载电阻 $R'_{L1} = r_{o2} /\!/ R_{i5}$,而 r_{o2} 为 T_2 的等效电阻。$R_{i5} = r_{be5} + (1+\beta_5) R_{E5}$ 为 T_5 组成的共射极放大电路的输入电阻。

由于恒流源的 $r_{o2} \gg R_{i2}$,所以

$$A_{ud1} = g_m R'_{L1} \approx g_m R_{i2} = g_m [r_{be5} + (1+\beta_5) R_{E5}] \approx 258$$

T_5 组成的共射极放大电路的电压放大倍数

$$A_{u5} = -\frac{\beta_5 (R_{C5} /\!/ R_{i6})}{r_{be5} + (1+\beta_5) R_{E5}}$$

由于 T_6 组成的射极输出器的输入电阻 $R_{i6} \gg R_{C5}$,所以

$$A_{u5} \approx -\frac{\beta_5 R_{C5}}{r_{be5} + (1+\beta_5) R_{E5}} \approx -10$$

T_6 组成的射极输出器的电压放大倍数

$$A_{u6} \approx 1$$

则总的差模电压放大倍数的表达式为

$$A_{ud} = A_{ud1} A_{u5} A_{u6}$$

$$\approx -g_m [r_{be5} + (1+\beta_5) R_{E5}] \frac{\beta_5 R_{C5}}{r_{be5} + (1+\beta_5) R_{E5}}$$

$$= -g_m \beta_5 R_{C5}$$

其值为

$$A_{ud} \approx 258 \times (-10) \times 1 \approx -2\,580$$

4.4 课后习题及其解答

4.4.1 课后习题

4.1 集成运放中为什么要采用直接耦合放大电路？直接耦合放大电路与阻容耦合放大电路相比有什么特点？

4.2 什么是零点漂移？产生零点漂移的原因是什么？它对放大电路有什么影响？采用什么手段来克服它？

4.3 差模信号与共模信号有什么区别？

4.4 为什么差分放大电路能对差模信号有放大作用，而对共模信号有抑制作用？

4.5 在典型差分放大电路中，发射极公共电阻 R_E 的作用是什么？是否可以无限增大？若不能无限增大，它受哪些因素的限制？

4.6 差分放大电路中为什么要用恒流源代替发射极公共电阻 R_E？

4.7 集成运放通常由哪几部分组成？各部分的作用是什么？

4.8 集成运放中为什么要采用有源负载？它有什么优点？

4.9 试说明什么是电压模运放，什么是电流模运放，它们各有什么特点。

4.10 电路如题 4.10 图所示，已知 T_1、T_2 均为硅管，$U_{BE1} = U_{BE2} = 0.7$ V，$\beta_1 = \beta_2 = 50$。试计算：

（a）静态工作点的值；

（b）差模电压放大倍数、共模电压放大倍数及共模抑制比；

（c）差模输入电阻、共模输入电阻及输出电阻。

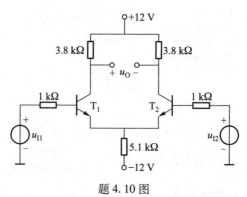

题 4.10 图

4.11 电路如题 4.11 图所示，已知 $V_{CC} = V_{EE} = 15$ V，$R_B = 1$ kΩ，$R_C = R_E = R_L = 5$ kΩ，T_1、T_2 均为硅管，$U_{BE1} = U_{BE2} = 0.7$ V，$\beta_1 = \beta_2 = 100$，$r_{bb'} = 300$ Ω。

（a）估算 T_2 的静态工作点 I_{C2}、U_{C2}；

（b）估算差模电压放大倍数、共模电压放大倍数及共模抑制比；

（c）求差模输入电阻、共模输入电阻及输出电阻。

4.12 电路如题 4.12 图所示，图中 R_P 是调零电位器（计算时可设滑动端在 R_P 的中间），且已知 T_1、T_2 均为硅管，$U_{BE1} = U_{BE2} = 0.7$ V，$\beta_1 = \beta_2 = 60$。试计算：

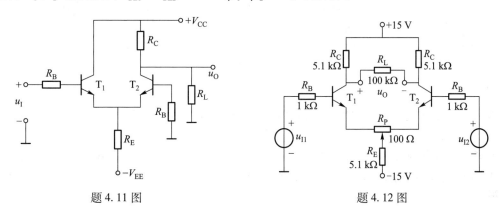

题 4.11 图   题 4.12 图

（a）静态工作点的值；

（b）差模电压放大倍数、共模电压放大倍数、共模抑制比、差模输入电阻、共模输入电阻及输出电阻；

（c）若负载电阻 R_L 改接在 T_1 的集电极与地之间，重复上述计算。

4.13 某差分放大器从双端输出，已知其差模放大倍数 $A_{ud} = 80$ dB。当 $u_{I1} = 1.001$ V，$u_{I2} = 0.999$ V 时，试问：

（a）理想情况下（即两边完全对称），u_0 为多大？

（b）当 $K_{CMR} = 80$ dB 时，实际得到的 u_0 为多大？

（c）当 $K_{CMR} = 100$ dB 时，实际得到的 u_0 为多大？

4.14 电路如题 4.14 图所示，设 $\beta_1 = \beta_2 = 100$，$r_{bb'} = 100$ Ω，$R_L = 10$ kΩ，调零电位器的滑动端在 R_P 的中间。试问：

（a）希望负载电阻 R_L 的一端接地，输出信号电压当 $\Delta u_0 \geq 2$ V 时，并且要求 u_0 与 u_1 同相，R_L 应接在何处？u_1 至少应为多大？

（b）若信号源内阻 $R_s = 2$ kΩ，u_s 至少应为多大？

（c）此时电路的 K_{CMR} 约为多少分贝？

4.15 电路如题 4.15 图所示，已知 PNP 型硅管 T_1、T_2 的参数对称，设 $|U_{BE}| = 0.7$ V，输入信号 $U_I = 0.5$ V，试求各点对地电位 U_E、U_{C1}、U_{C2} 的值。

4.16 电路如题 4.16 图所示，已知各晶体管的 $\beta = 100$、$r_{be} = 1$ kΩ、$U_{BE} = 0.7$ V。现需要获得 $A_{ud} = 200$、$K_{CMR} = 60$ dB，若要求输出电压幅值为 $U_{om} = 8$ V，选择 R_C、R_E 和 V_{EE} 的值。

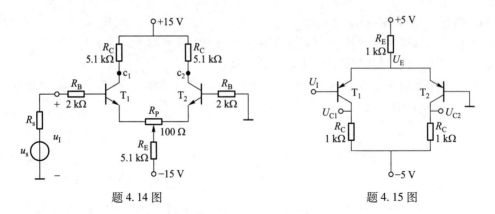

题 4.14 图

题 4.15 图

4.17 如果在上题选择的参数下,当输入信号电压为 $u_{I1}=1.095$ V、$u_{I2}=1.055$ V 时,求输出电压 Δu_0 之值。

4.18 电路如题 4.18 图所示,图中输入信号 u_1 为两个输入信号之差值。已知各晶体管的 $\beta=200$,晶体管 $T_1\sim T_3$ 的 $U_{BE}=0.65$ V,$I_3=1$ mA,$I_4=0.2$ mA。希望信号最大输出电压 U_{om} 为 12 V,试求:

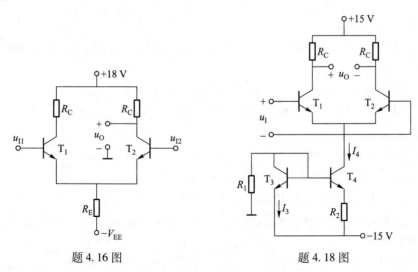

题 4.16 图

题 4.18 图

(a) 计算 R_1、R_2 和 R_C 的值;

(b) 差模电压增益 A_{ud} 及差模输入电阻 R_{id}。

4.19 电路如题 4.19 图所示,当 $u_I=0$ 时,$u_0=0$。设 $T_1\sim T_3$ 的 $\beta=80$,稳压管 D_Z 的稳定电压 $U_Z=7$ V、$r_Z=10$ Ω,试计算:

(a) 输入电阻 R_{id};

(b) 输出电阻 R_o;

(c) 电压放大倍数 A_u。

4.20 电路如题4.20图所示,图中输入信号 u_I 为两个输入信号之差值。设 $T_1 \sim T_3$ 的 $\beta = 50$、$U_{BE} = 0.7$ V,稳压管 D_Z 的稳定电压 $U_Z = 6$ V。试计算:

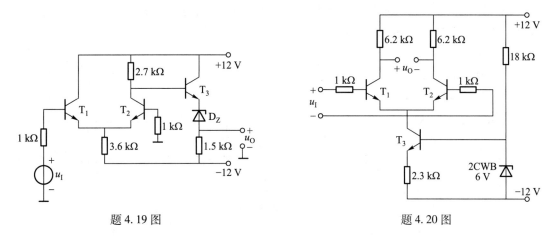

题4.19图   题4.20图

(a)静态工作点的值;

(b)差模电压放大倍数 A_{ud}、差模输入电阻 R_{id} 和输出电阻 R_o。

4.21 由电流源组成的电流放大器如题4.21图所示,试估算电流放大倍数 $A_i = \dfrac{I_o}{I_i}$。

4.22 电路如题4.22图所示,试证明

$$I_{C2} \approx \frac{U_T}{R_E} \ln \frac{I_R}{I_S}$$

4.23 电路如题4.23图所示,已知 $U_{BE} = 0.7$ V。

(a)若 T_1、T_2 的 $\beta = 2$,试求 I_{C4};

(b)若要求 $I_{C1} = 26$ μA,试求 R_1。

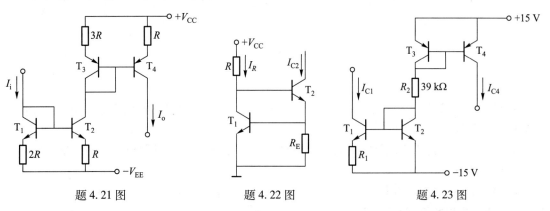

题4.21图   题4.22图   题4.23图

4.24 场效应管组成的差分放大电路如题4.24图所示。已知 T_1、T_2 的 $g_m = 5$ mS。

（a）若要求 $I_{DQ} = 0.5$ mA，则 $R_1 = ?$

（b）试求差模电压放大倍数。

4.25 电路如题 4.25 图所示。设 $T_1 \sim T_3$ 的 $U_{BEQ} = 0.7$ V，$\beta = 100$，$r_{be1} = r_{be2} = 5$ kΩ，$r_{be3} = 1.5$ kΩ。当 $u_I = 0$ 时，$u_O = 0$。试计算：

（a）电流 I；

（b）电压放大倍数。

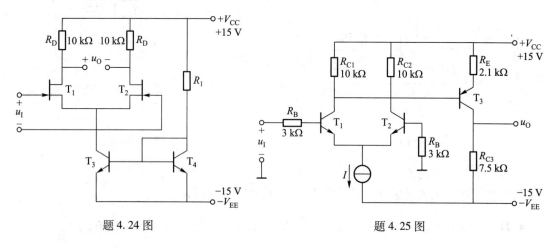

题 4.24 图   题 4.25 图

4.26 电路如题 4.26 图所示，图中哪些电路能实现复合管的作用？请在图中标明复合管的等效管脚 e、b、c，并求其等效的 β 和 r_{be}。

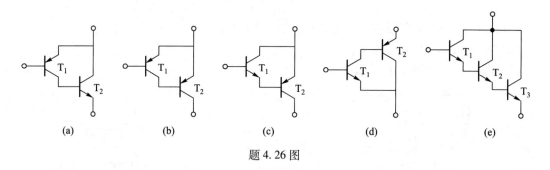

(a)   (b)   (c)   (d)   (e)

题 4.26 图

4.27 现要求设计一个放大电路，工作频率 $f = 10$ kHz，输出电压幅度 $U_{om} = \pm10$ V，试问运放的压摆率至少应为多大？

4.28 电路如题 4.28 图所示，设所有晶体管的参数完全一致，试推导输出电流 I_0 与参考电流 I_R 的关系式。

4.29 电路如题 4.29 图所示，设晶体管 T_1、T_2 特性完全对称，β 很大，$V_{CC} = 12$ V，$U_{BE} = 0.7$ V。开关 S 先闭合，然后打开，试求：

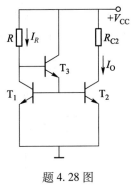

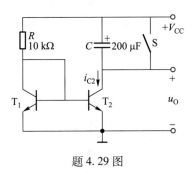

题 4.28 图　　　　　　　　题 4.29 图

（a）T_2 集电极电流 i_{C2}；

（b）经过 1 s 以后 u_O。

4.30　场效应管差分放大电路如题 4.30 图所示,设两只管子的 $I_{DSS} = 0.8$ mA, $U_{GS(off)} = -2$ V。

（a）当 $u_{I1} = u_{I2} = 0$ 时,确定相应的 I_S、I_{D1}、I_{D2} 和 u_O 的值;

（b）试求差模电压放大倍数 $A_{ud} = \Delta u_O / \Delta u_{Id}$、共模电压放大倍数 $A_{uc} = \Delta u_O / \Delta u_{Ic}$ 以及共模抑制比 K_{CMR} 的值。

4.31　场效应管差分放大电路如题 4.31 图所示,设两只管子的 $I_{DSS} = 2$ mA, $U_{GS(off)} = -4$ V。

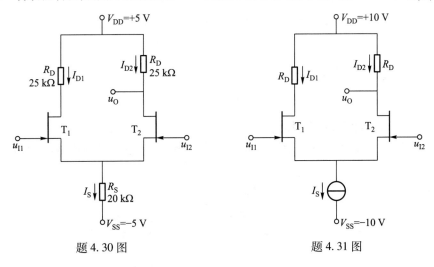

题 4.30 图　　　　　　　　题 4.31 图

（a）当 $u_{I1} = u_{I2} = 0$ 时,若 $I_{D1} = I_{D2} = 0.5$ mA, $u_O = 7$ V,确定恒流源 I_S 和 R_D 的值;

（b）计算跨导 g_m 和差模电压放大倍数 $A_{ud} = \Delta u_O / \Delta u_{Id}$ 的值。

4.32　增强型场效应管差分放大电路如题 4.32 图所示,设两只管子的 $K = 0.4$ mA/V²、$U_{GS(th)} = 2$ V,试求:

（a）当 $u_{I1} = u_{I2} = 0$ 时,若 $I_{D1} = I_{D2} = 0.5$ mA, $u_O = 7$ V,恒流源 I_S 和 R_D 的值;

（b）T_2 的静态工作点的值。

4.33 CMOS 差分放大电路如题 4.33 图所示,设电路偏置电流 $I_S = 0.2$ mA,两只管子的 $K = 0.1$ mA/V^2,Early 电压 $U_A = 100$ V,N 沟道 MOS 管的 $U_{GS(th)n} = 1$ V,P 沟道 MOS 管的 $U_{GS(th)p} = -1$ V。

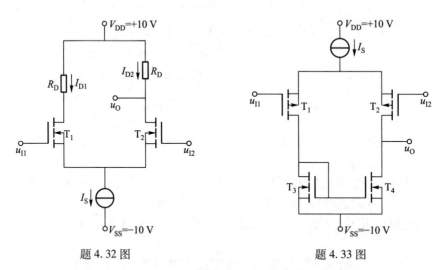

题 4.32 图　　　　　　　　　　　　题 4.33 图

(a) 当 $u_{I1} = u_{I2} = 0$ 时,确定每只场效应管的静态工作点;

(b) 求差模电压放大倍数 $A_{ud} = \Delta u_O / \Delta u_{Id}$ 和输出电阻 R_o 的值。

4.4.2　课后部分习题解答

4.1~4.9　解答略。

4.10［解］　(a) 计算静态工作点。

由电路参数可见,$R_B \ll 2(1+\beta)R_E$,基极电阻 R_B 两端的静态压降可忽略不计,并且电路两边参数对称,则有

$$I_{CQ} \approx \frac{V_{EE} - U_{BE}}{2R_E} = 1.1 \text{ mA}$$

$$U_{CEQ} = V_{CC} + V_{EE} - I_C(R_C + 2R_E) = 8.6 \text{ V}$$

(b) 计算 A_{ud}、A_{uc} 和 K_{CMR}。

$$r_{be} = 300 \text{ } \Omega + (1+\beta)\frac{U_T}{I_{EQ}} = 1\,626 \text{ } \Omega$$

差模电压放大倍数

$$A_{ud} = -\frac{\beta R_C}{R_B + r_{be}} = -72.35$$

由于电路两边参数对称,双端输出时,共模电压放大倍数

114

$$A_{uc} = 0$$

共模抑制比

$$K_{CMR} = \left| \frac{A_{ud}}{A_{uc}} \right| = \infty$$

（c）计算 R_{id}、R_{ic} 和 R_o

差模输入电阻

$$R_{id} = 2(R_B + r_{be}) = 5\ 252\ \Omega$$

共模输入电阻为

$$R_{ic} = R_B + r_{be} + 2(1+\beta)R_E \approx 523\ k\Omega$$

输出电阻

$$R_o = 2R_C = 7.6\ k\Omega$$

4.11 ［解］ （a）估算 T_2 的静态工作点。

由 $I_B R_B + U_{BE1} + 2I_E R_E = V_{EE}$，$I_E = (1+\beta)I_B$ 得

$$I_B = \frac{V_{EE} - U_{BE}}{R_B + 2(1+\beta)R_E} \approx 14\ \mu A$$

$$I_{C2} = \beta I_B \approx 1.4\ mA$$

由

$$U_{C2} = V_{CC} - \left(I_{C2} + \frac{U_{C2}}{R_L} \right)R_C$$

得

$$U_{C2} = \frac{V_{CC} - I_{C2}R}{1 + \frac{R_C}{R_L}} = 4\ V$$

（b）估算差模电压放大倍数、共模电压放大倍数及共模抑制比

$$r_{be} = r_{bb'} + \frac{U_T}{I_B} \approx 2.16\ k\Omega$$

差模电压放大倍数

$$A_{ud} = \frac{\beta}{2} \frac{R_L /\!/ R_C}{R_B + r_{be}} \approx 39.6$$

共模电压放大倍数

$$A_{uc} = -\beta \frac{R_C /\!/ R_L}{R_B + r_{be} + 2(1+\beta)R_E} \approx -0.25$$

共模抑制比

$$K_{CMR} = \left| \frac{A_{ud}}{A_{uc}} \right| \approx 158$$

（c）差模输入电阻

$$R_{id} = 2(R_B + r_{be}) \approx 6.32 \text{ k}\Omega$$

共模输入电阻

$$R_{ic} = R_B + r_{be} + 2(1+\beta)R_E \approx 1\ 013 \text{ k}\Omega$$

输出电阻

$$R_o = R_C = 5 \text{ k}\Omega$$

4.12 [解] （a）计算静态工作点：由电路参数可见，$R_B \ll 2(1+\beta)R_E$，基极电阻 R_B 两端的静态压降可忽略不计，并且电路两边参数对称，则有

$$I_{CQ} \approx \frac{V_{EE} - U_{BE}}{2R_E + \dfrac{R_P}{2}} \approx 1.4 \text{ mA}$$

$$U_{CEQ} = V_{CC} + V_{EE} - I_{CQ}\left(R_C + \frac{1}{2}R_P + 2R_E\right) = 8.5 \text{ V}$$

（b）计算 A_{ud}、A_{uc} 和 K_{CMR}。

$$r_{be} = 300 \ \Omega + (1+\beta)\frac{U_T}{I_{EQ}} = 1\ 432 \ \Omega$$

差模电压放大倍数

$$A_{ud} = -\frac{\beta\left(R_C /\!/ \dfrac{1}{2}R_L\right)}{R_B + r_{be} + \dfrac{1}{2}(1+\beta)R_P} \approx -50.7$$

由于电路两边参数对称，双端输出时，共模电压放大倍数

$$A_{uc} = 0$$

共模抑制比

$$K_{CMR} = \left|\frac{A_{ud}}{A_{uc}}\right| = \infty$$

差模输入电阻

$$R_{id} = 2(R_B + r_{be}) + (1+\beta)R_P \approx 11 \text{ k}\Omega$$

共模输入电阻

$$R_{ic} = R_B + r_{be} + (1+\beta)\left(2R_E + \frac{1}{2}R_P\right) \approx 628 \text{ k}\Omega$$

输出电阻

$$R_o = 2R_C = 10.2 \text{ k}\Omega$$

（c）当负载 R_L 改接在 T_1 集电极对地之间时，电路变成单端输出，重新计算静态工作点。

由于负载电阻 $R_L \gg R_C$，所以集电极静态电流与双端输出时近似相等，即

$$I_{CQ} = 1.4 \text{ mA}, \qquad\qquad U_{CEQ} = 8.5 \text{ V}$$

116

单端输出差模电压放大倍数

$$A_{ud} = -\frac{\beta(R_C /\!/ R_L)}{2\left[R_B + r_{be} + \dfrac{1}{2}(1+\beta)R_P\right]} = -27.9$$

单端输出共模电压放大倍数

$$A_{uc} = -\frac{\beta(R_C /\!/ R_L)}{R_B + r_{be} + (1+\beta)\left(\dfrac{1}{2}R_P + 2R_E\right)} \approx -0.49$$

单端输出共模抑制比

$$K_{CMR} = \left|\frac{A_{ud}}{A_{uc}}\right| = 57$$

差模输入电阻和共模输入电阻与(b)中的答案相同。

单端输出电阻

$$R_o = 5.1\ \text{k}\Omega$$

4.13 ［解］ （a）由于电路两边参数对称,双端输出时,共模放大倍数等于零,所以输出信号仅有差模信号。

$$A_{ud} = \frac{\Delta u_{Od}}{\Delta u_{Id}} = \frac{\Delta u_{O1} - \Delta u_{O2}}{\Delta u_{I1} - \Delta u_{I2}} = \frac{2\Delta u_{O1}}{1.001\ \text{V} - 0.999\ \text{V}} = 10^4$$

$$u_O = \Delta u_{Od} = 2\Delta u_{O1} = 20\ \text{V}$$

（b）当 $K_{CMR} = 80$ dB 时

共模输入信号

$$u_{Ic} = \frac{u_{I1} + u_{I2}}{2} = 1\ \text{V}$$

共模电压放大倍数

$$A_{uc} = \pm\frac{A_{ud}}{K_{CMR}} = \pm 1$$

输出信号

$$u_O = A_{ud}u_{Id} + A_{uc}u_{Ic} = 10^4 \times (1.001 + 0.999)\ \text{V} \pm 1 \times 1\ \text{V} = 20\ \text{V} \pm 1\ \text{V}$$

（c）当 $K_{CMR} = 100$ dB 时,共模电压放大倍数

$$A_{uc} = \pm\frac{A_{ud}}{K_{CMR}} = \pm 0.1$$

输出信号

$$u_O = A_{ud}u_{Id} + A_{uc}u_{Ic} = 20\ \text{V} \pm 0.1 \times 1\ \text{V} = 20\ \text{V} \pm 0.1\ \text{V}$$

4.14 ［解］ （a）由题意可知,本电路是单端输入单端输出差分放大电路。要 u_O 与 u_I 同相,则 R_L 另一端接在 c_2 处,输出信号与输入信号的关系如下

$$\Delta u_{\mathrm{O}} = A_{ud}\Delta u_{\mathrm{Id}} + A_{uc}\Delta u_{\mathrm{Ic}} = A_{ud}(u_{\mathrm{I1}} - u_{\mathrm{I2}}) + A_{uc}\frac{u_{\mathrm{I1}} + u_{\mathrm{I2}}}{2}$$

式中 $u_{\mathrm{I1}} = u_{\mathrm{I}}, u_{\mathrm{I2}} = 0$,则

$$\Delta u_{\mathrm{O}} = A_{ud}\Delta u_{\mathrm{Id}} + A_{uc}\Delta u_{\mathrm{Ic}} = A_{ud}u_{\mathrm{I}} + A_{uc}\frac{u_{\mathrm{I}}}{2}$$

化简得

$$u_{\mathrm{I}} = \frac{\Delta u_{\mathrm{O}}}{A_{ud} + \dfrac{A_{uc}}{2}}$$

下面需要求出差模及共模电压放大倍数。先求静态工作点:

$$I_{\mathrm{CQ}} = \frac{V_{\mathrm{EE}} - U_{\mathrm{BE}}}{2R_{\mathrm{E}} + \dfrac{R_{\mathrm{P}}}{2}} = 1.39\ \mathrm{mA}$$

$$U_{\mathrm{CEQ}} = V_{\mathrm{CC}} + V_{\mathrm{EE}} - I_{\mathrm{CQ}}\left(R_{\mathrm{C}} + \frac{1}{2}R_{\mathrm{P}} + 2R_{\mathrm{E}}\right) = 8.66\ \mathrm{V}$$

$$r_{\mathrm{be}} = r_{\mathrm{bb}'} + (1+\beta)\frac{U_{\mathrm{T}}}{I_{\mathrm{EQ}}} \approx 2\ \mathrm{k}\Omega$$

差模电压放大倍数

$$A_{ud} = \frac{1}{2}\frac{\beta(R_{\mathrm{L}} /\!/ R_{\mathrm{C}})}{R_{\mathrm{B}} + r_{\mathrm{be}} + \dfrac{1}{2}(1+\beta)R_{\mathrm{P}}} \approx 18.7$$

共模电压放大倍数

$$A_{uc} = -\frac{\beta(R_{\mathrm{L}} /\!/ R_{\mathrm{C}})}{R_{\mathrm{B}} + r_{\mathrm{be}} + (1+\beta)\left(\dfrac{1}{2}R_{\mathrm{P}} + 2R_{\mathrm{E}}\right)} = -0.32$$

当输出电压 $\Delta u_{\mathrm{O}} \geqslant 2$ V 时,输入信号

$$u_{\mathrm{I}} \geqslant \frac{\Delta u_{\mathrm{O}}}{A_{ud} + \dfrac{A_{uc}}{2}} = \frac{2}{18.7 - \dfrac{0.32}{2}}\ \mathrm{V} \approx \frac{2}{18.7}\ \mathrm{V} \approx 107\ \mathrm{mV}$$

即输入信号至少应为 107 mV。

(b) 差模输入电阻

$$R_{\mathrm{i}} = 2(R_{\mathrm{B}} + r_{\mathrm{be}}) + 2(1+\beta)\frac{1}{2}R_{\mathrm{P}} \approx 18.1\ \mathrm{k}\Omega$$

当考虑信号源内阻时

118

$$u_I = \frac{R_i}{R_i + R_s} u_s$$

$$u_s = \frac{R_i + R_s}{R_i} u_I = 118.8 \text{ mV}$$

（c）共模抑制比

$$K_{CMR} = \left| \frac{A_{ud}}{A_{uc}} \right| = 58.4$$

4.15〔解〕 当 $U_I = 0.5$ V 时，由于 T_2 的基极电位小于 T_1 基极电位，所以 T_2 发射结导通，则 $U_E = 0.7$ V。此时 T_1 发射结两端电压小于死区电压，T_1 截止。

$$U_{C1} = -5 \text{ V}$$

$$I_E = \frac{V_{EE} - U_{BE}}{R_E} = 4.3 \text{ mA}$$

$$U_{C2} = I_E R_C + (-V_{CC}) = -0.7 \text{ V}$$

4.16〔解〕 双端输入单端输出时，差模电压放大倍数

$$A_{ud} = \frac{1}{2} \frac{\beta R_C}{r_{be}}$$

已知 A_{ud}、r_{be} 和 β，则电阻 R_C 为

$$R_C = \frac{2 A_{ud} r_{be}}{\beta} = 4 \text{ k}\Omega$$

已知 $K_{CMR} = 60$ dB，可知 $\frac{|A_{ud}|}{|A_{uc}|} = 10^3$，即 $|A_{uc}| = |A_{ud}| \times 10^{-3} = 0.2$。双端输入单端输出时，共模电压放大倍数

$$|A_{uc}| = \frac{\beta R_C}{r_{be} + 2(1+\beta) R_E} \approx \frac{R_C}{2 R_E}$$

$$R_E \approx \frac{R_C}{2 |A_{uc}|} = 10 \text{ k}\Omega$$

要输出电压幅值等于 8 V，则 $V_{CC} - U_{CEQ} \geqslant 8$ V，即 $U_{CEQ} \leqslant V_{CC} - 8$ V $= 10$ V。

取 $U_{CEQ} = 10$ V，当输出电压幅值等于 8 V 时，晶体管的 $u_{CE} = 2$ V，也就是说输出信号达到最大值时管子不会饱和。

$$I_E \approx I_C = \frac{V_{CC} - U_{CEQ}}{R_C} = 2 \text{ mA}$$

$$V_{EE} \approx 2 R_E I_E = 40 \text{ V}$$

4.17〔解〕 由已知条件可得：$A_{ud} = 200$，$A_{uc} = -0.2$。

$$\Delta u_{Id} = u_{I1} - u_{I2} = 0.04 \text{ V}$$

$$\Delta u_{Ic} = \frac{u_{I1} + u_{I2}}{2} = 1.075 \text{ V}$$

则输出信号电压

$$\Delta u_O = A_{ud}\Delta u_{Id} + A_{uc}\Delta u_{Ic} = 7.785 \text{ V}$$

4.18 [解] （a）图中晶体管 T_3 和 T_4 组成微电流源电路，I_3 和 I_4 的关系式为

$$U_T \ln \frac{I_3}{I_4} = I_4 R_2$$

则

$$R_2 = \frac{U_T}{I_4} \ln \frac{I_3}{I_4} = \frac{26}{0.2} \ln \frac{1}{0.2} \text{ } \Omega = 209 \text{ } \Omega$$

$$R_1 = \frac{V_{EE} - U_{BE}}{I_3} = 14.35 \text{ k}\Omega$$

要双端输出电压幅值 $U_{om} = 12$ V，则单端输出电压的幅值应为 6 V，即电阻 R_C 两端电压

$$U_{R_C} = V_{CC} - U_{CEQ} = 6 \text{ V}$$

由已知条件可得

$$I_{C1} = I_{C2} = \frac{1}{2}I_4 = 0.1 \text{ mA}$$

则

$$R_C = \frac{U_{R_C}}{I_C} = 60 \text{ k}\Omega$$

（b）为了计算差模电压放大倍数和输入电阻，应先求出 r_{be}。

$$r_{be} = r_{bb'} + (1+\beta)\frac{U_T}{I_E} = 52.56 \text{ k}\Omega$$

差模电压增益

$$A_{ud} = -\frac{\beta R_C}{r_{be}} = -228$$

差模输入电阻

$$R_{id} = 2r_{be} = 105.12 \text{ k}\Omega$$

4.19 [解] （a）本电路由差分放大器和射极跟随器两级串联组成。为了计算动态指标，应先求出静态工作点和晶体管的 r_{be}。

静态时，T_3 基极电位

$$U_{B3} = U_{BE3} + U_Z = 7.7 \text{ V}$$

T_1 和 T_2 集电极电流（以下计算忽略了 T_3 基极电流对 T_2 集电极电位的影响）

$$I_{C1} = I_{C2} = \frac{V_{CC} - U_{B3}}{R_C} = 1.6 \text{ mA}$$

T_1和T_2的集电极电流也可通过求解公共射极电阻R_E中电流来计算,两种方法得到的电流值略有区别,请读者自己验证。

T_3射极电流

$$I_{E3} = \frac{V_{EE}}{R_{E3}} = 8 \text{ mA}$$

$$r_{be1} = r_{be2} = 300 \ \Omega + (1+\beta)\frac{U_T}{I_{E1}} = 1.62 \text{ k}\Omega$$

$$r_{be3} = 300 \ \Omega + (1+\beta)\frac{U_T}{I_{E3}} = 563.25 \ \Omega$$

输入电阻为第一级电路的输入电阻

$$R_{id} = 2(R_B + r_{be}) = 2(1+1.62) \text{ k}\Omega = 5.24 \text{ k}\Omega$$

(b) 输出电阻为第二级电路的输出电阻

$$R_o = \left[(R_C + r_{be3})/(1+\beta) + r_Z \right] // R_{E3} = 48.65 \ \Omega$$

(c) 电压放大倍数为两级电路放大倍数之积。

第一级电路差模电压放大倍数

$$A_{ud} = \frac{1}{2} \frac{\beta R'_L}{R_B + r_{be}} = \frac{1}{2} \frac{\beta(R_C // R_{i3})}{R_B + r_{be}}$$

其中

$$R_{i3} = r_{be3} + (r_Z + R_{E3})(1+\beta) = 122.87 \text{ k}\Omega$$

$$R_C // R_{i3} \approx R_C = 2.7 \text{ k}\Omega$$

则

$$A_{ud} \approx \frac{80 \times 2.7}{2(1+1.62)} \approx 41$$

$$A_{u2} = \frac{(1+\beta)R_{E3}}{r_{be3} + (1+\beta)(r_Z + R_{E3})} \approx 1$$

$$A_u = A_{ud}A_{u2} \approx 41$$

4.20 [解] 本题图所示电路为带恒流源的差分放大电路,静态工作点从恒流源电流计算着手。

(a) 静态时,T_3射极电流

$$I_{E3} = \frac{U_Z - U_{BE3}}{R_E} = 2.3 \text{ mA}$$

T_1和T_2射极电流

$$I_{E1} = I_{E2} = \frac{1}{2}I_{E3} = 1.15 \text{ mA}$$

$$U_{C1} = U_{C2} = V_{CC} - R_C I_C = 4.87 \text{ V}$$

(b) 动态指标计算时,应先算出r_{be}的值

$$r_{be} = 300 \ \Omega + (1+\beta)\frac{U_T}{I_{E1}} = 1\ 453 \ \Omega$$

$$A_{ud} = -\frac{\beta R_C}{R_B + r_{be}} = -126.38$$

$$R_{id} = 2(R_B + r_{be}) = 4.9 \ \text{k}\Omega$$

$$R_o = 2R_C = 12.4 \ \text{k}\Omega$$

4.21 [解]　由图可知,T_1 和 T_2、T_3 和 T_4 分别组成了比例电流源电路。设 T_2 的集电极电流为 I_{C2},根据比例电流源电路的工作原理,则有

$$\frac{I_{C2}}{I_i} = 2 \qquad\qquad\qquad ①$$

$$\frac{I_o}{I_{C2}} = 3 \qquad\qquad\qquad ②$$

由式①②得

$$\frac{I_o}{I_i} = 6$$

4.22 [解]　由图可知

$$U_{BE1} \approx I_{C2}R_E \qquad\qquad\qquad ①$$

$$I_R \approx I_S e^{\frac{U_{BE1}}{U_T}} \qquad\qquad\qquad ②$$

由式②得

$$U_{BE1} \approx U_T \ln\frac{I_R}{I_S} \qquad\qquad\qquad ③$$

由式①③得

$$I_{C2} \approx \frac{U_T}{R_E}\ln\frac{I_R}{I_S}$$

4.23 [解]　(a)由图可见,晶体管 T_3 和 T_4 构成了镜像电流源电路,所以晶体管 T_3 的集电极电流 I_{C3} 与 T_4 的集电极电流 I_{C4} 近似相等。

$$I_{C4} \approx \frac{I_{R_2}}{1+\dfrac{2}{\beta}} = \frac{1}{2}\times\frac{30 \ \text{V} - 2U_{BE}}{R_2} \approx 0.37 \ \text{mA}$$

(b) 由于晶体管 T_1 和 T_2 构成了微电流源电路,若要求 $I_{C2} = 26 \ \mu\text{A}$,由主教材的式(4.2.33)得

$$R_1 \approx \frac{U_T}{I_{C1}}\ln\frac{I_{C4}}{I_{C1}} \approx 2.66 \ \text{k}\Omega$$

4.24 [解]　(a)由图可见,晶体管 T_3 和 T_4 构成了镜像电流源电路,所以晶体管 T_3 的集电

122

极电流 I_{C3} 与 T_4 的集电极电流 I_{C4} 近似相等,即

$$I_{C3} \approx I_{C4} \qquad\qquad ①$$

式中

$$I_{C3} = 2I_{DQ} = 1 \text{ mA}$$

$$I_{C4} \approx \frac{V_{CC} - (-V_{EE})}{R_1} \qquad\qquad ②$$

由式①②可得

$$R_1 \approx \frac{V_{CC} + V_{EE}}{I_{C3}} = 30 \text{ k}\Omega$$

(b)差模电压放大倍数

$$A_u = -g_m R_D = -50$$

4.25 [解] (a)由图可知,晶体管 T_3 集电极电流

$$I_{C3} \approx I_{E3} = \frac{V_{EE}}{R_{C3}} = 2 \text{ mA}$$

晶体管 T_1 的集电极电阻 R_C 上的压降

$$U_{R_{C1}} = I_{E3} R_E - U_{BE3} \approx 5 \text{ V} = I_{C1} R_C$$

故电流 $I = 2I_{C1} = 1 \text{ mA}$。

(b)第一级差分放大电路的电压放大倍数

$$A_{u1} = -\frac{1}{2}\beta \frac{R_{C1} /\!/ R_{i2}}{R_B + r_{be1}}$$

式中,R_{i2} 为第二级放大电路的输入电阻。

$$R_{i2} = r_{be3} + (1+\beta) R_E = 213.6 \text{ k}\Omega$$

$$A_{u1} = -50 \times \frac{10 /\!/ 213.6}{3+5} \approx -59.7$$

第一级共射极放大电路的电压放大倍数

$$A_{u2} = -\beta \frac{R_{C3}}{r_{be3} + (1+\beta) R_E} = -3.5$$

整个放大电路的电压放大倍数

$$A_u = A_{u1} A_{u2} \approx 209$$

4.26 [解] 判别几个晶体管的组合能否实现复合管的作用,一般要从管子电流的流向判别。例如,图(a)电路中 T_1 集电极电流与 T_2 基极电流方向一致;图(b)电路中 T_1 射极电流与 T_2 基极电流方向相反,所以图(a)可以实现复合管的作用,而图(b)则不能实现。同理可以判断图(c)不能实现,而图(d)和图(e)都能实现复合管的作用。一般复合管的类型(NPN 或 PNP)与前一个管子的类型一致,等效管脚的判别应符合各种类型的电流流向。

各复合管等效管脚如题 4.26 解图所示。

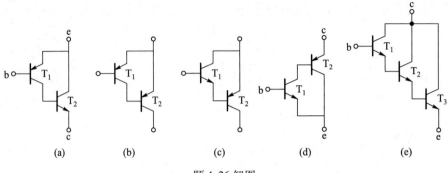

$$(a) \qquad (b) \qquad (c) \qquad (d) \qquad (e)$$

题 4.26 解图

复合管的等效 β 和 r_{be} 求解如下：

图(a)：$\beta \approx \beta_1 \beta_2$，$r_{be} = r_{be1}$。

图(b)和图(c)：不能实现复合管作用。

图(d)：$\beta \approx \beta_1 \beta_2$，$r_{be} = r_{be1}$。

图(e)：$\beta \approx \beta_1 \beta_2 \beta_3$，$r_{be} = r_{be1} + (1+\beta_1) r_{be2} + (1+\beta_1)(1+\beta_2) r_{be3}$。

4.27 ［解］ 根据压摆率 S_R 与输出电压幅值和输入信号频率的关系可得：

$$S_R \geqslant 2\pi f U_{om} = 0.628 \ \text{V}/\mu\text{s}$$

4.28 ［解］ 本电路是改进型镜像电流源电路，通过 T_3 减小了 T_1 和 T_2 基极电流对参考电流 I_R 的分流作用。

由于 T_1 和 T_2 两只晶体管的参数相同，且两个发射结并联，则有

$$I_{E1} = I_{E2}, \quad I_{C1} = I_{C2} = I_O$$

而

$$I_R = I_{C1} + \frac{2I_{B1}}{1+\beta_3} = I_{C1}\left(1 + \frac{2}{\beta_1\beta_3 + \beta_1}\right)$$

所以

$$I_O = I_C = I_R \Big/ \left(1 + \frac{2}{\beta_1\beta_3 + \beta_1}\right)$$

4.29 ［解］ 图中晶体管 T_1 和 T_2 组成电流镜电路。

（a）开关闭合时，电容 C 被短路，流过开关 S 的电流是 T_2 集电极电流 i_{C2}。根据电流镜的电流关系可得 T_2 集电极电流

$$i_{C2} \approx I_R = \frac{V_{CC} - U_{BE}}{R} = 1.13 \ \text{mA}$$

（b）开关 S 打开后，电容 C 被恒流充电，充电电流近似等于 I_R。

$$u_C(t) = \frac{1}{C}\int I_R dt = \frac{V_{CC} - U_{BE}}{RC}t$$

$$u_O = V_{CC} - u_C(t) = V_{CC} - \frac{V_{CC} - U_{BE}}{RC}t$$

当 $t=1$ s 时

$$u_0 = 12 \text{ V} - \frac{12-0.7}{10 \times 10^3 \times 200 \times 10^{-6}} \text{ V} = 6.35 \text{ V}$$

4.30 [解] 由题 4.30 图可知,该电路是结型场效应管组成的双端输入单端输出的差分放大电路,电路结构对称并且参数一致。

(a) 当 $u_{I1} = u_{I2} = 0$,即静态时,由本题图可得

$$U_{GS1} = -V_{SS} - 2R_S I_{D1} = 5 \text{ V} - 2 \times 25 \text{ k}\Omega \times I_{D1} \qquad ①$$

由结型场效应管(工作在放大区)电压电流关系可知

$$I_{D1} = I_{DSS}\left(1 - \frac{U_{GS1}}{U_{GS(off)}}\right)^2 = 0.8\left(1 + \frac{U_{GS1}}{2}\right)^2 \qquad ②$$

联立求解式①和式②可得 $U_{GS1} = -1.21$ V,代入式②可得 $I_{D1} = 0.12$ mA,从而有

$$I_{D1} = I_{D2} = 0.12 \text{ mA}$$
$$I_S = 2 \, I_{D1} = 0.24 \text{ mA}$$

再由本题图可得

$$u_0 = V_{DD} - I_{D2} R_D = 2 \text{ V}$$

(b) 为了计算差分电路动态技术指标,首先需要根据静态工作点估算场效应管的动态参数 g_m 的大小。根据 g_m 的定义和结型场效应管(工作在放大区)电压电流关系可得

$$g_m = \frac{di_D}{du_{GS}} = -\frac{2}{U_{GS(off)}}\sqrt{I_{DSS}I_{D1}} = 0.31 \text{ mS}$$

单端输出差分放大电路动态技术指标

$$A_{ud} = \frac{\Delta u_{Od}}{\Delta u_{Id}} = \frac{1}{2}g_m R_D = 3.78$$

$$A_{uc} = \frac{\Delta u_{Oc}}{\Delta u_{Ic}} = -\frac{g_m R_D}{1 + 2g_m R_S} = -0.58$$

$$K_{CMR} = \left|\frac{A_{ud}}{A_{uc}}\right| = 6.67$$

4.31 [解] 由题 4.31 图可知,该电路是结型场效应管组成的双端输入单端输出的差分放大电路,管子静态电流由恒流源 I_S 决定,电路结构对称并且参数一致。

(a) 当 $u_{I1} = u_{I2} = 0$,即静态时,由本题图电路、参数和已知条件可得

$$I_S = 2I_D = 1 \text{ mA}$$

$$R_D = \frac{V_{DD} - U_O}{I_D} = 6 \text{ k}\Omega$$

(b) 跨导 g_m 和差模电压放大倍数 A_{ud} 为

$$g_m = \frac{di_D}{du_{GS}} = -\frac{2}{U_{GS(off)}}\sqrt{I_{DSS}I_{D1}} = 0.5 \text{ mS}$$

$$A_{ud} = \frac{\Delta u_{Od}}{\Delta u_{Id}} = \frac{1}{2} g_m R_D = 1.5$$

4.32 [解] 由题 4.32 图可知,该电路是增强型绝缘栅场效应管组成的双端输入单端输出的差分放大电路,管子静态电流由恒流源 I_S 决定,电路结构对称并且参数一致。

(a) 当 $u_{I1} = u_{I2} = 0$, 即静态时,由本题图电路、参数和已知条件可得

$$I_S = 2I_{D2} = 1 \text{ mA}$$

$$R_D = \frac{V_{DD} - U_O}{I_{D2}} = 6 \text{ k}\Omega$$

(b) T_2 静态工作点可由增强型场效应管(工作在放大区)的电压电流关系和已知条件分析。

$$I_{D2} = K(U_{GS2} - U_{GS(th)})^2$$

$$U_{GS2} = \pm\sqrt{I_{D2}/K} + U_{GS(th)} = 3.12 \text{ V}$$

由本题电路图可知

$$U_{D2} = V_{DD} - I_{D2}R_D = 7 \text{ V}$$

从而有

$$U_{DS2} = U_{D2} - U_{S2} = U_{D2} + U_{GS2} = 10.12 \text{ V}$$

4.33 [解] 由题 4.33 图可知,该电路是增强型绝缘栅场效应管组成的 CMOS 差分放大电路,管子静态电流由恒流源 I_S 决定,电路结构对称并且参数一致。

(a) 当 $u_{I1} = u_{I2} = 0$, 即静态时,由本题图电路、参数和已知条件可得

$$I_{D1} = I_{D2} = I_{D3} = I_{D4} = I_S/2 = 0.1 \text{ mA}$$

由增强型场效应管(工作在放大区)的电压电流关系 $I_D = K(U_{GS} - U_{GS(th)})^2$ 可得

$$U_{GS1} = -\sqrt{I_{D1}/K} + U_{GS(th)p} = -2 \text{ V}$$

$$U_{GS2} = -\sqrt{I_{D2}/K} + U_{GS(th)p} = -2 \text{ V}$$

$$U_{GS3} = \sqrt{I_{D3}/K} + U_{GS(th)n} = 2 \text{ V}$$

$$U_{GS4} = \sqrt{I_{D4}/K} + U_{GS(th)n} = 2 \text{ V}$$

由本题图电路可见

$$U_{S1} = U_{S2} = -U_{GS1} = -U_{GS2} = 2 \text{ V}$$

$$U_{D3} = U_{GS3} + V_{SS} = -8 \text{ V}$$

$$U_{DS1} = U_{D1} - U_{S1} = U_{D3} - U_{S1} = -10 \text{ V}$$

$$U_{DS2} = U_{DS1} = -10 \text{ V}$$

$$U_{DS4} = U_{DS3} = U_{GS3} = 2 \text{ V}$$

(b) 为了计算差分电路动态技术指标,首先需要根据静态工作点估算场效应管的动态参数 g_m 的大小。根据 g_m 的定义和增强型场效应管(工作在放大区)电压电流关系可得

$$g_m = \frac{\mathrm{d}i_D}{\mathrm{d}u_{GS}} = 2\sqrt{KI_D} = 0.2 \text{ mS}$$

再根据场效应管输出电阻的定义,利用厄尔利(Early)电压和管子的静态电流计算管子的输出电阻

$$r_{ds2} = r_{ds4} = \frac{\Delta u_{DS}}{\Delta i_D} \approx \frac{U_A}{I_D} = 1\ 000\ k\Omega$$

则本电路动态技术指标

$$A_{ud} = \frac{\Delta u_{Od}}{\Delta u_{Id}} = g_m(r_{ds2} /\!/ r_{ds4}) = 100$$

$$R_o = r_{ds2} /\!/ r_{ds4} = 500\ k\Omega$$

5

放大电路的频率特性

5.1　教 学 要 求

　　本章首先介绍了放大电路的频率响应及频率失真的基本概念、频率响应的分析方法、晶体管的高频模型及高频参数,然后介绍了单管共射极放大电路及共漏极放大电路频率响应及其分析方法,最后介绍了放大电路的增益带宽积及多级放大电路的频率响应等有关内容。各知识点的教学要求如表 5.1.1 所列。

表 5.1.1　第 5 章教学要求

知　识　点		教 学 要 求		
		熟练掌握	正确理解	一般了解
放大电路的频率响应	频率响应和频率失真		√	
	放大电路频率响应的分析方法		√	
	晶体管的高频特性　晶体管的高频模型		√	
	晶体管的高频特性　晶体管的高频参数		√	
	单管共射极放大电路的频率响应　中频区频率响应	√		
	单管共射极放大电路的频率响应　低频区频率响应和下限截止频率	√		
	单管共射极放大电路的频率响应　高频区频率响应和上限截止频率	√		

知 识 点		教 学 要 求		
		熟练掌握	正确理解	一般了解
放大电路的频率响应	单管共漏极放大电路的频率响应			
	低频区频率响应和下限截止频率	√		
	高频区频率响应和上限截止频率	√		
	放大电路的增益带宽积		√	
	多级放大电路的频率响应			
	多级放大电路的下限截止频率	√		
	多级放大电路的上限截止频率	√		

5.2 基本概念与分析计算的依据

5.2.1 频率响应的基本概念

1. 频率响应

频率响应是指放大电路输入幅度不变的正弦波信号时,放大电路输出信号的幅度与相位随信号频率变化而改变的特性。

2. 频率失真

当放大电路输入非正弦波信号,且电路无非线性失真(饱和、截止失真)时,由于放大电路对输入信号中不同频率分量具有不同的放大能力和相移,产生输出波形的失真,称为频率失真,也称为线性失真。频率失真包括幅度失真和相位失真。

3. 频率响应的分析方法

(1)频域法

频域法就是放大电路输入正弦波小信号的条件下,测量或分析放大电路的幅频特性(A_u-f)和相频特性(φ-f),并用 f_L、f_H、f_{BW} 定量描述其频率特性的方法。由于频域法是在频率范畴内研究放大电路的频率特性,所以称为频域法,也称为稳态法。

当信号频率升高时,增益下降到 $0.707A_m$ 所对应的频率称为上限频率 f_H;当信号频率降低时,增益下降到 $0.707A_m$ 所对应的频率称为下限频率 f_L。其中 A_m 为中频时的电路增益。

频带宽度 f_{BW} 定义为上、下限截止频率之差值,即 $f_{BW}=f_H-f_L$。当 $f_H \gg f_L$ 时,$f_{BW} \approx f_H$。

(2)瞬态法

当放大电路输入阶跃信号时,测量分析放大电路输出信号随时间变化特性的方法就是瞬态法。它是以时间作参量来描述放大电路的频率特性,所以又称为时域法。

上升时间 t_r 和平顶降落率 δ 是表征放大电路频率响应的指标。在单极点的情况下,理论和实践均证明上升时间 t_r 与上限频率 f_H 之间的关系可近似表述为 $f_H t_r \approx 0.35$；平顶降落率 δ 与下限截止频率 f_L 之间的关系为 $\delta \approx 2\pi f_L t_p \times 100\%$。

5.2.2 晶体管的高频特性

1. 晶体的高频模型

常用的晶体管简化的高频混合 π 形等效模型，如图 5.2.1 所示。

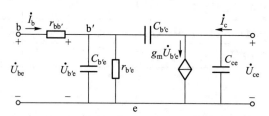

图 5.2.1 晶体管简化的高频混合 π 形等效模型

为了分析方便，对混合 π 形等效电路进行简化，密勒等效后的晶体管高频等效电路如图 5.2.2 所示。

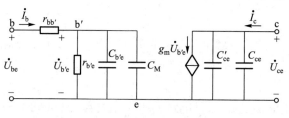

图 5.2.2 密勒等效后的晶体管高频等效电路

图中，密勒等效电容 $C_M \approx (1 + A_{um}) C_{b'c}$，$C_{c'e} \approx C_{b'c}$，$g_m \approx \beta_0 / r_{b'e} \approx I_{EQ} / U_T$，$A_{um} = U_{ce} / U_{b'e}$。

2. 晶体管的高频参数

（1）晶体管电流放大系数

$$\dot{\beta} = \frac{\beta_0}{1 + j \dfrac{f}{f_\beta}}$$

式中，f_β 为晶体管共射极截止频率。

（2）晶体管共射极截止频率 f_β

$$f_\beta = \frac{1}{2\pi r_{b'e}(C_{b'e} + C_{b'c})}$$

（3）晶体管特征频率 f_T

$$f_T \approx \beta_0 f_\beta = \frac{g_m}{2\pi(C_{b'e} + C_{b'c})}$$

（4）晶体管共基极截止频率 f_α

$$f_\alpha \approx (1+\beta_0)f_\beta$$

5.2.3 单管放大电路的频率响应

1. 影响放大电路频率响应的主要因素

放大电路中电抗性元件的阻抗是频率的函数,它们使电路的放大倍数随信号频率的变化而变化。其中耦合电容和旁路电容影响放大电路的低频特性;晶体管的结电容、极间电容、分布电容及负载等效电容等影响放大电路的高频特性。

2. 放大电路频率响应的分析方法

分析频率响应时,将放大电路分为中频、低频和高频三个工作区域,分别画出三个区域的微变等效电路,根据电路分别写出三个区域频率响应的表达式,求出相应的参数 A_{um}、f_H 和 f_L,由此可画出幅频响应和相频响应曲线。

（1）画各个区域等效电路的原则

中频区:直流电源、耦合电容和旁路电容视为短路;结电容、分布电容和负载电容视为开路。

高频区:直流电源、耦合电容和旁路电容视为短路;结电容、分布电容和负载电容保留。

低频区:结电容、分布电容和负载电容视为开路;直流电源视为短路;耦合电容和旁路电容保留。

（2）上、下限截止频率的近似计算方法

为了快速获得上、下限截止频率 f_H 和 f_L,常用时间常数法近似计算。具体步骤如下:

分别求出电路中每一个电容元件确定的时间常数 $\tau_n = R_n C_n$。其中 C_n 是电路中某一个电容元件,此时其他影响高频特性的电容元件均开路（影响低频特性的电容元件均短路）,电压源短路（电流源开路）,画出等效电路,求出与电容元件 C_n 并接的等效电阻 R_n。按此方法求出所有电容元件的时间常数后,再根据下列情况计算 f_L 和 f_H（以图 2.2.3 所示的单管放大电路为例）。

低频区:输入回路的耦合电容 C_1 和旁路电容 C_e 可以等效为一个电容 C_1',求出 C_1' 所对应的时间常数 $\tau_1 = R_1 C_1'$;输出回路的耦合电容 C_2 的时间常数为 $\tau_2 = R_2 C_2$。

若 $\tau_1 \gg \tau_2$,下限截止频率 $f_L \approx f_{L2} = 1/(2\pi\tau_2)$;

若 $\tau_2 \gg \tau_1$,下限截止频率 $f_L \approx f_{L1} = 1/(2\pi\tau_1)$;

如果两个时间常数大小比较接近,下限截止频率 $f_L \approx 1.1(f_{L1}^2 + f_{L2}^2)^{\frac{1}{2}}$。

高频区:输入回路的 $C_{b'e}$ 及密勒电容 C_M 可以等效为一个电容 C_i,求出 C_i 所对应的时间常数为 $\tau_1 = R_1 C_i$;输出回路的 C_{ce} 和 C_{ce}' 可以等效为一个电容 C_o,求出 C_o 所对应时间常数为 $\tau_2 = R_2 C_o$。

若 $\tau_1 \gg \tau_2$,上限截止频率 $f_H \approx f_{H1} = 1/(2\pi\tau_1)$;

若 $\tau_2 \gg \tau_1$，上限截止频率 $f_H \approx f_{H2} = 1/(2\pi\tau_2)$；

如果两个时间常数大小比较接近，上限截止频率 $f_H \approx 0.9(f_{H1}^{-2} + f_{H2}^{-2})^{-\frac{1}{2}}$。

必须强调指出：上述求时间常数时出现的两个 R_1、R_2，仅是一个等效电阻的符号，它们在低频区和高频区分别代表不同的等效电阻。

3. 增益带宽积 GBP

为了更加合理的衡量放大电路的高频性能，提出了增益带宽积 GBP。GBP 定义为中频增益与带宽乘积，即 $GBP = A_{um}f_{BW} \approx A_{um}f_H$。

5.2.4　多级放大电路的频率响应

1. 下限截止频率

多级放大电路电路中，各个惯性环节决定的下限截止频率分别为 f_{L1}、f_{L2}、$\cdots$、f_{Ln}，那么，放大电路的下限截止频率 f_L

$$f_L \approx 1.1\,(f_{L1}^2 + f_{L2}^2 + \cdots + f_{Ln}^2)^{\frac{1}{2}}$$

特别地，如果某个下限截止频率远高于其他下限截止频率，则放大电路的下限截止频率即为该下限截止频率。

2. 上限截止频率

多级放大电路电路中，各个惯性环节决定的上限截止频率分别为 f_{H1}、f_{H2}、$\cdots$、f_{Hn}，那么，放大电路的上限截止频率 f_L

$$f_H \approx \frac{1}{1.1\sqrt{\dfrac{1}{f_{H1}^2} + \dfrac{1}{f_{H2}^2} + \cdots + \dfrac{1}{f_{Hn}^2}}}$$

特别地，如果某个惯性环节决定的上限截止频率远低于其他惯性环节决定的上限截止频率，则放大电路的上限截止频率即为该上限截止频率。

5.3　基本概念自检题与典型题举例

5.3.1　基本概念自检题

1. 选择填空题（以下每小题后均列出了几个可供选择的答案，请选择其中一个最合的适答案填入空格之中）

（1）在考虑放大电路的频率失真时，若输入信号 u_i 为正弦波，则输出信号 u_o（　　）。

（a）会产生线性失真　　　　　　　（b）会产生非线性失真

（c）为非正弦波　　　　　　　　　（d）为正弦波

（2）多级放大电路与组成它的各个单级放大电路相比,其(　　)。

(a) f_L 升高、f_H 升高

(b) f_L 升高、f_H 降低

(c) f_L 降低、f_H 升高

(d) f_L 降低、f_H 降低

（3）在放大电路幅频响应(波特图)曲线中,在上限截止频率 f_H 和下限截止频率 f_L 频率点处,电压增益比中频区增益下降了 3 dB,亦即在该频率点处的输出电压是中频区输出电压的(　　)倍。

(a) 1/2　　　　　　(b) $1/\sqrt{2}$　　　　　　(c) $\sqrt{2}$　　　　　　(d) 2

（4）晶体管的共射极截止频率 f_β、共基截止频率 f_α 及特征频率 f_T 满足的关系是(　　)。

(a) $f_\alpha > f_\beta > f_T$

(b) $f_\alpha > f_T > f_\beta$

(c) $f_T > f_\alpha > f_\beta$

(d) $f_\beta > f_T > f_\alpha$

（5）某多级放大电路由两个参数相同的单级放大电路组成,在组成它的单级放大电路的截止频率处,幅值下降了(　　)。

(a) 3 dB　　　　　　(b) 6 dB　　　　　　(c) 20 dB　　　　　　(d) 40 dB

[答案]　(1)(d)。(2)(b)。(3)(b)。(4)(c)。(5)(b)。

2. 填空题(请在空格中填上合适的词语,将题中的论述补充完整)

（1）由于放大电路对非正弦输入信号中不同频率分量有不同的放大能力和相移,因此会引起放大电路的输出信号产生失真。这种晶体管工作在线性区而引起的失真称为_____,也称为_____。

（2）放大电路的频率失真包括_____失真和_____失真。

（3）研究放大电路频率特性的两种常用方法是_____和_____。

（4）在阻容耦合放大电路中加入不同频率的正弦信号时,低频区电压增益下降的主要原因是由于在电路中存在_____;高频区电压增益下降的主要原因是由于在电路中存在_____。

（5）在晶体管三种基本放大电路中,_____放大电路的高频特性最好。

（6）已知某晶体管的 $f_T = 150$ MHz,$\beta_0 = 50$。当其工作频率为 50 MHz 时,$f_\beta =$ _____,$|\dot{\beta}| \approx$ _____。

（7）单级阻容耦合放大电路加入频率为 f_H 和 f_L 的输入信号时,电压增益的幅值比中频区下降了_____ dB,输出电压的相位与中频区相比,在量值上有_____的附加值。

（8）一放大电路如图 5.3.1 所示,其中 R_L 和 C_L 为负载电阻和负载电容。当增大 C_1 的容量时,该放大电路的 f_L 将_____;当 C_L 的容量减小时,该电路的 f_H 将_____。

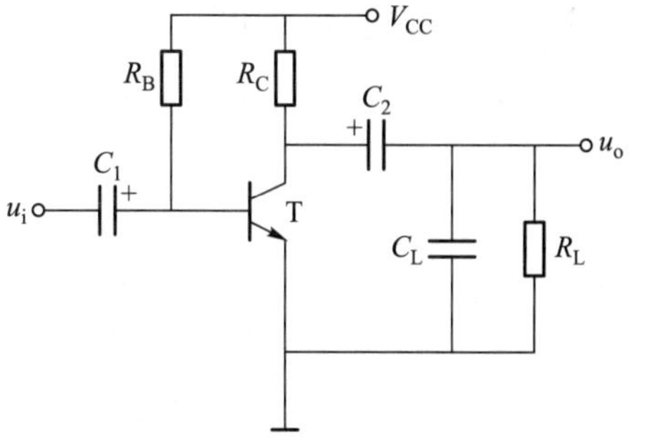

图 5.3.1

（9）多级放大电路与单级放大电路相比，电压增益_____，通频带_____。

（10）多级放大电路在高频时产生的附加相移比组成它的各个单级放大电路在相同频率下产生的附加相移_____。

（11）已知某放大电路电压放大倍数的频率特性

$$\dot{A}_u = 1\,000\,\frac{\mathrm{j}\dfrac{f}{10}}{\left(1+\mathrm{j}\dfrac{f}{10}\right)\left(1+\mathrm{j}\dfrac{f}{10^6}\right)}$$

式中，f 单位为 Hz。那么，该电路的下限截止频率为_____，上限截止频率为_____，中频电压增益为_____ dB，输出电压与输入电压在中频段的相位差为_____。

（12）在图 5.3.2 所示的放大电路中，如果分别改变下列参数，则放大电路的指标将如何改变？

① 增大电容 C_1，则中频电压放大倍数 $|\dot{A}_{um}|$_____，下限频率 f_L_____，上限频率 f_H_____。

② 减小 R_C，则 $|\dot{A}_{um}|$_____，f_L_____，f_H_____。

③ 换一个 f_T 较小的晶体管，则 $|\dot{A}_{um}|$_____，f_L_____，f_H_____。

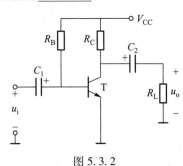

图 5.3.2

（13）两级放大电路中，已知 $A_{um1}=40$ dB，$f_{L1}=30$ Hz，$f_{H1}=30$ kHz；$A_{um2}=60$ dB，$f_{L2}=40$ Hz，$f_{H2}=60$ kHz。则总的电压增益 $A_{um}=$_____，总的下限截止频率 $f_L=$_____，总的上限截止频率 $f_H=$_____。

[答案] （1）线性失真，频率失真。（2）幅度，相位。（3）频域法，时域法（或稳态法，瞬态法）。（4）耦合电容和旁路电容；结电容，分布电容。（5）共基极。（6）3 MHz，35。（7）3，45°。（8）降低；升高。（9）提高，变窄。（10）大。（11）10 Hz，10^6 Hz，60，0°。（12）① 不变，减小，不变。② 减小，不变，增大。③ 不变，不变，减小。（13）100 dB，55 Hz，18 kHz。

5.3.2　典型题举例

[例 5.1]　电路如图 5.3.3 所示，若下列参数变化，对放大器性能有何影响（指工作点 I_{CQ}、A_u、R_i、R_o、f_H、f_L 等）？

（1）R_L 变大。

（2）C_L 变大。

（3）R_E 变大。

（4）C_1 变大。

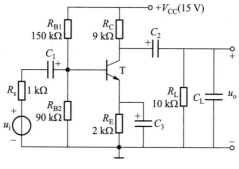

图 5.3.3　例 5.1 题图

[解]　（1）R_L 变大,对工作点无影响,即 I_{CQ}、U_{CEQ} 不变,A_u 变大 $\left(因为 A_u = \dfrac{-\beta(R_C /\!/ R_L)}{r_{be}}\right)$,

R_i 不变,R_o 不变,f_H 下降(因为密勒电容 $C_M = (1 + g_m R_L')C_{b'c}$),$f_L$ 下降 $\Big(因为由 C_2 引入的下限频

率 $f_{L2} = \dfrac{1}{2\pi C_2(R_C + R_L)}\Big)$。

（2）C_L 变大,对 I_{CQ}、A_u、R_i、R_o 均无影响,但会使上限频率 f_{H2} 下降,因为

$$f_{H2} = \frac{1}{2\pi C_L(R_C /\!/ R_L)}$$

（3）R_E 变大,将使工作点 I_{CQ} 下降,因为 $I_{CQ} \approx I_{EQ} \approx \dfrac{\dfrac{R_{B2}}{R_{B1}+R_{B2}} V_{CC} - 0.7\ \text{V}}{R_E}$。同时,使输入电阻

R_i 增大,因为 $R_i \approx R_{B1} /\!/ R_{B2} /\!/ r_{be}$,而 r_{be} 将增大 $\left(r_{be} = r_{bb'} + (1+\beta)\dfrac{26\ \text{mV}}{I_{CQ}}\right)$,$A_u$ 将下降(因为 r_{be} 增

大),R_o 基本不变,f_H 基本不变,f_L 将适当下降。

（4）C_1 变大,I_{CQ}、A_u、R_i、R_o、f_H 基本不变,而 f_L 将下降。

[例 5.2]　某放大电路的频率特性如图 5.3.4 所示。

（1）试求该电路的下限频率 f_L、上限频率 f_H 及中频电压放大倍数 $\dot{A}_{um}$。

（2）若希望通过电压串联负反馈使通频带展宽为 1 Hz~5 MHz,试求所需的反馈深度、反馈系数 $\dot{F}_u$ 及闭环电压放大倍数 $\dot{A}_{umf}$。

[解]　（1）由幅频特性可知该电路的下限截止频率 $f_L = 50$ Hz,上限截止频率 $f_H = 100$ kHz,中频区电压放大倍数 60 dB。由相频特性可知,中频区有 $-180°$ 相移,所以 $\dot{A}_{um} = -1\ 000$。

（2）由题目要求可知闭环带宽等于开环带宽的 50 倍,所以反馈深度应等于 50,由此可得以下结论:

$$1 + \dot{A}_{um}\dot{F}_u = 50$$

135

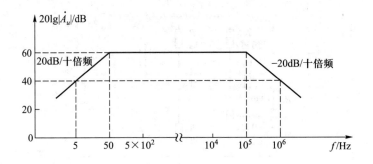

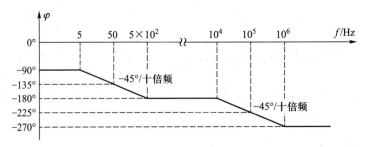

图 5.3.4 例 5.2 题图

$$20\lg\left|1+\dot A_{um}\dot F_u\right|\approx34\ dB$$

$$\dot F_u=\frac{49}{\dot A_{um}}=-0.049$$

$$\dot A_{umf}=\frac{\dot A_{um}}{1+\dot A_{um}\dot F_u}=-20$$

[**例 5.3**] 电路如图 5.3.5 所示。已知晶体管 T 的 $\beta_0=100$,$r_{be}=1.4\ k\Omega$;$R_B=68\ k\Omega$、$R_C=5.1\ k\Omega$、$R_E=1.8\ k\Omega$、$C_1=C_2=10\ \mu F$,$C_E=47\ \mu F$。试估算该电路的下限截止频率 f_L。

[**解**] 由于负载开路,C_2 不影响整个电路的 f_L。又因为当 $f=f_L$ 时,C_E 的容抗值远小于 R_E,因此可以忽略 R_E 的影响,然后再将 C_E 等效到基极回路,它等效到基极回路的等效电容为 $\dfrac{C_E}{1+\beta_0}$,并与 C_1 串联。串联后总的等效电容为

$$C=\frac{C_1C_E}{(1+\beta_0)C_1+C_E}$$

图 5.3.5 例 5.3 题图

故

136

$$f_L = \frac{1}{2\pi r_{be} C} = \frac{(1+\beta_0) C_1 + C_E}{2\pi r_{be} C_1 C_E} = \frac{(1+100) \times 10 \times 10^{-6} + 47 \times 10^{-6}}{2\pi \times 1.4 \times 10^3 \times 10 \times 10^{-6} \times 47 \times 10^{-6}} \text{ Hz} = 255.7 \text{ Hz}$$

[**例5.4**] 电路如图5.3.6所示,该电路的特点是 $R_C = R_E$,在集电极和发射极可输出一对等值反相的信号。现如今有一容性负载 C_L,若将 C_L 分别接到集电极和发射极,则由 C_L 引入的上限频率各为多少?不考虑晶体管内部电容的影响。

[**解**] (1)假如开关S接a点,则负载电容接至集电极,由 C_L 引入的上限频率 f_{Ha} 为

$$f_{Ha} = \frac{1}{2\pi R_{oa} \times C_L} = \frac{1}{2\pi R_C C_L}$$

(2)假如开关S接b点,则负载电容接至发射极,由 C_L 引入的上限频率 f_{Hb} 为

$$f_{Hb} = \frac{1}{2\pi R_{ob} \times C_L} = \frac{1}{2\pi \left(R_E /\!/ \dfrac{r_{be}}{1+\beta} \right) C_L}$$

可见,$f_{Hb} \gg f_{Ha}$,这是因为发射极输出时的输出电阻 R_{ob} 很小,带负载能力强的缘故。

[**例5.5**] 某共射极放大电路如图5.3.7所示,已知晶体管的 $r_{bb'} = 100\ \Omega$,$r_{b'e} = 900\ \Omega$,$g_m = 0.04\ \text{S}$,输入等效电容 $C_i = 500\ \text{pF}$,输出等效电容 C_o 忽略不计。

(1)试计算中频电压放大倍数 $\dot{A}_{usm} = \dot{U}_o / \dot{U}_s$。

(2)试计算上、下限截止频率 f_L、f_H。

(3)画出幅频、相频特性曲线。

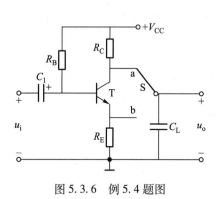

图5.3.6 例5.4题图   图5.3.7 例5.5题图

[**解**] (1)画出放大电路的微变等效电路如图5.3.8(a)所示。由微变等效电路图可求得

$$\dot{A}_{usm} = \frac{\dot{U}_o}{\dot{U}_s} = \frac{\dot{U}_i}{\dot{U}_s} \frac{\dot{U}_o}{\dot{U}_i} = \frac{R_i}{R_i + R_s} \dot{A}_{um} = \frac{R_i}{R_i + R_s} \left(-\beta \frac{R_C /\!/ R_L}{r_{be}} \right)$$

$$r_{be} = r_{bb'} + r_{b'e} = (0.1 + 0.9)\ \text{k}\Omega = 1\ \text{k}\Omega$$

$$R_i = R_B /\!/ r_{be} = 377 /\!/ 1 \text{ k}\Omega \approx 1 \text{ k}\Omega$$

$$\beta = g_m r_{b'e} = 0.04 \times 900 = 36$$

故

$$\dot{A}_{us} = \frac{1}{1+1} \times \left(-36 \times \frac{6 /\!/ 3}{1} \right) = -36$$

（2）分别由输入、输出回路求出耦合电容 C_1、C_2 分别单独作用时的下限截止频率 f_{L1}、f_{L2}。

$$f_{L1} = \frac{1}{2\pi(R_s + R_i)C_1} = \frac{1}{2\pi(1+1)\times 10^3 \times 2 \times 10^{-6}} \text{ Hz} \approx 40 \text{ Hz}$$

$$f_{L2} = \frac{1}{2\pi(R_C + R_L)C_2} = \frac{1}{2\pi(6+3)\times 10^3 \times 5 \times 10^{-6}} \text{ Hz} \approx 3.5 \text{ Hz}$$

由于 $f_{L1} \gg f_{L2}$，所以下限截止频率 $f_L \approx f_{L1} = 40 \text{ Hz}$。

由于电路的上限频率 f_H 由晶体管的结电容决定的，高频等效电路的输入回路如图 5.3.8(b) 所示。由此可得

$$f_H = \frac{1}{2\pi[r_{b'e} /\!/ (r_{bb'} + R_B /\!/ R_s)]C_i}$$

$$= \frac{1}{2\pi[0.9 /\!/ (0.1 + 337 /\!/ 1) \times 10^3] \times 500 \times 10^{-12}} \text{ Hz}$$

$$\approx 0.64 \text{ MHz}$$

（3）由于 $20\lg|\dot{A}_{usm}| = 20\lg|36| \approx 31 \text{ dB}$。画出相应的幅频、相频特性曲线如图 5.3.8(c) 所示。

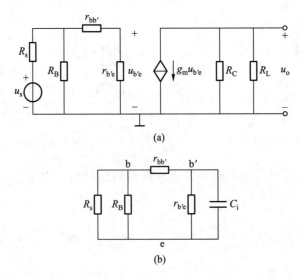

(a)

(b)

138

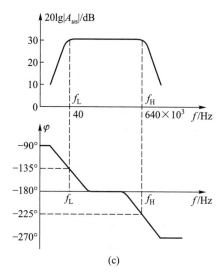

图 5.3.8　例 5.5 题解图

5.4　课后习题及其解答

5.4.1　课后习题

5.1　一阶跃电压信号加于放大电路的输入端,放大电路的输出电压信号波形如题 5.1 图所示,试估计该放大电路的上升时间 t_r 和上限频率 f_H。

5.2　已知某晶体管电流放大倍数 $\dot{\beta}$ 的幅频特性曲线如题 5.2 图所示,试写出 $\dot{\beta}$ 的频率特性表达式,指出该管的 f_β、f_T 分别为多少。

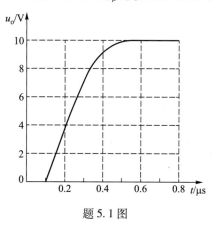

题 5.1 图

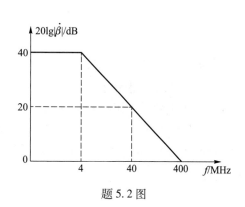

题 5.2 图

5.3 某放大电路电压放大倍数的表达式为

$$\dot{A}_u = \frac{10\mathrm{j}f}{\left(1+\mathrm{j}\dfrac{f}{10}\right)\left(1+\mathrm{j}\dfrac{f}{10^5}\right)}$$

试求该电路的中频电压放大倍数及上、下限截止频率。

5.4 已知某放大电路的频率特性表达式为

$$\dot{A} = \frac{200\times10^6}{\mathrm{j}f+10^6}$$

试求该放大电路的中频增益、上限频率及增益频带宽积。

5.5 一放大器的中频增益 $A_{um}=40$ dB,上限频率 $f_H=2$ MHz,下限频率 $f_L=100$ Hz,输出不失真的动态范围为 $U_{opp}=10$ V,在下列各种输入信号情况下会产生什么失真?

(a) $u_i(t)=0.1\sin(2\pi\times10^4 t)$ V

(b) $u_i(t)=10\sin(2\pi\times3\times10^6 t)$ mV

(c) $u_i(t)=[10\sin(2\pi\times400t)+10\sin(2\pi\times10^6 t)]$ mV

(d) $u_i(t)=[10\sin(2\pi\times10t)+10\sin(2\pi\times5\times10^4 t)]$ mV

(e) $u_i(t)=[10\sin(2\pi\times10^3 t)+10\sin(2\pi\times10^7 t)]$ mV

5.6 一放大电路的混合 π 形等效电路如题 5.6 图所示,其中,$R_s=100$ Ω,$r_{bb'}=100$ Ω,$\beta_0=100$,工作点电流 $I_{CQ}=1$ mA,$C_{b'c}=2$ pF,$f_T=300$ MHz,$R_C=R_L=1$ kΩ,试求:

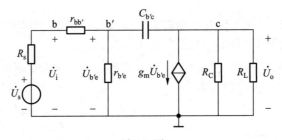

题 5.6 图

(a) 晶体管的 $r_{b'e}$、$C_{b'e}$ 及 g_m;

(b) 放大电路的中频电压放大倍数 $\dot{A}_{ums}$;

(c) 放大电路的上限截止频率 f_H。

5.7 放大电路如题 5.7 图(a)所示,已知晶体管参数 $\beta_0=100$,$r_{bb'}=100$ Ω,$r_{b'e}=2.6$ kΩ,$C_{b'e}=60$ pF,$C_{b'c}=4$ pF。放大电路的幅频特性如题 5.7 图(b)所示,试求放大电路的 R_C、C_1 及 f_H。

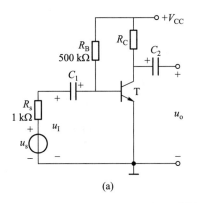
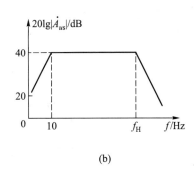

题 5.7 图

5.8 放大电路如题 5.8 图所示。试求：

（a）中频电压放大倍数 $\dot{A}_{um} = \dot{U}_o / \dot{U}_i$ 的表达式；

（b）上、下限截止频率 f_L、f_H 的表达式；

（c）电压放大倍数 $\dot{A}_u$ 的表达式。

5.9 放大电路如题 5.9 图所示，已知晶体管的 $r_{bb'} = 100\ \Omega$，$r_{b'e} = 900\ \Omega$，$g_m = 0.04\ S$，晶体管结电容等效的输入电容 $C_i = 500\ pF$，等效输出电容 C_o 忽略不计。

（a）试计算中频电压放大倍数 $\dot{A}_{usm} = \dot{U}_o / \dot{U}_s$；

（b）试计算上、下限截止频率 f_L、f_H。

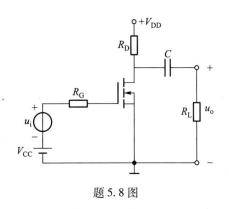
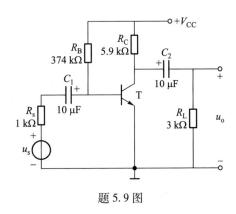

题 5.8 图　　　　　　　　　　　题 5.9 图

5.10 某放大电路的等效电路如题 5.10 图所示。其中 C_2 为耦合电容，R_L 和 C_L 分别为负载电阻和负载电容。在中频区，假设 C_2 对交流信号可视作短路、C_L 可视作开路，并设电路中频增益为 $A_{ums} \underline{/180°}$。

（a）写出该电路的 $\dot{A}_{uLs}$（低频时的 $\dot{U}_o / \dot{U}_s$）及 $\dot{A}_{uHs}$（高频时的 $\dot{U}_o / \dot{U}_s$）的表达式；

（b）若 $R_s = 1\ k\Omega$、$R_i = 10\ k\Omega$、$R_C = R_L = 10\ k\Omega$，为了使 $A_{ums} = 10$，g_m 值应多大？

（c）若要求电路的 $f_L = 6\ Hz$，电容器 C_2 的电容量应多大？

（d）若要求电路的 $f_H = 1\ MHz$，电容器 C_L 的电容量不应超过什么数值？

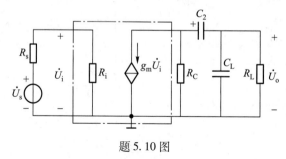

题 5.10 图

5.11 某放大电路的等效电路如题 5.11 图（a）所示。其中 $R_i = 1\ k\Omega$、$R_o = 0.5\ k\Omega$、$R_L = 5\ k\Omega$、$C_1 = C_2 = 10\ \mu F$，$C_L = 20\ pF$，虚框内电路的幅频特性曲线如题 5.11 图（b）所示，试求整个电路的 f_L 和 f_H。

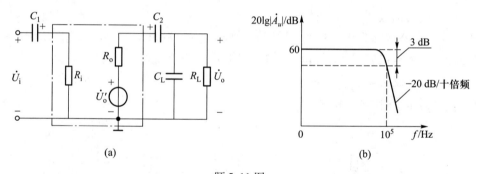

(a)   (b)

题 5.11 图

5.12 电路如题 5.12 图所示。已知电路中的 $R_{G1} = 300\ k\Omega$，$R_{G2} = 100\ k\Omega$，$R_G = 1\ M\Omega$，$R_D = 10\ k\Omega$，$R_S = 2\ k\Omega$，$R_L = 4\ k\Omega$，$C_1 = C_2 = C_S = 10\ \mu F$，负载电容 $C_L = 1\ 000\ pF$，场效应管的跨导 $g_m = 1\ mS$，C_{gs}、C_{gd}、C_{ds} 和 r_{ds} 的影响均可以忽略。

（a）试估算放大电路的中频电压增益、输入电阻和输出电阻；

（b）试求该电路的下限和上限截止频率 f_L 和 f_H。

5.13 放大电路如题 5.13 图所示，已知晶体管的 $C_{gs} = C_{gd} = 5\ pF$，$C_{ds} = 0.5\ pF$，$g_m = 5\ mS$。试求放大电路的上、下限截止频率 f_L、f_H。

5.14 多级放大电路如题 5.14 图所示，已知 $V_{CC} = 12\ V$，$R_s = 0.1\ k\Omega$，$R_{B11} = R_{B21} = 43\ k\Omega$，$R_{B12} = R_{B22} = 22\ k\Omega$，$R_{C1} = R_{C2} = 1.6\ k\Omega$，$R_{E1} = R_{E2} = 1.8\ k\Omega$，$C_1 = C_2 = C_3 = 10\ \mu F$，$C_{E1} = C_{E2} = 100\ \mu F$，$R_L = 5.1\ k\Omega$，$C_L = 680\ pF$，晶体管的 $U_{BEQ} = 0.7\ V$，$r_{bb'} = 300\ \Omega$，$\beta = 100$，结电容忽略不计。试求放大电路的上限截止频率 f_H 和下限截止频率 f_L。

142

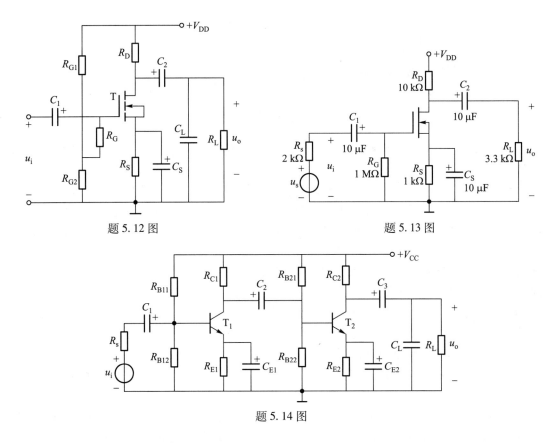

题 5.12 图

题 5.13 图

题 5.14 图

5.4.2 课后习题解答

5.1［解］ 由图可见,放大电路的输出信号上升时间

$$t_r \approx 0.4 - 0.12 \ \mu s = 0.28 \ \mu s$$

放大电路的上限频率

$$f_H \approx \frac{0.35}{t_r} = 1.25 \ \text{MHz}$$

5.2［解］ 由图可知,晶体管低频电流放大倍数为 40 dB,即 $\beta_0 = 100$;截止频率 $f_\beta = 4 \ \text{MHz}$, $f_T = 400 \ \text{MHz}$。由于高频区只有一条直线,故晶体管电流放大倍数的频率特性表达式为

$$\dot{\beta}(\text{j}f) = \frac{\beta_0}{1 + \text{j}\dfrac{f}{f_\beta}}$$

5.3［解］ 将给出的表达式改写为一般形式

$$\dot{A}_u = \frac{100}{\left(1 - \text{j}\dfrac{10}{f}\right)\left(1 + \text{j}\dfrac{f}{10^5}\right)}$$

由此可知,电路的中频电压放大倍数为 $A_{um} = 100$,下限截止频率 $f_L = 10$ Hz,上限截止频率 $f_H = 10^5$ Hz。

5.4 [解] 将给出的表达式改写为一般形式

$$\dot{A}_u = \frac{200}{1 + j\dfrac{f}{10^6}}$$

由此可知,放大电路的中频增益 $A_{um} = 200$,上限截止频率 $f_H = 10^6$ Hz,增益频带宽积为 200 MHz。

5.5 [解] (a) 输入信号为单一频率正弦波,所以不存在频率失真问题。但由于输入信号幅度较大(为 0.1 V),经 100 倍的放大后峰-峰值为 $0.1 \times 2 \times 100$ V $= 20$ V,已经大大超过输出不失真的动态范围($U_{opp} = 10$ V),故输出信号将产生严重的非线性失真(波形出现限幅状态)。

(b) 输入信号为单一频率正弦波,虽然处于高频区,但也不存在频率失真问题。又因为信号幅度较小(为 10 mV),经 100 倍的放大后峰-峰值为 $100 \times 2 \times 10$ V $= 2$ V,故不会出现非线性失真。

(c) 输入信号两个频率分量分别为 400 Hz 及 1 MHz,均处于放大器的中频区,不会产生频率失真,又因为信号幅度较小(为 10 mV),故不会出现非线性失真。

(d) 输入信号两个频率分量分别为 10 Hz 及 50 kHz,一个处于放大器的低频区,而另一个处于中频区,故经放大后会出现低频频率失真,又因为信号幅度较小,叠加后放大器也未超过线性动态范围,故不会出现非线性失真。

(e) 输入信号两个频率分量分别为 1 kHz 及 10 MHz,一个处于放大器的中频区,而另一个处于高频区,故经放大后会出现高频频率失真,又因为信号幅度较小,故不会出现非线性失真。

5.6 [解] (a) 晶体管的 $r_{b'e}$、$C_{b'e}$ 及 g_m 分别计算如下:

$$r_{b'e} = (1 + \beta_0)\frac{U_T}{I_{EQ}} \approx (1 + \beta_0)\frac{26 \text{ mV}}{I_{CQ}} \approx 2.6 \text{ k}\Omega$$

$$g_m = \frac{\beta_0}{r_{b'e}} = \frac{100}{2.6} \text{ mA/V} \approx 38.5 \text{ mA/V}$$

$$C_{b'e} \approx \frac{g_m}{2\pi f_T} - C_{b'c} \approx 18.4 \text{ pF}$$

(b) 放大电路的中频电压放大倍数 $\dot{A}_{ums}$

$$\dot{A}_{ums} = -\beta_0 \frac{R_C /\!/ R_L}{R_s + r_{bb'} + r_{b'e}} \approx -17.86$$

(c) 画出集电结电容 $C_{b'c}$ 密勒等效后的等效电路如题 5.6 解图所示。
由于

$$\dot{A} = \frac{\dot{U}_{ce}}{\dot{U}_{b'e}} = -g_m(R_L /\!/ R_C) = -19.25$$

144

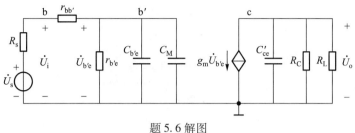

题 5.6 解图

集电结电容 $C_{b'c}$ 的密勒等效电容为

$$C_M = C_{b'c}(1 - \dot{A}) = 40.5 \text{ pF}$$

$$C_{ce}' = C_{b'c}\left(1 - \frac{1}{\dot{A}}\right) \approx 2.1 \text{ pF}$$

故输入、输出回路的上限截止频率分别为

$$f_{H1} = \frac{1}{2\pi[(R_s + r_{bb'}) /\!/ r_{b'e}](C_M + C_{b'e})} \approx 14.6 \text{ MHz}$$

$$f_{H2} = \frac{1}{2\pi R_L' C_o} = \frac{1}{2\pi(R_L /\!/ R_C)C_{ce}'} \approx 152 \text{ MHz}$$

由于 $f_{H2} \gg f_{H1}$，故
放大电路的上限截止频率

$$f_H \approx f_{H1} = 14.6 \text{ MHz}$$

5.7 [解] （1）由图（b）可知，放大电路的中频增益为 40 dB，即 $A_{ums} = 100$ 倍。

由

$$\dot{A}_{ums} = -\beta_0 \frac{R_C}{R_s + r_{bb'} + r_{b'e}} = -100$$

得

$$R_C = 3.7 \text{ k}\Omega$$

（2）由图可知，C_1 决定了下限频率，且有 $f_L = 10$ Hz，即

$$f_L = \frac{1}{2\pi C_1 \times (R_s + r_{be})} = 10 \text{ Hz}$$

故

$$C_1 = \frac{1}{2\pi f_L(R_s + r_{bb'} + R_{b'e})} \approx 4.3 \text{ μF}$$

（3）画出放大电路的高频微变等效电路（这里省略，读者可以自己画）。由于输出空载，所以电路的上限截止频率约等于输入回路决定的上限截止频率，即

$$f_H \approx \frac{1}{2\pi[(R_s + r_{bb'}) /\!/ r_{b'e}](C_{b'e} + C_M)}$$

式中

$$C_M = C_{b'c}(1-\dot{A})$$
$$= C_{b'c}(1+g_m R_C)$$
$$= C_{b'c}\left(1+\frac{\beta_0}{r_{b'e}}R_C\right)$$
$$= 573.2 \text{ pF}$$

代入上式,得

$$f_H \approx \frac{1}{2\pi[(1+0.1)\,/\!/\,2.6]\times(60+573.2)} \text{ MHz} \approx 325.3 \text{ kHz}$$

5.8 [解] （a）中频电压放大倍数

$$\dot{A}_{um} = \frac{\dot{U}_o}{\dot{U}_i} = -g_m R'_L$$

式中,g_m 为场效应管的跨导,$R'_L = R_D\,/\!/\,R_L$。

（b）先求放大电路的下限截止频率。因为影响放大电路下限截止频率的只有输出电容 C,故放大电路的下限截止频率为

$$f_L = \frac{1}{2\pi(R_D+R_L)C}$$

再求放大电路的上限截止频率。画出放大电路的高频等效电路,如题 5.8 解图所示。

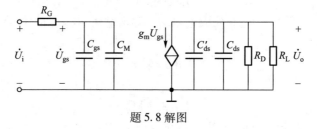

题 5.8 解图

放大电路的上限截止频率

$$f_H = \frac{1}{1.1\sqrt{\dfrac{1}{f_{H1}^2}+\dfrac{1}{f_{H2}^2}}}$$

式中

$$f_{H1} = \frac{1}{2\pi R_G(C_{gs}+C_M)}, \quad C_M = C_{dg}(1+g_m R'_L), \quad R'_L = R'_L\,/\!/\,R_C$$

$$f_{H2} = \frac{1}{2\pi R'_L(C_{ds}+C'_{ds})}, \quad C'_{ds} = C_{dg}\left(1+\frac{1}{g_m R'_L}\right)$$

146

（c）电压放大倍数 $\dot{A}_u$ 的表达式

$$\dot{A}_u = \frac{\dot{A}_{um}}{\left(1-\mathrm{j}\dfrac{f_L}{f}\right)\left(1+\mathrm{j}\dfrac{f}{f_H}\right)}$$

5.9〔解〕　由电路参数可知，电阻 $R_B \gg r_{be}$，为了分析方便，忽略 R_B。

（a）简化后的中频区微变等效电路如题5.9(a)解图所示。

$$\dot{A}_{ums} = \frac{\dot{U}_o}{\dot{U}_s} = -\frac{\beta_0(R_C /\!/ R_L)}{R_s + r_{bb'} + r_{b'e}} = -\frac{g_m r_{b'e}(R_C /\!/ R_L)}{R_s + r_{bb'} + r_{b'e}} \approx -36$$

（b）简化后的低频区微变等效电路如题5.9(b)解图所示。

$$r_{be} = r_{bb'} + r_{b'e} = 1\ \mathrm{k}\Omega$$

$$f_{L1} = \frac{1}{2\pi(R_s + r_{be})C_1} \approx 7.96\ \mathrm{Hz}$$

$$f_{L2} = \frac{1}{2\pi(R_C + R_L)C_2} \approx 1.79\ \mathrm{Hz}$$

$$f_L \approx 1.1\sqrt{f_{L1}^2 + f_{L2}^2} \approx 8.97\ \mathrm{Hz}$$

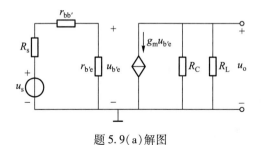

题5.9(a)解图

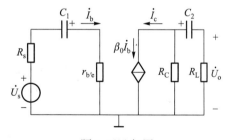

题5.9(b)解图

高频等效电路如题5.9(c)解图所示，忽略输出回路的等效电容 C_o，则

$$f_H = \frac{1}{2\pi\left[(R_s + r_{bb'}) /\!/ r_{b'e}\right]C_i} \approx 643.38\ \mathrm{kHz}$$

题5.9(c)解图

5.10 [解] （a）
$$\dot{A}_{uLs} = \frac{\dot{A}_{ums}}{1-j\dfrac{f_L}{f}}$$

$$\dot{A}_{uHs} = \frac{\dot{A}_{ums}}{1+j\dfrac{f}{f_H}}$$

其中
$$\dot{A}_{ums} = -\frac{R_i}{R_s+R_i}g_m(R_C /\!/ R_L)$$

$$f_L = \frac{1}{2\pi(R_C+R_L)C_2}$$

$$f_H = \frac{1}{2\pi(R_C /\!/ R_L)C_L}$$

（b）由上面的 $\dot{A}_{ums}$ 表达式可得

$$g_m = \frac{|\dot{A}_{ums}|(R_s+R_i)}{R_i(R_C /\!/ R_L)} = \frac{10\times(1+10)}{10\times(10 /\!/ 10)}\ \text{mS} = 2.2\ \text{mS}$$

（c）
$$C_2 = \frac{1}{2\pi(R_C+R_L)f_L} = \frac{1}{2\pi(10+10)\times10^3\times6}\ \text{F} = 1.33\ \mu\text{F}$$

$$C_L = \frac{1}{2\pi(R_C /\!/ R_L)f_H} = \frac{1}{2\pi(10 /\!/ 10)\times10^3\times10^6}\ \text{F} = 31.8\ \text{pF}$$

5.11 [解] （a）
$$\tau_1 = R_i C_1 = 10^3\times10\times10^{-6}\ \text{s} = 10^{-2}\ \text{s}$$

$$f_{L1} = \frac{1}{2\pi\tau_1} = \frac{1}{2\pi\times10^{-2}}\ \text{Hz} = 15.9\ \text{Hz}$$

$$\tau_2 = (R_o+R_L)C_2 = (0.5+5)\times10^3\times10\times10^{-6}\ \text{s} = 5.5\times10^{-2}\ \text{s}$$

$$f_{L2} = \frac{1}{2\pi\tau_2} = \frac{1}{2\pi\times5.5\times10^{-2}}\ \text{Hz} = 2.9\ \text{Hz}$$

由于 $f_{L1} \gg f_{L2}$，故
$$f_L \approx f_{L1} = 15.9\ \text{Hz}$$

（b）
$$\tau_o = (R_o /\!/ R_L)C_L = (0.5 /\!/ 5)\times10^3\times20\times10^{-12}\ \text{s} = 0.91\times10^{-8}\ \text{s}$$

$$f_{H1} = \frac{1}{2\pi\tau_o} = \frac{1}{2\pi\times0.91\times10^{-8}}\ \text{Hz} = 17.5\ \text{MHz}$$

由幅频特性曲线可得虚框内电路的上限截止频率 $f_{H2} = 100\ \text{kHz}$。

由于 $f_{H1} \gg f_{H2}$，故
$$f_H \approx f_{H2} = 100\ \text{kHz}$$

5.12 [解] (a) 放大电路的中频电压放大倍数

$$\dot{A}_{um} = \frac{\dot{U}_o}{\dot{U}_i} = -g_m(R_D /\!/ R_L) \approx -2.86$$

输入电阻

$$R_i = R_G + R_{G1} /\!/ R_{G2} = 1.075 \text{ M}\Omega$$

输出电阻

$$R_o = R_D = 10 \text{ k}\Omega$$

(b) 在低频区等效电路中,电容 C_1、C_2 和 C_S 影响放大电路的下限截止频率,电容 C_1、C_2 和 C_S 所在惯性环节的下限截止频率

$$f_{L1} = \frac{1}{2\pi R_i C_1} \approx 0.01 \text{ Hz}$$

$$f_{L2} = \frac{1}{2\pi(R_D + R_L)C_2} \approx 1.14 \text{ Hz}$$

$$f_{L3} = \frac{1}{2\pi\left(R_S /\!/ \dfrac{1}{g_m}\right)C_S} \approx 24 \text{ Hz}$$

故电路的下限截止频率

$$f_L \approx 1.1\sqrt{f_{L1}^2 + f_{L2}^2 + f_{L3}^2} \approx 26.43 \text{ Hz}$$

在高频区,影响电路上限截止频率的惯性元件只有负载电容 C_L,故电路上限截止频率

$$f_H = \frac{1}{2\pi C_L(R_D /\!/ R_L)} \approx 55.7 \text{ k}\Omega$$

5.13 [解] (1) 求电路的下限截止频率

C_1、C_2 和 C_S 组成的三个惯性环节所决定的下限截止频率分别为

$$f_{L1} = \frac{1}{2\pi C_1(R_s + R_G)} \approx 0.016 \text{ Hz}$$

$$f_{L2} = \frac{1}{2\pi C_2(R_D + R_L)} \approx 1.2 \text{ Hz}$$

$$f_{L3} = \frac{1}{2\pi C_S\left(R_S /\!/ \dfrac{1}{g_m}\right)} \approx 95.5 \text{ Hz}$$

由于 $f_{L3} \gg f_{L1}$、f_{L2},故电路的下限截止频率

$$f_L \approx f_{L3} \approx 95.5 \text{ Hz}$$

(2) 求电路的上限截止频率

由于

$$\dot{A} = -g_m R_L /\!/ R_D \approx -12.4$$

电容 C_{dg} 的密勒等效电容

$$C_M = C_{dg}(1 + g_m R'_L) \approx 67 \text{ pF}$$

$$C'_{ds} = C_{dg}\left(1 + \frac{1}{g_m R'_L}\right) \approx 5.4 \text{ pF}$$

输入、输出回路的上限截止频率

$$f_{H1} = \frac{1}{2\pi(R_s /\!/ R_G)(C_{gs} + C_M)} \approx 1.1 \text{ MHz}$$

$$f_{H2} = \frac{1}{2\pi R'_L(C_{ds} + C'_{ds})} \approx 11 \text{ MHz}$$

故放大电路的上限截止频率

$$f_H = \frac{1}{1.1\sqrt{\dfrac{1}{f_{H1}^2} + \dfrac{1}{f_{H2}^2}}} \approx 1 \text{ MHz}$$

5.14 [**解**] （a）为了计算电路的动态指标，必须首先求出两级电路的静态工作点，估算晶体管的输入电阻 r_{be}。T_1 的静态工作点和晶体管的输入电阻 r_{be} 为

$$U_{B1Q} = \frac{R_{B12}}{R_{B11} + R_{B12}} V_{CC} \approx 4.06 \text{ V}$$

$$I_{E1Q} = \frac{U_{B1Q} - U_{BEQ}}{R_{E1}} \approx 1.87 \text{ mA}$$

$$r_{be1} = r_{bb'} + (1 + \beta)\frac{U_T}{I_{E1Q}} \approx 1.7 \text{ k}\Omega$$

同理可得 T_2 的静态工作点和晶体管的输入电阻 r_{be} 与 T_1 具有相同的数值。

（b）计算电路的下限截止频率

由于两级电路的基极等效电阻 $R_B(R_B = R_{B11}/\!/R_{B12} = R_{B21}/\!/R_{B22} = 15 \text{ k}\Omega)$ 远大于 r_{be}，为了分析方便，忽略电阻 R_B，简化后的低频区微变等效电路如题 5.14 解图所示。又因为当 $f = f_L$ 时，C_E 的容抗值远小于 R_E，因此可以忽略 R_E 的影响，然后再将 C_E 等效到基极回路，它等效到基极回路的等效电容为 $C_E/(1+\beta)$，并与 C_1 串联，串联后的等效电容为

$$C'_1 = \frac{C_1 C_{E1}}{(1 + \beta_1)C_1 + C_{E1}} \approx 0.9 \text{ μF}$$

同理可得

$$C'_2 = \frac{C_2 C_{E2}}{(1 + \beta_2)C_2 + C_{E2}} \approx 0.9 \text{ μF}$$

由题 5.14 解图可得

$$f_{L1} = \frac{1}{2\pi(R_s + r_{be})C'_1} \approx 98.29 \text{ Hz}$$

150

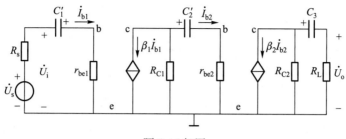

题 5.14 解图

$$f_{L2} = \frac{1}{2\pi(R_{C1}+r_{be2})C_2'} \approx 53.61 \text{ Hz}$$

$$f_{L3} = \frac{1}{2\pi(R_{C2}+R_L)C_3} \approx 0.23 \text{ Hz}$$

$$f_L \approx 1.1\sqrt{f_{L1}^2+f_{L2}^2+f_{L3}^2} \approx 123.18 \text{ Hz}$$

（c）计算电路上限截止频率

由于晶体管的结电容可以忽略，电路的上限截止频率由电容 C_L 所在回路的时间常数决定。

电路的输出电阻 $R_o = R_{C2} = 1.6 \text{ k}\Omega$，所以电路的上限截止频率为

$$f_H = \frac{1}{2\pi C_L(R_o /\!/ R_L)} \approx 191.94 \text{ kHz}$$

6 反馈和负反馈放大电路

6.1 教学要求

本章介绍了反馈的基本概念,负反馈放大电路的四种基本类型及判别方法,负反馈对放大电路性能的影响,负反馈放大电路的分析和近似计算,负反馈放大电路的自激振荡及消除等内容。各知识点的教学要求如表 6.1.1 所列。

表 6.1.1　第 6 章教学要求

知　识　点		教　学　要　求		
		熟练掌握	正确理解	一般了解
反馈的概念及类型	反馈的基本概念		√	
	负反馈放大电路的一般表达式	√		
	负反馈放大电路的基本类型及判别方法	√		
负反馈对放大电路性能的影响			√	
负反馈放大电路的分析及近似计算		√		
负反馈放大电路的自激振荡及消除	自激振荡的条件		√	
	稳定性分析		√	
	消除自激振荡的方法			√

152

6.2 基本概念与分析计算的依据

6.2.1 反馈的基本概念

1. 什么是反馈

在电子电路中,把放大电路的输出量(电压或电流)的一部分或者全部通过一定的网络返送回输入回路,以影响放大电路性能的措施,称为反馈。

2. 交流反馈与直流反馈

在放大电路的交流通路中存在的反馈称为交流反馈,直流通路中存在的反馈称为直流反馈,前者影响放大电路的动态性能,后者主要影响放大电路的静态性能。

3. 正反馈与负反馈

当电路中引入反馈后,反馈信号能削弱输入信号的作用,称为**负反馈**。负反馈能使输出信号维持稳定。相反,反馈信号加强了输入信号的作用,称为**正反馈**。正反馈将破坏电路的稳定性。常用瞬时极性法判别正负反馈。

4. 负反馈放大电路的方框图及一般表达式

负反馈放大电路是由基本放大电路和反馈网络组成,电路的方框图如图 6.2.1 所示。基本放大电路的放大倍数称为开环放大倍数 $\dot{A}$,反馈网络的传输系数称为反馈系数 $\dot{F}$,负反馈放大电路的放大倍数称为闭环放大倍数 $\dot{A}_f$,它们的定义如下:

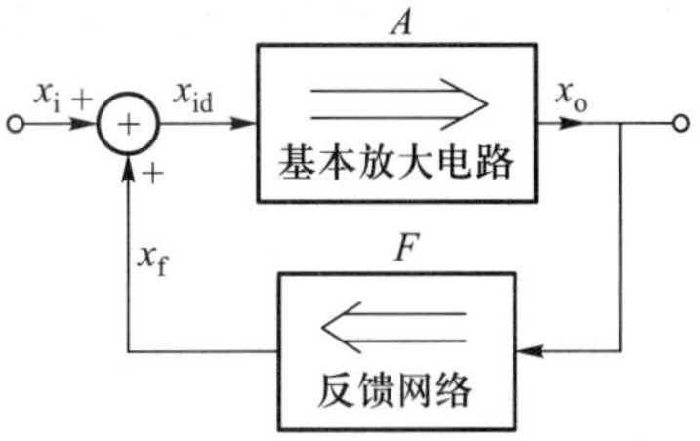

图 6.2.1 负反馈放大电路的方框图

$$\dot{A} = \dot{X}_o / \dot{X}_{id}, \quad \dot{F} = \dot{X}_f / \dot{X}_o, \quad \dot{A}_f = \dot{X}_o / \dot{X}_i$$

基本放大电路的净输入信号为:$\dot{X}_{id} = \dot{X}_i - \dot{X}_f$

闭环放大倍数的一般表达式为

$$\dot{A}_f = \frac{\dot{X}_o}{\dot{X}_i} = \frac{\dot{A}}{1 + \dot{A}\dot{F}}$$

如果只讨论中频段的情况,$\dot{A}$、$\dot{F}$ 和 $\dot{A}_f$ 都是实数,上式可改写为

$$A_f = \frac{A}{1 + AF}$$

其中,$1+AF$ 的大小反映了反馈程度的强弱,称为反馈深度。

对于闭环放大倍数的一般表达式,当

（1）$|1+\dot{A}\dot{F}|>1$ 时，$|\dot{A}_{\mathrm{f}}|<|\dot{A}|$，电路引入了负反馈。

（2）$|1+\dot{A}\dot{F}|<1$ 时，$|\dot{A}_{\mathrm{f}}|>|\dot{A}|$，电路引入了正反馈。

（3）$|1+\dot{A}\dot{F}|=1$ 时，$|\dot{A}_{\mathrm{f}}|=|\dot{A}|$，电路无反馈。

（4）$|1+\dot{A}\dot{F}|=0$ 时，$|\dot{A}_{\mathrm{f}}|=\infty$，电路产生了自激振荡。

6.2.2 负反馈放大电路的四种基本类型

1. 电压反馈和电流反馈

若反馈信号取自输出电压信号，则称为电压反馈；若反馈信号取自输出电流信号，则称为电流反馈。通常，采用将负载电阻短路的方法来判别电压反馈和电流反馈。具体方法是：若将负载电阻 R_{L} 短路，如果反馈作用消失，则为电压反馈；如果反馈作用存在，则为电流反馈。

2. 串联反馈和并联反馈

若反馈信号与输入信号在基本放大电路的输入端以电压串联的形式叠加，则称为串联反馈；若反馈信号与输入信号在基本放大电路的输入端以电流并联的形式叠加，则称为并联反馈。

根据电压/电流和串联/并联反馈，可构成电压串联、电压并联、电流串联和电流并联四种基本类型。四种负反馈放大电路的方框图如图 6.2.2 所示。

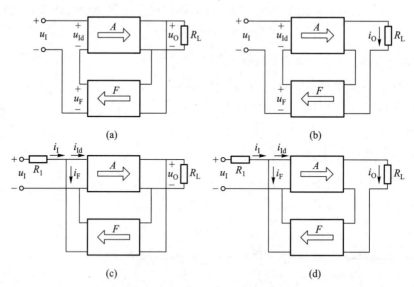

图 6.2.2　四种类型负反馈的方框图

（a）电压串联　（b）电流串联　（c）电压并联　（d）电流并联

四种负反馈放大电路中 $\dot{A}$、$\dot{F}$ 和 $\dot{A}_{\mathrm{f}}$ 的具体含义如表 6.2.1 所列。

154

表 6.2.1　负反馈放大电路参数的意义

参　数	电压串联	电压并联	电流串联	电流并联
$\dot{A}$	$\dot{A}_u = \dfrac{\dot{U}_o}{\dot{U}_{id}}$ （电压放大倍数）	$\dot{A}_r = \dfrac{\dot{U}_o}{\dot{I}_{id}}(\Omega)$ （互阻增益）	$\dot{A}_g = \dfrac{\dot{I}_o}{\dot{U}_{id}}(S)$ （互导增益）	$\dot{A}_i = \dfrac{\dot{I}_o}{\dot{I}_{id}}$ （电流放大倍数）
$\dot{F}$	$\dot{F}_u = \dfrac{\dot{U}_f}{\dot{U}_o}$	$\dot{F}_g = \dfrac{\dot{I}_f}{\dot{U}_o}(S)$	$\dot{F}_r = \dfrac{\dot{U}_f}{\dot{I}_o}(\Omega)$	$\dot{F}_i = \dfrac{\dot{I}_f}{\dot{I}_o}$
$\dot{A}_f$	$\dot{A}_{uf} = \dfrac{\dot{U}_o}{\dot{U}_i}$	$\dot{A}_{rf} = \dfrac{\dot{U}_o}{\dot{I}_i}(\Omega)$	$\dot{A}_{gf} = \dfrac{\dot{I}_o}{\dot{U}_i}(S)$	$\dot{A}_{if} = \dfrac{\dot{I}_o}{\dot{I}_i}$

6.2.3　负反馈对放大电路性能的影响

引入负反馈后,虽使闭环放大倍数下降到开环时的 $1/(1+AF)$ 倍,却能换取其他性能的改善,其改善程度都与反馈深度 $1+AF$ 有关。

（1）提高放大倍数的稳定性

引入负反馈后,A_f 的相对变化量,仅为 A 的相对变换量的 $1/(1+AF)$ 倍,即

$$\frac{\mathrm{d}A_f}{A_f} = \frac{1}{1+AF} \cdot \frac{\mathrm{d}A}{A}$$

（2）扩展频带宽度

负反馈能扩展放大电路的频带宽度。如果放大电路中只含一个惯性环节时,闭环上下限截止频率与开环上下限截止频率的关系、闭环频带宽度与开环频带宽度的关系以及增益带宽积的关系分别如下:

$$f_{Hf} = f_H(1+A_m F), \quad f_{Lf} = \frac{f_L}{1+A_m F},$$

$$f_{BWf} \approx (1+A_m F)f_{BW}, \quad A_m f_{BWf} = A_m f_{BW} = 常数$$

（3）减小非线性失真

（4）抑制反馈环内的干扰和噪声

（5）改变输入电阻和输出电阻

负反馈对放大电路输入电阻和输出电阻影响的情况如表 6.2.2 所列。

表 6.2.2 负反馈对输入电阻和输出电阻影响

类　型	电压串联	电压并联	电流串联	电流并联
R_{if}	增大	减小	增大	减小
R_{of}	减小	减小	增大	增大
特点	稳定输出电压		稳定输出电流	
用途	电压放大	电流-电压变换	电压-电流变换	电流放大

6.2.4　负反馈放大电路的分析及近似计算

负反馈放大电路的小信号动态分析,常用深度负反馈条件下的近似计算法。

深度负反馈条件是:$|1+\dot{A}\dot{F}| \gg 1$。

相应的闭环放大倍数近似为

$$\dot{A}_f = \frac{\dot{A}}{1+\dot{A}\dot{F}} \approx \frac{1}{\dot{F}}$$

1. 利用 $\dot{A}_f \approx 1/\dot{F}$ 近似计算

根据电路的反馈类型,求解不同量纲的 $\dot{F} \rightarrow$ 计算 $\dot{A}_f \rightarrow \dot{A}_{uf}$,具体方法如下:

电压串联　$\dot{A}_{uf} = \dot{U}_o/\dot{U}_i \approx 1/\dot{F}_u$

电压并联　$\dot{A}_{rf} = \dot{U}_o/\dot{I}_i \approx 1/\dot{F}_g$,$\dot{A}_{uf} = \dot{U}_o/\dot{U}_i = \dot{U}_o/\dot{I}_i R_s \approx \dot{A}_{rf}/R_s$

电流串联　$\dot{A}_{gf} = \dot{I}_o/\dot{U}_i \approx 1/\dot{F}_r$,$\dot{A}_{uf} = \dot{U}_o/\dot{U}_i = \dot{I}_o R'_L/\dot{U}_i \approx \dot{A}_{rf}R'_L$

电流并联　$\dot{A}_{if} = \dot{I}_o/\dot{I}_i \approx 1/\dot{F}_i$,$\dot{A}_{uf} = \dot{U}_o/\dot{U}_i = \dot{I}_o R'_L/\dot{I}_i R_s \approx \dot{A}_{rt}R'_L/R_s$

上述关系式中的 R_s 是信号源与基本放大电路输入端之间的等效电阻。

2. 利用 $\dot{X}_i \approx \dot{X}_f$ 近似计算

在深度负反馈条件下,$\dot{X}_i \approx \dot{X}_f$。

对于串联反馈,$\dot{U}_i \approx \dot{U}_f$,相当于 $\dot{U}_{id}$ 近似等于零,这一特性称为"虚短"特性。

对于并联反馈,$\dot{I}_i \approx \dot{I}_f$,相当于 $\dot{I}_{id}$ 近似等于零,这一特性称为"虚断"特性。

利用"虚短"和"虚断"的特性能方便地求解电路输入输出关系,近似计算闭环增益。

6.2.5　负反馈放大电路的自激振荡及消除

由放大电路的频率响应可知,放大电路在高频区和低频区将会产生附加相移,当附加相移达到一定程度时,就会使电路中的负反馈变成正反馈,从而有可能引起电路自激振荡。

1. 自激振荡的条件

当下列两个条件同时满足时,负反馈放大电路产生自激振荡。

幅度条件　　$|\dot{A}\dot{F}|=1$

相位条件　　$|\Delta\varphi_A+\Delta\varphi_F|=(2n+1)\pi$

式中,$\Delta\varphi_A$和$\Delta\varphi_F$分别为基本放大电路和反馈网络的附加相移。

2. 稳定条件

当满足下列条件时,负反馈放大电路不会产生自激振荡,即负反馈电路的稳定条件为

$$|\Delta\varphi_A+\Delta\varphi_F|=(2n+1)\pi \text{ 时},|\dot{A}\dot{F}|<1$$

3. 稳定裕度

(1) 幅度裕度 G_m 一般应小于 -10 dB。设 $f=f_c$ 时,$|\Delta\varphi_A+\Delta\varphi_F|=180°$,则 G_m 定义为

$$G_m=20\ \lg|\dot{A}\dot{F}|\Big|_{f=f_c} \qquad (\text{dB})$$

(2) 相位裕度 Φ_m 一般应大于 $45°$。设 $f=f_0$ 时,$|\dot{A}\dot{F}|=1$,则 Φ_m 定义为

$$\Phi_m=180°-|\Delta\varphi_A+\Delta\varphi_F|\Big|_{f=f_0}$$

4. 消除自激振荡的方法

对于可能产生自激振荡的反馈放大电路,采用相位补偿的方法可以消除自激振荡。通常是在放大电路中加入 RC 相位补偿网络,改善放大电路的频率特性,使放大电路具有足够的幅度裕度 G_m 和相位裕度 Φ_m。

6.3　基本概念自检题与典型题举例

6.3.1　基本概念自检题

1. 选择填空题(以下每小题后均列出了几个可供选择的答案,请选择其中一个最合适的答案填入空格之中)

(1) 放大电路中有反馈的含义是(　　)。

(a) 输出与输入之间有信号通路　　　(b) 电路中存在反向传输的信号通路

(c) 除放大电路以外还有信号通道　　(d) 输出与输入信号呈非线性的关系

(2) 构成反馈通路的元件(　　)。

(a) 只能是 R 元件　　　　　　　　(b) 只能是 R、C 元件

(c) 只能是无源元件　　　　　　　　(d) 既可以是无源元件、也可以是有源元件

(3) 直流负反馈是指(　　)。

(a) 只存在于直接耦合电路中的负反馈　(b) 直流通路中的负反馈

(c) 放大直流信号才有的负反馈　　　　(d) 不存在交流负反馈的负反馈

(4) 交流负反馈是指(　　)。

(a) 只存在于阻容耦合和变压器耦合电路中的负反馈

(b) 交流通路中的负反馈

(c) 放大正弦波信号才有的负反馈

(d) 放大任意信号都有的负反馈

(5) 直流负反馈在电路中的主要作用是(　　)。

(a) 提高输入电阻　　　　　　　　(b) 降低输出电阻

(c) 增大电路增益　　　　　　　　(d) 稳定静态工作点

(6) 交流负反馈在电路中主要作用是(　　)。

(a) 稳定静态工作点　　　　　　　(b) 防止电路产生自激振荡

(c) 降低电路增益　　　　　　　　(d) 改善电路的动态性能

(7) 负反馈放大电路是以降低电路的(　　)来提高电路的其他性能指标。

(a) 带宽　　　　(b) 稳定性　　　　(c) 增益　　　　(d) 输入电阻

(8) 负反馈所能抑制的干扰和噪声是指(　　)。

(a) 输入信号所包含的干扰和噪声　(b) 输出信号所包含的干扰和噪声

(c) 反馈环内的干扰和噪声　　　　(d) 反馈环外的干扰和噪声

(9) 串联负反馈能使电路的(　　)。

(a) 输入电阻增大　　　　　　　　(b) 输入电阻减小

(c) 输入电阻不变　　　　　　　　(d) 输出电阻增大

(10) 电流负反馈能够稳定放大电路的(　　)。

(a) 输出电压　　　(b) 输出电流　　　(c) 输入电流　　　(d) 输入电压

(11) 电流负反馈能使放大电路的输出(　　)。

(a) 电压降低　　　(b) 电流减小　　　(c) 电阻增大　　　(d) 电阻减小

(12) 为了稳定放大电路的输出电压,那么对于高内阻的信号源来说,放大电路应引入(　　)负反馈。

(a) 电流串联　　　(b) 电流并联　　　(c) 电压串联　　　(d) 电压并联

(13) 引入反馈系数为 0.1 的并联电流负反馈,放大电路的输入电阻由 1 kΩ 变为 100 Ω,则该放大电路的开环和闭环电流增益分别为(　　)。

(a) 90 和 9　　　(b) 90 和 10　　　(c) 100 和 9　　　(d) 100 和 10

(14) 在多级放大电路中,能引入级间直流负反馈的电路是(　　)多级放大电路。

(a) 阻容耦合　　　(b) 变压器耦合　　(c) 直接耦合　　(d) 任一种耦合方式的

(15) 负反馈放大电路产生自激振荡的条件是(　　)。

(a) $\dot{A}\dot{F}=1$　　(b) $\dot{A}\dot{F}=-1$　　(c) $\dot{A}\dot{F}>1$　　(d) $0<\dot{A}\dot{F}<1$

(16) 负反馈放大电路在下列哪种情况下,容易引起自激振荡? (　　)

(a) 放大电路在中频区引入了负反馈　(b) 放大电路的中频增益太小

(c) 反馈系数太小　　　　　　　　(d) 反馈环路增益太大

(17) 若负反馈放大电路产生了自激振荡,那么它一定发生在(　　)。

158

（a）中频区　　　　　（b）高频区　　　　　（c）低频区　　　　　（d）高频或低频区

（18）一个单管共射极放大电路如果通过电阻网络引入负反馈,那么它(　　)振荡。

（a）一定会产生高频自激　　　　　　（b）可能产生高频自激

（c）一般不会产生高频自激　　　　　（d）一定不会产生高频自激

（19）若一个负反馈放大电路满足自激振荡的相位条件,那么它(　　)。

（a）一定会产生自激振荡　　　　　　（b）可能会产生高频自激振荡

（c）一定不会产生自激振荡　　　　　（d）一定会产生高频自激振荡

[答案]　（1）（b）。（2）（d）。（3）（b）。（4）（b）。（5）（d）。（6）（d）。（7）（c）。
（8）（c）。（9）（a）。（10）（b）。（11）（c）。（12）（d）。（13）（a）。（14）（c）。（15）（b）。
（16）（d）。（17）（d）。（18）（d）。（19）（b）。

2. 填空题（请在空格中填上合适的词语,将题中的论述补充完整）

（1）根据反馈的极性,反馈可分为_____和_____。

（2）负反馈的四种组态为_____、_____、_____和_____。

（3）电压负反馈可以稳定_____,降低_____。

（4）电流负反馈可以稳定_____,提高_____。

（5）当放大电路的环路增益_____时,称为深度负反馈。

（6）当放大电路满足深度负反馈的条件时,电路的闭环增益 $\dot{A}_f \approx$ _____,净输入信号 $\dot{X}_{id} \approx$ _____。

（7）如果负反馈放大电路的反馈深度 $|1+\dot{A}\dot{F}|$ 大于 1,那么电路的反馈为_____;如果 $|1+\dot{A}\dot{F}|$ 小于 1,反馈为_____;如果 $|1+\dot{A}\dot{F}|$ 等于 1,电路_____反馈;如果 $|1+\dot{A}\dot{F}|$ 等于零,电路可能会产生_____。

（8）如果串联电压负反馈放大电路的反馈深度为 D,上、下限截止频率和带宽分别为 f_H、f_L 和 f_{BW},引入负反馈后的上、下限截止频率分别为 f_{Hf}、f_{Lf} 和 f_{BWf}。那么,$f_{Hf} =$ _____f_H,$f_{Lf} =$ _____f_L,$f_{BWf} \approx$ _____f_{BW}。

（9）为了合理设计反馈信号在输入回路的叠加方式,对于内阻较小的信号源,通常应该引入_____负反馈;对于内阻大的信号源,通常应该引入_____负反馈。

（10）对负反馈放大电路来说,反馈越深,对电路性能的改善越显著。但是,反馈太深,将容易引起电路产生_____。

（11）自激振荡是一种没有_____,但有一定幅度输出信号的现象。

（12）负反馈放大电路引起自激振荡的根本原因是电路在高频或低频区产生了足够大的_____,使负反馈变成了正反馈。

（13）负反馈放大电路产生自激振荡的相位条件是_____,幅度条件是_____。

（14）一般说来,只要电路产生自激振荡的相位条件不满足,电路一定不会产生自激振荡。即使是_____条件满足了,电路也不一定会产生自激振荡。

（15）消除负反馈放大电路自激振荡一般采用_____。

（16）负反馈可以从_____、_____、_____、_____和_____等方面改善放大电路的性能。

（17）电流串联负反馈放大电路是一种输出端取样量为_____，输入端比较量为_____的负反馈放大电路，它使电路输入电阻_____，输出电阻也_____。

（18）要得到一个由电流控制的电压源，应选择_____负反馈电路。

（19）某仪表放大电路要求具有输入电阻大、输出电流稳定的特性，应选择_____负反馈。

（20）要想得到一个输入电阻大，输出电阻小的放大电路，那么，电路中应该引入_____负反馈。

（21）为了减小负载对放大电路电压放大倍数的影响，在电路中应该引入_____负反馈。

（22）当电路负载变化时，为了使输出电压稳定，在电路中应该引入_____负反馈；当电路负载不变，为了使输出电压稳定，在电路中应该引入_____负反馈。

（23）理想运放组成的放大电路如图 6.3.1 所示，那么，该电路的反馈组态是_____，电路能稳定输出_____，电路的闭环电压放大倍数 $\dot{A}_{uf} = \dot{U}_o / \dot{U}_i =$ _____，电路的输入电阻 $R_{if} =$ _____，输出电阻 $R_{of} =$ _____。

（24）已知放大电路输入信号电压为 1 mV，输出电压为 1 V，加入反馈后，为达到同样输出时需要的输入信号为 10 mV，该电路的反馈深度为_____，反馈系数为_____。

（25）当电路的闭环增益为 40 dB 时，基本放大电路的增益变化 10%，电路的闭环增益相应变化 1%，则此时电路的开环增益为_____dB。

（26）在负反馈放大电路中，当环路增益 $20 \lg |\dot{A}\dot{F}| = 0$ dB 时，相移 $\Delta\varphi_A + \Delta\varphi_F = -245°$。由此可知，该电路将会产生_____。

（27）已知反馈放大电路的环路增益的幅频、相频特性如图 6.3.2 所示，由图可知，该电路是____产生自激振荡的。

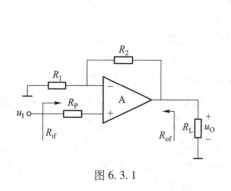

图 6.3.1

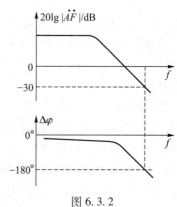

图 6.3.2

[**答案**] （1）正反馈,负反馈。（2）电压串联,电压并联,电流串联,电流并联。（3）输出电压,输出电阻。（4）输出电流,输出电阻。（5）远大于1。（6）$1/\dot{F}$,0。（7）负反馈,正反馈,无,反馈,自激振荡。（8）$D,1/D,D$。（9）串联,并联。（10）自激振荡。（11）输入信号。（12）附加相移。（13）$\Delta\varphi_A+\Delta\varphi_F=(2n+1)\pi,n=0、\pm1、\pm2,\cdots;AF=1$。（14）相位。（15）相位补偿法。（16）提高稳定性,减小非线性失真,抑制噪声,扩展频带,改变输入输出阻抗。（17）电流,电压,增大,增大。（18）电压并联。（19）电流串联。（20）电压串联。（21）电压。（22）电压,电压或电流。（23）电压串联负反馈,电压,$1+R_2/R_1$,∞,0。（24）10,0.009。（25）60。（26）自激振荡。（27）不会。

6.3.2 典型题举例

[**例 6.1**] 电路如图 6.3.3 所示,图中耦合电容器和射极旁路电容器的容量足够大,在中频范围内,它们的容抗近似为零。试判断电路中反馈的极性和类型(说明各电路中的反馈是正、负、直流、交流、电压、电流、串联、并联反馈)。

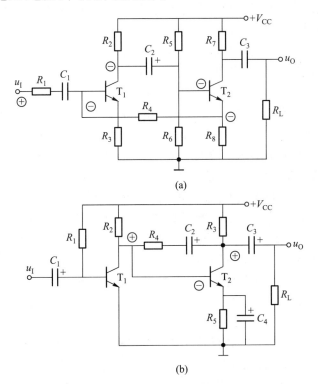

图 6.3.3 例 6.1 题图

[**解**] 图(a)电路是两级阻容耦合放大电路。电阻 R_3 接 T_1 的射极与"地"之间,它把第一级放大电路的输出信号(发射极电流近似等于集电极电流)引入第一级的输入回路,构成

了第一级放大电路的本级反馈;并且,无论在直流通路还是在交流通路,这一反馈都存在,故它是本级交直流反馈;由于 T_1 的发射极电位(本级反馈电压)与 T_1 的集电极电流成正比,所以该反馈是电流反馈;T_1 的基极电位与反馈电压(电阻 R_3 的压降)相减后作用到 T_1 的基极与发射极之间,所以它是串联反馈;当 T_1 集电极电流增大时,反馈电压会随之而增大,基极与发射极之间的电压(净输入信号)会减小,集电极电流会减小,故该反馈是本级电流串联负反馈。

图(a)电路中的电阻网络 R_4 和 R_8 接在 T_2 的发射极和 T_1 的基极之间,该网络将 T_2 的射极电流(近似等于集电极电流)传送到 T_1 的基极。因此,电阻网络 R_4 和 R_8 将放大电路的输出量(T_2 集电极电流)返送到电路的输入回路,构成了级间反馈。由于放大电路的第一级与第二级之间有耦合电容 C_2"隔直",因此该反馈对电路的静态工作点没有影响,即不存在直流反馈,仅有交流反馈。

反馈极性判别:利用瞬时极性法,当给放大电路输入端加上对地极性为 ⊕ 的输入信号时,T_1 集电极和 T_2 发射极信号极性均为 ⊖,电阻反馈网络不会产生相移,反馈到输入回路的信号极性也为 ⊖,输入电流信号与反馈电流信号相减作为放大电路的净输入电流信号(T_1 的基极电流)。所以该反馈是负反馈。

电压反馈和电流反馈判别:当令输出电压信号 u_0 等于零时(负载电阻 R_L 短路),T_2 发射极电压信号(与集电极电流成正比)不等于零,因此反馈信号电流不为零,即反馈电流与输出电压无关。因此可知该反馈是电流反馈。实际上,该反馈网络的输入信号来自 T_2 发射极电流,反馈网络的输出信号(即反馈信号)与 T_2 集电极电流成正比,该负反馈能稳定 T_2 集电极电流。分立元件构成的反馈放大电路往往把输出级集电极电流作为输出电流来分析。

串联反馈和并联反馈判别:由于放大电路的净输入电流(T_1 的基极电流)是由输入电流和反馈电流(流过 R_4 的电流)叠加而成,所以该反馈是并联反馈。

总结上述判别可知,图(a)电路是交流电流并联负反馈。

图(b)放大电路输出与输入之间没有反馈,第一级也没有反馈,第二级放大电路有两条反馈支路。一条反馈支路是 R_5,另一条反馈支路是 R_4 和 C_2 串联支路。R_5 支路的反馈类型与图(a)中的 R_3 支路类似,不同的是 R_5 有旁路电容 C_4,所以它是本级直流反馈,可以稳定第二级电路的静态工作点。R_4 和 C_2 串联支路接在第二级放大电路的输出(T_2 集电极)和输入之间(T_2 基极),由于 C_2 的"隔直"作用,该反馈是交流反馈;当给第二级放大电路加上对地极性为 ⊕ 的信号时,输出电压极性为 ⊖,由于电容 C_2 对交流信号可认为短路,所以反馈信号极性也为 ⊖,因而反馈信号削弱输入信号的作用,该反馈为负反馈;若令输出电压信号 u_0 等于零,从输出端返送到输入电路的信号等于零,即反馈信号与输出电压信号成正比,那么该反馈是电压反馈;反馈信号与输入信号以电流的形式在 T_2 基极叠加,所以它是并联反馈。

总结上述判别可知,图(b)电路中 R_4 和 C_2 串联支路构成交流电压并联负反馈。

[例 6.2] 具有反馈的放大电路如图 6.3.4 所示。图中电容 C_1 和 C_2 的容量足够大,在中频范围内它们的容抗近似为零,试判断每一个电路中级间反馈的极性及类型。

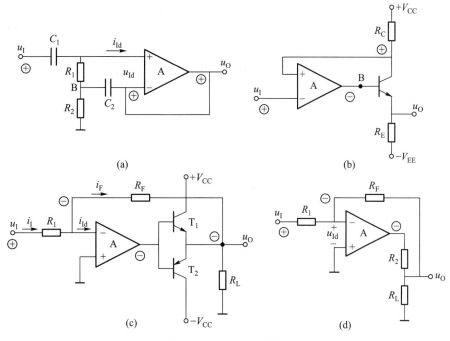

图 6.3.4 例 6.2 题图

[**解**] 在图(a)所示电路中,输出端与运放反相输入端之间的短路线形成了直流负反馈,可稳定静态工作点。在动态时,耦合电容 C_1 和 C_2 可认为短路,电路有两条反馈支路。从输出端反馈到运放反相输入端的这一条反馈支路构成了电压串联负反馈。例如,当令 u_O 为零时,反馈消失,说明该反馈是电压反馈;当 u_I 不变,u_O 增大时,电路净输入电压 u_{Id}(运放的差模电压)减小,u_O 随之减小;反之,u_O 又会增大。通过 C_2 和 R_1 反馈到运放同相输入端的反馈支路构成了电压并联正反馈。这是因为,当 u_I 不变,u_O 增大时,B 点的电位升高,流过电阻 R_1 的电流减小,从而使 i_{Id} 增大,结果使 u_O 增大。实际上,这一正反馈能减小流过 R_1 支路的电流,即减小 R_1 和 R_2 支路对输入信号的分流作用,从而提高了电路的输入电阻。

在图(b)电路中,输出级晶体管集电极信号返送到运放的同相输入端,电阻 R_C 上的交流压降是反馈电压 u_F,u_I 和 u_F 串联作用到运放的输入端,故它是串联反馈;令 $u_O = 0$ 时,反馈电压 u_F 不等于零,所以它是电流反馈;利用瞬时极性法判别反馈极性,当 u_I 为 ⊕ 极性时,u_F 也为 ⊕ 极性,u_F 削弱了 u_I 的作用,故它是负反馈;因而本电路为电流串联负反馈电路。

在图(c)电路中,输出信号通过 R_F 支路返送到运放的反相输入端,输入信号通过电阻 R_1 支路也加到运放反相输入端,输入信号与反馈信号以电流方式叠加作用到放大电路的输入回路,属并联反馈;当令 $u_O = 0$ 时,从输出回路反馈到输入回路的信号为零,属电压反馈;利用瞬时极性法判别反馈极性,当输入信号为 ⊕ 极性时,运放输出信号为 ⊖ 极性,反馈信号也为 ⊖ 极性,属负反馈。因而本电路为电压并联负反馈电路。

在图(d)中,输出信号通过 R_F 支路反馈到运放的反相输入端,用上述类似的方法可以判别出本电路是电压并联负反馈。实际上,图中 R_2 是限流电阻,若把 R_2 改为负载电阻,R_L 改为取样电阻,则图(d)电路变成电流并联负反馈电路。

[**例 6.3**] 某一负反馈放大电路的开环电压放大倍数 $|A| = 300$,反馈系数 $|F| = 0.01$。试问:

(1) 闭环电压放大倍数 $|A_f|$ 为多少?

(2) 如果 $|A|$ 发生 20% 的变化,则 $|A_f|$ 的相对变化为多少?

[**解**] (1) 闭环电压放大倍数

$$|A_f| = \frac{|A|}{1+|AF|} = \frac{300}{1+300 \times 0.01} = 75$$

(2) 当已知 A 的相对变化率来计算 A_f 的相对变化率时,应根据 A 的相对变化率的大小采用不同的方法。当 A 的相对变化率较小时,可由 $|A_f| = \dfrac{|A|}{1+|AF|}$ 导推出 $\dfrac{\mathrm{d}|A_f|}{|A_f|}$ 与 $\dfrac{\mathrm{d}|A|}{|A|}$ 的关系式后再计算。当 A 的相对变化率较大时,应通过 $\dfrac{\Delta|A|}{|A|}$ 计算出 $\Delta|A_f|$ 后再计算 $\dfrac{\Delta|A_f|}{|A_f|}$。本例中 A 已有 20% 的变化,应采用后一种方法。

当 $|A|$ 变化 20%,那么

$$|A_f'| = \frac{|A| \times (1+20\%)}{1+|A| \times (1+20\%) \times |F|} = \frac{300 \times (1+20\%)}{1+300 \times (1+20\%) \times 0.01} \approx 78.3$$

则 $|A_f|$ 的相对变化为

$$\frac{\Delta|A_f|}{|A_f|} = \frac{|A_f'|-|A_f|}{|A_f|} = \frac{78.3-75}{75} \times 100\% = 4.4\%$$

当 $|A|$ 变化 -20%,那么

$$|A_f'| = \frac{|A| \times (1-20\%)}{1+|A| \times (1-20\%) \times |F|} = \frac{300 \times (1-20\%)}{1+300 \times (1-20\%) \times 0.01} \approx 70.6$$

则 $|A_f|$ 的相对变化为

$$\frac{\Delta|A_f|}{|A_f|} = \frac{|A_f'|-|A_f|}{|A_f|} = \frac{70.6-75}{75} \times 100\% \approx -5.9\%$$

[**例 6.4**] 理想运放构成的同相比例放大电路如图 6.3.5 所示。

(1) 判断电路反馈的极性和类型,写出闭环电压增益 $\dot{A}_{uf}$ 的表达式。

(2) 该电路发生如下故障,则输出电压有何变化?

① R_1 短路 ② R_F 短路 ③ R_1 开路 ④ R_F 开路

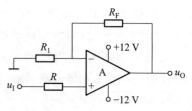

图 6.3.5 例 6.4 题图

[解] （1）很容易判断,该电路引入了电压串联负反馈。电路的闭环电压增益为

$$\dot{A}_{uf} = \frac{\dot{U}_o}{\dot{U}_i} = 1 + \frac{R_F}{R_1}$$

（2）① 若 R_1 短路,则反馈消失,加入运放的差模信号 $u_{Id} = u_+ - u_- = u_1$。由于运放的开环增益 $A_u \to \infty$,所以输出很快进入非线性区,输出电压可能趋于 ± 12 V。② 若 R_F 短路,电路为 100% 的电压串联负反馈。$u_0 \approx u_1, A_{uf} \approx 1$。③ R_1 开路,电路成为典型的电压跟随器,输出电压与输入电压的关系与 R_F 短路时相同。④ R_F 开路,负反馈消失,电路的输出状态与 R_1 短路时相同。

[例 6.5] 电路如图 6.3.6(a)(b)所示。

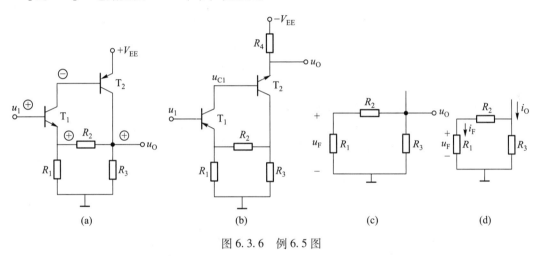

（a）　　　　　　　（b）　　　　　　　（c）　　　　　　　（d）

图 6.3.6　例 6.5 图

（1）判断图示电路的反馈极性及类型。

（2）求出反馈电路的反馈系数。

[解] （1）判断电路反馈极性及类型。

在图（a）中,电阻网络 R_1、R_2 和 R_3 构成反馈网络,电阻 R_1 两端的电压是反馈电压 u_F,输入电压 u_1 与 u_F 串联叠加后作用到放大电路的输入端（T_1 的 u_{BE}）;当令 $u_0 = 0$ 时,$u_F = 0$,即 u_F 正比于 u_0;当输入信号 u_1 对地极性为 ⊕ 时,从输出端反馈回来的信号 u_F 对地极性也为 ⊕,故本电路是电压串联负反馈电路。

在图（b）电路中,反馈网络的结构与图（a）相同,反馈信号 u_F 与输入信号 u_1 也是串联叠加,但反馈网络的输入量不是电路的输出电压而是电路输出电流（T_2 集电极电流）,反馈极性与图（a）相同,故本电路是电流串联负反馈电路。

（2）为了分析问题方便,画出图（a）（b）的反馈网络分别如图（c）（d）所示。

由于图（a）电路是电压负反馈,能稳定输出电压,即输出电压信号近似恒压源,内阻很小,计算反馈系数时,R_3 不起作用。由图（c）可知,反馈电压 u_F 等于输出电压 u_0 在电阻 R_1 上的

分压。即

$$\dot{U}_f = \frac{R_1}{R_1+R_2}\dot{U}_o$$

故图(a)电路的反馈系数

$$\dot{F}_u = \frac{\dot{U}_f}{\dot{U}_o} = \frac{R_1}{R_1+R_2}$$

由图(d)可知反馈电压 u_F 等于输出电流 i_o 的分流 i_F 在电阻 R_1 上的压降。

$$\dot{U}_f = \dot{I}_f R_1 = \frac{R_3}{R_1+R_2+R_3}\dot{I}_o R_1$$

故图(b)电路的反馈系数

$$\dot{F}_r = \frac{\dot{U}_f}{\dot{I}_o} = \frac{R_1 R_3}{R_1+R_2+R_3}$$

[**例 6.6**]　电路如图 6.3.7(a)(b)(c)(d)所示。

(1) 判断各电路反馈的极性和类型。

(2) 在深负反馈的条件下,推导图(a)电路的输出电流 i_o 与输入电压 u_I 的关系式。

(3) 在深负反馈的条件下,推导图(b)(c)电路的电压增益表达式。

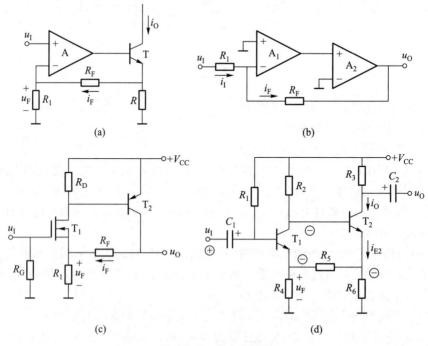

图 6.3.7　例 6.6 题图

[**解**] （1）判断反馈极性及类型。

在图（a）电路中，通过电阻网络 R_1、R_F 和 R 把输出电流 i_0 返送到运放的反相输入端，构成电流串联负反馈。在图（b）电路中，两级运放组成基本放大电路，通过 R_F 支路把输出电压返送到运放 A_1 的反相端，构成电压并联负反馈。在图（c）电路中，通过电阻网络 R_1 和 R_F 把输出电压返送到场效应管的源极，构成电压串联负反馈。在图（d）电路中，通过电阻网络 R_5、R_6、R_4 把输出电流 i_0 返送到 T_1 的发射极，属电流串联反馈；当输入信号 u_1 对地极性为 ⊕ 时，T_1 的集电极和 T_2 的发射极信号均为 ⊖，放大电路净输入信号 $u_{Id} = u_1 - (-u_F) = u_I + u_F$，反馈信号使 $u_{Id} > u_I$，该反馈为正反馈。因此本电路为电流串联正反馈电路。

（2）图（a）为受控的电流源电路，输出电流 i_0 近似等于晶体管的发射极电流 i_E，反馈电压 u_F 近似等于输出电流 i_0 的分流 i_F 在电阻 R_1 上的压降，即

$$u_F = \frac{RR_1}{R_1 + R_F + R} i_0$$

在深负反馈的条件下，$u_F \approx u_1$，所以

$$i_0 = \frac{R_1 + R_F + R}{RR_1} u_1$$

一般情况，电流的取样电阻 R 较小，能满足 $(R_1 + R_F) \gg R$ 的条件，故

$$i_0 = \frac{u_1}{R}\left(1 + \frac{R_F}{R_1}\right)$$

（3）在图（b）电路中，运放 A_1 同相输入端接地，反相输入端"虚地"，所以

$$\dot{I}_1 = \frac{\dot{U}_i}{R_1}$$

$$\dot{I}_f = -\frac{\dot{U}_o}{R_F}$$

在深负反馈的条件下，$\dot{I}_f \approx \dot{I}_i$，所以电路的闭环电压增益

$$\dot{A}_{uf} = \frac{\dot{U}_o}{\dot{U}_i} = -\frac{R_F}{R_1}$$

对于图（c），在深度负反馈的条件下有

$$\dot{U}_f \approx \dot{U}_i$$

而

$$\dot{U}_f = \frac{R_1}{R_1 + R_F} \dot{U}_o$$

故电路的电压增益为

$$\dot{A}_{uf} = \frac{\dot{U}_o}{\dot{U}_i} \approx \frac{\dot{U}_o}{\dot{U}_f} = 1 + \frac{R_F}{R_1}$$

[**例6.7**] 电路如图6.3.8所示,请按下列要求分别给电路引入反馈。

(1) 若要电路的输出电压 u_O 稳定。

(2) 若要电路的输出电流 i_O 稳定。

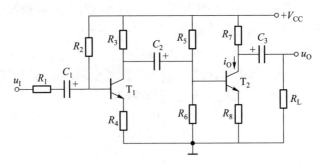

图 6.3.8　例 6.7 题图

[**解**] (1) 为了稳定输出电压,应引入电压负反馈。R_F 应接在输出端与 T_1 的发射极 e_1 之间,引入电压串联负反馈。

(2) 为了稳定输出电流,应引入电流负反馈。R_F 应接在 T_2 的发射极 e_2 与 T_1 的基极 b_1 之间,引入电流并联负反馈。

[**例6.8**] 电路如图6.3.9所示,试说明电路中引入了共模负反馈。

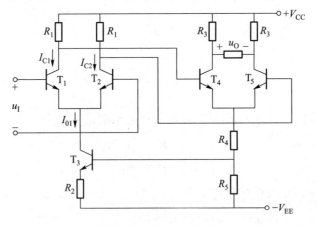

图 6.3.9　例 6.8 题图

[**解**] 该电路为两级双端输入双端输出的差分放大电路。由图可知,晶体管 T_3 的基极接在 T_4、T_5 发射极分压电阻 R_4、R_5 之间。由于 T_4、T_5 发射极差模信号为零,所以不存在差模信号反馈。但存在共模信号反馈,也就是说,如果输出共模电流有变化,则通过 R_4、R_5 分压,控制 T_3

168

基极电流,使第一级恒流源电流 I_{01} 变化,从而使 I_{C1}、I_{C2} 变化,最终可使电路中的共模电流稳定。例如,由于某种原因使 I_{C1}、I_{C2} 同时增大,则 U_{C1}、U_{C2} 同时下降,T_4、T_5 的发射极电压 U_{E45} 下降,U_{B3} 下降,I_{01} 减少,从而使 I_{C1}、I_{C2} 减小到达到稳定的目的。由于该电路引入了级间共模负反馈,所以提高了电路的共模抑制比。

[**例 6.9**] 电路如图 6.3.10 所示。已知 $R_1 = R_2 = 10\ \text{k}\Omega$,$R_3 = 20\ \text{k}\Omega$,$R_4 = 5.1\ \text{k}\Omega$,$R_5 = 2.2\ \text{k}\Omega$,$R_6 = 1.5\ \text{k}\Omega$。运放 A 具有理想的特性。

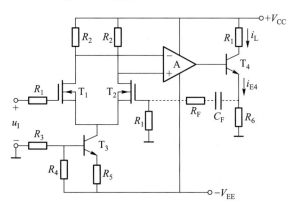

图 6.3.10 例 6.9 题图

(1) 试通过无源网络引入合适的交流负反馈,将输入电压 u_1 转换为稳定的输出电流 i_L。

(2) 要求 $u_1 = 0 \sim 5\ \text{V}$ 时,相应的 $i_L = 0 \sim 10\ \text{mA}$,试求反馈电阻 R_F 的大小。

[**解**] (1) 根据题意,要求输出电流 i_L 稳定,且与输入电压成正比。由于晶体管 T_4 的发射极电流 i_{E4} 近似等于输出电流 i_L,只要 i_{E4} 稳定,i_L 必然稳定。为此,必须稳定 R_6 上的电压($u_{R6} \approx i_L R_6$),所以反馈信号一定要从 R_6 上引出,即引入电流串联反馈。又根据瞬时极性法判断,为保证负反馈,则反馈支路必须接到 T_2 的栅极,即引入交流串联电流负反馈(C_F、R_F、R_1),如图中的虚线所示。

(2) 题目要求 $u_1 = 0 \sim 5\ \text{V}$ 时,相应的 $i_L = 0 \sim 10\ \text{mA}$,也就要求电路的互导增益

$$\dot{A}_{gf} = \frac{\dot{I}_L}{\dot{U}_i} = \frac{10\ \text{mA}}{5\ \text{V}} = 2 \times 10^{-3}\text{S}$$

电阻 R_1 两端电压是串联反馈电压 u_F 即

$$\dot{U}_f = \frac{R_6 R_1}{R_1 + R_F + R_6} \dot{I}_L$$

在深反馈条件下,$u_F = u_1$ 可得

$$\dot{A}_{gf} = \frac{\dot{I}_L}{\dot{U}_i} \approx \frac{\dot{I}_L}{\dot{U}_f} = \frac{R_1 + R_F + R_6}{R_6 R_1} \bigg|_{R_1 + R_F \gg R_6} \approx \frac{R_1 + R_F}{R_6 R_1}$$

$$R_F = \dot{A}_{gf} R_6 R_1 - R_1$$
$$= (2 \times 10^{-3} \times 1.5 \times 10^3 - 1) R_1$$
$$= 2R_1$$
$$= 20 \text{ k}\Omega$$

[例 6.10]　某放大电路开环增益的波特图如图 6.3.11 所示,现引入电压串联负反馈,中频时的反馈深度为 20 dB,试求引入反馈后的闭环增益及上、下限截止频率。

[解]　由波特图可见,该放大电路开环时的中频电压增益是 60 dB。即

$$A_{um} = 10^3$$

上、下限截止频率分别为

$$f_H = 10^5 \text{Hz}, \quad f_L = 10^2 \text{Hz}$$

又由图可知,该放大电路的高频区和低频区只含一个惯性环节,因为这两个区的幅频特性斜率分别为 −20 dB/十倍频和 +20 dB/十倍频,且最大附加相位移分别为 +90° 和 −90°。

已知电路在中频时的反馈深度为 20 dB,即

$$D = 1 + A_{um} F = 10$$

故引入反馈后电压增益,上、下限截止频率分别为

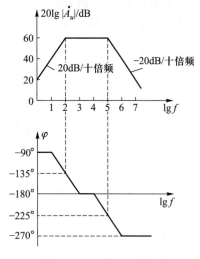

图 6.3.11　例 6.10 题图

$$A_{umf} = \frac{A_{um}}{1 + A_{um} F} = \frac{10^3}{10} = 100$$

$$f_{Hf} = (1 + A_{um} F) f_H = 10 \times 10^5 = 10^6 \text{Hz}$$

$$f_{Lf} = \frac{f_L}{1 + A_{um} F} = \frac{100}{10} = 10 \text{ Hz}$$

[例 6.11]　一个反馈放大电路在 $\dot{F} = 0.1$ 时的幅频特性如图 6.3.12 所示。

(1) 试求基本放大电路的放大倍数 $|\dot{A}|$ 及闭环放大倍数 $|\dot{A}_f|$。

(2) 试写出基本放大电路的放大倍数 $\dot{A}$ 的频率特性表达式。

(3) 已知 $\dot{A}\dot{F}$ 在低频时为正数,当电路按负反馈联结时,若不加校正环节是否会产生自激? 为什么?

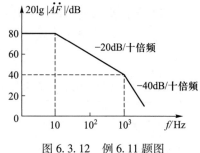

图 6.3.12　例 6.11 题图

[解]　(1) 由图 6.3.12 可知,该放大电路是一个直接耦合放大电路。在低频范围内,放

170

大电路的环路增益 $|\dot{A}\dot{F}|$ 等于 80 dB，即

$$|\dot{A}\dot{F}| = 10^4$$

故

$$|\dot{A}| = \frac{|\dot{A}\dot{F}|}{|\dot{F}|} = \frac{10^4}{0.1} = 10^5$$

$$|\dot{A}_{\mathrm{f}}| = \frac{|\dot{A}|}{|1+\dot{A}\dot{F}|} \approx \frac{|\dot{A}|}{|\dot{A}\dot{F}|} = \frac{1}{|\dot{F}|} = \frac{1}{0.1} = 10$$

（2）由图 6.3.12 可见，该放大电路环路增益的幅频特性有 2 个转折点（即有 2 个极点：$f_1 = 10$ Hz 和 $f_2 = 10^3$ Hz），反馈系数等于常数，故基本放大电路的放大倍数 $\dot{A}$ 的幅频特性与 $\dot{A}\dot{F}$ 的幅频特性相似，两者的区别仅在它们的模不同。因而由图可直接写出 $\dot{A}$ 的频率特性：

$$\dot{A} = \frac{|\dot{A}|}{\left(1+\mathrm{j}\dfrac{f}{f_1}\right)\left(1+\mathrm{j}\dfrac{f}{f_2}\right)} = \frac{10^5}{\left(1+\mathrm{j}\dfrac{f}{10}\right)\left(1+\mathrm{j}\dfrac{f}{1\,000}\right)}$$

（3）不会产生自激。因为环路增益函数在整个频域内只有两个极点，其最大附加相移为 180°。当附加相移为 180°时，$|\dot{A}\dot{F}| \ll 1$，不满足自激振荡的幅度条件。

[**例 6.12**] 电路如图 6.3.13 所示，已知 $R_1 = 3$ kΩ，$R_3 = 27$ kΩ，$R_\mathrm{L} = 2$ kΩ。并且电容 C_1 和 C_2 的容量足够大，在中频范围内它们的容抗近似等于零。

（1）试判断电路反馈的极性和类型。

（2）假设电路满足深度负反馈的条件，试估算互阻增益 A_{rf} 和电压增益 A_{uf}。

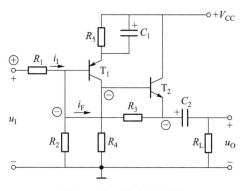

图 6.3.13 例 6.12 题图

[**解**] （1）在本电路中，电阻 R_3 是反馈支路，当令 $u_0 = 0$ 时，由输出端返送到输入回路的信号 $i_\mathrm{F} = 0$；反馈信号与输入信号以电流的形式在输入端叠加；当输入信号对地极性为 ⊕ 时，反馈到输入回路的信号为 ⊖，故该电路的反馈类型为电压并联负反馈。

（2）由于并联负反馈，在深度反馈的条件下，反馈电流近似等于输入电流，并且晶体管 T_1 的基极为"虚地"，因而

$$i_F = i_I$$
$$u_O = -i_F R_3 = -i_I R_3$$

故得

$$\dot{A}_{rf} = \frac{\dot{U}_o}{\dot{I}_i} = -R_3 = -27 \text{ k}\Omega$$

$$\dot{A}_{uf} = \frac{\dot{U}_o}{\dot{U}_i} = \frac{\dot{U}_o}{\dot{I}_i R_1} = \frac{\dot{A}_{rf}}{R_1} = -\frac{R_3}{R_1} = -\frac{27}{3} = -9$$

[**例 6.13**] 某负反馈放大电路的组成框图如图 6.3.14 所示，试求电路的总闭环增益 $\dot{A}_f = \dot{X}_o / \dot{X}_i$。

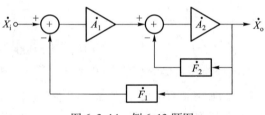

图 6.3.14 例 6.13 题图

[**解**] 该负反馈放大电路有两个反馈环，$\dot{F}_1$ 构成外环，$\dot{F}_2$ 构成内环。外环的开环增益等于放大电路 $\dot{A}_1$ 和内环的闭环增益 $\dot{A}_{2f}$ 的乘积。

内环的闭环增益为

$$\dot{A}_{2f} = \frac{\dot{A}_2}{1 + \dot{A}_2 \dot{F}_2}$$

外环的开环增益为 $\dot{A} = \dot{A}_1 \dot{A}_{2f}$，因而该电路的闭环增益为

$$\dot{A}_f = \frac{\dot{X}_o}{\dot{X}_i} = \frac{\dot{A}}{1 + \dot{A} \dot{F}_1}$$

$$= \frac{\dfrac{\dot{A}_1 \dot{A}_2}{1 + \dot{A}_2 \dot{F}_2}}{1 + \dfrac{\dot{A}_1 \dot{A}_2}{1 + \dot{A}_2 \dot{F}_2} \dot{F}_1}$$

$$= \frac{\dot{A}_1 \dot{A}_2}{1 + \dot{A}_2 \dot{F}_2 + \dot{A}_1 \dot{A}_2 \dot{F}_1}$$

172

6.4 课后习题及其解答

6.4.1 课后习题

6.1 试回答下列问题：

（a）什么是反馈、正反馈、负反馈、交流反馈和直流反馈？

（b）怎样用瞬时极性法判别反馈极性？

（c）什么是电压反馈、电流反馈、串联反馈和并联反馈？怎样判别反馈类型？

（d）什么是反馈深度？什么是深度负反馈？

6.2 负反馈对放大电路的性能有哪些影响？试简述之。

6.3 某放大电路的开环放大倍数 A 等于 50，反馈系数 F 等于 0.02，试问闭环放大倍数 A_f 为多少？若将开环放大倍数 A 改为 500，此时闭环放大倍数 A_f 又为多少？

6.4 某放大电路的开环放大倍数 A 的相对变化量为 10%，要求闭环放大倍数 A_f 的相对变化量不超过 0.5%，当闭环放大倍数 $A_f = 150$ 时，试问 A 和 F 分别应选多大？

6.5 电路如题 6.5 图所示，图中耦合电容 C_1、C_2 和旁路电容 C_3、C 的电容量足够大，在中频范围内它们的容抗近似为零。试指出图中各电路有无反馈，若有反馈，判别反馈极性及反馈类型（说明各电路中的反馈是正、负、交流、直流、电压、电流、串联、并联反馈）。

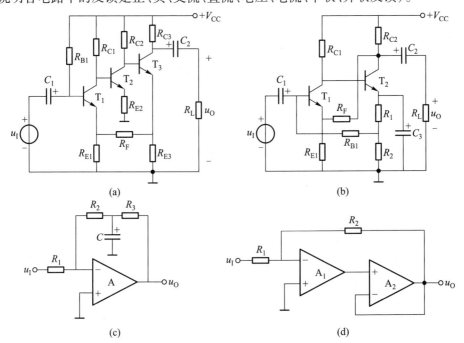

(a)　　　　　　　(b)

(c)　　　　　　　(d)

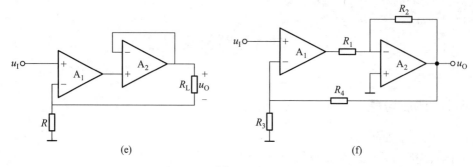

（e）   （f）

题 6.5 图

6.6 试写出题 6.5 图中,交流负反馈电路的反馈系数 F 及深反馈条件下闭环增益 A_f 的表达式,对那些不是电压串联负反馈的电路应转换为闭环电压增益表达式。

6.7 试定性说明题 6.5 图(a)(b)两个电路中的反馈对输入、输出电阻的影响。

6.8 电路如题 6.8 图所示,图中运算放大器的输入电阻 $r_{id}=500\ \text{k}\Omega$、电压放大倍数 $A_{od}=10^5$、输出电阻 $r_o=200\ \Omega$,晶体管的电流放大系数 $\beta=50$、$r_{be}=1\ \text{k}\Omega$,$R_1=R_L=1\ \text{k}\Omega$,$R_2=10\ \text{k}\Omega$,试求该电路的闭环电压增益、输入电阻和输出电阻。

6.9 电路如题 6.9 图所示,试判别该电路的反馈极性和反馈类型,在深反馈条件下近似估算闭环电压增益、输入电阻和输出电阻。

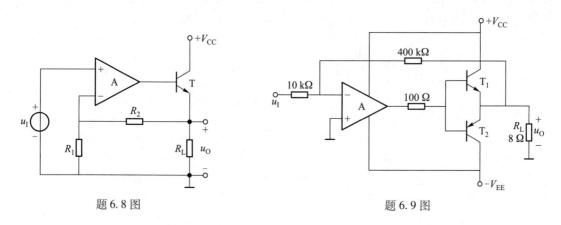

题 6.8 图   题 6.9 图

6.10 设集成运算放大器的幅频特性如题 6.10 图(a)所示。

（a）运算放大器的开环低频增益和上限截止频率分别为多少?

（b）如题 6.10 图(b)所示,在该电路中引入电压串联负反馈,试求电路的反馈系数、闭环低频增益及闭环上限截止频率。

6.11 某放大器的 $\dot{A}(\text{j}\omega)$ 为

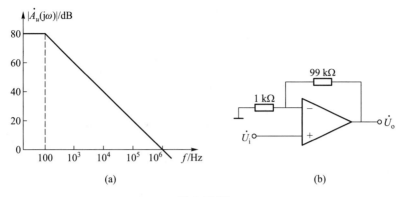

(a)   (b)

题 6.10 图

$$\dot{A}(j\omega) = \frac{1\,000}{1+j\dfrac{\omega}{10^6}}$$

若引入 $F=0.01$ 的负反馈,试分别计算电路的中频放大倍数 $\dot{A}_{mf}$ 及上限截止频率 f_{Hf}。

6.12 在题 6.12 图所示电路中,开关 S 应置于 a 还是置于 b,才能使引入的反馈为负反馈? 并判断反馈的类型。如果满足深度负反馈条件,试求闭环电压放大倍数 A_{uf}。

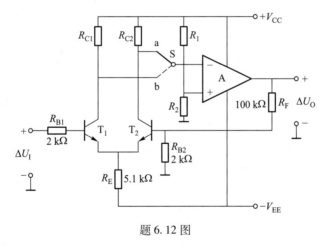

题 6.12 图

6.13 在题 6.13 图(a)(b)电路中各引入什么反馈可使输出电压稳定? 请把反馈电路补充完整。

6.14 输入电阻自举扩展电路如题 6.14 图所示,设 A_1、A_2 为理想运算放大器,$R_2 = R_3$、$R_4 = 2R_1$,试分析放大电路的反馈类型,写出输出电压与输入电压的关系式;试推导电路输入电阻 R_i 与电路参数的关系式,并讨论电路稳定工作的条件(讨论有关电阻的相对大小),定性说明该电路能获得高输入电阻的原理。

175

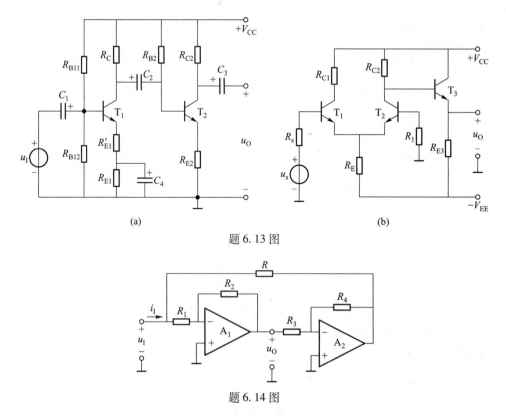

(a)   (b)

题 6.13 图

题 6.14 图

6.15 为了能合理设计放大电路,根据信号源的类型(电压源、电流源)和负载对输出信号的要求(电压、电流输出),讨论正确引入负反馈的一般原则。

6.16 为什么单级和两级阻容耦合放大电路组成的负反馈电路不容易产生自激振荡?而三级或三级以上的放大电路,级数愈多愈容易产生自激振荡?

6.17 直接耦合放大电路组成的负反馈电路是否存在附加相移?是否有可能产生自激振荡?如有可能产生自激振荡,其振荡频率在高频区还是低频区?或者二者都有?

6.18 电路如题 6.18 图所示。

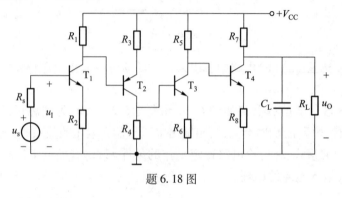

题 6.18 图

176

(a) 要求增大输入电阻,试正确引入负反馈;

(b) 要求稳定输出电流,试正确引入负反馈;

(c) 要求改善由负载电容 C_L 引起的频率失真,试正确引入负反馈。

6.4.2 课后部分习题解答

6.1~6.2 解答略。

6.3［解］ 当开环放大倍数 $A = 50$ 时,闭环放大倍数

$$A_f = \frac{A}{1+AF} = \frac{50}{1+50\times0.02} = 25$$

当开环放大倍数改为 500 时,闭环放大倍数

$$A_f = \frac{A}{1+AF} = \frac{500}{1+500\times0.02} = 45.45$$

6.4［解］ 已知 $\dfrac{\mathrm{d}A}{A} = 0.01$,且要求 $\dfrac{\mathrm{d}A_f}{A_f} \leqslant 0.005$,利用 $A_f = \dfrac{A}{1+AF}$ 的关系,可求得 A_f 的相对变化量与 A 的相对变化量之间的关系如下:

$$\frac{\mathrm{d}A_f}{A_f} = \frac{1}{1+AF}\frac{\mathrm{d}A}{A}$$

即

$$1+AF = \frac{\dfrac{\mathrm{d}A}{A}}{\dfrac{\mathrm{d}A_f}{A_f}} = \frac{0.1}{0.005} = 20$$

由 $A_f = 150$,可推得

$$A = 150(1+AF) = 150\times20 = 3\,000$$

由 $1+AF = 20$,可推得

$$F = \frac{19}{A} = \frac{19}{3\,000} \approx 0.006\,3$$

6.5［解］ 图(a)电路由 T_1、T_2 和 T_3 三级放大电路组成,T_3 的发射极电流 i_{E3} 经过 R_{E3}、R_F 和 R_{E1} 组成的电阻网络对基本放大电路的输入信号 u_{BE1} 有影响,所以电路中有反馈。

利用瞬时极性法判别可得,R_{E1} 两端的电压(u_F)对地的极性与输入信号对地的极性相同,即 u_F 削弱了 u_I 的作用,该反馈为负反馈。

当令 $u_o = 0$ 时,$u_F \neq 0$,可知,该反馈为电流反馈;由于反馈电压 u_F 与输入信号 u_I 串联作用到的放大电路的输入端,所以为串联反馈。

由以上分析可知,该反馈为电流串联负反馈。

由于 R_{E3}、R_F 和 R_{E1} 构成的反馈在直流通路和交流通路中都有反馈作用,故为交直流反馈。

直流负反馈可使电路静态工作点稳定,交流负反馈可以改善放大电路的性能。

图(b)电路由 T_1 和 T_2 两级放大电路组成。静态时,T_2 的发射极电流 I_{E2} 经过 R_2 和 R_{B1} 对 T_1 的基极电流有影响,当 I_{E2} 增大时,T_1 的基极电流 I_{B1} 会增大,T_2 的基极电流会减小,以使 I_{E2} 减小。该反馈网络是直流反馈,可使电路静态工作点稳定。电路输出电压(u_o)通过 R_F 和 R_E 组成的反馈网络对基本放大电路的输入电压有影响,所以电路中有反馈。

利用瞬时极性法判断可知,R_{E1} 两端的电压(u_F)对地极性与输入信号对地极性相同,即 u_F 削弱了 u_1 的作用,该反馈为负反馈。

当令 $u_o = 0$ 时,$u_F = 0$,可知该反馈为电压反馈;由于反馈电压 u_F 与输入信号串联作用到放大电路的净输入端,所以为串联反馈。

由以上分析可知,该反馈为电压串联负反馈,交流和直流反馈同时存在。

图(c)电路中,电阻 R_2、R_3 和电容 C 组成的 T 形网络是放大器 A 的反馈网络。静态时,电容 C 相当于开路,R_2 和 R_3 构成直流反馈;动态时,电容 C 短路(由于电容 C 容量足够大),电路中没有反馈。

图(d)电路中 A_2 构成电压跟随器,整个电路等效为反相输入比例器,R_2 是反馈网络,显然该电路中的反馈是电压并联负反馈。

图(e)电路中 A_2 构成电压跟随器,反馈网络是电阻 R,显然该电路中的反馈是电流串联负反馈。

图(f)电路中 A_2 构成反相输入比例器,反馈网络是 R_3 和 R_4。利用瞬时极性法判断可知 R_3 两端的电压(u_F)对地极性与 u_I 对地极性相反,u_F 加强了 u_1 的作用,该反馈为正反馈,且为电压串联正反馈。

6.6 [解] 图(a)电路的反馈网络如题 6.6 解图(a)所示。由图可知反馈网络的输入信号是 T_3 的发射极电流,所以它能使 T_3 集电极电流 i_{c3} 稳定。为此,定义该电路的输出电流 i_o 为 T_3 集电极电流 i_{c3},则有 $i_{e3} \approx i_{c3} = i_o$,等效负载电阻 $R'_L = R_{C3} /\!/ R_L$。

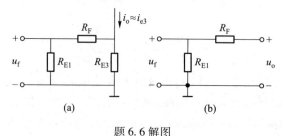

题 6.6 解图

由图可知

$$\dot{U}_f = \frac{R_{E1} R_{E3}}{R_{E1} + R_F + R_{E3}} \dot{I}_o$$

$$\dot{F}_r = \frac{\dot{U}_f}{\dot{I}_o} = \frac{R_{E1} R_{E3}}{R_{E1} + R_F + R_{E3}}$$

$$\dot{A}_{gf} = \frac{\dot{I}_o}{\dot{U}_i} \approx \frac{1}{\dot{F}_r} = \frac{R_{E1} + R_F + R_{E3}}{R_{E1} R_{E3}}$$

$$\dot{A}_{uf} = \frac{\dot{U}_o}{\dot{U}_i} = \frac{-\dot{I}_o R_L'}{\dot{U}_i} = -\dot{A}_{gf} R_L' = -\frac{R_{E1} + R_F + R_{E3}}{R_{E1} R_{E3}} R_L'$$

图(b)电路的反馈网络如题 6.6 解图(b)所示。

由图可知

$$\dot{U}_f = \frac{R_{E1}}{R_{E1} + R_F} \dot{U}_o$$

$$\dot{F}_u = \frac{\dot{U}_f}{\dot{U}_o} = \frac{R_{E1}}{R_{E1} + R_F}$$

$$\dot{A}_{uf} = \frac{\dot{U}_o}{\dot{U}_i} = \frac{\dot{U}_o}{\dot{U}_f} = \frac{R_{E1} + R_F}{R_{E1}}$$

图(c)电路没有交流反馈。

图(d)电路的反馈系数、闭环互阻增益和闭环电压放大倍数分别如下:

$$\dot{F}_g = \frac{\dot{I}_f}{\dot{U}_o} = \frac{-\dfrac{\dot{U}_o}{R_2}}{\dot{U}_o} = -\frac{1}{R_2}$$

$$\dot{A}_{rf} = \frac{\dot{U}_o}{\dot{I}_i} \approx \frac{1}{\dot{F}_g} = -R_2$$

$$\dot{A}_{uf} = \frac{\dot{U}_o}{\dot{U}_i} = \frac{\dot{U}_o}{R_1 \dot{I}_i} = \frac{\dot{A}_{rf}}{R_1} = -\frac{R_2}{R_1}$$

图(e)电路的反馈系数、闭环互导增益和闭环电压增益分别如下:

$$\dot{F}_r = \frac{\dot{U}_f}{\dot{I}_o} = \frac{\dot{I}_o R}{\dot{I}_o} = R$$

$$\dot{A}_{gf} = \frac{\dot{I}_o}{\dot{U}_i} \approx \frac{1}{\dot{F}_r} = \frac{1}{R}$$

$$\dot{A}_{uf} = \frac{\dot{U}_o}{\dot{U}_i} = \frac{\dot{I}_o R_L}{\dot{U}_i} = \dot{A}_{gf} R_L = \frac{R_L}{R}$$

图(f)电路中引入了正反馈,正反馈将会使电路不稳定,故没有必要分析闭环增益。

6.7 [解]　图(a)电路的交流通路如题6.7解图(a)所示。本电路是电流串联负反馈电路。串联负反馈能提高电路的输入电阻,深反馈条件下,闭环输入电阻 $R_{if} \to \infty$。但在本电路中,T_1 的偏置电阻 R_{B1} 与输入信号并联,反馈对 R_{B1} 的大小没有影响,也就是说它在反馈环之外。因而,本电路的闭环输入电阻近似等于 R_{B1} 的大小。

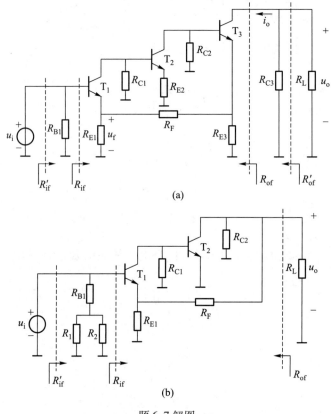

(a)

(b)

题 6.7 解图

电流负反馈能提高电路的输出电阻,深反馈条件下,闭环输出电阻 $R_{of} \to \infty$。但在本电路中,负反馈稳定的是 T_3 集电极电流 i_{c3},它能提高从 T_3 集电极看进去的输出电阻 R_{of}。晶体管集电极电流受基极电流的控制,集电极电阻的大小不影响集电极电流,但影响负载电流。因此,本电路的闭环输出电阻近似等于 T_3 集电极电阻 R_{C3}。

图(b)电路的交流通路如题6.7解图(b)所示。本电路是电压串联负反馈电路。电压反馈使输出电阻减小,在深反馈条件下,闭环输出电阻 $R_{of} \to 0$。本电路输入电阻的情况与图(a)类似,在深反馈条件下,闭环输入电阻 $R'_{if} \approx R_{B1} + R_1 /\!/ R_2$。

6.8 [解]　很容易判别,本电路是电压串联负反馈电路。开环电压增益近似等于 A_{od}。

反馈系数 F 为

$$\dot{F}_u = \frac{\dot{U}_f}{\dot{U}_o} = \frac{\dfrac{R_1}{R_1+R_2}\dot{U}_o}{\dot{U}_o} = \frac{R_1}{R_1+R_2} = \frac{1}{11}$$

闭环电压增益

$$\dot{A}_{uf} = \frac{\dot{U}_o}{\dot{U}_i} \approx 1 + \frac{R_2}{R_1} = 11$$

电压反馈的输入电阻

$$R_{if} = (1+AF)r_i$$

$$R_{if} = \left(1+10^5 \times \frac{1}{11}\right) \times 500 \times 10^3 \ \Omega \approx 4.5 \times 10^9 \ \Omega$$

开环输出电阻

$$r_o' \approx \frac{r_o+r_{be}}{1+\beta} = 23.5 \ \Omega$$

闭环输出电阻

$$R_o = \frac{r_o'}{1+AF} \approx 2.6 \times 10^{-3} \ \Omega$$

6.9 [解]　本电路中的基本放大电路是由运放 A 和 T_1 与 T_2 组成的乙类互补推挽放大电路构成。400 kΩ 电阻是反馈元件。可以判定,本电路是交直流电压并联负反馈电路。

反馈系数为

$$\dot{F}_g = \frac{\dot{I}_f}{\dot{U}_o} = \frac{-\dfrac{\dot{U}_o}{400 \ \text{k}\Omega}}{\dot{U}_o} = -\frac{1}{400} \ \text{mS}$$

在深反馈条件下,互阻增益为

$$\dot{A}_{rf} = \frac{\dot{U}_o}{\dot{I}_i} = \frac{1}{\dot{F}_g} = -400 \ \text{k}\Omega$$

闭环电压放大倍数为

$$\dot{A}_{uf} = \frac{\dot{U}_o}{\dot{U}_i} = \frac{\dot{U}_o}{\dot{I}_i \times 10} = \frac{\dot{A}_{rf}}{10} = \frac{-400}{10} = -40$$

闭环输入电阻

$$R_{if} = R_1 + \frac{r_i}{1+AF} \approx R_1 = 10 \ \text{k}\Omega$$

闭环输出电阻近似为零,即 $R_{of} \approx 0$。

6.10〔解〕 （a）由图(a)可知,运算放大器的开环低频增益为 80 dB,即 $\dot{A}_u = 10^4$。上限截止频率为 $f_H = 100\ Hz$。

（b）由于电路中引入电压串联负反馈,所以

电路的反馈系数

$$\dot{F}_u = \frac{\dot{U}_f}{\dot{U}_o} = \frac{1}{1+99} = 0.01$$

闭环低频增益

$$\dot{A}_{uf} = \frac{\dot{A}_u}{1+\dot{A}_u \dot{F}_u} \approx \frac{1}{\dot{F}_u} = 100$$

闭环上限截止频率

$$f_{Hf} = f_H(1+\dot{A}_u \dot{F}) \approx 10\ kHz$$

6.11〔解〕 由表达式知,放大器的中频开环放大倍数 $\dot{A} = 1\ 000$,上限截止角频率为 $\omega_H = 10^6\ rad/s$。

若 $F = 0.01$,则

$$\dot{A}_{mf} = \frac{\dot{A}}{1+\dot{A}\dot{F}} \approx 100$$

$$f_{Hf} = f_H(1+\dot{A}\dot{F}) \approx 16.1\ MHz$$

6.12〔解〕 开关 S 置于 b,才能使引入的反馈为负反馈,引入的是电压串联负反馈。

如果满足深度负反馈条件,闭环电压放大倍数

$$\dot{A}_{uf} = \frac{R_F + R_{B2}}{R_{B2}} = 51$$

6.13〔解〕 在图(a)电路中,要使输出电压稳定,必须引入电压负反馈,利用瞬时极性法判别可得,反馈信号引入 T_1 发射极时,反馈电压 u_F 对地极性才能与 u_1 对地极性相同,方可构成电压负反馈。所以,在输出端(u_o)与 T_1 发射极之间串联电阻 R_F 后,可构成电压串联负反馈。为了提高电路开环放大倍数,应在 R_{E2} 两端并接旁路电容。

图(b)的分析方法与图(a)类似,在输出端(u_o)与 T_2 基极之间串接电阻 R_F 后,可构成电压串联负反馈。

补充完整的电路如题 6.13 解图所示。

6.14〔解〕 （1）分析反馈类型

该电路输出信号由运放 A_1 的输出端引出,从输出到输入有两个反馈网络,第一个反馈网络是 R_2,第二个反馈网络是由 A_2 构成的反相输入比例器及电阻 R 构成。

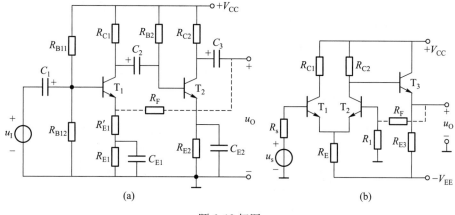

(a)   (b)

题 6.13 解图

利用瞬时极性法可以判断,第一个反馈网络构成电压并联负反馈;第二个反馈网络构成电压并联正反馈。由于信号源内阻为零,第二个反馈网络所构成的并联反馈对闭环电压增益没有影响。

（2）输入输出关系

由图可知,运放 A_1 反相输入端为"虚地",则 $\dfrac{u_1}{R_1} = -\dfrac{u_0}{R_2}$,所以 $u_0 = -\dfrac{R_2}{R_1} u_I$。

（3）推导输入电阻与电路参数的关系

按照输入电阻的定义,由电路图寻找输入电压 U_i 与输入电流 I_i 的关系如下：

$$I_i = \frac{U_i}{R_1} + \frac{U_i - \left(-\dfrac{R_4}{R_3}U_o\right)}{R} = \frac{U_i}{R_1} + \frac{U_i + \dfrac{R_4}{R_3}\left(-\dfrac{R_2}{R_1}U_i\right)}{R}$$

$$= U_i\left[\frac{1}{R_1} + \frac{1 - \dfrac{R_4 R_2}{R_3 R_1}}{R}\right]$$

由已知条件可知,$R_3 = R_2$,$R_4 = 2R_1$,则上式可以改写为

$$I_i = U_i\left[\frac{1}{R_1} + \frac{1-2}{R}\right] = U_i\left[\frac{R - R_1}{R_1 R}\right]$$

$$R_{if} = \frac{U_i}{I_i} = \frac{R_1 R}{R - R_1}$$

（4）讨论电路的稳定性及提高输入电阻的原理

当 $R = R_1$ 时,$R_{if} \to \infty$;当 $R < R_1$ 时,$R_{if} < 0$ 电路出现负阻状态;当 $R > R_1$ 时,$R_{if} > 0$。当 $R > R_1$ 且两者比较接近时,电路可稳定地获得较大的输入电阻。这是由于电路中有并联正反馈网络,使流入 R_1 的电流可由正反馈网络提供一部分或大部分,从而使输入信号 U_i 提供的电流 I_i 大大减

183

小,所以可获得较高的输入电阻,即并联正反馈对输入电阻有自举补偿作用。

6.15~6.17 解答略。

6.18［**解**］ 标出连接点如题 6.18 解图所示。

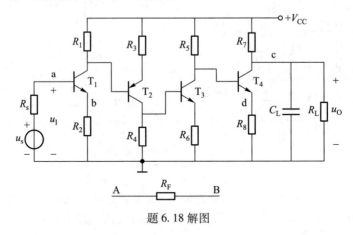

题 6.18 解图

（a）如果要求增大输入电阻,则应该引入电压串联负反馈,即将反馈电阻的 A 端与 b 点相接,B 端接 c 点。

（b）如果要求稳定输出电流,则应该引入电流并联负反馈,即将反馈电阻的 A 端接 a 点,B 端接 d 点。

（c）要求改善由负载电容 C_L 引起的频率失真,则应该降低输出电阻,故引入电压串联负反馈,接法与(a)相同。

7

集成运放组成的运算电路

7.1 教 学 要 求

本章介绍了集成运放组成的基本运算电路、对数和反对数运算电路、模拟乘法器及其应用电路以及运放应用中的几个实际问题。各知识点的教学要求如表 7.1.1 所列。

表 7.1.1 第 7 章教学要求

知 识 点		教 学 要 求		
		熟练掌握	正确理解	一般了解
运算电路的分析方法		√		
基本运算电路的结构及工作原理		√		
对数和反对数运算电路的工作原理			√	
模拟乘法器	工作原理		√	
	基本应用电路及分析方法	√		
运放使用中的几个问题	选型、调零、消振和保护			√
	运放单电源供电电路			√

7.2 基本概念与分析计算的依据

7.2.1 运算电路的分析方法

由于运算放大器的增益很高,引入负反馈后很容易满足深度负反馈条件,可实现性能优越的各种数学运算电路。为了突出基本概念,减少复杂的计算。在分析各种运算电路时,将集成运放视为理想器件。

1. 理想运放的特性

A_{od}、K_{CMR} 和 r_{id} 都趋向无限大,并且 r_o、I_{IO}、U_{IO} 和 I_{IB} 均等于零,其他参数也不考虑,这就是理想运算放大器。

2. 运放的工作状态

在运算电路中,由于电路引入深度负反馈,运放工作在线性状态。但输入信号过大时,输出信号受直流电源电压的限制,将会出现非线性失真。

3. 虚短、虚断和虚地

对于工作在线性区的运放,下述两条重要结论普遍适用,也是分析运放应用电路的基本出发点。

虚短——运放两个输入端之间的差模电压近似等于零。

虚断——流入运放输入端的电流近似等于零。

当信号从反相输入端输入,且同相输入端的电位等于零时,"虚短"的结论可引申为反相输入端为"虚地"的结论。

4. 分析计算方法

当运放工作在线性状态时,利用虚短和虚断的结论以及求解线性电路的方法,求解输出与输入的关系。

7.2.2 基本运算电路

基本运算电路包含比例、加法、减法、积分和微分运算电路,其输入输出函数呈线性关系,也称为线性运算电路。

1. 比例运算电路

反相输入比例运算电路是电压并联负反馈电路,它具有输出和输入电阻都较小的特点。通过增大信号源与运放输入端串联电阻可提高电路输入电阻,但同时会出现电路增益降低的情况。若要在提高输入电阻的同时不降低增益,反馈电阻应该用 T 形电阻网络代替(详见例 7.6)。

同相输入比例运算电路是电压串联负反馈电路,它具有输出电阻小、输入电阻大等特点,但运放输入端承受的共模电压近似等于输入信号,实际应用中应避免最大输入信号电压大于运放最大输入共模电压 U_{ICM} 的情况出现。

2. 加法运算电路

当多路输入信号从反相输入端输入时,可构成反相输入加法电路。由于反相输入端存在"虚地",所以各路输入信号电流相互独立。电路设计中参数选择比较方便。

当多路输入信号从同相输入端输入时,可构成同相输入加法电路。各路输入信号在同相输入端叠加时,并不是相互独立的。电路设计和调试比较麻烦。

3. 减法运算电路

反相输入比例运算电路和同相输入比例运算电路合并可实现差分比例运算,当比例系数等于 1 时就实现了减法运算。利用反相输入比例运算电路和反相输入加法电路串接也可实现减法运算。

4. 积分运算电路

用电容器替换反相输入比例运算电路中的反馈电阻,可构成积分运算电路。积分电路能把输入电压转换成与之成比例的时间量,因而具有延时和定时的功能。常用于非正弦信号发生器和模数转换电路之中。

5. 微分运算电路

互换积分运算电路中电阻和电容器,可构成微分运算电路。微分电路对高频噪声和干扰十分敏感,简单微分电路很少直接应用。

7.2.3 对数和反对数运算电路

用二极管(或晶体管)替换反相输入比例运算电路中的反馈电阻,可构成对数运算电路。互换对数运算电路中电阻和二极管(或晶体管),可构成反对数运算电路。这种电路输入信号只能是单极性的,并且输出信号受温度影响较大,实际应用时需加温度补偿电路。

需要注意:对数和反对数运算电路输入输出呈非线性关系,但运放本身仍工作在线性区。

7.2.4 模拟乘法器

1. 工作原理

利用上述对数电路、加法电路和反对数电路可构成乘法运算电路;若将加法电路改为减法电路则可构成除法运算电路。这种电路只能实现单象限乘法或除法运算。

利用带电流源的差分放大电路晶体管的跨导 g_m 正比于电流源的电流这一原理可实现变跨导式乘法器。目前一般采用两级差分放大电路实现四象限单片集成乘法器。

2. 基本应用电路

利用模拟乘法器、运算放大器及不同的外围电路可构成诸如除法、求根、求幂运算和有效值测量等多种应用电路。

分析和设计这种电路时,应注意输入信号的极性,以保证运放工作在线性区,即电路工作在闭环负反馈状态。

7.2.5 运放使用中的几个问题

1. 选型

集成运放有通用型和专用型之分,一般应用时首先考虑选择通用型,其价格便宜,易于购买;如果某些性能不能满足特殊要求,可选用专用型。各种运放的特点及应用场合列于表7.2.1中,仅供参考。

表 7.2.1

类型		特点	应用场合
通用型		种类多、价格便宜,易于购买	一般测量,运算电路
专用型	低功耗型	功耗低($V_{CC}=15$ V 时,$P_{OM}<6$ mW)	遥感、遥测电路
	高精度型	测量精度高、零漂小	毫伏级或更低微弱信号测量
	高输入阻抗型	$R_{id}>(10^9 \sim 10^{12}\ \Omega)$,对被测信号影响小	生物医电信号提取、放大
	高速宽带型	带宽($f_{BW}>10$ MHz)、转换速率高($S_R>30$ V/μs)	视频放大或高频振荡电路
	高压型	电源电压可达 48~300 V	高输出电压和大输出功率

2. 调零、消振和保护

运放调零有两种方法,一种是通过运放本身的调零端子外加调零电位器调零;另一种是通过给运放的输入端加偏移电压调零。

当运放应用电路中出现自激振荡时,可在反馈支路外加 RC 网络改变系统的相移,破坏系统自激振荡条件,消除自激振荡。

使用运放时,应根据运放的应用环境及运放的极限参数设计合理的保护电路。

3. 运放单电源供电电路

集成运放与其他有源器件一样,必须有合适的直流偏置才能正常工作。因为运放的两个输入端在内部电路中没有形成输入偏置电流回路,所以使用时必须通过外部电路给输入偏置电流提供通路,运放内部才能建立起合适的静态偏置。对双电源供电直接耦合电路,外部电路自动给运放输入回路提供了直流通路。例如,以前讨论过的反相输入、同相输入、差分输入比例运算等电路都不存在没有直流通路的问题。对单电源供电及交流放大电路必须专门考虑外部电路直流偏置问题。

7.3 基本概念自检题与典型题举例

7.3.1 基本概念自检题

1. 选择填空题(以下每小题后均列出了几个可供选择的答案,请选择其中一个最合适的答案填入空格之中)

(1) 由运放组成的线性运算电路是指( )。

(a) 运放处于线性工作状态 (b) 输入输出函数呈线性关系

(c) 输入端电压和电流呈线性关系 (d) 输出端电压和电流呈线性关系

(2) 由运放组成的积分和微分运算电路,下列说法正确的是( )。

(a) 是线性运算电路 (b) 是非线性运算电路

(c) 输入输出函数呈非线性关系 (d) 以上说法都不是

(3) 由运放组成的对数和反对数运算电路,下列说法正确的是( )。

(a) 是线性运算电路 (b) 是非线性运算电路

(c) 输入输出函数呈线性关系 (d) 以上说法都不是

(4) 为了使运放工作于线性状态,应( )。

(a) 提高输入电压 (b) 提高电源电压

(c) 降低输入电压 (d) 引入深度负反馈

(5) 在图 7.3.1 所示电路中,设 A 为理想运放,那么电路中存在如下关系,( )。

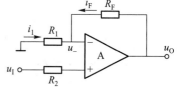

图 7.3.1

(a) $u_- = 0$ (b) $u_- = u_I$

(c) $u_- = u_I - I_1 R_2$ (d) $i_1 = i_F$

(6) 在图 7.3.1 所示电路中,设 A 为理想运放,电路的输出电压 $u_O = ($)。

(a) $\dfrac{R_F}{R_1} u_I$ (b) $-\dfrac{R_F}{R_1} u_I$

(c) $\left(1 + \dfrac{R_F}{R_1}\right) u_I$ (d) $-\left(1 + \dfrac{R_F}{R_1}\right) u_I$

(7) 在图 7.3.1 所示电路中,设 A 为实际运放,电路中存在如下关系,( )。

(a) 差模输入电压与共模输入电压均为零

(b) 差模输入电压与共模输入电压均不为零

(c) 差模输入电压为零,共模输入电压不为零

(d) 差模输入电压不为零,共模输入电压为零

（8）在图 7.3.2 所示电路中，设 A 为理想运放，u_0 与 u_1 的关系为（　　）。

（a）$u_0 = u_1$　　　　（b）$u_0 = -u_1$　　　　（c）$u_0 = \dfrac{R_2}{R_1} u_1$　　　　（d）$u_0 = \left(1 + \dfrac{R_2}{R_1}\right) u_1$

（9）在图 7.3.3 所示的反相比例电路中，设 A 为理想运放，已知运放的最大输出电压 $\pm U_{om} = \pm 12$ V，当 $u_1 = 8$ V 时，$u_0 = $（　　）。

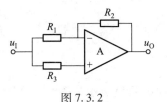

图 7.3.2　　　　　　　　　　　　　　　图 7.3.3

（a）24 V　　　　　（b）12 V　　　　　（c）−12 V　　　　　（d）−16 V

（10）电路如图 7.3.4 所示，调零时首先进行的操作是（　　）。

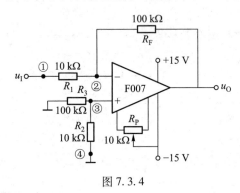

图 7.3.4

（a）将①、④两点短路

（b）将②、③两点短路

（c）接通信号源，调整信号源使其输出为零

（d）将输入信号源脱开后，再将①、④两点短路

（11）在图 7.3.4 所示电路中，若运放性能良好，但调零时 U_0 始终接近某一电源电压值，其原因可能是（　　）。

（a）R_1 偏大　　　　（b）R_P 偏大　　　　（c）R_F 脱焊　　　　（d）电源电压偏低

（12）在图 7.3.4 所示电路中，若 R_2 由 10 kΩ 变为 9 MΩ，当 $u_1 = 0$ 时，则（　　）。

（a）肯定能使输出 $u_0 \approx 0$

（b）一般不能使输出 $u_0 \approx 0$

（c）由于输入端差模电压过大，将使集成运放损坏

（d）将在输出端引起高频干扰信号

190

（13）在图 7.3.5 所示电路中，已知电阻的数值精确。若运放 A 的输入偏置电流 I_{IB}、输入失调电压 U_{IO} 及输入失调电流 I_{IO} 均不可忽略不计，则当 $U_I = 0$ 时的输出偏差电压 $U_O \neq 0$ 是由（　　）引起的。

（a）U_{IO} 　　　　（b）I_{IO} 　　　　（c）U_{IO} 和 I_{IO} 　　　　（d）U_{IO}、I_{IO} 和 I_{IB}

（14）在图 7.3.6 所示电路中，若运放 A 的最大差模输入电压为 ± 6 V，最大允许共模输入电压为 ± 10 V，则此电路所允许的最大输入电压 u_1（　　）。

（a）± 6 V 　　　　（b）± 10 V 　　　　（c）± 12 V 　　　　（d）± 20 V

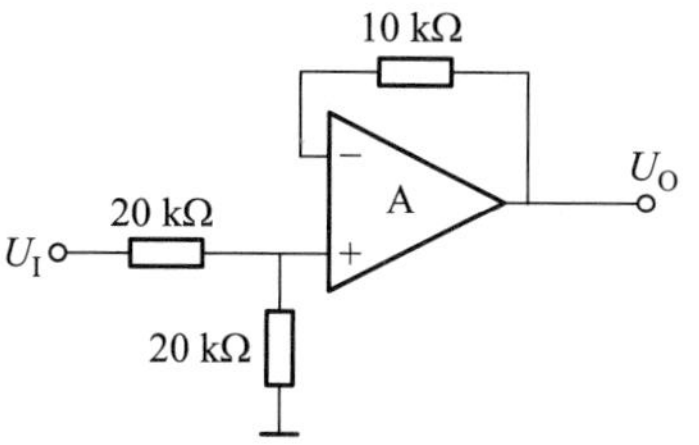

图 7.3.5 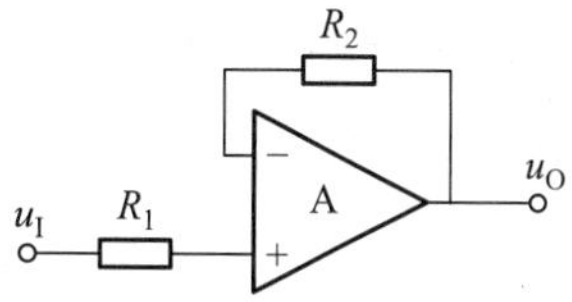　　　　　　　　　　图 7.3.6

（15）在图 7.3.7 所示电路中，若运放 A_1、A_2 的性能理想，则电路的电压放大倍数为（　　）。

（a）20 　　　　　　　　　　（b）21

（c）22 　　　　　　　　　　（d）-20

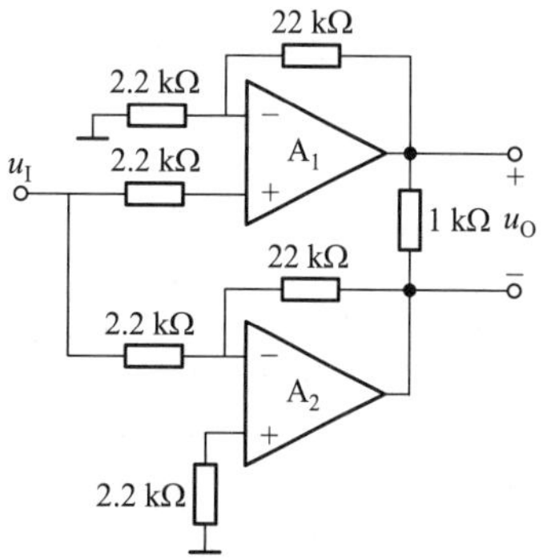

图 7.3.7

[答案]　（1）（b）。（2）（a）。（3）（b）。（4）（d）。
（5）（b）。（6）（c）。（7）（b）。（8）（a）。（9）（c）。
（10）（d）。（11）（c）。（12）（b）。（13）（c）。（14）（b）。
（15）（b）。

2. 填空题（请在空格中填上合适的词语，将题中的论述补充完整）

（1）集成运算放大器理想化的三个主要条件分别是_____、_____、_____。

（2）当集成运算放大器工作在线性区时，通常把 $u_+ \approx u_-$ 称为_____，把 $i_+ = i_- \approx 0$ 称为_____，当同相输入端接地时，则把反相输入端称为_____。

（3）为了使集成运放工作在线性区，必须在电路中引入_____。

（4）一般情况下，反相比例放大电路的输入电阻较_____，而同相比例放大电路的输入电阻较_____。

（5）在反相输入比例运算电路中，运放两个输入端的共模信号 $u_{Ic} \approx$ _____；在同相输入比例放大电路中，运放的共模信号 $u_{Ic} \approx$ _____。

（6）在线性运算电路中，为了减小输入偏置电流带来的运算误差，通常要求运放两个输入端外接的电阻（等效）近似_____。

191

（7）运放有同相、反相和差分三种输入方式,为了给集成运放引入电压串联负反馈,应采用_____;要求引入电压并联负反馈,应采用_____;在多个输入信号情况下,要求各输入信号互不影响,应采用_____;要求向输入信号电压源索取的电流尽量小,应采用_____;要求能放大差模信号,又能抑制共模信号,应采用_____。

（8）对于集成运算放大器来说,其开环电压放大倍数越_____,则由它组成的运算电路的运算精度越_____。

（9）在图7.3.8所示电路中,输出电压 u_O = _____。电路中的反馈类型是_____负反馈。

（10）图7.3.9所示电路是一基本的对数运算电路,输出电压 u_O = _____,该电路的缺陷是_____对电路的运算精度影响较大。

（11）在图7.3.10所示电路中,流过负载 R_L 的电流 I_O = _____,这是一个_____电路。

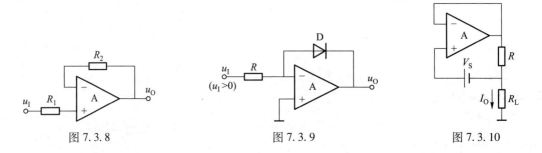

图7.3.8　　　　　　　　图7.3.9　　　　　　　　图7.3.10

（12）在图7.3.11所示电路中,输入电阻分别为:图(a) R_i = _____,图(b) R_i = _____。

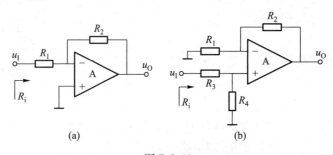

(a)　　　　　　　　　(b)

图7.3.11

（13）在图7.3.12所示电路中,如果运放的最大输出电压为 $\pm U_{om}$,那么,在电路稳定后,当 $u_I>0$ 时,u_O = _____;当 $u_I<0$ 时,u_O = _____。

（14）实际应用电路如图7.3.13所示,$u_O \approx$ ____,$R \approx$ ____。

（15）在图7.3.14所示电路中,u_O = _____。

（16）图7.3.15所示电路可实现除法运算的功能,为使电路能正常工作,输入信号 u_{I2} 必须满足条件是_____。若 $K=1,R_1=R_2$,则 u_{OI} = _____,u_O = _____。

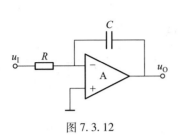

图 7.3.12

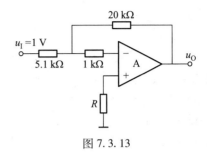

图 7.3.13

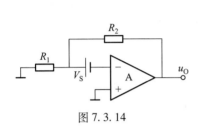

图 7.3.14

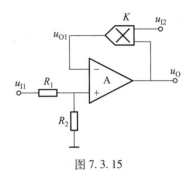

图 7.3.15

[**答案**]　（1）$A_{od} \to \infty$，$R_{id} \to \infty$，$R_o \to 0$。（2）虚短，虚断，虚地。（3）深度负反馈。
（4）小，大。（5）0，u_I。（6）相等。（7）同相输入，反相输入，反相输入，同相输入，差分输入。
（8）大，高。（9）$u_O = u_I$，电压串联。（10）$u_O = -U_T \ln \dfrac{u_I}{RI_S}$，温度。（11）$V_S/R$，电压电流转换。

（12）R_1，$R_3 + R_4$。（13）$u_O = -U_{om}$，$u_O = +U_{om}$。（14）-4 V，5.1 kΩ。（15）$\dfrac{R_1 + R_2}{R_1} V_S$。（16）$u_{12} > 0$，

$u_O u_{12}$，$\dfrac{1}{2} \cdot \dfrac{u_{I1}}{u_{I2}}$。

7.3.2　典型题举例

[**例 7.1**]　已知 μA741 的开环电压增益 A_{od} 为 100 dB，差模输入电阻 $R_{id} = 2$ MΩ，最大输
出电压 $U_{om} = \pm 12$ V。为了保证运放在开环状态下，仍能工作在线性区。试求：
（1）输入差模电压的临界值。
（2）输入电流的临界值。
[**解**]　（1）已知运放的开环电压增益 $A_{od} = 100$ dB，即

$$A_{od} = 10^5$$

又因为运放的最大输出电压 $U_{om} = \pm 12$ V，故输入差模电压的临界值为

$$U_{Id} = \frac{U_{om}}{A_{od}} = \pm 0.12 \text{ mV}$$

（2）输入电流的临界值为

$$I_+ \approx I_- = \frac{U_{Id}}{R_{id}} = \pm 0.06 \text{ nA}$$

[**例7.2**] 如图7.3.16所示的理想运放电路,可输出对"地"对称的输出电压 u_{O1} 和 u_{O2}。设 $R_1 = 1 \text{ k}\Omega, R_2 = R_4 = R_5 = 10 \text{ k}\Omega$。

（1）试求 u_O/u_I。

（2）若电源电压用 15 V, $u_I = 1$ V,电路能否正常工作?

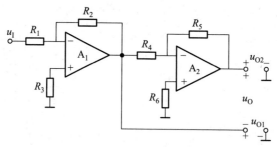

图7.3.16 例7.2题图

[**解**] （1）由图可知,运放 A_1 和 A_2 分别组成反相输入比例运算电路。故

$$u_{O1} = -\frac{R_2}{R_1} u_I = -10 u_I$$

$$u_{O2} = -\frac{R_5}{R_4} u_{O1} = \frac{R_2}{R_1} u_I = 10 u_I$$

$$u_O = u_{O2} - u_{O1} = 20 u_I$$

（2）若电源电压用 15 V,那么,运放的最大输出电压 $\leqslant$ 15 V,当 $u_I = 1$ V 时, $u_{O1} = -10$ V, $u_{O2} = 10$ V。运放 A_1 和 A_2 的输出电压均小于电源电压,这说明两个运放都工作在线性区,故电路能正常工作。

[**例7.3**] 理想运放电路如图7.3.17所示,试求输出电压与输入电压的关系式。

[**解**] 由图可知,本电路为多输入的减法运算电路,利用叠加原理求解比较方便。

当 $u_{I3} = u_{I4} = 0$ 时

$$u_O' = -\frac{R_F}{R_1} u_{I1} - \frac{R_F}{R_2} u_{I2}$$

当 $u_{I1} = u_{I2} = 0$ 时

$$u_O'' = \left(1 + \frac{R_F}{R_1 /\!/ R_2}\right) u_+$$

利用叠加原理可求得上式中同相端输入端电压

$$u_+ = \frac{R_4}{R_3 + R_4} u_{I3} + \frac{R_3}{R_3 + R_4} u_{I4}$$

194

于是得输出电压

$$u_O = u_O' + u_O''$$

$$= -\frac{R_F}{R_1}u_{I1} - \frac{R_F}{R_2}u_{I2} + \left(1 + \frac{R_F}{R_1 /\!/ R_2}\right)\left(\frac{R_4}{R_3 + R_4}u_{I3} + \frac{R_3}{R_3 + R_4}u_{I4}\right)$$

[**例 7.4**]　在图 7.3.18 所示电路中,在正常情况下四个桥臂电阻均为 R,当某个电阻因受温度或应变等非电量的影响而变化 ΔR 时,电桥的平衡即遭破坏,输出电压反映此非电量的大小。

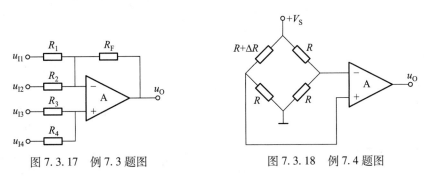

图 7.3.17　例 7.3 题图　　　　　　图 7.3.18　例 7.4 题图

（1）试证明输出电压

$$u_O = -\frac{A_{od}V_S}{4} \cdot \frac{\dfrac{\Delta R}{R}}{1 + \dfrac{\Delta R}{2R}}$$

式中,A_{od} 为运放的开环电压增益。

（2）试写出该放大电路的共模输入电压与桥路供电电源 V_S 的关系式。

[**解**]　（1）由图可知,运放的同相和反相输入端电压分别为

$$u_- = \frac{1}{2}V_S$$

$$u_+ = \frac{R}{2R + \Delta R}V_S$$

故输出电压

$$u_O = A_{od}(u_+ - u_-)$$

$$= A_{od}\left(\frac{R}{2R + \Delta R}V_S - \frac{1}{2}V_S\right)$$

$$= -\frac{A_{od}V_S}{4} \cdot \frac{\dfrac{\Delta R}{R}}{1 + \dfrac{\Delta R}{2R}}$$

（2）当 $\Delta R = 0$ 时，放大电路两个输入端电压大小相等，方向相同，即 $u_{\text{Ic}} = \dfrac{V_{\text{S}}}{2}$。

[例7.5]　电路如图7.3.19所示，设运放 A_1、A_2 具有理想的特性，$R_1 = 1\ \text{k}\Omega$，$R_2 = 100\ \text{k}\Omega$。写出输出电压 u_0 与输入电压 u_{I1}、u_{I2} 的关系式。

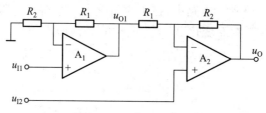

图7.3.19　例7.5题图

[解]　由图可知，运放 A_1 组成同相输入比例运算电路。

$$u_{O1} = \left(1 + \frac{R_1}{R_2}\right) u_{I1}$$

运放 A_2 组成差分比例运算电路。

$$u_0 = -\frac{R_2}{R_1} u_{O1} + \left(1 + \frac{R_2}{R_1}\right) u_{I2}$$

以上两式联立求解得

$$u_0 = -\frac{R_2}{R_1}\left(1 + \frac{R_1}{R_2}\right) u_{I1} + \left(1 + \frac{R_2}{R_1}\right) u_{I2}$$

$$= -\left(1 + \frac{R_2}{R_1}\right)(u_{I1} - u_{I2})$$

$$= -101(u_{I1} - u_{I2})$$

[例7.6]　在实际应用电路中，为了提高反相输入比例运算电路的输入电阻，常用图7.3.20所示电路的 T 形电阻网络代替一个反馈电阻 R_{F}。设 $R_1 = R_2 = R_4 = 20\ \text{k}\Omega$，$R_3 = 200\ \Omega$。

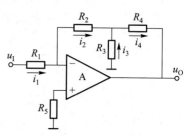

图7.3.20　例7.6题图

（1）求 $\dot{A}_{uf} = \dfrac{\dot{U}_o}{\dot{U}_i}$。

（2）若用一个电阻 R_{F} 替换图中的 T 形电阻网络，为了得到同样的电压增益，R_{F} 应选多大的阻值？

[解]　（1）为分析方便，标出各支路的电流参考方向如图所示。因为电路的同相输入端接地，所以

$$i_1 = \frac{u_I}{R_1} = i_2 \qquad \text{①}$$

196

$$i_2+i_3=i_4 \qquad\qquad ②$$

$$i_2R_2=i_3R_3 \qquad\qquad ③$$

$$u_0=-i_2R_2-i_4R_4 \qquad\qquad ④$$

由③式得

$$i_3=\frac{i_2R_2}{R_3}$$

代入②式得

$$i_4=i_2+i_3=\left(1+\frac{R_2}{R_3}\right)i_2 \qquad\qquad ⑤$$

由①、④、⑤式得

$$u_0=-i_2R_2-\left(1+\frac{R_2}{R_3}\right)R_4i_2$$

$$=-\left[R_2+\left(1+\frac{R_2}{R_3}\right)R_4\right]\frac{u_1}{R_1}$$

故

$$\dot{A}_{uf}=\frac{\dot{U}_o}{\dot{U}_i}$$

$$=-\left[R_2+\left(1+\frac{R_2}{R_3}\right)R_4\right]/R_1$$

代入有关数据得

$$\dot{A}_{uf}=-\left[20+\left(1+\frac{20}{0.2}\right)\times20\right]\times\frac{1}{20}=-102$$

（2）若用一个反馈电阻 R_F 代替 T 形电阻网络,那么

$$\dot{A}_{uf}=-\frac{R_F}{R_1}$$

为了得到同样的增益,应选电阻

$$R_F=|\dot{A}_{uf}|R_1=2.04\ \text{M}\Omega$$

由此可见,若用一个反馈电阻 R_F 代替 T 形电阻网络时, R_F 的阻值远大于 T 形电阻网络中的元件阻值。

[**例 7.7**]　电路如图 7.3.21 所示,设运放均有理想的特性,写出输出电压 u_0 与输入电压 u_{I1}、u_{I2} 的关系式。

[**解**]　由图可知,运放 A_1、A_2 组成电压跟随器。

$$u_{O1}=u_{I1},\qquad u_{O2}=u_{I2}$$

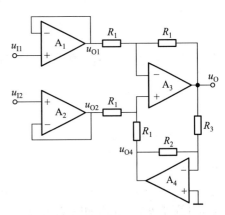

图 7.3.21　例 7.7 题图

运放 A_4 组成反相输入比例运算电路

$$u_{04} = -\frac{R_2}{R_3}u_0$$

运放 A_3 组成差分比例运算电路

$$u_0 = -u_{01} + 2u_{+3}$$

$$u_{+3} = \frac{u_{02} + u_{04}}{2}$$

以上各式联立求解得

$$u_0 = \frac{R_3}{R_2 + R_3}(u_{12} - u_{11})$$

[**例 7.8**]　理想运放电路如图 7.3.22 所示,试分别写出输出 u_{01} 和 u_0 与输入信号的关系式。

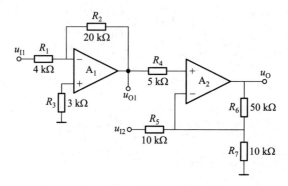

图 7.3.22　例 7.8 题图

[**解**]　由于运放 A_1 组成反相输入比例运算电路,所以

$$u_{01} = -\frac{R_2}{R_1}u_{11} = -\frac{20}{4}u_{11} = -5u_{11}$$

运放 A_2 组成差分比例运算电路,利用叠加原理

当 $u_{11} = 0$ 时　　　　　$$u_0' = -\frac{R_6}{R_5}u_{12} = -\frac{50}{10}u_{12} = -5u_{12}$$

当 $u_{12} = 0$ 时　　　　　$$u_0'' = \left(1 + \frac{R_6}{R_5 /\!/ R_7}\right)u_{01} = -55u_{11}$$

故

$$u_0 = u_0' + u_0'' = -55u_{11} - 5u_{12}$$

[**例 7.9**]　电路如图 7.3.23(a)所示。设 A 为理想运算放大器,稳压管 D_Z 的稳定电压等于 5 V。

198

（1）若输入信号的波形如图（b）所示，试画出输出电压 u_0 的波形。

（2）试说明本电路中稳压管 D_Z 的作用。

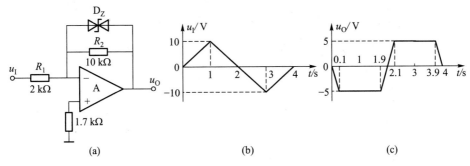

图 7.3.23　例 7.9 题图

[解]　（1）当 $|u_I| \leqslant 1$ V 时，稳压管 D_Z 截止，电路的电压增益

$$\dot{A}_{uf} = \frac{\dot{U}_o}{\dot{U}_i} = -\frac{R_2}{R_1} = -5$$

故输出电压

$$u_0 = \dot{A}_{uf} u_I$$

当 $|u_I| \geqslant 1$ V 时，稳压管 D_Z 导通，$|u_0| = 5$ V。电路的输出电压 u_0 被限制在 $-5 \sim 5$ V 之间，即 $|u_0| \leqslant 5$ V。

根据以上分析，可画出 u_0 的波形图，如图（c）所示。

（2）由以上的分析可知，当输入信号较小时，电路能线性放大；当输入信号较大时稳压管起限幅的作用。

[例 7.10]　在图 7.3.24 所示电路中，已知 $R_1 = R_P = 10$ kΩ，$R_2 = 20$ kΩ，$u_1 = 1$ V，设 A 为理想运算放大器，其输出电压最大值为 ±12 V，试分别求出当电位器 R_P 的滑动端移到最上端、中间位置和最下端时的输出电压 u_0 的值。

[解]　（1）当 R_P 的滑动端上移到最上端时，电路为典型的反相输入比例放大电路。输出电压

$$u_0 = -\frac{R_2}{R_1} u_1 = -2 \text{ V}$$

（2）当 R_P 的滑动端处在中间位置时，画出输出端等效电路及电流的参考方向如图 7.3.25 所示。图中 $R'_P = R''_P = \dfrac{R_P}{2} = 5$ kΩ。

由图可知

$$u_0 = -i_2 R_2 + i_3 R'_P$$

199

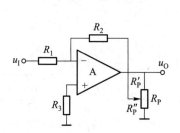

图 7.3.24 例 7.10 题图

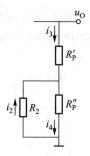

图 7.3.25 输出端等效电路

$$i_3 = i_4 - i_2$$

$$i_4 = -\frac{i_2 R_2}{R''_P}$$

$$i_2 = \frac{u_I}{R_1}$$

以上各式联立求解得

$$u_O = -\frac{u_I}{R_1}\left(R_2 + R'_P + \frac{R'_P R_2}{R''_P}\right)$$

代入有关数据得

$$u_O = -4.5\ \text{V}$$

（3）当 R_P 的滑动端处于最下端时，电路因负反馈消失而工作在开环状态。此时，反相输入端电位高于同相输入端电位，运放处于负饱和状态。输出电压 $u_O = -12\ \text{V}$。

［**例 7.11**］ 电路如图 7.3.26 所示，图中运放性能理想，输入电压 $u_I > 0$。试求输出信号 u_O 与输入信号 u_I 的关系式。

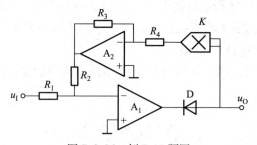

图 7.3.26 例 7.11 题图

［**解**］ 由于输入电压 $u_I > 0$，运放 A_1 的输出极性为负，二极管 D 导通，整个电路构成电压并联负反馈。设运放 A_2 的输出电压为 u_{O2}。由图可知

$$u_{O2} = -\frac{R_3}{R_4} K u_O^2$$

200

$$\frac{u_1}{R_1} = -\frac{u_{O2}}{R_2}$$

由以上两式可得

$$u_O = \sqrt{\frac{R_2 R_4}{R_1 R_3} \cdot \frac{u_1}{K}}$$

[**例 7.12**]　在图 7.3.27(a)所示电路中,设电路的输入波形如图(b)所示,且在 $t=0$ 时,$u_O=0$。

(1) 试在理想的情况下,画出输出电压的波形。

(2) 若 $R=15$ kΩ,运放的电源电压为 15 V,画出在上述输入下的输出电压的波形。

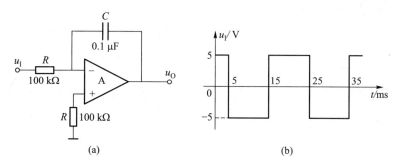

图 7.3.27　例 7.12 题图及输入电压波形图

[**解**]　(1) 由图(a)可知,该电路为运放组成的积分电路,所以输出电压

$$u_O = -\frac{1}{RC} \int_{-\infty}^{t} u_1 \mathrm{d}t$$

$$= -\frac{1}{RC} \int_{t_0}^{t} u_1 \mathrm{d}t + u_O(t_0)$$

$$= -\frac{1}{100 \times 10^3 \times 0.1 \times 10^{-6}} \times u_1 \times (t - t_0) + u_O(t_0)$$

$$= -100 \times u_1 \times (t - t_0) + u_O(t_0)$$

当 $0 < t \leqslant 5$ ms 时,已知 $u_O(0) = 0$ V

$$u_O = -100 \times 5 \times t$$

$$= -500t$$

当 $t = 5$ ms 时　　$u_O = -500t = -2.5$ V

当 5 ms $< t \leqslant 15$ ms 时

$$u_O = -100 \times u_1 \times (t-5) \times 10^{-3} + u_O(5 \text{ ms})$$

$$= -100 \times (-5) \times (t-5) \times 10^{-3} - 2.5$$

$$= (500t - 5) \text{ V}$$

当 $t = 15$ ms 时　　$u_0 = (500t-5)\,\mathrm{V} = 2.5\,\mathrm{V}$

同理，当 15 ms$<t \leqslant 25$ ms

$$u_0 = -100 \times 5 \times (t-15) \times 10^{-3} + u_0(15\ \mathrm{ms})$$
$$= (-500t+10)\,\mathrm{V}$$

当 $t = 25$ ms 时　　$u_0 = (-500t+10)\,\mathrm{V} = -2.5\,\mathrm{V}$

当 25 ms$<t \leqslant 35$ ms

$$u_0 = 100 \times 5 \times (t-25) \times 10^{-3} + u_0(25\ \mathrm{ms})$$
$$= (500t-15)\,\mathrm{V}$$

当 $t = 35$ ms 时　　$u_0 = 2.5\,\mathrm{V}$

画出输出电压的波形如图 7.3.28(a)所示。

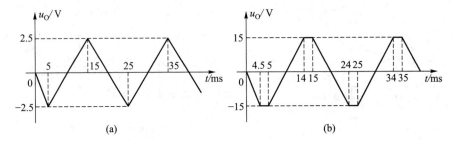

图 7.3.28　输出电压波形

（2）若 $R = 15$ kΩ 时

$$u_0 = -\frac{1}{RC}\int_{t_0}^{t} u_1 \mathrm{d}t + u_0(t_0)$$

$$= -\frac{1}{15 \times 10^3 \times 0.1 \times 10^{-6}} \times u_1 \times (t-t_0) + u_0(t_0)$$

$$= -\frac{10^4}{15} \times u_1 \times (t-t_0) + u_0(t_0)$$

当 $t = 5$ ms 时　　$u_0 = -\dfrac{10^4}{15} \times (-5) \times 5 \times 10^{-3}\,\mathrm{V} = \dfrac{50}{3}\,\mathrm{V}$

已知运放的电源电压为 15 V，那么，电路的输出电压的最大值 $U_{\mathrm{om}} \leqslant 15\,\mathrm{V}$。但 $|u_0(5\ \mathrm{ms})| = \dfrac{50}{3}\,\mathrm{V} > 15\,\mathrm{V}$，这是不可能的，故电路在某个时刻已处于饱和状态。

当 $0<t \leqslant 5$ ms 时，令

$$u_0(t_1) = \left(-\frac{10^4}{15} \times 5 \times t_1\right)\mathrm{V} = -15\,\mathrm{V}$$

解上式得

$$t_1 = 4.5\ \mathrm{ms}$$

202

当 5 ms<t≤15 ms 时,令

$$u_0(t_2) = \left[-\frac{10^4}{15}(-5) \times (t_2 - 5) - 15 \right] V = 15\ V$$

解得

$$t_2 = 14\ ms$$

同理,当 15 ms<t≤25 ms 时,令

$$u_0(t_3) = \left[-\frac{10^4}{15} \times 5 \times (t_3 - 15) + 15 \right] V = -15\ V$$

解得

$$t_3 = 24\ ms$$

当 25 ms<t≤35 ms 时,可求得　　$t_4 = 34\ ms$

画出输出电压的波形如图 7.3.28(b)所示。

[例 7.13]　理想运放电路如图 7.3.29 所示,试求出 u_0 与 u_{I1} 和 u_{I2} 的关系式。若 $R_1 = 5$ kΩ,$R_2 = 20$ kΩ,$R_3 = 10$ kΩ,$R_4 = 50$ kΩ,$u_{I1} - u_{I2} = 0.2$ V。试求出输出 u_0 的值。

[解]　由图可知,运放 A_2 构成反相输入比例运算电路,则

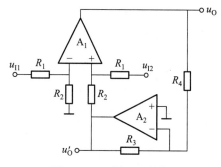

图 7.3.29　例 7.13 题图

$$u_0' = -\frac{R_3}{R_4} u_0$$

对于运放 A_1 来说,同相和反相输入端电压分别为

$$u_+ = \frac{R_2}{R_1 + R_2} u_{I2} + \frac{R_1}{R_1 + R_2} u_0'$$

$$= \frac{R_2}{R_1 + R_2} u_{I2} - \frac{R_1}{R_1 + R_2} \cdot \frac{R_3}{R_4} u_0$$

$$u_- = \frac{R_2}{R_1 + R_2} u_{I1}$$

由于运放 A_1 引入负反馈,工作于线性状态。由虚短的概念 $u_+ = u_-$,得

$$\frac{R_2}{R_1 + R_2} u_{I2} + \frac{R_1}{R_1 + R_2} \left(-\frac{R_3}{R_4} u_0 \right) = \frac{R_2}{R_1 + R_2} u_{I1}$$

经整理得

$$u_0 = -\frac{R_2 R_4}{R_1 R_3} (u_{I1} - u_{I2})$$

代入有关数据得

$$u_0 = -\frac{20 \times 50}{5 \times 10}(u_{I1} - u_{I2}) = -4 \text{ V}$$

[**例 7.14**] 晶体管电流放大系数 β 的测试电路如图 7.3.30 所示,图中晶体管 T 为被测管。设运放均具有理想的特性。

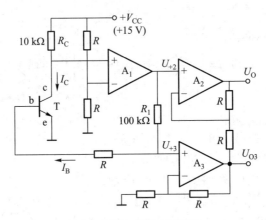

图 7.3.30 例 7.14 题图

（1）写出 U_0 与运放 A_2 和 A_3 的同相端输入电压 U_{+2}、U_{+3} 的关系式。

（2）写出被测晶体管的电流放大系数 β 与 U_0 及电路参数的关系式。

（3）若输出电压为 3 V,试求晶体管的电流放大系数 β 之值。

[**解**] 分析复杂电路时,应首先分析每个运放是否有负反馈。若有负反馈,在运放具有理想特性时,各运放的两个输入端之间必然有“虚短”特性。对于运放 A_1,由电阻 R_1、R 和晶体管 T 构成反馈网络,利用瞬时极性法可判断,该反馈是负反馈。

（1）由图可知

$$U_{O3} = \left(1 + \frac{R}{R}\right)U_{+3} = 2U_{+3}$$

由于运放 A_2 的输入信号分别为 U_{+2}、U_{O3}。由叠加原理可得输出 U_0 为

$$U_0 = -\frac{R}{R}U_{O3} + \left(1 + \frac{R}{R}\right)U_{+2} = 2(U_{+2} - U_{+3})$$

（2）因为

$$U_{+2} - U_{+3} = I_B R_1 = \frac{I_C}{\beta}R_1$$

所以

$$U_0 = 2\frac{I_C}{\beta}R_1$$

由于运放 A_1 的同相和反相输入端电压分别为

$$U_{+1} = V_{CC} - I_C R_C$$

$$U_{-1} = \frac{V_{CC}}{2}$$

204

根据 $U_{+1} = U_{-1}$ 可得

$$I_C R_C = V_{CC}/2$$

由此可得

$$\beta = \frac{2I_C R_1}{U_0} = \frac{2R_1}{U_0} \frac{V_{CC}}{2R_C} = \frac{R_1 V_{CC}}{R_C U_0}$$

（3）当输出电压为 3 V 时，代入有关参数，得晶体管的电流放大系数

$$\beta = \frac{100 \times 15}{10 \times 3} = 50$$

[例 7.15] 电路如图 7.3.31 所示。设运放为理想运放。

（1）为使电路完成微分运算，分别标出集成运放 A_1、A_2 的同相输入端和反相输入端。

（2）求输出电压和输入电压的运算关系。

[解] （1）由图可知，以 u_0 作为输入，以 u_{O2} 作为输出，A_2、R_3 和 C 组成积分运算电路，因而必须引入负反馈，A_2 的两个输入端应上为"–"下为"+"。

利用瞬时极性法确定各点的瞬时极性，就可得到 A_1 的同相输入端和反相输入端。设 u_1 对"地"为"+"，则为使 A_1 引入负反馈，u_{O2} 的电位应为"–"，即 R_1 的电流等于 R_2 的电流；而为使 u_{O2} 的电位为"–"，u_0 的电位必须为"+"。因此，u_0 与 u_1 同相，即 A_1 的输入端上为"+"下为"–"。

电路的各点电位和电流的瞬时极性、A_1 和 A_2 的同相输入端和反相输入端如图 7.3.32 所标注。

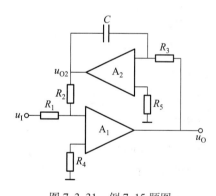

图 7.3.31 例 7.15 题图

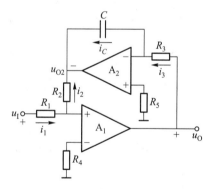

图 7.3.32 例 7.15 题解图

（2）A_2 的输出电压

$$u_{O2} = -\frac{1}{R_3 C} \int u_0 \mathrm{d}t$$

即

$$u_0 = -R_3 C \frac{\mathrm{d}u_{O2}}{\mathrm{d}t} \qquad ①$$

由于 A_1 两个输入端为"虚地"，$i_1 = i_2$，即

$$\frac{-u_{O2}}{R_2} = \frac{u_1}{R_1}$$

$$u_{O2} = -\frac{R_2}{R_1} \cdot u_1 \qquad\qquad ②$$

将式②代入式①可得输出电压

$$u_O = \frac{R_2 R_3 C}{R_1} \cdot \frac{\mathrm{d}u_1}{\mathrm{d}t}$$

[例 7.16] 设计一个运算电路,实现函数 $u_O = \sqrt{a\int u_1^2 \mathrm{d}t}$,设模拟乘法器的相乘因子 k 大于零。画出实现的电路图,并求出 a 的表达式。

[解] 根据题意,画出实现 $u_O = \sqrt{a\int u_1^2 \mathrm{d}t}$ 运算的框图如图 7.3.33(a)所示。

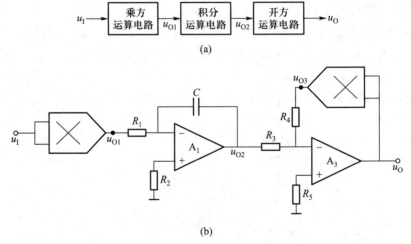

图 7.3.33 例 7.16 题解图

根据运算电路的基本知识和框图画出运算电路如图 7.3.33(b)所示。图中

$$u_{O1} = k u_1^2 \quad (k \text{ 为模拟乘法器的相乘因子})$$

$$u_{O2} = -\frac{1}{R_1 C}\int k u_1^2 \mathrm{d}t = -\frac{k}{R_1 C}\int u_1^2 \mathrm{d}t \qquad\qquad ①$$

已知 $u_O>0$,$k>0$,为了保证电路引入的是负反馈,其输入电压 u_{O2} 应小于零。式①表明 $u_{O2}<0$,符合要求。

$$u_{O3} = -\frac{R_4}{R_3} \cdot u_{O2} = k u_O^2$$

$$u_O = \sqrt{-\frac{R_4}{kR_3} \cdot u_{O2}}$$

206

将式①代入上式,得

$$u_O = \sqrt{\frac{R_4}{R_1 R_3 C} \cdot \int u_1^2 \, dt}$$

因此

$$a = \frac{R_4}{R_1 R_3 C}$$

7.4 课后习题及其解答

7.4.1 课后习题

7.1 反相输入加法电路与同相输入加法电路有什么区别?各有什么优点?

7.2 实现减法运算有几种方案可供选择?

7.3 在实际应用中,使用积分运算电路时需要注意哪些问题?

7.4 在实际应用中,使用微分运算电路时需要注意哪些问题?

7.5 如何用对数和反对数运算电路构成模拟乘法器?

7.6 你能用乘法器和运算放大器构成哪些应用电路?

7.7 集成运算放大器选型和使用时要注意哪些问题?

7.8 实际运算放大器产生运算误差的主要因素有哪些?如何减小误差?

7.9 电路如题 7.9 图所示,假设运算放大器为理想器件,试写出各电路输出信号与输入信号的关系式。

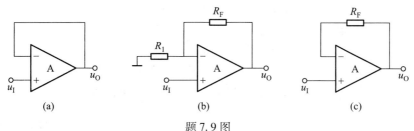

题 7.9 图

7.10 电路如题 7.10 图所示,假设运放为理想器件,直流输入电压 $U_1 = 1$ V。试求:

(a) 开关 S_1 和 S_2 均断开时的输出电压 U_O 值;

(b) 开关 S_1 和 S_2 均闭合时的输出电压 U_O 值;

(c) 开关 S_1 闭合、S_2 断开时的输出电压 U_O 值。

7.11 电路如题 7.11 图所示,假设运放为理想器件。试写出各电路输出信号与输入信号的关系式。

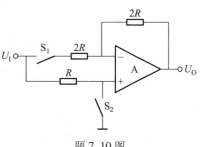

题 7.10 图

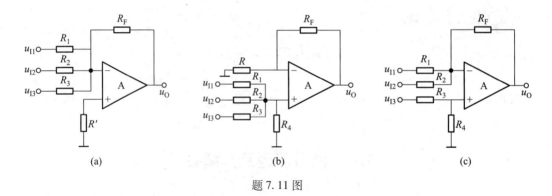

(a)   (b)   (c)

题 7.11 图

7.12 电路如题 7.12 图所示,假设运放为理想器件。R_P 的滑动端位于中间位置,试分别写出 u_{01}、u_0 与 u_1 的关系式。

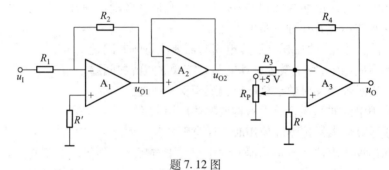

题 7.12 图

7.13 电路如题 7.13 图所示,运算放大器为理想器件,且输出对"地"电压分别为 u_{01} 和 u_{02}。设 $R_1 = 1\ \text{k}\Omega, R_2 = R_4 = R_5 = 10\ \text{k}\Omega$。

(a) 求 u_0/u_1 的比值;

(b) 若电源用 ±15 V,$u_1 = 1$ V,问电路能否正常工作?

7.14 为了提高反相输入比例电路的输入电阻,可采用如题 7.14 图所示电路,用 T 形电阻网络来代替反馈电阻。设运算放大器为理想器件,$R_1 = R_2 = R_4 = 20\ \text{k}\Omega, R_3 = 200\ \Omega$。

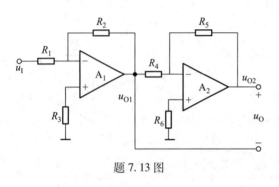

题 7.13 图

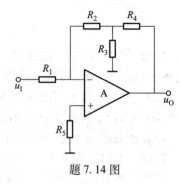

题 7.14 图

（a）求 $\dot{A}_{uf}=\dot{U}_o/\dot{U}_i$；

（b）若用一个电阻 R_F 代替 T 形电阻网络，为了获得同样的电压增益，R_F 应选择多大的阻值？

7.15　利用理想运放，试设计分别满足以下几种函数关系的运算电路。

（a）$u_O=u_1$

（b）$u_O=2u_{I1}+3u_{I2}-4u_{I3}$　（$R_F=100\ \text{k}\Omega$）

（c）$u_O=5(u_{I1}+u_{I2}+u_{I3})$　（$R_F=100\ \text{k}\Omega$）

（d）$u_O=3\int u_{I1}\text{d}t+5\int u_{I2}\text{d}t$　（$C_F=1\ \mu\text{F}$）

（e）$u_O=5\text{d}u_1/\text{d}t$　（$R_F=1\ \text{M}\Omega$）

（f）$u_O=3u_{i1}+2u_{i2}-5\int u_{i3}\text{d}t$　（$R_F=100\ \text{k}\Omega,C_F=1\ \mu\text{F}$）

7.16　由理想运放组成的放大电路如题 7.16 图所示。若 $R_1=R_3=1\ \text{k}\Omega,R_2=R_4=10\ \text{k}\Omega$，试求该电路的电压放大倍数。

7.17　由理想运放组成的放大电路如题 7.17 图所示，电阻 $R_1=100\ \text{k}\Omega,R_2=1\ \text{k}\Omega$，请写出图中输出电压 u_O 与输入电压 u_{I1} 和 u_{I2} 的关系式。

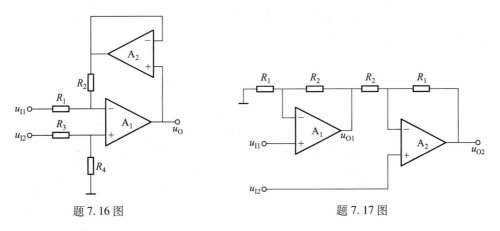

题 7.16 图　　　　　　　　　　　　　　　题 7.17 图

7.18　电路如题 7.18 图所示，假设 A 为理想运放，试写出电路输出与输入函数关系的时域表达式。

7.19　由理想运放构成的积分电路如题 7.19 图（a）所示。设图中 $R_1=R_2=20\ \text{k}\Omega,C=1\ \mu\text{F}$，电容初始电压为零。

（a）试写出输出电压 u_O 与输入电压 u_1 及 u_2 的关系式；

（b）电路输入信号如题 7.19 图（b）所示，试画出输出信号的波形。

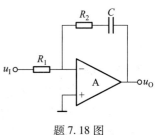

题 7.18 图

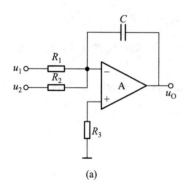
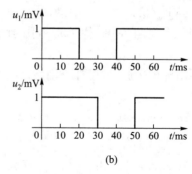

(a)   (b)

题 7.19 图

7.20 电路如题 7.20 图所示,假设 A 为理想运放,电容 C 的初始电压为零。现加入 $u_{I1} = 1$ V,$u_{I2} = -2$ V,$u_{I3} = -3$ V 的直流电压。试计算输出电压 u_O 从 0 V 上升到 10 V 所需的时间。

7.21 电路如题 7.21 图(a)所示,设电路的输入波形如图(b)所示,且在 $t = 0$ 时,$u_O = 0$ V。

（a）试在理想的情况下,画出输出电压的波形;

（b）若 $R = 15$ kΩ,运放的电源电压为 15 V,画出在上述输入下的输出电压的波形。

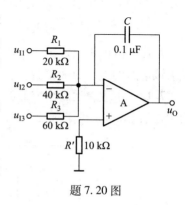

题 7.20 图

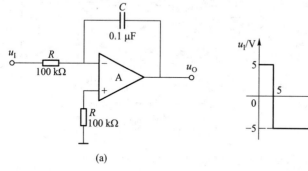
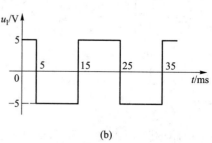

(a)   (b)

题 7.21 图

7.22 在题 7.22 图中,给出了自动控制系统常用的比例-积分-微分(PID)调节器的电路原理图,假设 A 为理想运放。

（a）试写出电路输出与输入函数关系的时域表达式;

（b）当输入信号为单位阶跃信号时,定性画出输出响应曲线。

7.23 电路如题 7.23 图所示。已知 $u_X = \sqrt{2} U_1 \sin\omega t$,$u_Y = \sqrt{2} U_2 \sin(\omega t + \varphi)$,假定 u_X、u_Y

均为小信号,并且电路参数满足 $\omega \gg (1/RC)$。试写出电路输出信号与两个输入信号的函数关系。

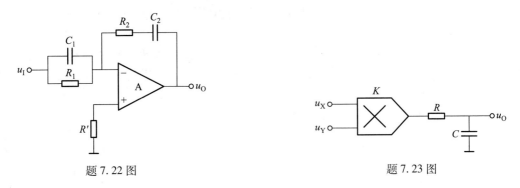

题 7.22 图   题 7.23 图

7.24 电路如题 7.24 图所示,假设运放为理想器件,试写出电路输出信号与输入信号的关系式并说明电路功能。

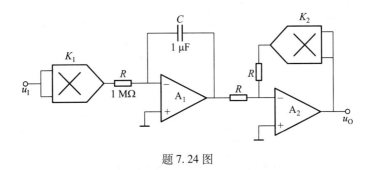

题 7.24 图

7.25 单电源运算放大器构成音响系统中混音器电路如题 7.25 图所示。来自话筒放大器的信号约为 56 mV,来自录音机的伴奏背景音乐约为 100 mV;先分别经过 R_{P1} 和 R_{P2} 调整为 u_{i1} 和 u_{i2},然后再利用图示电路进行混合处理。

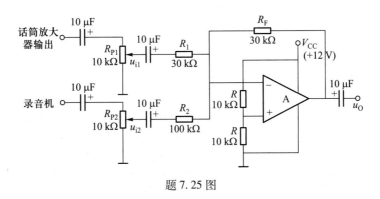

题 7.25 图

211

（a）分析电路的直流偏置，求运放输入和输出端的静态电位值，并说明运放的共模输入电压等于多大。

（b）推导 u_O 与 u_{i1} 和 u_{i2} 的关系式，并分别计算输出信号中话筒信号和伴奏背景音信号的电压范围。

7.26 集成对数运算电路（型号 ICL8048）和反对数运算电路（型号 ICL8049）分别如题 7.26 图（a）和（b）所示。请查阅相关资料，分析该电路温度补偿的原理，推导输入输出关系，并给出应用实例。

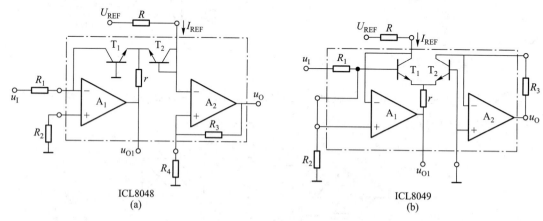

题 7.26 图

7.27 在题 7.27 图中，假设 A 为理想运放，试写出电路输出与输入函数关系的时域表达式。

7.28 利用半导体二极管 D 作为温度传感器，与运算放大器 A 可以构成如题 7.28 图所示的测温电路。图中硅二极管的正向压降 U_D 的温度系数大约是 -2 mV/℃。试求温度在 $10\sim 40$℃ 变化时，输出电压 U_O 的变化量。

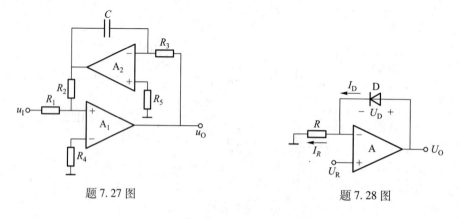

| 题 7.27 图 | 题 7.28 图 |

7.4.2 课后部分习题解答

7.1~7.8 解答略。

7.9〔解〕 图(a) $u_0=u_I$；图(b) $u_0=\left(1+\dfrac{R_F}{R_1}\right)u_I$；图(c) $u_0=u_I$。

7.10〔解〕 (a) $U_0=U_I=1$ V(电压跟随器)

(b) $U_0=-\dfrac{2R}{2R}U_I=-U_I=-1$ V(反相输入比例器)

(c) $U_0=-\dfrac{2R}{2R}U_I+\left(1+\dfrac{2R}{2R}\right)U_I=-U_I+2U_I=U_I=1$ V(减法运算电路)

7.11〔解〕 图(a) $u_0=-R_F\left(\dfrac{1}{R_1}u_{I1}+\dfrac{1}{R_2}u_{I2}+\dfrac{1}{R_3}u_{I3}\right)$

图(b) $u_0=\left(1+\dfrac{R_F}{R}\right)\cdot\left(\dfrac{R_2//R_3//R_4}{R_1+R_2//R_3//R_4}u_{I1}+\dfrac{R_1//R_3//R_4}{R_2+R_1//R_3//R_4}u_{I2}+\dfrac{R_1//R_2//R_4}{R_3+R_1//R_2//R_4}u_{I3}\right)$

图(c) $u_0=-\dfrac{R_F}{R_1}u_{I1}-\dfrac{R_F}{R_2}u_{I2}+\left(1+\dfrac{R_F}{R_1//R_2}\right)\dfrac{R_4}{R_3+R_4}u_{I3}$

7.12〔解〕 图中运放 A_1 构成反相输入比例器，A_2 构成电压跟随器，A_3 构成反相输入加法电路。+5 V 电压源通过电位器 R_P 给输出信号提供一个负向偏移电压，分析时可用戴维南定理等效+5 V 电压源支路。由图可写出如下关系：

$$u_{O1}=-\dfrac{R_2}{R_1}u_I,\ u_{O2}=u_{O1}=-\dfrac{R_2}{R_1}u_I$$

等效电压
$$u'=\dfrac{5\times\dfrac{1}{2}R_P}{R_P}=2.5\text{ V}$$

等效电阻
$$R_P'=\dfrac{1}{2}R_P//\dfrac{1}{2}R_P=\dfrac{1}{4}R_P$$

$$u_0=-\dfrac{R_4}{R_3}u_{O2}-\dfrac{R_4}{R_P'}u'$$

$$=\dfrac{R_2R_4}{R_1R_3}u_I-\dfrac{10R_4}{R_P}$$

7.13〔解〕 参见〔例7.2〕。

7.14〔解〕 参见〔例7.6〕。

7.15〔解〕 一般来说，设计题目的答案不唯一，以下仅给出设计电路的参考答案，如题 7.15 解图(a)(b)(c)(d)(e)(f)所示。

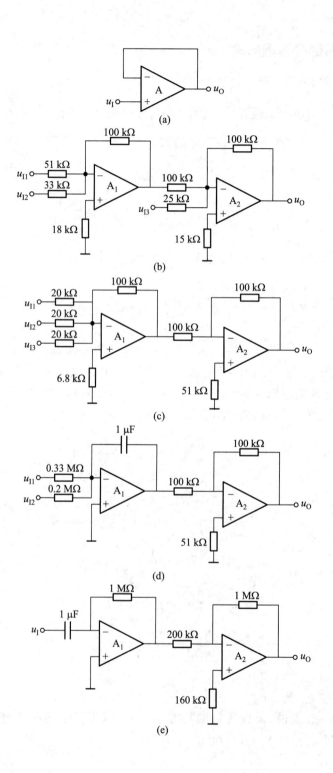

(a)

(b)

(c)

(d)

(e)

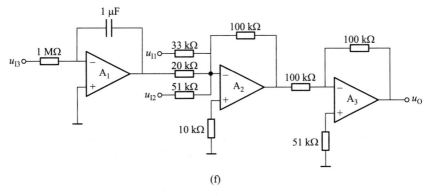

(f)

题 7.15 解图

7.16 [解] 设 A_2 的输出电压为 u_{O2}，则 $u_{O2} = u_O$。

所以

$$u_O = -\frac{R_2}{R_1}u_{I1} + \left(1+\frac{R_2}{R_1}\right)\frac{R_4}{R_3+R_4}u_{I2}$$

$$= -10u_{I1} + 10u_{I2}$$

7.17 [解] 参见[例 7.5]。

7.18 [解] 根据"虚短"与"虚断"的概念可得 $i_I = i_F$，$i_I = \dfrac{u_I}{R_1}$。

$$i_F = C\frac{\mathrm{d}u_C}{\mathrm{d}t} = C\frac{\mathrm{d}\left(-\dfrac{u_I}{R_1}R_2-u_O\right)}{\mathrm{d}t}$$

$$\frac{u_I}{R_1} = -C\frac{\mathrm{d}\left(u_O+\dfrac{R_2}{R_1}u_I\right)}{\mathrm{d}t}$$

$$\mathrm{d}\left(u_O+\frac{R_2}{R_1}u_I\right) = -\frac{u_I}{R_1C}\mathrm{d}t$$

$$u_O = -\frac{R_2}{R_1}u_I - \frac{1}{R_1C}\int u_I\mathrm{d}t$$

7.19 [解] （a）根据电容上电压和电流的关系式 $i_C = C\dfrac{\mathrm{d}u_C}{\mathrm{d}t}$ 得

$$u_C = \frac{1}{C}\int i_C\mathrm{d}t = -u_O$$

由电路图可得

$$i_C = \frac{u_{I1}}{R_1} + \frac{u_{I2}}{R_2}$$

则有
$$u_O = -\left(\frac{1}{R_1 C}\int u_{I1}\,dt + \frac{1}{R_2 C}\int u_{I2}\,dt\right)$$

$$= -\frac{1}{20\times10^3\times1\times10^{-6}}\int(u_{I1}+u_{I2})\,dt$$

（b）根据上式，按时间对应关系画波形，如题 7.19 解图所示。

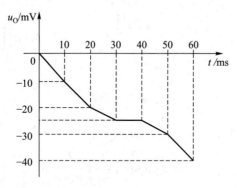

题 7.19 解图

将横坐标分成 10 ms 间隔的等分段，算出 u_O 在各分段的电压值，例如，当 $t = 10$ ms时

$$u_O = -\left(\frac{1}{R_1 C}\int_0^{10} u_{I1}\,dt + \frac{1}{R_2 C}\int_0^{10} u_{I2}\,dt\right) \approx -\frac{10-0}{R_1 C}u_{I1} - \frac{10-0}{R_2 C}u_{I2}$$

$$= -\frac{10\times10^{-3}}{20\times10^3\times0.1\times10^{-6}}(u_{I1}+u_{I2}) = -5(u_{I1}+u_{I2}) = -10\ V$$

7.20［**解**］　根据电容上电压和电流的关系式　$i_C = C\dfrac{du_C}{dt}$　得　$u_C = \dfrac{1}{C}\displaystyle\int i_C\,dt = -u_O$，

而
$$i_C = \frac{u_{I1}}{R_1} + \frac{u_{I2}}{R_2} + \frac{u_{I3}}{R_3}$$

$$u_O = -\left(\frac{1}{R_1 C}\int u_{I1}\,dt + \frac{1}{R_2 C}\int u_{I2}\,dt + \frac{1}{R_3 C}\int u_{I3}\,dt\right)$$

$$\approx -\left(\frac{1}{R_1 C}u_{I1} + \frac{1}{R_2 C}u_{I2} + \frac{1}{R_3 C}u_{I3}\right)t$$

$$= -\left(\frac{1}{20\times10^3\times0.1\times10^{-6}} + \frac{-2}{40\times10^3\times0.1\times10^{-6}} + \frac{-3}{60\times10^3\times0.1\times10^{-6}}\right)t$$

$$= 0.5\times10^3 t\ (V)$$

当 u_O 从 0 V 上升到 10 V，则 $t = \dfrac{u_O}{0.5\times10^3} = \dfrac{10}{0.5\times10^3}$s $= 20$ ms

7.21［**解**］　参见［例 6.12］。

7.22 [解] $i_1 = \dfrac{u_1}{R_1} + C_1 \dfrac{\mathrm{d}u_1}{\mathrm{d}t}, i_2 = C_2 \dfrac{\mathrm{d}u_{C2}}{\mathrm{d}t}$

$$\mathrm{d}u_{C2} = \frac{i_2}{C_2}\mathrm{d}t = \frac{i_1}{C_2}\mathrm{d}t = \frac{1}{C_2}\left(\frac{u_1}{R_1} + C_1\frac{\mathrm{d}u_1}{\mathrm{d}t}\right)\mathrm{d}t$$

$$= \frac{u_1}{R_1 C_2}\mathrm{d}t + \frac{C_1}{C_2}\mathrm{d}u_1$$

$$u_{C2} = \frac{1}{R_1 C_2}\int u_1 \mathrm{d}t + \frac{C_1}{C_2}u_1$$

$$u_0 = -i_2 R_2 - u_{C2} = -i_1 R_2 - u_{C2}$$

$$= -\frac{R_2}{R_1}u_1 - C_1 R_2 \frac{\mathrm{d}u_1}{\mathrm{d}t} - \frac{1}{R_1 C_2}\int u_1 \mathrm{d}t - \frac{C_1}{C_2}u_1$$

$$u_0 = -\left(\frac{R_2}{R_1} + \frac{C_1}{C_2}\right)u_1 - C_1 R_2 \frac{\mathrm{d}u_1}{\mathrm{d}t} - \frac{1}{R_1 C_2}\int u_1 \mathrm{d}t$$

7.23 [解]　设乘法器输出信号为 u_{01}，则

$$u_{01} = Ku_X u_Y = K\left[\sqrt{2}\,U_1 \sin\omega t\right]\left[\sqrt{2}\,U_2 \sin(\omega t + \varphi)\right]$$

$$= -KU_1 U_2\left[\cos(2\omega t + \varphi) - \cos(-\varphi)\right]$$

$$= -KU_1 U_2 \cos(2\omega t + \varphi) + KU_1 U_2 \cos\varphi$$

RC 构成一阶低通电路，可滤除高频信号。所以

$$u_0 = KU_1 U_2 \cos\varphi$$

7.24 [解]　设输入级乘法器输出电压为 u_{01}，积分器（A_1）输出信号为 u_{02}，运放 A_2 反馈回路的乘法器输出为 u_{03}。

$$u_{01} = K_1 u_1^2$$

$$u_{02} = -\frac{1}{RC}\int u_{01}\mathrm{d}t = -\frac{1}{RC}\int K_1 u_1^2 \mathrm{d}t, u_{03} = K_2 u_0^2$$

因为 $\dfrac{u_{02}}{R} = -\dfrac{u_{03}}{R}$，所以 $u_{02} = -u_{03}$，即 $K_2 u_0^2 = \dfrac{1}{RC}\int K_1 u_1^2 \mathrm{d}t$，则

$$u_0 = \sqrt{\frac{K_1}{K_2 RC}\int u_1^2 \mathrm{d}t}$$

由上式可知，本电路实现了均方根运算。

7.25 [解]　（a）本电路中的运放采用了单电源供电。静态时，同相输入端电压等于 6 V（经两个阻值相等的电阻对 12 V 电源电压分压）；运放输入输出之间有负反馈网络，两个输入端之间存在"虚短"特性，则反相输入端静态电压也为 6 V；因而，运放的共模输入电压等于电源电压的一半。由于静态时反馈电阻 R_F 中无电流流过，则输出端静态电压也为 6 V。

（b）本电路是一个阻容耦合反相输入加法电路，故输出电压为

$$u_0 = -\frac{R_F}{R_1}u_{i1} - \frac{R_F}{R_2}u_{i2} = -u_{i1} - 0.3u_{i2}$$

当话筒信号为 56 mV,经电阻 R_{P1} 调节后电压为 0~56 mV,则输出电压中话筒信号范围为0~56 mV。

当录音机信号为 100 mV,经电阻 R_{P2} 调节后电压为 0~100 mV,则输出电压中录音机信号范围为 0~33.33 mV。

7.26 ［解］ 略。

7.27 ［解］ 由题 7.27 解图知,A_2 的输出电压

$$u_{O2} = -\frac{1}{R_3C}\int u_0 \mathrm{d}t$$

即 $$u_0 = -R_3C\frac{\mathrm{d}u_{O2}}{\mathrm{d}t} \qquad ①$$

由于 A_1 两个输入端为"虚短、虚断",$i_2 = i_1$,即

$$\frac{-u_{O2}}{R_2} = \frac{u_1}{R_1}$$

$$u_{O2} = -\frac{R_2}{R_1} \cdot u_1 \qquad ②$$

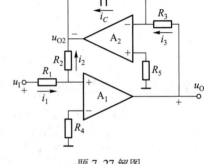

题 7.27 解图

将式②代入式①可得输出电压

$$u_0 = \frac{R_2R_3C}{R_1} \cdot \frac{\mathrm{d}u_1}{\mathrm{d}t}$$

7.28 ［解］ 由图知

$$U_0 = U_D + U_R$$

由于 U_R 不变,所以输出电压 U_0 的变化量就是半导体二极管 D 两端电压 U_D 的变化量。

已知二极管正向压降 U_D 的温度系数大约是 -2 mV/℃,所以当温度在 10~40℃ 变化时,其压降 U_D 的变化量为 60 mV,即输出电压 U_0 的变化量为 60 mV。

信号检测与处理电路

8.1 教学要求

本章简单介绍了信号检测系统的基本组成及系统中常用的测量放大器、隔离放大器、有源滤波器和电压比较器、线性检波等电路的组成及其工作原理。各知识点的教学要求如表8.1.1所列。

表 8.1.1　第 8 章教学要求

知　识　点		教 学 要 求		
		熟练掌握	正确理解	一般了解
信号检测系统的基本组成				√
检测系统中的放大电路	测量放大器的电路结构和工作原理	√		
	隔离放大器的电路结构和工作原理		√	
	程控增益放大器		√	
有源滤波器	滤波器的基础知识	√		
	低通、高通有源滤波器特性和分析方法	√		
	带通、带阻有源滤波器电路结构与特性			√
	开关电容滤波器			√
线性检波与采样-保持电路		√		
电压比较器的特性和分析方法		√		
线性检波电路		√		

8.2 基本概念与分析计算的依据

8.2.1 信号检测系统的基本组成

一般信号检测系统的前向通道主要包含传感器、放大器、滤波器、采样-保持器和模数转换器等电路模块。

将被测物理量转换成相应的电信号的部件称为传感器。传感器输出的电信号一般都比较微弱,通常需要利用放大电路将信号放大。然而,与被测信号同时存在的还会有不同程度的噪声和干扰信号,有时被测信号可能会被淹没在噪声及干扰信号之中,很难能分清哪些是有用信号,哪些是干扰和噪声。因此,为了提取出有用的信号,而去掉无用的噪声或干扰信号,就必须对信号进行处理。

在信号处理电路中,应根据实际情况选用合理的电路。例如,当传感器的工作环境恶劣,输出信号中的有用信号微弱、共模干扰信号很大,而传感器的输出阻抗又很高,这时应采用具有高输入阻抗、高共模抑制比、高精度、低漂移、低噪声的测量放大器;当传感器工作在高电压、强电磁场干扰等场所时,还必须将检测、控制系统与主回路实现电气上的隔离,这时应采用隔离放大器;对于那些窜入被测信号中的差模干扰和噪声信号,通常需要根据信号的频率范围选择合理的滤波器来滤除。

在许多数据采集系统中,信号幅度变化范围比较大,为满足 A/D 转换的要求,必须根据信号的变化范围相应调整放大器的增益。在自动化程度较高的系统中,通常采用程控增益放大器。

另外,在信号检测系统中,有时还需要对某些被测模拟信号的大小先做出判断后,再根据实际情况进行必要的处理,这一任务可利用电压比较器来完成。

在数字化检测系统中,A/D 转换器和取样-保持电路也是常用部件,有关这部分内容将在"数字电子技术基础"课程中详细介绍。

8.2.2 检测系统中的放大电路

测量放大器和隔离放大器是信号检测系统中常用的放大电路。

1. 测量放大器

测量放大器又称为数据放大器或仪表放大器,它具有高输入抗阻、高共模抑制比等特点,常用于热电偶、应变电桥、流量计、生物电测量以及其他有较大共模干扰的直流缓变微弱信号的检测。

三运放测量放大器是测量放大器的典型电路结构,只要电路参数对称性好,就可实现高共模抑制比的特性。然而,电路中的运放及电阻要做到完全对称确实比较困难,这就影响了其性能的进一步提高。因此,在要求较高的场合,应采用单片集成测量放大器。例如国产的ZF601,美国 AD 公司的 AD521、AD522,以及美国国家半导公司的 LH0038 等。

2. 隔离放大器

隔离放大器是一种特殊的测量放大电路,其输入回路与输出回路之间是电绝缘的,没有直接的电耦合,即信号在传输过程中没有公共的接地端。在隔离放大器中,信号的耦合方式主要有两种:一种是通过光电耦合,称为光电耦合隔离放大器(如美国 B-B 公司生产的 ISO100);另一种是通过电磁耦合,即经过变压器传递信号,称为变压器耦合隔离放大器(如美国 AD 公司生产的 AD277)。

3. 程控增益放大器

程控增益放大器与普通放大器的差别在于反馈电阻网络可变,且受控于控制接口的输出信号。不同的控制信号,将产生不同的反馈系数,从而改变放大器的闭环增益。

集成电路制造厂商已将运算放大器或测量放大器、模拟开关、译码电路(控制模拟开关选通哪一条通路的数字电路)以及决定增益所需的电阻全部集成在一个芯片上,制成单芯片集成程控增益放大器。

8.2.3 滤波器的基础知识

1. 滤波器的功能

滤波器的功能就是允许某一部分频率的信号顺利地通过,而另外一部分频率的信号则受到较大的抑制,它实质上是一个选频电路。

滤波器中,把信号能够通过的频率范围,称为通频带或通带;反之,信号受到很大衰减或完全被抑制的频率范围称为阻带;通带和阻带之间的分界频率称为截止频率;理想滤波器在通带内的电压增益为常数,在阻带内的电压增益为零;实际滤波器的通带和阻带之间存在一定频率范围的过渡带。

2. 滤波器的分类

(1) 按所处理的信号分为模拟滤波器和数字滤波器两种。

(2) 按所通过信号的频段分为低通、高通、带通和带阻滤波器四种。

低通滤波器:它允许信号中的低频或直流分量通过,抑制高频分量或干扰和噪声。

高通滤波器:它允许信号中的高频分量通过,抑制低频或直流分量。

带通滤波器:它允许一定频段的信号通过,抑制低于或高于该频段的信号、干扰和噪声。

带阻滤波器:它抑制一定频段内的信号,允许该频段以外的信号通过。

(3) 按所采用的元器件分为无源和有源滤波器两种。

无源滤波器:仅由无源元件(R、L 和 C)组成的滤波器,它是利用电容和电感元件的电抗随频率的变化而变化的原理构成的。这类滤波器的优点是:电路比较简单,不需要直流电源供电,可靠性高;缺点是:通带内的信号有能量损耗,负载效应比较明显,使用电感元件时容易引起电磁感应,当电感 L 较大时滤波器的体积和重量都比较大,在低频域不适用。

有源滤波器:由无源元件(一般用 R 和 C)和有源器件(如集成运算放大器)组成。这类滤波器的优点是:通带内的信号不仅没有能量损耗,而且还可以放大,负载效应不明显,多级相联时相互影响很小,利用级联的简单方法很容易构成高阶滤波器,并且滤波器的体积小、重量轻、不需要磁屏蔽(由于不使用电感元件);缺点是:通带范围受有源器件(如集成运算放大器)的带宽限制,需要直流电源供电,可靠性不如无源滤波器高,在高压、高频、大功率的场合不适用。

3. 滤波器的主要参数

(1) 通带增益 A_0:滤波器通带内的电压放大倍数。

(2) 特征角频率 ω_n 和特征频率 f_n:它只与滤波用的电阻和电容元件的参数有关,通常 $\omega_n = 1/RC$, $f_n = 1/2\pi RC$。对于带通(带阻)滤波器,称为带通(带阻)滤波器的中心角频率 ω_o 或中心频率 f_o,是通带(阻带)内电压增益最大(最小)点的频率。

(3) 截止角频率 ω_c 和截止频率 f_c:它是电压增益下降到 $|A_0|/\sqrt{2}$(即 $0.707|A_0|$)时所对应的角频率。必须注意 ω_c 不一定等于 ω_n。带通和带阻滤波器有两个 ω_c,即 ω_L 和 ω_H。

(4) 通带(阻带)宽度 ω_{BW}:它是带通(带阻)滤波器的两个 ω_c 之差值,即 $\omega_{BW} = \omega_H - \omega_L$。

(5) 等效品质因数 Q:对低通和高通滤波器而言,Q 值等于 $\omega = \omega_n$ 时滤波器电路电压增益的模与通带增益之比,即 $Q = |A(j\omega_n)|/|A_0|$;对带通(带阻)滤波器而言,Q 值等于中心角频率与通带(阻带)宽度 ω_{BW} 之比,即 $Q = \omega_o/\omega_{BW}$。

4. 有源滤波器的阶数

有源滤波器传递函数分母中"s"的最高"方次"称为滤波器的"阶数"。阶数越高,滤波器幅频特性的过渡带越陡,越接近理想特性。一般情况下,一阶滤波器过渡带增益按每十倍频 20 dB 速率衰减;二阶滤波器增益按每十倍频 40 dB 速率衰减。高阶滤波器可由低阶滤波器串接组成。

5. 低通和高通滤波器之间的对偶关系

(1) 幅频特性的对偶关系

当低通滤波器和高通滤波器的通带增益 A_0、截止频率 f_c 分别相等时,两者的幅频特性曲线相对于垂直线 $f = f_c$ 对称。

(2) 传递函数的对偶关系

将低通滤波器传递函数中的 s 换成 $1/s$,则变成对应的高通滤波器的传递函数。

(3) 电路结构上的对偶关系

将低通滤波器中的起滤波作用的电容 C 换成电阻 R,并将起滤波作用的电阻 R 换成电容 C,则低通滤波器转化为对应的高通滤波器。

8.2.4 有源滤波器的分析方法

1. 有源滤波器的一般分析方法

(1) 根据有源滤波器的电路原理图,利用拉氏变换,列电路方程,求出滤波器的传递函数。

在传递函数中,以 $j\omega$ 代替 s,就可求得滤波器的频率特性。

(2)把所求得的传递函数与滤波器传递函数的一般表达式比较,求出 A_0、ω_n 或 f_n(中心角频率 ω_o 或中心频率 f_o)、ω_c 或 f_c、ω_{BW} 和 Q 等主要参数。常用有源滤波器传递函数的一般表达式如表 8.2.1 所列。

(3)画出滤波器的幅频特性和相频特性。

2. 滤波器的功能判别

(1)当滤波器电路比较简单时,可根据电路中无源网络的特性判别。常见的几种 RC 无源网络如图 8.2.1 所示。其中,带通网络是由低通和高通网络串联组成,带阻网络是由低通和高通并联而成的 T 形网络。

(2)当电路比较复杂时,可将推导出的传递函数与表 8.2.1 所列的几种常用有源滤波器传递函数一般表达式比较判别。

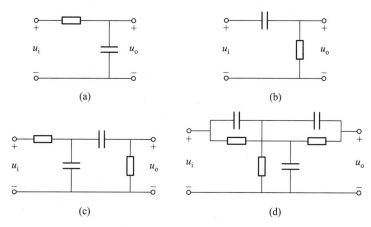

图 8.2.1 几种 RC 无源网络

(a)低通 (b)高通 (c)带通 (d)带阻

表 8.2.1 常用有源滤波器传递函数的一般表达式

滤波器类型	传递函数	通带增益
一阶低通滤波器	$A(s)=\dfrac{a_0\omega_c}{s+\omega_c}$	$A(0)=a_0$
一阶高通滤波器	$A(s)=\dfrac{a_1 s}{s+\omega_c}$	$A(\infty)=a_1$
二阶低通滤波器	$A(s)=\dfrac{a_0\omega_n^2}{s^2+\dfrac{\omega_n}{Q}s+\omega_n^2}$	$A(0)=a_0$
二阶高通滤波器	$A(s)=\dfrac{a_2 s^2}{s^2+\dfrac{\omega_n}{Q}s+\omega_n^2}$	$A(\infty)=a_2$

滤波器类型	传递函数	通带增益
二阶带通滤波器	$A(s) = \dfrac{a_1 s}{s^2 + \dfrac{\omega_o}{Q}s + \omega_o^2}$	$A(\omega_o) = \dfrac{a_1 Q}{\omega_o}$
二阶带阻滤波器	$A(s) = \dfrac{a_2(s^2 + \omega_o^2)}{s^2 + \dfrac{\omega_o}{Q}s + \omega_o^2}$	$A(0) = A(\infty) = a_2$

（3）当推导出滤波器幅频特性表达式时，可分别令 $\omega = 0$ 和 $\omega \to \infty$，通过分析幅频特性在这两种极限情况下的趋势来判别。

8.2.5　线性检波与采样-保持电路

1. 线性检波电路

利用二极管的单向导电性将交流信号转换成单向性的信号，称为检波。线性检波电路是指输出与输入信号幅度之间呈线性关系的检波电路，线性检波电路也称精密整流电路。例 8.7 和例 8.8 中介绍了线性半波检波电路的基本原理。课后习题中的 8.23 题是一个线性全波检波电路，它是在线性半波检波电路的基础上，再加一级加法电路构成的，如题 8.23 图所示。

2. 采样-保持电路

在测量和控制系统中，通常需要将模拟信号转换成数字信号，再利用计算机来采集、分析与处理。然而，完成一次模数转换，需要一定的时间。为了避免在实际转换过程中因信号电平变化而使转换结果出现较大的误差，通常用采样-保持电路对变化的模拟信号进行跟踪"采样"，并在转换过程中"保持"该信号电平。采样时刻和保持时间由测控系统中的控制信号决定。

8.2.6　电压比较器

1. 电压比较器的功能

电压比较器是用来比较两个电压大小的电路，它的输入信号是模拟电压，输出信号一般只有高电平和低电平两个稳定状态的电压。利用电压比较器可将各种周期性信号转换成矩形波。

2. 运放的工作状态

比较器中的运放一般在开环或正反馈条件下工作，运放的输出电压只有正和负两种饱和值，即运放工作在非线性状态。在这种情况下，运放输入端"虚短"的结论不再适用，但"虚断"的结论仍然可用（由于运放的输入电阻很大）。

3. 电压比较器的类型

常用的电压比较器有零电平比较器、非零电平比较器、迟滞比较器和窗口比较器等。零电平和非零电平比较器只有一个阈值电压称之为单门限比较器;迟滞比较器和窗口比较器有两个阈值电压称之为多门限比较器。

4. 电压比较器的性能指标

(1) 阈值电压:比较器输出发生跳变时的输入电压称之为阈值电压或门限电平。

(2) 输出电平:输出电压的高电平和低电平。

(3) 灵敏度:输出电压跳变前后,输入电压之差值。其值越小,灵敏度越高。然而,灵敏度越高,抗干扰能力越差。零电平和非零电平比较器的灵敏度取决于运放从一个饱和状态转换到另一个饱和状态所需的输入电压值,而迟滞比较器的灵敏度等于两个阈值电压之差值。因而,迟滞比较器的抗干扰能力强。

(4) 响应时间:输出电压发生跳变所需的时间称之为响应时间。

5. 电压比较器的分析方法

(1) 根据输入电压使输出电压跳变的条件估算阈值电压。运放两个输入端电压差近似等于零是比较器输出电压发生跳变的临界条件,当同相输入端的电位高于反相输入端时,输出电压为正饱和值。反之,为负饱和值。

(2) 根据具体电路,分析输入电压由高到低和由低到高变化时输出电压变化的规律。

(3) 画传输特性。传输特性是反映比较器输出电压与输入电压关系的曲线。

(4) 根据输入电压的波形和传输特性画输出电压的波形。

8.3 基本概念自检题与典型题举例

8.3.1 基本概念自检题

1. 选择填空题(以下每小题后均列出了几个可供选择的答案,请选择其中一个最合适的答案填入空格之中)

(1) 某滤波器的通带增益为 A_0,当 $f \to 0$ 时,增益趋向于零;当 $f \to \infty$ 时,增益趋向于 A_0;那么,该滤波器具有(   )特性。

(a) 高通   (b) 低通   (c) 带通   (d) 带阻

(2) 图 8.3.1 所示电路是一个(   )有源滤波电路。

(a) 一阶高通   (b) 一阶低通

(c) 二阶高通   (d) 二阶低通

(3) 图 8.3.1 所示电路的通带增益 $A_0 = ($)。

(a) $\dfrac{R_2}{R_1}$ (b) $-\dfrac{R_2}{R_1}$

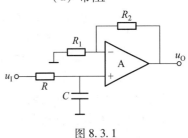

图 8.3.1

(c) $1+\dfrac{R_2}{R_1}$ (d) $-1-\dfrac{R_2}{R_1}$

(4) 图 8.3.1 所示电路的截止频率 $f_c = ($　　$)$。

(a) $\dfrac{1}{2\pi RC}$ (b) $\dfrac{1}{2\pi\sqrt{RC}}$

(c) $\dfrac{1}{2\pi\left[\left(\dfrac{R_2}{1+A_0}\right)/\!/R_1/\!/R\right]C}$ (d) $\dfrac{1}{2\pi(R/\!/R_1/\!/R_2)C}$

(5) 图 8.3.1 所示电路的传递函数 $A(s) = ($　　$)$。

(a) $\dfrac{1}{1+sRC}$ (b) $-\dfrac{1}{1+sRC}\dfrac{R_2}{R_1}$

(c) $\dfrac{1}{1+sRC}\left(1+\dfrac{R_2}{R_1}\right)$ (d) $-\dfrac{1}{1+sRC}\left(1+\dfrac{R_2}{R_1}\right)$

(6) 图 8.3.1 所示电路的幅频特性在过渡带内的变化是($\quad$)。

(a) 20 dB/十倍频   (b) -20 dB/十倍频

(c) 40 dB/十倍频   (d) -40 dB/十倍频

(7) 在二阶低通有源滤波电路中,当品质因数 $Q\to\infty$ 时,电路($\quad$)。

(a) 特征角频率 ω_n 会增大   (b) 截止角频率 ω_c 会减小

(c) 通带增益会减小   (d) 可能会产生自激振荡

(8) 在二阶高通有源滤波电路中,幅频特性在过渡带内的衰减速率是($\quad$)。

(a) 20 dB/十倍频   (b) 30 dB/十倍频

(c) 40 dB/十倍频   (d) 60 dB/十倍频

(9) 在带通有源滤波电路中,品质因数 Q 较大时,电路($\quad$)。

(a) 较稳定   (b) 选择性较差

(c) 选择性较强   (d) 中心频率较高

(10) 某有源滤波电路的传递函数为 $A(s) = K\dfrac{s}{s^2+\omega_o s/Q+\omega_o^2}$,那么,该滤波器为($\quad$)。

(a) 二阶高通   (b) 二阶低通   (c) 二阶带通   (d) 二阶带阻

(11) 与迟滞比较器相比,单门限比较器抗干扰力($\quad$)。

(a) 较强   (b) 较弱   (c) 两者相近   (d) 无法比较

(12) 与迟滞比较器相比,单门限比较器的响应时间($\quad$)。

(a) 较长   (b) 较短   (c) 两者相近   (d) 无法比较

(13) 在隔离放大器中,输入和输出回路之间是($\quad$)。

(a) 两个没有任何电联系的独立的回路

(b) 两个独立的回路,但仍有公共接地端

（c）两个没有任何联系的独立的回路

（d）以上都不是

（14）光电耦合隔离放大器传递信号的基本原理是（　　）。

（a）将电信号转换为光信号

（b）将光信号转换为电信号

（c）先将电信号转换为光信号,再将光信号转换为电信号

（d）先将光信号转换为电信号,再将电信号转换为光信号

（15）变压器耦合隔离放大器是通过（　　）方式传递信号。

（a）光电耦合　　　　　　　　（b）直接耦合

（c）电荷耦合　　　　　　　　（d）电磁耦合

[答案]　（1）（a）。（2）（b）。（3）（c）。（4）（a）。（5）（c）。（6）（b）。（7）（d）。
（8）（c）。（9）（c）。（10）（c）。（11）（b）。（12）（a）。（13）（a）。（14）（c）。（15）（d）。

2. 填空题（请在空格中填上合适的词语,将题中的论述补充完整）

（1）测量放大器具有输入抗阻_____、共模抑制比_____等特点。

（2）典型三运放测量放大器如图 8.3.2 所示,假设 $R_3 = R_4$, $R_5 = R_6$,并且各运放都具有理想的特性。当输入信号 $u_{I1} = u_{I2} = u_{Ic}$ 时,$u_{O1} = $ _____、$u_{O2} = $ _____、$u_O = $ _____。因而对运放 A_1 或 A_2 的输出来说,共模放大倍数 $A_{uc} = $ _____。这说明本测量放大器主要依靠运放_____组成的电路抑制共模信号。

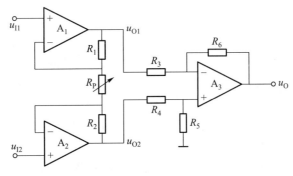

图 8.3.2

（3）隔离放大器也是一种_____放大电路,它适合在输入回路与输出回路_____共"地"的场合使用。

（4）隔离放大器传递信号的两种常用方式分别是_____和_____。

（5）光电耦合隔离放大器中,发光二极管、光敏二极管和光敏晶体管都是非线性器件,用来传输_____信号比较方便,直接用来传输模拟信号将会引起非线性失真。为了减小非线性失真,通常使非线性器件工作于_____,同时引入_____。

（6）在变压器耦合隔离放大器中,通常利用_____电路,把低频信号_____到高频载

227

波信号上,经过变压器耦合到输出侧,然后再利用_____电路,恢复原低频信号。

（7）与光电耦合方式相比较,变压器耦合隔离放大器的带宽较_____,约在 1 kHz 以下。

（8）在滤波器中,把信号能够通过的频率范围称为_____;把信号不能通过的频率范围称为_____。

（9）在理想的滤波器中,通带内信号衰减为_____;阻带内信号衰减为_____。

（10）根据通带和阻带所处的频率区域不同,通常将滤波器分成_____、_____、_____和_____等形式的滤波器。

（11）图 8.3.3 所示电路为_____有源滤波器,其通带增益为_____,截止频率为_____。

（12）一阶低通有源滤波电路如图 8.3.4 所示。设 A 为理想运算放大器,那么,该电路的传递函数为_____,通带增益为_____,截止频率为_____。

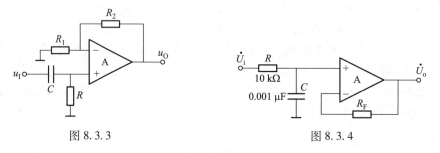

图 8.3.3   图 8.3.4

（13）设低通滤波电路的上限截止频率为 f_H,高通滤波电路的下限截止频率为 f_L。当 $f_H >$ f_L 时,如果将低通电路与高通电路_____联,即可构成带通电路;当 $f_H < f_L$ 时,如果将低通电路与高通电路_____联,即可构成带阻电路,这种方式构成的带阻电路仅限于无源网络。

（14）在比较器电路中,运放工作在_____或_____条件下,运放的输出电压只有_____或_____两种饱和值。在这种情况下,运放输入端虚短的结论不再适用,但_____的结论仍然存在。

（15）在图 8.3.5 所示电路中,已知运放的开环放大倍数 $A_u =$ 10^5,运放的最大输出电压等于电源电压,$V_{CC} = 15$ V。那么,当 $U_P =$ 2 mV,$U_N = 2.1$ mV 时,输出电压 $U_O =$ _____;当 $U_P = 2$ mV,$U_N =$ 0 V 时,$U_O =$ _____;当 $U_P = 0$ V,$U_N = 2$ mV 时,$U_O =$ _____。

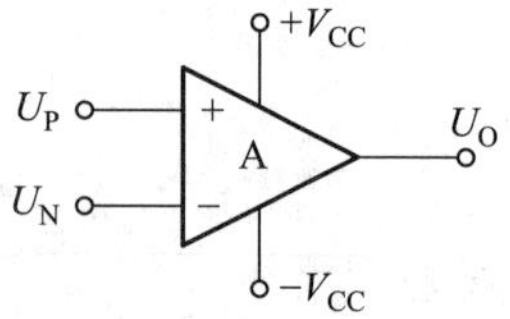

图 8.3.5

[答案] （1）高,大。（2）u_{Ic},u_{Ic},0,1,A_3。（3）测量,不能。（4）光电耦合,电磁耦合。（5）数字,线性区,负反馈。（6）调制,调制,解调。（7）窄。（8）通带,阻带。（9）零,无穷大。（10）低通,高通,带通,带阻。（11）一阶高通,$1 + \dfrac{R_2}{R_1}$,$\dfrac{1}{2\pi RC}$。（12）$\dfrac{1}{1+sRC}$,1,1.59 kHz。（13）串,并。（14）开环,正反馈,正,负,虚

断。(15) $-10\text{ V},15\text{ V},-15\text{ V}$。

8.3.2 典型题举例

[例8.1] 在图8.3.6所示电路中,A为理想运放,u_1为输入电压,参考电压$U_R = 3\text{ V}$。

(1) 试简述电路的工作原理,指出电路的名称。

(2) 当输入电压$u_1 = 2\text{ V}$时,输出电压u_0为多少伏?

[解] (1) 由于运放工作于开环状态,当输入信号u_1使运放同相输入端电位高于反相输入端电位时,运放输出为高电平,$u_0 = 8\text{ V}$;反之,$u_0 = -8\text{ V}$。故本电路是同相输入非零电平电压比较器。

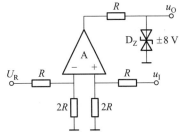

(2) 由于参考电压U_R加在运放的反相输入端,所以运放的反相输入端电压

$$u_- = \frac{2R}{R+2R}U_R = 2\text{ V}$$

而运放的同相输入端电压

$$u_+ = \frac{2R}{R+2R}u_1 = \frac{2}{3}u_1$$

图 8.3.6 例 8.1 题图

当输入信号使$u_- = u_+$时,电路的输出状态会发生跃变,此时的输入信号就是比较器的翻转电平。

令$u_- = u_+$得比较器的阈值电压为

$$U_{th} = 3\text{ V}$$

当输入电压$u_1 = 2\text{ V}$时,因输入电压低于阈值电压,运放的反相输入端电压高于同相端电压,所以运放工作于负的饱和状态,输出电压$u_0 = -8\text{ V}$。

[例8.2] 试比较图8.3.7中(a)(b)两种一阶低通滤波电路的性能。

[解] 图(a)为一阶无源滤波电路,图(b)为一阶有源滤波电路。两者的主要区别为:

(1) 无源滤波电路的负载直接影响滤波性能,电路带负载能力差;有源滤波电路利用运放输入阻抗高、输出阻抗低的特点,使负载与滤波网络得到良好隔离。

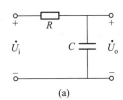

(a)

(2) 无源滤波电路的通带增益不会大于1,而有源滤波电路可以获得大于1的通带增益,且在一定范围内可以任意调节而不影响滤波效果。

(3) 无源滤波电路简单,不需要电源,使用方便,高频特性好。

(4) 有源滤波电路精度高、性能稳定,但一般不适合高频

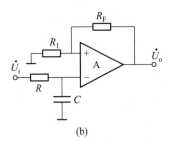

(b)

图 8.3.7 例 8.2 题图

高压和大功率的场合。

[**例 8.3**] 电路如图 8.3.8 所示。已知 $R_1 = R_2$，$R_3 = R_4 = R_5$，且运放的性能均理想。

（1）试求 $\dot{A}_{u1} = \dot{U}_{o1} / \dot{U}_i$ 表达式。

（2）试求 $\dot{A}_u = \dot{U}_o / \dot{U}_i$ 表达式。

（3）试问：运放 A_1 组成什么电路？整个电路又是什么电路？

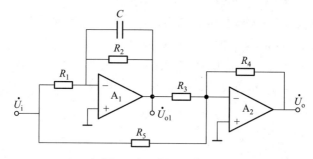

图 8.3.8 例 8.3 题图

[**解**] （1）$\dot{A}_{u1} = \dfrac{\dot{U}_{o1}}{\dot{U}_i} = -\dfrac{R_2 /\!/ \dfrac{1}{j\omega C}}{R_1} = -\dfrac{R_2}{R_1} \dfrac{1}{1 + j\omega R_2 C} = -\dfrac{1}{1 + j\omega R_2 C}$

（2）因为 $\dot{U}_o = -\dfrac{R_4}{R_3}\dot{U}_{o1} - \dfrac{R_4}{R_5}\dot{U}_i = -\dot{U}_{o1} - \dot{U}_i = -\dot{A}_{u1}\dot{U}_i - \dot{U}_i$

$$\dot{A}_u = \frac{\dot{U}_o}{\dot{U}_i} = \frac{-\dot{A}_{u1}\dot{U}_i - \dot{U}_i}{\dot{U}_i} = -\dot{A}_{u1} - 1 = +\frac{1}{1 + j\omega R_2 C} - 1 = -\frac{j\omega R_2 C}{1 + j\omega R_2 C}$$

（3）因为当 $\omega \to 0$ 时，$|\dot{A}_{u1}(\omega)| \to 1$，$|\dot{A}_u(\omega)| \to 0$；当 $\omega \to \infty$ 时，$|\dot{A}_{u1}(\omega)| \to 0$，$|\dot{A}_u(\omega)| \to 1$。故运放 A_1 组成一阶低通有源滤波电路；整个电路又是一阶高通有源滤波电路。

[**例 8.4**] 二阶有源滤波电路如图 8.3.9 所示。设 A 为理想运算放大器。

（1）定性分析电路的工作原理，指出该电路的名称。

（2）试推导该电路的传递函数，并求出通带增益、品质因数和特征频率的表达式。

（3）求出当 $\omega = \omega_n$ 时，使通带增益下降 3 dB 的 Q 值。

（4）试问当通带增益满足什么条件时电路才能正常工作？为什么？

[**解**] （1）当输入信号频率 $f = 0$ 时，两个电容相当于开路，信号电压直接加到运放的同相输入端，电路等效为同相输入的比例放大器。随着信号频率增大，两个电容的容抗都减小，信号被分流，使输出电压值变小，表现出低通的滤波特性。故本电路为二阶有源低通滤波电路。

（2）由于运放 A 与电阻 R_1 和 R_2 组成一个放大倍数为 $A_0 = 1 + \dfrac{R_2}{R_1}$ 的放大器，为简单起见，将

图 8.3.9 等效为图 8.3.10 所示电路。由图可知

$$U_+(s) = \frac{U_o(s)}{A_0}$$

$$U_+(s) = \frac{U_M(s)}{1+sCR}$$

$$\frac{U_i(s)-U_M(s)}{R} - [U_M(s)-U_o(s)]sC - \frac{U_M(s)-U_+(s)}{R} = 0$$

以上各式联立求解,可得

$$A(s) = \frac{A_0}{1+(3-A_0)sRC+(sRC)^2} = \frac{\dfrac{A_0}{(RC)^2}}{s^2+\dfrac{3-A_0}{RC}s+\left(\dfrac{1}{RC}\right)^2}$$

二阶低通有源滤波器传递函数一般表示式

$$A(s) = k\frac{\omega_n^2}{s^2+\dfrac{\omega_n}{Q}s+\omega_n^2}$$

其通带增益

$$A_0 = A(0)$$

由此可得

特征角频率

$$\omega_n = \frac{1}{RC}$$

品质因数

$$Q = \frac{1}{3-A_0}$$

电路的通带增益

$$A_0 = 1+\frac{R_2}{R_1}$$

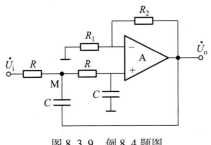

图 8.3.9　例 8.4 题图

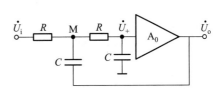

图 8.3.10　图 8.3.9 等效电路

（3）当$\omega=\omega_n$时，增益下降 3 dB，即

$$|A(\mathrm{j}\omega)|\big|_{\omega=\omega_n}=\frac{A_0}{\sqrt{2}}$$

由 Q 值的定义：$Q=\left|\dfrac{A(\mathrm{j}\omega_n)}{A_0}\right|$，可知 $Q=\dfrac{1}{\sqrt{2}}$。

（4）当电路的通带增益满足 $A_0<3$ 时，电路才能正常工作。因为当 $\omega=\omega_n$ 时，如果 $A_0=3$，那么 $|\dot{A}_u|=|QA_0|\rightarrow\infty$，电路将会产生自激振荡。

[**例8.5**] 已知某有源滤波器的传递函数为

$$A_u(s)=\frac{U_o(s)}{U_i(s)}=\frac{-\dfrac{1}{R_1C_2}s}{s^2+\dfrac{1}{R_3}\left(\dfrac{1}{C_1}+\dfrac{1}{C_2}\right)s+\dfrac{1}{R_3C_1C_2}\left(\dfrac{1}{R_1}+\dfrac{1}{R_2}\right)}$$

（1）分析该传递函数具有哪种滤波器的特性。
（2）试计算滤波器的特征频率（或中心频率）、品质因数和阻带宽度。

[**解**] （1）分析滤波器的传递函数。

当 $s\rightarrow0$（即 $\omega\rightarrow0$），则 $A_u(s)\rightarrow0$。

当 $s\rightarrow\infty$（即 $\omega\rightarrow\infty$），则 $A_u(s)\rightarrow0$。

当 $0<s<\infty$（即 $0<\omega<\infty$），$A_u(s)\neq0$。

由此可知，该传递函数具有带通滤波器的特性。

（2）带通滤波器传递函数的一般表达式为

$$A(s)=\frac{A_0\dfrac{\omega_o}{Q}s}{s^2+\dfrac{\omega_o}{Q}s+\omega_o^2}$$

将所给的传递函数与上式相比较，得到中心频率

$$\omega_o=\sqrt{\frac{1}{R_3C_1C_2}\left(\frac{1}{R_1}+\frac{1}{R_2}\right)}$$

或

$$f_o=\frac{\omega_o}{2\pi}=\frac{1}{2\pi}\sqrt{\frac{1}{R_3C_1C_2}\left(\frac{1}{R_1}+\frac{1}{R_2}\right)}$$

品质因数为

$$Q=\frac{\omega_o}{\dfrac{1}{R_3}\left(\dfrac{1}{C_1}+\dfrac{1}{C_2}\right)}$$

阻带宽度

$$f_{BW} = \frac{\omega_o}{Q} = \frac{1}{R_3}\left(\frac{1}{C_1} + \frac{1}{C_2}\right)$$

[**例8.6**] 在图8.3.11所示的两个电路中,A为理想运算放大器,输出电压的最大值为$\pm U_{om}$。

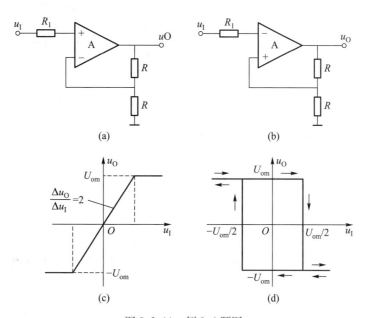

图8.3.11 例8.6题图

（1）指出这两个电路的名称。

（2）定性画出电路的电压传输特性曲线（u_O与u_I的关系曲线）。

[**解**] （1）由图可知,图（a）电路中引入了负反馈,输入信号加在运放的同相输入端。而图（b）引入了正反馈,输入信号加在运放的反相输入端。故图（a）为同相输入比例运算电路,图（b）为反相输入迟滞电压比较器。

（2）对图（a）电路,当输入电压$|u_I|$较小时,运放工作于线性区,$u_O = 2u_I$;而当$|u_I|$较大时,运放将工作于饱和区,$u_O = \pm U_{om}$。因而可画出图（a）电路的电压传输特性曲线如图（c）所示。

对于图（b）电路,由于电路引入了正反馈,所以运放工作于饱和区。当$u_I > u_+$时,输出电压$u_O = -U_{om}$;当$u_I < u_+$时,输出电压$u_O = +U_{om}$;而$u_+ = u_O/2 = \pm U_{om}/2$,即当$u_I > U_{om}/2$时,$u_O = -U_{om}$;当$u_I < -U_{om}/2$时,$u_O = +U_{om}$。故得电路的电压传输特性曲线如图（d）所示。

[**例8.7**] 半波精密整流电路如图8.3.12(a)所示,假设二极管和运放都具有理想特性,$R_1 = R_2$,并且运放最大输出电压为± 10 V,输入正弦信号的幅值足够大,试画出电路的电压传输特性。

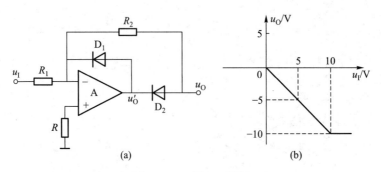

图 8.3.12　例 8.7 题图

（a）电路图　（b）电压传输特性

[**解**]　当 $u_I > 0$ 时，$u_O' < 0$，二极管 D_2 导通，D_1 截止，电路等效为反相输入比例运算电路，$u_O = -u_I$。

当 $u_I < 0$ 时，$u_O' > 0$，二极管 D_2 截止，D_1 导通。这时，运放反相输入端和同相输入端的电位均近似为零，所以 $u_O = 0$。

由此可画出电路的电压传输特性如图 8.3.12(b) 所示。

[**例 8.8**]　在图 8.3.12(a) 所示的半波精密整流电路中，假设运放的输入电阻为无穷大，开环差模电压放大倍数为 A_u，二极管的死区电压为 U_{D0}。试分析该精密整流电路的死区电压与二极管的死区电压的关系。

[**解**]　当 $u_I > 0$，并且二极管 D_2 尚未导通（D_1 截止）时，电路各支路中的电流为零，运放输入端电压 u_- 和电路输出电压 u_O 均等于输入电压 u_I。即

$$u_O = u_I, \quad u_- = u_I$$

而

$$u_O' = -A_u u_I$$

$$u_D = u_O - u_O' = (1 + A_u) u_I$$

故

$$u_I = \frac{u_D}{1 + A_u}$$

上式说明，当二极管的死区电压为 U_{D0} 时，精密整流电路的死区电压为 $\dfrac{U_{D0}}{1 + A_u}$。

[**例 8.9**]　电路及输入电压波形如图 8.3.13 所示。设运放、二极管和电容器都是理想元件，试分析电路的工作原理，画出输出电压波形，并说明电路的功能。

[**解**]　图中运放接成电压跟随器，起到了阻抗变换的作用，减小了负载对电容器两端电压的影响。当输入电压大于电容器两端的电压时，二极管 D 导通，电容器充电，$u_O = u_C = u_I$，u_O 随 u_I 的增大而增大；当输入电压等于或小于电容器两端的电压时，二极管 D 截止，电容器停止充电，$u_O = u_C$，输出电压保持在输入电压的最大值处。该电路的输出电压的波形如图 8.3.14 所示。

由上述分析及输出电压波形可知,该电路为峰值保持或称为峰值检测电路。

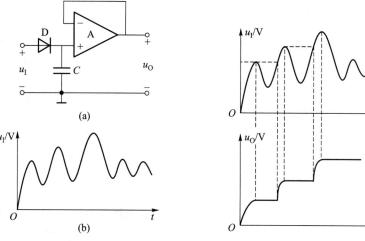

图 8.3.13　例 8.9 题电路及输入电压波形图　　　　图 8.3.14　例 8.9 题图

[例 8.10]　在图 8.3.15(a)所示电路中,已知稳压管 D_{Z1}、D_{Z2} 的击穿电压分别为 $U_{Z1} =$ 3.4 V,$U_{Z2} = 7.4$ V,正向压降皆为 $U_{D1} = U_{D2} = 0.6$ V。运算放大器 A 具有理想的特性。画出 u_I 由 -6 V 变至 $+6$ V,再由 $+6$ V 变至 -6 V 时电路的电压传输特性曲线。

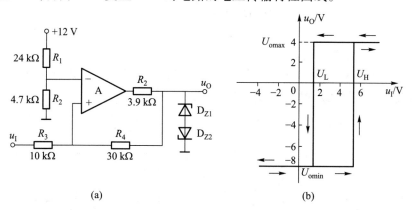

图 8.3.15　例 8.10 题图

[解]　由图可知电路的输出电压的最大值和最小值分别为

$$U_{omax} = U_{Z1} + U_{D2} = 4 \text{ V}$$

$$U_{omin} = -U_{D1} - U_{Z2} = -8 \text{ V}$$

放大器反相输入端的基准电压

$$U_R = \frac{R_2}{R_1 + R_2} \times 12 \text{ V} = \frac{4.7}{24 + 4.7} \times 12 \text{ V} \approx 2 \text{ V}$$

235

同相输入端电压

$$u_+ = \frac{R_4}{R_3+R_4}u_I + \frac{R_3}{R_3+R_4}u_O$$

当输入电压 u_I 由 -6 V 往增大方向变化,同相输入端电压 u_+ 低于 U_R 时,输出电压 u_O 等于 U_{omin};当 u_I 增至使 u_+ 略高于 U_R 时,输出电压翻转至 U_{omax},设此时的输入电压为 U_H,由电路图可得

$$\frac{(U_H - U_{omin})R_4}{R_3+R_4} + U_{omin} = U_R$$

$$\frac{(U_H + 8\ \text{V}) \times 30\ \text{k}\Omega}{10\ \text{k}\Omega + 30\ \text{k}\Omega} - 8\ \text{V} = 2\ \text{V}$$

$$U_H = 5.3\ \text{V}$$

当输入电压 u_I 由 U_H 增大至 $+6$ V,u_+ 高于 U_R 时,输出电压为 U_{omax}。当 u_i 由 $+6$ V 往减小方向变化,只要 u_+ 高于 U_R,输出电压始终为 U_{omax};当 u_+ 略低于 U_R 时,输出电压翻转至 U_{omin},设此输入电压为 U_L,由电路图可得

$$\frac{(U_L - U_{omax})R_4}{R_3+R_4} + U_{omax} = U_R$$

$$\frac{(U_L - 4\ \text{V}) \times 30\ \text{k}\Omega}{10\ \text{k}\Omega + 30\ \text{k}\Omega} + 4\ \text{V} = 2\ \text{V}$$

$$U_L = 1.3\ \text{V}$$

由此可画出电压传输特性曲线如图(b)所示。

[**例 8.11**] 在图 8.3.16(a)所示电路中,设 A 为理想运算放大器,其最大输出电压 $\pm U_{omax} = \pm 15$ V,二极管 D 的导通压降可以忽略不计。试画出电路的电压传输特性曲线。

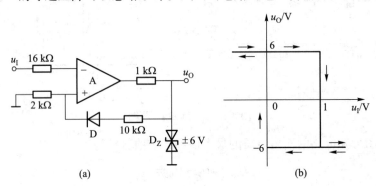

图 8.3.16 例 8.11 题图

[**解**] 由电路图可知,当二极管 D 导通时,该电路引入正反馈,电路为反相输入迟滞电压比较器;当二极管 D 截止时,反馈消失,电路为反相输入单门限电压比较器。

当输入电压 u_I 足够小（$u_I < u_+$）时，$u_O = +6\ \text{V}$，二极管 D 导通，运放的同相输入端电压

$$u_+ = \frac{2}{2+10} u_O = 1\ \text{V}$$

所以比较器的阈值电压为 $U_H = 1\ \text{V}$；即当输入电压 $u_I < 1\ \text{V}$，输出电压 $u_O = +6\ \text{V}$。

当 $u_O = -6\ \text{V}$ 时，二极管 D 截止，因运放的同相端接地，电路的阈值电压为 $U_L = 0\ \text{V}$。即当输入电压 $u_I > 0\ \text{V}$，输出电压 $u_O = -6\ \text{V}$；$u_I < 0\ \text{V}$，$u_O = 6\ \text{V}$。

由此得到电压传输特性如图 8.3.16(b) 所示。

[**例 8.12**]　电路如图 8.3.17(a) 所示。设运算放大器 A 具有理想的特性，其最大输出电压 $U_{\text{omax}} > U_R + U_Z \left(1 + \dfrac{R_2}{R_3}\right)$，稳压管 D_Z 的稳定电压为 $\pm U_Z$。试画出电路的电压传输特性曲线。

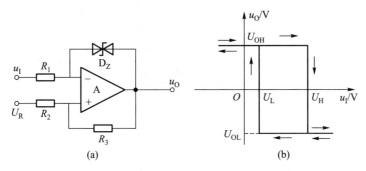

图 8.3.17　例 8.12 题图

[**解**]　由于稳压管 D_Z 击穿后，动态电阻很小，所以电路引入深度负反馈，运放的"虚短"仍然成立。因而电阻 R_3 两端的电压 $u_{R_3} = \pm U_Z$，输出电压

$$u_O = U_R + \frac{u_{R_3}}{R_3}(R_2 + R_3)$$

当 $u_{R_3} = +U_Z$ 时，输出电压为高电平

$$u_O = U_{OH} = U_R + \left(1 + \frac{R_2}{R_3}\right) U_Z$$

当 $u_{R_3} = -U_Z$ 时，输出电压为低电平

$$u_O = U_{OL} = U_R - \left(1 + \frac{R_2}{R_3}\right) U_Z$$

由于运放的同相输入端电压

$$u_+ = u_O - u_{R_3}$$

故当 $u_{R_3} = +U_Z$ 时得电路的高电平阈值电压

$$U_H = U_{OH} - U_Z = U_R + \frac{R_2}{R_3} U_Z$$

当 $u_{R_3} = -U_Z$ 时得电路的低电平阈值电压

$$U_L = U_{OL} + U_Z = U_R - \frac{R_2}{R_3}U_Z$$

即当 $u_1 < U_L$ 时，$u_0 = U_{OH}$；当 $u_1 > U_H$ 时，$u_0 = U_{OL}$；当 $U_L < U_Z < U_H$ 时，u_0 决定于其前时刻的状态。由此得电压传输特性如图(b)所示。

[**例8.13**]　电路如图 8.3.18 所示，已知运放大器 A_1 和 A_2 具有理想特性。

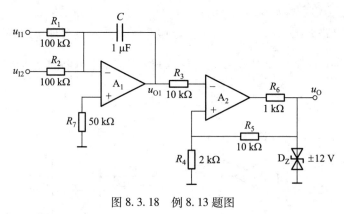

图 8.3.18　例 8.13 题图

（1）写出 u_{01} 与 u_{I1}、u_{I2} 关系式。

（2）设 $t=0$ 时，电容器的初始电压 $u_c(0)=0$，$u_0=12$ V。接 $u_{I1}=-10$ V，$u_{I2}=0$ V 的输入信号后，求经过多长时间 u_0 翻转到 -12 V。

（3）从 u_0 翻转到 -12 V 的时刻起，$u_{I1}=-10$ V，$u_{I2}=15$ V，求又经过多长时间 u_0 再次翻回 12 V。

（4）画出 u_{I1}、u_{I2}、u_{01} 和 u_0 随时间变化的波形图。

[**解**]　（1）由电路图可知，运放 A_1 组成了积分电路。故

$$u_{01} = -\frac{1}{R_1 C}\int_{-\infty}^{t} u_{I1}\,\mathrm{d}t - \frac{1}{R_2 C}\int_{-\infty}^{t} u_{I2}\,\mathrm{d}t$$

$$= -\frac{1}{R_1 C}\int_{-\infty}^{t}(u_{I1}+u_{I2})\,\mathrm{d}t$$

$$= -\frac{1}{R_1 C}\int_{-\infty}^{0}(u_{I1}+u_{I2})\,\mathrm{d}t - \frac{1}{R_1 C}\int_{0}^{t}(u_{I1}+u_{I2})\,\mathrm{d}t$$

$$= -10\int_{0}^{t}(u_{I1}+u_{I2})\,\mathrm{d}t + u_{01}(0)$$

（2）由于运放 A_2 组成了反相输入迟滞电压比较器。故 u_0 翻转的条件是

$$u_{01} = \frac{R_4}{R_4+R_5}u_0 = \frac{2}{2+10}\times(\pm 12\ \text{V}) = \pm 2\ \text{V}$$

令

238

$$u_{O1}(t_1) = -10\int_0^{t_1}(u_{I1} + u_{I2})\,dt + u_{O1}(0) = 2\text{ V}$$

代入初始条件可得

$$-10\times(-10)\times t_1 = 2$$
$$t_1 = 20\text{ ms}$$

即当 $t \geqslant t_1$ 时，u_O 翻转到 -12 V。

（3）当 $u_{O1} \leqslant -2$ V 时 u_O 再次由 -12 V 翻转到 12 V。

令

$$u_{O1}(t_2) = -10\int_{t_1}^{t_2}(u_{I1} + u_{I2})\,dt + u_{O1}(t_1) = -2\text{ V}$$

即

$$-10\times(-10\text{ V}+15\text{ V})(t_2-t_1)+2\text{ V} = -2\text{ V}$$

解得

$$t_2-t_1 = 80\text{ ms}$$

（4）u_{I1}、u_{I2}、u_{O1} 和 u_O 随时间变化的波形如图 8.3.19 所示。

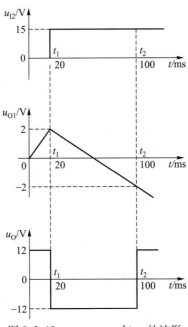

图 8.3.19　u_{I1}、u_{I2}、u_{O1} 与 u_O 的波形

[**例 8.14**] 试用所学过的基本电路将一个正弦波电压转换成二倍频的三角波电压。要求用方框图说明转换思路,并在各方框内分别写出电路的名称。

[**解**] 分析所学过的电路可知,积分运算电路可将方波变为三角波,乘方运算电路可将正弦波实现二倍频,电压比较器可将正弦波变为方波……因此,要将一个正弦波电压转换成二倍频的三角波电压,有多种实现方案。

方案一 先通过乘方运算电路实现正弦波的二倍频,再经过零比较器变为方波,最后经积分运算电路变为三角波,方框图如图 8.3.20(a)所示。

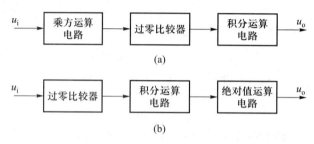

图 8.3.20 例 8.14 题解图

方案二 先通过零比较器将正弦波变为方波,再经积分运算电路变为三角波,最后经绝对值运算电路(精密整流电路)实现二倍频,方框图如图 8.3.20(b)所示。

实际上,还可以有其他方案,如比较器采用滞回比较器等,读者可以自行分析。

8.4 课后习题及其解答

8.4.1 课后习题

8.1 测量放大器与一般的放大器相比,具有哪些特点?

8.2 如何抑制检测系统中的共模信号及无用的差模信号?

8.3 隔离放大器在检测系统中的作用是什么?

8.4 说明测量放大器、光电耦合隔离放大器、变压器耦合隔离放大器各有什么特点,它们分别适用于什么场合?

8.5 简述以下几种滤波器的功能,并画出它们的理想幅频特性:低通、高通、带通、带阻滤波器。

8.6 什么是无源滤波器?什么是有源滤波器?各有什么优缺点?

8.7 在下列几种情况下,应分别采用哪种类型的滤波电路(低通、高通、带通、带阻)?

(a)有用信号频率为 100 Hz;

(b)有用信号频率低于 400 Hz;

（c）希望抑制 50 Hz 交流电源的干扰；

（d）希望抑制 500 Hz 以下的信号。

8.8 简述低通、高通、带通和带阻滤波器的基本功能,并分别画出它们的理想的幅频特性。在下列几种情况下,应分别采用哪种类型的滤波电路(低通、高通、带通、带阻)?

（a）在理想情况下,在 $f=0$ 和 $f=\infty$ 时的电压放大倍数相等,且不为零;

（b）在 $f=0$ 和 $f=\infty$ 时的电压放大倍数相等,都为零;

（c）直流电压放大倍数就是它的通带电压放大倍数;

（d）在理想情况下,在 $f=\infty$ 时的电压放大倍数就是它的通带电压放大倍数。

8.9 电压比较器的输出有哪几个稳定状态?

8.10 迟滞比较器和任意电平比较器相比,各有什么优缺点?

8.11 用集成运放组成的电压比较器和集成电压比较器相比,在工作特性方面有什么异同?

8.12 电路如题 8.12 图所示,设运放为理想器件,其最大输出电压即为电源电压。试计算下列几种接法时的 u_O,并说出此时电路的名称。

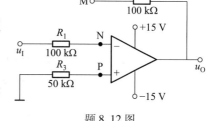

题 8.12 图

（a）M 与 N 相连,$u_1=1$ V;

（b）M 悬空,$u_1=1$ V;

（c）M 与 P 相连,u_O 原为 +15 V,现输入电压增至 $u_1=6$ V。

8.13 试分别求出题 8.13 图所示的一阶低通、高通滤波器电路的传递函数,并画出其幅频特性。

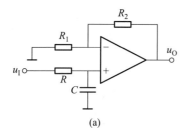　　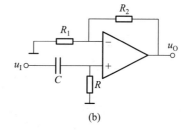

　　　　　　(a)　　　　　　　　　　(b)

题 8.13 图

8.14 某压控有源滤波器电路如题 8.14 图所示。图中 u_C 为控制电压。试写出该电路的频率特性表达式,并求出该电路的截止频率 f_c 与控制电压 u_C 的关系式。

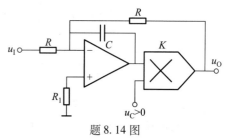

题 8.14 图

8.15 在主教材图 8.3.4 所示电路中,若 $R_1=R_3=16$ kΩ,$R_2=2R_1$,$C_1=C_2=0.1$ μF,求滤波器的通

带增益 A_0、特征角频率 ω_n 及品质因数 Q。

8.16 分别推导出题 8.16 图(a)(b)所示电路的传递函数,并说明它们是哪一种类型(低能、高通、带通、带阻)的滤波电路。

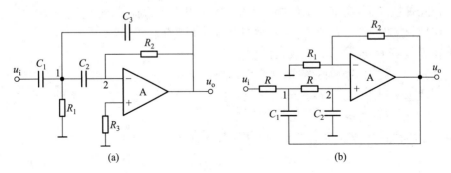

题 8.16 图

8.17 证明题 8.17 图所示电路是一个带通滤波器,写出中心频率、品质因数的表达式。

8.18 写出题 8.18 图所示电路的传递函数,并判断其具有何种滤波器的功能。

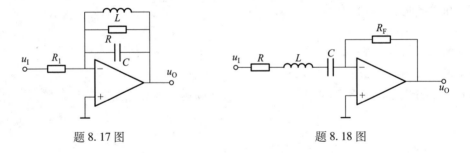

题 8.17 图   题 8.18 图

8.19 某有源滤波器的传递函数为

$$A(s) = \frac{U_o(s)}{U_i(s)} = \frac{A_0}{1+(3-A_0)sCR+(sCR)^2}$$

(a) 分析该滤波器具有何种功能(如高通、低通、带通、带阻);

(b) 写出电路的特征频率 f_n 和品质因数 Q 表达式,并求出 $f=f_n$ 时使通带增益下降 3 dB 的 Q 值。

8.20 某有源滤波器的传递函数为

$$A(s) = \frac{U_o(s)}{U_i(s)} = \frac{-\dfrac{1}{R_1 C_2}s}{s^2 + \dfrac{1}{R_3}\left(\dfrac{1}{C_1}+\dfrac{1}{C_2}\right)s + \dfrac{1}{R_3 C_1 C_2}\left(\dfrac{1}{R_1}+\dfrac{1}{R_2}\right)}$$

(a) 分析该滤波器具有何种功能;

242

（b）如果是高通或低通滤波器，则计算其特征频率；如果是带通或带阻滤波器，则计算其中心频率和品质因数 Q。

8.21 已知某一有源带通滤波的传递函数为

$$A(s) = \frac{U_o(s)}{U_i(s)} = \frac{-\dfrac{1}{R_1 C_2} s}{s^2 + \dfrac{1}{R_3}\left(\dfrac{1}{C_1} + \dfrac{1}{C_2}\right)s + \dfrac{1}{R_3 C_1 C_2}\left(\dfrac{1}{R_1} + \dfrac{1}{R_2}\right)}$$

试求该滤波器的通带宽度及电压放大倍数的最大值。

8.22 某放大电路如题 8.22 图所示，设各集成运算放大器都具有理想特性。试求：

（a）$\dot{A}_{u1} = \dfrac{\dot{U}_{o3}}{\dot{U}_i}$；

（b）电路的中频电压放大倍数 $\dot{A}_{um} = \dfrac{\dot{U}_o}{\dot{U}_i}$；

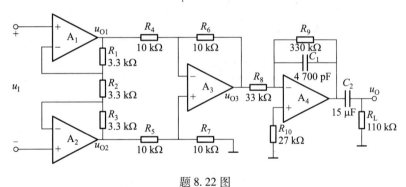

题 8.22 图

（c）整个电路的上、下限截止频率 f_H 和 f_L 之值。

8.23 写出题 8.23 图所示电路 u_O 与 u_I 的关系式。设 u_I 为正弦波，画出与其对应的输出波形。（已知 $R_1 = R_{F1} = R_{F2} = R_{F3} = 2R_2$）

8.24 分析题 8.24 图所示电路，并画出其电压传输特性曲线。

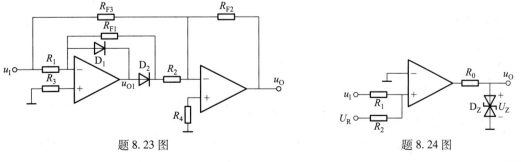

题 8.23 图　　　　　　　　　　　　题 8.24 图

243

8.25 分析题 8.25 图所示电路,画出其电压传输特性曲线,并与主教材图 8.5.8(a)所示电路的传递特性曲线进行比较。

8.26 电路如题 8.26 图所示,设运算放大器是理想器件,稳压管的击穿电压 $U_Z = \pm 6$ V。

(a) 试画出该电路的电压传输特性曲线;

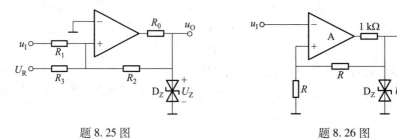

题 8.25 图   题 8.26 图

(b) 如果输入正弦波信号的幅度足够大,画出输出、输入电压的波形图(按时间对应关系作图)。

8.27 在题 8.27 图所示电路中。已知稳压管 D_{Z1} 和 D_{Z2} 的击穿电压分别为 $U_{Z1} = 3.4$ V,$U_{Z2} = 7.4$ V,正向压降皆为 $U_{D1} = U_{D2} = 0.6$ V。运算放大器 A 具有理想特性。画出 u_I 由 -6 V 变至 $+6$ V,再由 $+6$ V 变至 -6 V 时电路的电压传输特性曲线。

8.28 试画出题 8.28 图所示电路的电压传输特性曲线。

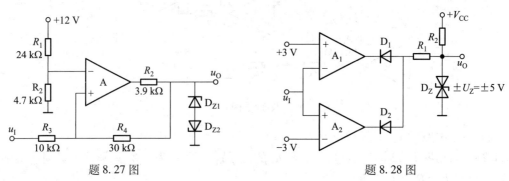

题 8.27 图   题 8.28 图

8.4.2 课后部分习题解答

8.1~8.6 解答略。

8.7 [解] (a) 带通; (b) 低通; (c) 带阻; (d) 高通。

8.8 [解] (a) 带阻; (b) 带通; (c) 低通; (d) 高通。

8.9~8.11 解答略。

8.12 [解] (a) 反相输入比例放大电路,$u_O = -\dfrac{R_2}{R_1} u_I = -1$ V。

(b) 反相输入零电平比较器,$u_O = -15$ V。

（c）反相输入迟滞比较器,电路的输出电压 u_0 由 $+15$ V 变为 -15 V 时的翻转电压为 $\dfrac{50}{50+100}\times15$ V$=5$ V,现输入电压 $u_1=6$ V,故 $u_0=-15$ V。

8.13〔解〕 图（a）电路的传递函数为

$$A(s)=\frac{U_o(s)}{U_i(s)}=A_0\frac{\dfrac{1}{sC}}{R+\dfrac{1}{sC}}=A_0\frac{1}{1+sRC}=A_0\frac{1}{1+\dfrac{s}{\omega_c}}$$

式中

$$A_0=1+\frac{R_2}{R_1},\omega_c=\frac{1}{RC}$$

故电路的幅频特性为

$$|A(j\omega)|=A_0\left|\frac{1}{1+j\dfrac{\omega}{\omega_c}}\right|=A_0\frac{1}{\sqrt{1+\left(\dfrac{\omega}{\omega_c}\right)^2}}=A_0\frac{1}{\sqrt{1+\left(\dfrac{f}{f_c}\right)^2}}$$

其中 $f_c=\dfrac{\omega_c}{2\pi}=\dfrac{1}{2\pi RC}$。

图（b）电路的传递函数为

$$A(s)=\frac{U_o(s)}{U_i(s)}=A_0\frac{R}{R+\dfrac{1}{sC}}=A_0\frac{sRC}{1+sRC}=A_0\frac{s}{s+\omega_c}$$

式中

$$A_0=1+\frac{R_2}{R_1},\quad\omega_c=\frac{1}{RC}$$

故电路的幅频特性为

$$|A(j\omega)|=A_0\left|\frac{j\omega}{j\omega+\omega_c}\right|=A_0\frac{1}{\sqrt{1+\left(\dfrac{\omega_c}{\omega}\right)^2}}=A_0\frac{1}{\sqrt{1+\left(\dfrac{f_c}{f}\right)^2}}$$

分别画出图（a）和图（b）两个电路的幅频特性如题 8.13 解图所示。

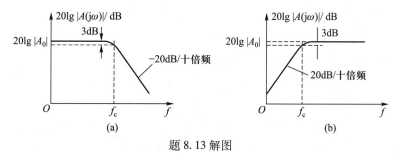

题 8.13 解图

8.14 [解] 设原电路中,运放输出电压为 u_{o1}。由图可得

$$\frac{U_i(s)}{R} = -\frac{U_o(s)}{R} - \frac{U_{o1}(s)}{\frac{1}{sC}}$$

$$U_o(s) = KU_{o1}(s)U_C(s)$$

对以上两式联立求解,得电路的传递函数

$$A(s) = \frac{U_o(s)}{U_i(s)} = -\frac{KU_C}{sRC+KU_C} = -\frac{\frac{KU_C}{RC}}{s+\frac{KU_C}{RC}} = -\frac{\omega_c}{s+\omega_c}$$

式中

$$\omega_c = \frac{KU_C}{RC}$$

故电路的截止频率 f_c 与控制电压 U_C 的关系式为

$$f_c = \frac{KU_C}{2\pi RC}$$

8.15 [解]

$$A_0 = -\frac{R_2}{R_1} = -2$$

$$\omega_n = \frac{1}{\sqrt{R_3 R_2 C_2 C_1}} \approx 442 \text{ rad/s}$$

$$Q = \frac{R_1\sqrt{C_2 R_3 R_2}}{(R_1 R_3 + R_1 R_2 + R_3 R_2)\sqrt{C_1}} = \frac{\sqrt{2}}{5} = 0.282\,8$$

8.16 [解] 对本题图(a)电路,列写节点 1、2 的节点电流方程:

$$\frac{U_i(s) - U_1(s)}{\frac{1}{sC_1}} = \frac{U_1(s)}{R_1} + \frac{U_1(s) - U_2(s)}{\frac{1}{sC_2}} + \frac{U_1(s) - U_o(s)}{\frac{1}{sC_3}}$$ ①

$$\frac{U_1(s) - U_2(s)}{\frac{1}{sC_2}} = \frac{U_2(s) - U_o(s)}{R_2}$$ ②

式中,$U_2(s) = 0$

联立求解式①和式②可得电路的传递函数

$$A_u(s) = \frac{-s^2 \cdot \frac{C_1}{C_3}}{s^2 + s\dfrac{C_1 + C_2 + C_3}{R_2 C_2 C_3} + \dfrac{1}{R_1 R_2 C_2 C_3}}$$

由传递函数可知,图(a)所示电路是二阶高通滤波器。

对图(b)所示电路,列写节点 1、2 的节点电流方程:

$$\frac{U_i(s)-U_1(s)}{R}=\frac{U_1(s)-U_o(s)}{\frac{1}{sC_1}}+\frac{U_1(s)-U_2(s)}{R} \qquad ③$$

$$\frac{U_1(s)-U_2(s)}{R}=\frac{U_2(s)}{\frac{1}{sC_2}} \qquad ④$$

式中,$U_2(s)=\dfrac{R_1}{R_1+R_2}U_o(s)$。

联立求解式③和式④可得电路的传递函数为

$$A_u(s)=\cfrac{\cfrac{R_1+R_2}{R_1R^2C_1C_2}}{s^2+s\left(\cfrac{2R_1C_2-R_2C_1}{RR_1C_1C_2}\right)+\cfrac{1}{R^2C_1C_2}}$$

由此可知,该电路为二阶低通滤波器。

8.17〔解〕 由图可写出该电路的传递函数

$$A(s)=\frac{U_o(s)}{U_i(s)}=-\frac{R/\!/sL/\!/\dfrac{1}{sC}}{R_1}=-\frac{1}{R_1C}\frac{s}{s^2+s\dfrac{1}{RC}+\dfrac{1}{LC}}$$

由此传递函数可知,该电路具有带通滤波器的功能。

电路的中心频率和品质因数分别为

$$\omega_o=\frac{1}{\sqrt{LC}},\quad Q=R\sqrt{\frac{L}{C}}$$

8.18〔解〕 写出电路的传递函数为

$$A(s)=\frac{U_o(s)}{U_i(s)}=-\frac{R_F}{R_F+sL+\dfrac{1}{sC}}=-\frac{R_F}{L}\frac{s}{s^2+s\dfrac{R}{L}+\dfrac{1}{LC}}$$

由此可知,该电路具有带通滤波器的功能。

8.19〔解〕 (a) 将滤波器的传递函数改写为

$$A(s)=A_0\cfrac{\cfrac{1}{(CR)^2}}{s^2+\cfrac{3-A_0}{CR}s+\cfrac{1}{(CR)^2}}$$

由上式可知,该滤波器是一个二阶低通有源滤波器。

(b)将滤波器的传递函数与二阶低通有源滤波器传递函数的一般形式相比,可得电路的特征角频率

$$\omega_n = \frac{1}{CR}, \frac{\omega_n}{Q} = \frac{3-A_0}{CR}$$

故电路的特征频率

$$f_n = \frac{1}{2\pi CR}$$

电路的品质因数 Q

$$Q = \frac{1}{3-A_0}$$

当 $f=f_n$ 时使通带增益下降 3 dB,即使

$$A(jf_n) = \frac{A_0}{\sqrt{2}}$$

由此可得

$$Q = \frac{1}{\sqrt{2}}$$

8.20 [解] (a)分析滤波器的传递函数可知,该滤波器为二阶带通滤波器。

(b)与二阶带通滤波器传递函数一般式相比,滤波器的中心频率

$$\omega_o = \sqrt{\frac{1}{R_3 C_1 C_2}\left(\frac{1}{R_1}+\frac{1}{R_2}\right)}$$

由于

$$\frac{\omega_o}{Q} = \frac{1}{R_3}\left(\frac{1}{C_1}+\frac{1}{C_2}\right)$$

故滤波器的品质因数

$$Q = \frac{\sqrt{\frac{1}{R_3 C_1 C_2}\left(\frac{1}{R_1}+\frac{1}{R_2}\right)}}{\frac{1}{R_3}\left(\frac{1}{C_1}+\frac{1}{C_2}\right)}$$

8.21 [解] 由上题分析知,该滤波器为二阶带通滤波器,故该滤波器的通带宽度

$$\omega_{BW} = \frac{\omega_o}{Q} = \frac{1}{R_3}\left(\frac{1}{C_1}+\frac{1}{C_2}\right)$$

由滤波器幅频特性知,当 $\omega=\omega_o$ 时,滤波器的电压放大倍数达到了最大值,其值为

$$A_{um} = \frac{R_3}{R_1}\frac{C_1}{C_1+C_2}$$

8.22 [解] 在本电路中,运放 A_1、A_2 和 A_3 构成三运放测量放大器,运放 A_4 构成一阶低通滤波器,电容器 C_2(耦合电容)和负载 R_L 构成高通滤波电路。

(a) 由图可以写出 u_{O3} 与 u_I 的关系

$$\begin{aligned}
u_{O3} &= \left(1+\frac{R_6}{R_4}\right) \cdot \frac{R_7}{R_5+R_7} u_{O2} - \frac{R_6}{R_4} u_{O1} \\
&= -(u_{O1}-u_{O2}) \\
&= \frac{R_1+R_2+R_3}{R_3} u_I \\
&= -3u_I
\end{aligned}$$

所以
$$\dot{A}_{u1} = \frac{\dot{U}_{o3}}{\dot{U}_i} = -3$$

(b) 电路的中频电压放大倍数

$$\dot{A}_{um} = \frac{\dot{U}_o}{\dot{U}_i} = \frac{\dot{U}_{o3}}{\dot{U}_i} \frac{\dot{U}_o}{\dot{U}_{o3}} = \dot{A}_{u1}\left(-\frac{R_9}{R_8}\right) = -3 \times \left(-\frac{330}{33}\right) = 30$$

(c) 整个电路的上、下限截止频率 f_H、f_L 的值分别是

$$f_H = \frac{1}{2\pi R_9 C_1} \approx 102.6 \text{ Hz}$$

$$f_L = \frac{1}{2\pi R_L C_2} \approx 0.095 \text{ Hz}$$

8.23 [解] 设第一个放大器的输出电压为 u_{O1}。

当 $u_I > 0$ 时,$u_{O1} < 0$,二极管 D_1 导通,D_2 截止。

$$u_O = -\frac{R_{F2}}{R_{F3}} u_I = -u_I$$

当 $u_I < 0$ 时,$u_{O1} > 0$,二极管 D_1 截止,D_2 导通。

$$u_O = -\frac{R_{F2}}{R_2} u_{O1} - \frac{R_{F2}}{R_{F3}} u_I = -\frac{R_{F2}}{R_2}\left(-\frac{R_{F1}}{R_1} u_I\right) - \frac{R_{F2}}{R_{F3}} u_I = u_I$$

输入波形和输出波形对应关系如题 8.23 解图所示。

8.24 [解] 由图可知

$$u_- = 0$$

$$u_+ = \frac{R_1}{R_1+R_2} U_R + \frac{R_2}{R_1+R_2} u_I$$

根据比较器的特性,当 $u_+ > u_-$,即 $u_I > -\frac{R_1}{R_2} U_R$ 时,$u_O = U_Z$;当 $u_+ < u_-$,即 $u_I < -\frac{R_1}{R_2} U_R$ 时,$u_O = -U_Z$。

由此可画出电路的传输特性如题 8.24 解图所示。

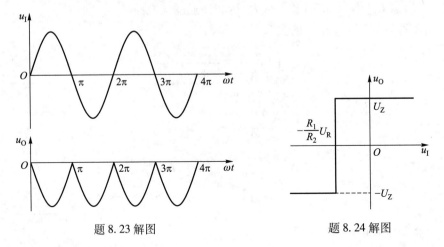

<table>
<tr><td>题 8.23 解图</td><td>题 8.24 解图</td></tr>
</table>

8.25 [解]　由图可知

$$u_- = 0$$

$$u_+ = \frac{R_2 /\!/ R_3}{R_1 + R_2 /\!/ R_3}u_1 + \frac{R_1 /\!/ R_2}{R_3 + R_1 /\!/ R_2}U_R + \frac{R_1 /\!/ R_3}{R_2 + R_1 /\!/ R_3}u_O$$

当 $u_+ = u_-$ 时,求得比较器的高、低翻转电平为

$$U_H = \frac{R_1}{R_2}U_Z - \frac{R_1}{R_3}U_R$$

$$U_L = -\frac{R_1}{R_2}U_Z - \frac{R_1}{R_3}U_R$$

其电压传输特性如题 8.25 解图所示,与主教材图 8.5.8(a)所示电路的传输特性相比较,该传输特性左移了 $\dfrac{R_1}{R_3}U_R$ 个单位。

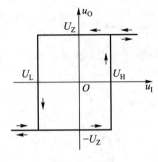

题 8.25 解图

8.26［解］　（a）由图可知,电路的参考电压 $u_R = \dfrac{1}{2}u_O = \pm 3$ V。故该电路的电压传输特性如题 8.26 解图(a)所示。

（b）当输入电压为正弦波时,输出、输入电压的波形图如题 8.26 解图(b)所示。

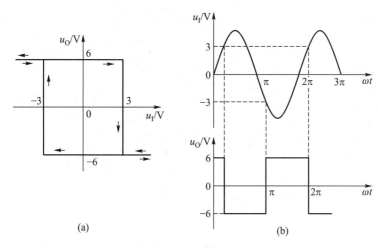

(a)　　　　　　　(b)

题 8.26 解图

8.27［解］　参见［例 8.10］。

8.28［解］　当 $u_I > 3$ V 时,A₁ 输出低电平,A₂ 输出高电平,二极管 D₁ 导通,D₂ 截止,$u_O = -5$ V;当 $u_I < -3$ V 时,A₁ 输出高电平,A₂ 输出低电平,二极管 D₁ 截止,D₂ 导通,$u_O = -5$ V;当 -3 V $\leqslant u_I \leqslant 3$ V 时,A₁、A₂ 输出高电平,二极管 D₁、D₂ 都截止,$u_O = 5$ V。

故电路为窗口比较器,其电压传输特性如题 8.28 解图所示。

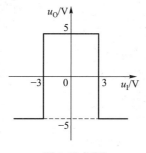

题 8.28 解图

9

信号发生器

9.1 教 学 要 求

本章介绍了正弦波自激振荡的基本原理以及 *RC* 型、*LC* 型及石英晶体正弦波振荡器；介绍了方波、三角波及压控振荡器的工作原理。各知识点的教学要求如表 9.1.1 所列。

表 9.1.1　第 9 章教学要求

知　识　点		教　学　要　求		
		熟练掌握	正确理解	一般了解
正弦波信号 发生器	正弦波自激振荡的基本原理	√		
	正弦波信号发生器的分析方法	√		
	RC 型正弦波信号发生器	√		
	LC 型正弦波信号发生器		√	
	石英晶体振荡器			√
非正弦 信号发生器	非正弦信号发生器的分析方法	√		
	方波、三角波和锯齿波发生器		√	
	脉宽调制波发生器			√
	压控振荡器			√
锁相环及其在频率合成器中的应用				√

9.2　基本概念与分析计算的依据

9.2.1　正弦波自激振荡的基本原理

在放大电路中,为了改善电路性能,通常引入负反馈(中频区)。当电路附加相移(高频区或低频区)改变了反馈信号的极性时,电路中的负反馈就会变成正反馈。此时,若反馈环路增益满足一定条件,电路就会产生自激振荡。这是有害的,应当消除。

在振荡电路中,人为地引入正反馈,并使反馈环路增益满足一定的条件,那么,电路在没有外部激励的情况下会产生输出信号,即产生自激振荡。无论在放大电路还是在振荡电路中,自激振荡的本质是相同的。即振荡时电路中的反馈一定是正反馈,并且反馈环路增益必须满足一定的条件。

1. 产生正弦波自激振荡的条件

产生正弦波自激振荡的平衡条件为:

$$\dot{A}\dot{F}=1 \begin{cases} \text{幅度平衡条件}:AF=1 \\ \text{相位平衡条件}:\varphi_A+\varphi_F=2n\pi \qquad n=0,\pm1,\pm2,\cdots \end{cases}$$

实质上,只要电路中的反馈是正反馈,相位平衡条件就一定满足,这是由电路结构决定的,而幅度平衡条件则由电路参数决定,当环路增益 $AF=1$ 时,电路产生等幅振荡;$AF<1$ 时电路产生减幅振荡;$AF>1$ 时,电路产生增幅振荡。所以自激振荡的起振条件为:

$$\dot{A}\dot{F}>1 \begin{cases} \text{幅度条件}:AF>1 \\ \text{相位条件}:\varphi_A+\varphi_F=2n\pi \quad n=0,\pm1,\pm2,\cdots \end{cases}$$

2. 选频特性

在振荡电路中,当放大电路或正反馈网络具有选频特性时,电路才能输出所需频率 f_0 的正弦信号。也就是说,在电路的选频特性作用下,只有频率为 f_0 的正弦信号才能满足振荡条件。

3. 稳幅措施

如果振荡电路满足起振条件,在接通直流电源后,它的输出信号将随时间的推移逐渐增大。当输出信号幅值达到一定程度后,放大环节的非线性器件接近甚至进入饱和或截止区,这时放大电路的增益 A 将会逐渐下降,直到满足幅度平衡条件 $AF=1$,输出信号将不会再增大,从而形成等幅振荡。这就是利用放大电路中的非线性器件稳幅的原理。由于放大电路进入非线性区后,信号幅度才能稳定,所以输出信号必然会产生非线性失真(削波)。为了改善输出信号的非线性失真,常常在放大电路中设置非线性负反馈网络(如热敏电阻、半导体二极管、钨丝灯泡等),使放大电路未进入非线性区时,电路满足幅度平衡条件($AF=1$),维持等幅振荡输出。这是一种比较好的稳幅措施。

4. 正弦波信号发生器的电路组成

正弦波信号发生器一般由放大电路、正反馈网络、选频网络和稳幅环节组成。其中选频网络既可以包含在放大电路内,也可以包含在正反馈网络之中。稳幅环节一般由放大电路中的非线性元件或增加非线性负反馈网络实现。

9.2.2　正弦波信号发生器

正弦波信号发生器按照选频网络所用的元件可分为 RC 和 LC 型两种。由 RC 串并联选频网络构成的文氏电桥振荡器是正弦波信号发生器中常用的电路。此外,还有 RC 移相式振荡电路和双 T 网络振荡电路。LC 型正弦波信号发生器常用 LC 谐振电路作选频网络。变压器反馈式、电感三点式和电容三点式振荡电路是几种常用的 LC 型正弦波信号发生电路。

石英晶体振荡器的频率稳定度($10^{-9} \sim 10^{-11}$ 数量级)比 LC 型振荡器的频率稳定度(10^{-4} 数量级)高几个数量级。实际应用中,如果对频率稳定性要求较高,可采用石英晶体振荡器。石英晶体的选频特性类似于 LC 谐振电路。

1. 正弦波信号发生器的分类

根据选频网络的形式进行分类,分类见表 9.2.1。

表 9.2.1　正弦波信号发生器中常用的几种选频网络

名称	选频网络	分类		估算 f_0	特点
RC 振荡电路	RC 网络	RC 串并联	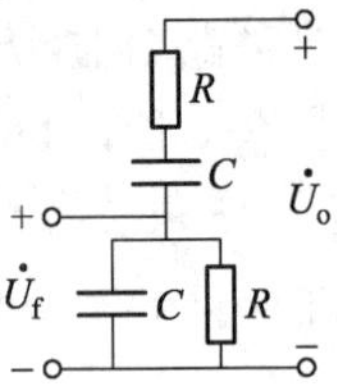	$f_0 = \dfrac{1}{2\pi RC}$	几赫～几百千赫
		RC 移相式	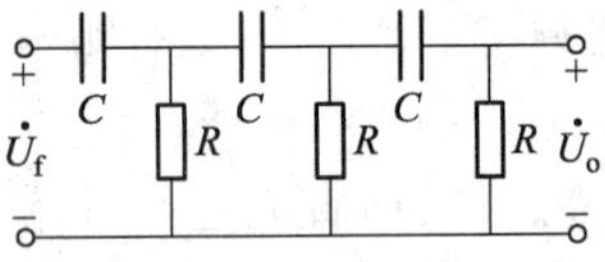	$f_0 \approx \dfrac{1}{2\sqrt{6}\,\pi RC}$	
		双 T 选频网络	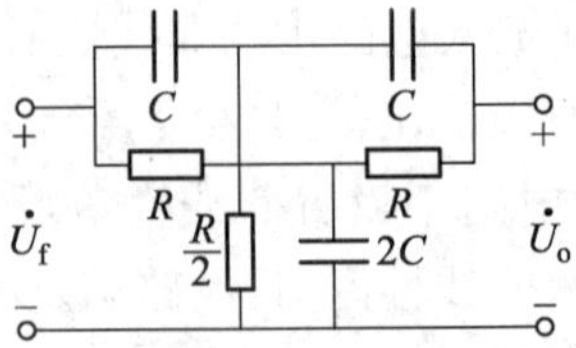	$f_0 \approx \dfrac{1}{2\pi RC}$	

名称	选频网络	分类		估算 f_0	特点
LC 振荡电路	LC 网络	变压器反馈式	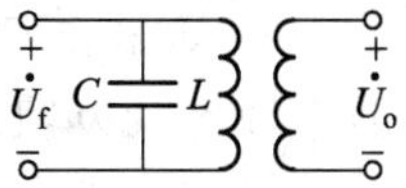 $\dot{U}_f$ C L $\dot{U}_o$	$f_0 \approx \dfrac{1}{2\pi\sqrt{LC}}$	几十千赫以上
		电容三点式	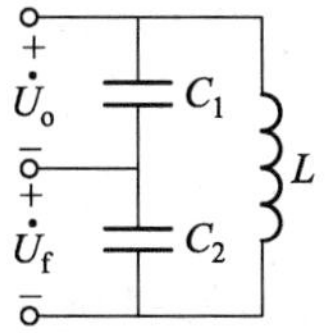 $\dot{U}_o$ C_1 L $\dot{U}_f$ C_2	$f_0 \approx \dfrac{1}{2\pi\sqrt{LC}}$ $C = \dfrac{C_1 C_2}{C_1 + C_2}$	
		电感三点式	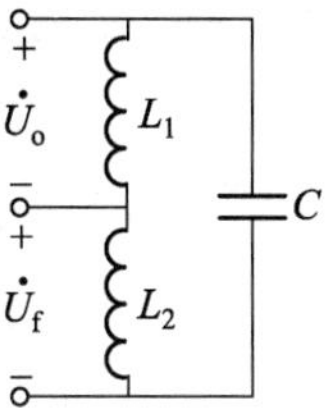 $\dot{U}_o$ L_1 C $\dot{U}_f$ L_2	$f_0 \approx \dfrac{1}{2\pi\sqrt{LC}}$ $L = L_1 + L_2 + 2M$	
石英晶体振荡电路	石英晶体	L C_0 R C	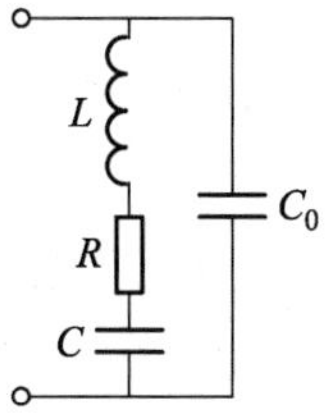	串联谐振时 $f_0 = f_s$ 并联谐振时 $f_0 \approx f_P$	几十千赫以上,频率稳定度高

2. 正弦波信号发生器的分析方法

（1）检查电路的组成

检查电路是否同时具备放大、反馈、选频和稳幅环节。

（2）分析放大电路能否正常工作

对分立元件电路,首先估计放大电路静态工作点是否合适,其次分析交流通路是否能正常传递信号。对集成运放检查输入端是否有直流通路。

（3）分析电路自激振荡的条件

对电路自激振荡条件的分析,首先是判断相位条件,其次是判断幅度条件。

（a）相位条件的判别

相位条件的判别就是判别电路中的反馈是否是正反馈。具体方法是从振荡电路的输出寻找反馈网络,在反馈网络的输出与基本放大电路的输入端处断开反馈环,在断开处给放大电路施加一假想的信号,用瞬时极性法判别反馈极性。若反馈为正反馈,电路满足相位条件,有可能产生振荡,否则不会产生振荡。

判别相位条件时应注意以下两点。① 如果原电路比较复杂,可画出原电路的交流通路,在交流通路中用瞬时极性法判别反馈极性比较方便。② 判定选频网络的输出与输入相位关系时,应以 f_0 时的相位关系为准。例如,RC 串并联选频网络在 $f=f_0$ 时的相移为零;LC 选频网络谐振($f=f_0$)时,谐振回路呈阻性;并联型石英晶体振荡电路中,石英晶体呈感性,而串联型中石英晶体对 $f=f_s$ 的信号呈低阻(串联谐振)。

(b) 幅度条件的判别

幅度条件的判别是计算环路增益 AF 的大小。若 $AF<1$,不能振荡;$AF=1$,能产生等幅振荡;$AF>1$,产生增幅振荡(起振条件)。环路增益 AF 的具体计算方法是在振荡频率 $f=f_0$ 时,根据电路的微变等效电路分别计算 A 和 F 的值。对文氏电桥振荡器的 AF 计算要熟练掌握,而 LC 振荡器因 AF 计算相对比较复杂,本课程不作要求。

3. 估算振荡频率 f_0

振荡器 f_0 的大小取决于选频网络的参数。正弦波信号发生器中常用的几种选频网络及 f_0 的估算如表 9.2.1 所列。

9.2.3 非正弦信号发生器

1. 非正弦信号发生器的组成

非正弦信号发生器通常由电压比较电路、反馈网络、延迟环节或积分环节等组成。

2. 几种常用的非正弦信号发生器

常用的非正弦信号发生器有方波、三角波和锯齿波。在方波发生器中,当 RC 积分电路充电和放电时间常数不相等时,高电平和低电平持续时间不相等,电路输出信号为矩形波。在三角波发生器中,当积分电路充电和放电时间常数不等时,电路输出为锯齿波。输出信号的频率受外加控制电压控制的振荡器称为压控振荡器。

3. 非正弦信号发生器的分析方法

(1) 检查电路组成

检查电路是否同时具备电压比较、反馈、延迟或积分环节。

(2) 分析振荡条件

与正弦波信号发生器相比,非正弦信号发生器的振荡条件比较简单,只要反馈信号能使比较电路状态发生变化,即能产生周期性的振荡即可。具体分析方法如下:

假定电路输出为高电平,看它经过正反馈和积分延时环节之后能否使比较电路输出跳变为高电平。再假定电路输出为低电平,看它经过相同的环节之后能否使比较电路的输出又跳变为低电平。如果两种情况都能出现,电路就能产生非正弦波振荡。

（3）估算振荡频率

非正弦信号发生器的振荡频率取决于比较电路和 RC 积分电路（有源或无源）的参数，一般方法是通过找出比较电路翻转所需的时间来估算振荡周期或频率。

（4）估算输出幅值

方波或矩形波的幅值取决于比较电路输出电压，当比较电路输出有稳压管时，输出电压幅值等于稳压管的稳定电压 U_Z；否则输出电压幅值等于运算放大器输出电压的饱和值。三角波或锯齿波输出电压的幅值取决于比较器的阀值电压。方波、三角波发生器的主要指标见表 9.2.2。

表 9.2.2　方波、三角波发生器的主要指标

名　称	电路	振荡频率	幅值
方波发生器	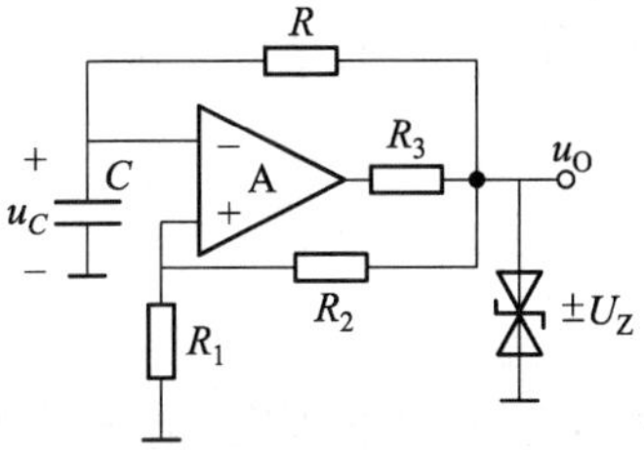	$f_0 = \dfrac{1}{2RC\ln(1+2R_1/R_2)}$	$U_o = \pm U_Z$
方波、三角波发生器	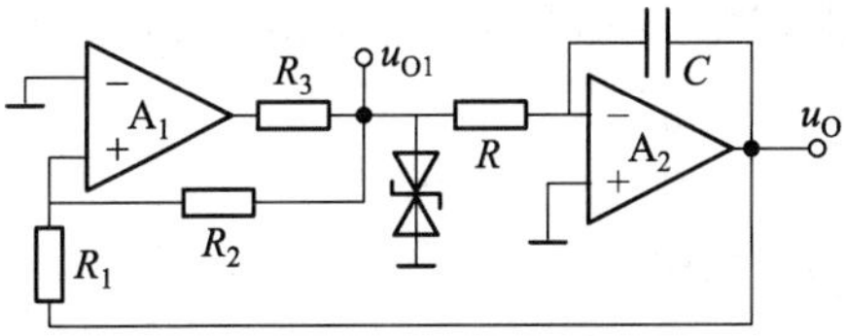	$f_0 = \dfrac{1}{T} = \dfrac{R_2}{4R_1RC}$	$U_{o1} = \pm U_Z$ $U_{om} = \pm \dfrac{R_1}{R_2}U_Z$
压控振荡器	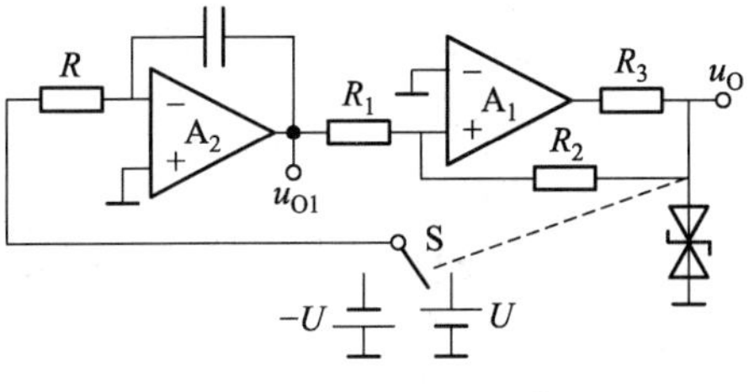	$f_0 = \dfrac{1}{T} = \dfrac{R_2 U}{4RCR_1 U_Z}$	$U_o = \pm U_Z$ $U_{o1m} = \pm \dfrac{R_1}{R_2}U_Z$

9.2.4　锁相环及其应用

锁相环（PLL）由鉴相器（PD）、环路滤波器（LF）和压控振荡器（VCO）构成闭环控制回路，是一种相位误差控制电路，能实现环路输出信号与输入信号之间无误差的频率跟踪，仅存在某

一固定的相位差。

当锁相环路在正常工作状态(锁定)时,具有以下几个基本特性:① 自动跟踪特性。当输入信号频率稍有变化,压控振荡器的频率立即发生相应的变化,并最终使输出与输入信号同频率。② 良好的滤波特性。锁相环通过环路滤波器的作用,能够将输入信号中的噪声和干扰信号滤除。一个设计良好的锁相环路,其滤波通带可以做到很窄,环路相当于一个滤除噪声的窄带滤波器。③ 理想的频率控制特性。锁相环在锁定状态只有剩余相差,没有剩余频差。利用锁相环,能够实现频率的自动控制,获得多频率、高稳定的振荡信号输出。

集成锁相环路的发展很快,目前已经形成各种性能、不同用途的系列产品。按其内部电路结构可分为模拟、数模混合及数字锁相环路三类。广泛应用在通信、广播电视、遥测遥控、频率合成、测量系统等方面。

9.3 基本概念自检题与典型题举例

9.3.1 基本概念自检题

1. 选择填空题(以下每小题后均列出了几个可供选择的答案,请选择其中一个最合适的答案填入空格之中)

(1)自激振荡是电路在(　　)的情况下,产生了有规则的、持续存在的输出波形的现象。

(a)外加输入激励　　　　　　　　(b)没有输入信号

(c)没有反馈信号　　　　　　　　(d)没有电源电压

(2)在正弦振荡电路中,能产生等幅振荡的幅度条件是(　　)。

(a)$AF=1$　　　　(b)$AF>1$　　　　(c)$AF<1$　　　　(d)$AF=0$

(3)在正弦振荡电路中,能产生等幅振荡的相位条件是(　　)。

(a)$\varphi_A+\varphi_F=2n\pi+\pi/2$　　　　　　(b)$\varphi_A+\varphi_F=(2n+1)\pi$

(c)$\varphi_A+\varphi_F=2n\pi+3\pi/2$　　　　　　(d)$\varphi_A+\varphi_F=2n\pi$

(4)正弦波振荡电路的起振条件是(　　)。

(a)$\dot{A}\dot{F}=1$　　(b)$\dot{A}\dot{F}>1$　　(c)$\dot{A}\dot{F}<1$　　(d)$\dot{A}\dot{F}\leqslant1$

(5)能产生正弦波振荡的必要条件是(　　)。

(a)$|\dot{A}\dot{F}|=1$　　(b)$|\dot{A}\dot{F}|>1$　　(c)$|\dot{A}\dot{F}|<1$　　(d)$\arg(\dot{A}\dot{F})=2n\pi$

(6)振荡电路的振荡频率,通常是由(　　)决定的。

(a)放大倍数　　(b)反馈系数　　(c)稳幅电路参数　　(d)选频网络参数

(7)根据(　　)的元器件类型不同,将正弦波振荡器分为 RC 型、LC 型和石英晶体振荡器。

（a）放大电路　　　（b）反馈网络　　　（c）稳幅环节　　　（d）选频网络

（8）振荡电路选频特性的优劣主要与电路的（　　）有关。

（a）反馈系数 F　　（b）放大倍数 A　　（c）环路增益 AF　　（d）品质因数 Q

（9）振荡电路的频率稳定度主要与振荡电路的（　　）有关。

（a）反馈系数 F　　（b）放大倍数 A　　（c）环路增益 AF　　（d）品质因数 Q

（10）在常用的正弦波振荡器中，频率稳定度最好的是（　　）振荡器。

（a）石英晶体　　　（b）电感三点式　　　（c）电容三点式　　　（d）RC 型

（11）LC 型正弦波振荡电路没有专门的稳幅电路，它是利用放大电路的非线性特性来自动稳幅的，但输出波形一般失真并不大，这是因为（　　）。

（a）谐振频率高　　　　　　　　　（b）输出幅度小

（c）反馈信号弱　　　　　　　　　（d）谐振回路的选频特性好

（12）在图 9.3.1 所示电路中，谐振回路由（　　）元件组成。

（a）L_1、C_1　　　　　　　　　　　（b）L_2、C_2

（c）L_1、C_1、C_3　　　　　　　　（d）L_2、C_2、C_3

（13）在图 9.3.1 所示电路中，电路的谐振频率 $f_0 \approx$（　　）。

（a）$\dfrac{1}{2\pi L_1 C_1}$　　　　　　　　　　（b）$\dfrac{1}{2\pi L_2 C_2}$

（c）$\dfrac{1}{2\pi\sqrt{L_1 C_1}}$　　　　　　　　（d）$\dfrac{1}{2\pi\sqrt{L_2 C_2}}$

（14）电路如图 9.3.2 所示，设运放是理想器件，电阻 $R_1 = 10$ kΩ，为使该电路能产生正弦波，则要求（　　）。

（a）$R_F = 10$ kΩ+4.7 kΩ（可调）　　　（b）$R_F = 100$ kΩ+4.7 kΩ（可调）

（c）$R_F = 18$ kΩ+4.7 kΩ（可调）　　　（d）$R_F = 4.7$ kΩ+4.7 kΩ（可调）

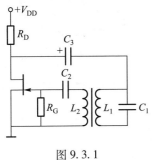

图 9.3.1

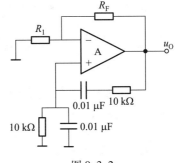

图 9.3.2

（15）在方波、三角波振荡电路，改变（　　），可将三角波变为锯齿波。

（a）积分电路结构，使充电和放电时间常数不等

(b) 阈值电压　　 (c) 方波幅值　　 (d) 三角波幅值

[答案] (1)(b)。(2)(a)。(3)(d)。(4)(b)。(5)(d)。(6)(d)。(7)(d)。(8)(d)。(9)(d)。(10)(a)。(11)(d)。(12)(a)。(13)(c)。(14)(c)。(15)(a)。

2. 填空题(请在空格中填上合适的词语,将题中的论述补充完整)

(1) 正弦波振荡电路属于_____反馈电路,它主要由_____、_____、_____和_____电路组成。

(2) 在正弦波振荡电路中,选频网络的作用是选出满足振荡条件的某一频率的_____。

(3) 在正弦波振荡电路中,非线性稳幅电路不仅能使输出电压幅值稳定,同时也能减小_____。

(4) 若需要1 MHz以下的正弦波信号,一般可用_____振荡电路,需要更高频率的正弦波,可用_____振荡电路。若要频率稳定性很高,则可用_____振荡电路。

(5) 自激振荡电路从 $AF>1$ 到 $AF=1$ 的振荡建立过程中,减小的量是_____。

(6) 若石英晶体的等效电感、动态电容及静态电容分别为 L、C 和 C_0,则在损耗电阻 $R=0$ 时,石英晶体的串联谐振频率 $f_S=$ _____,并联谐振频率 $f_P=$ _____。

(7) 根据石英晶体的电抗频率特性,当 $f=f_S$ 时,石英晶体呈_____性;当 $f_S<f<f_P$ 时,石英晶体呈_____性;当 $f<f_S$ 或 $f>f_P$ 时,石英晶体呈_____性。

(8) 在串联型晶体振荡电路中,晶体可等效为_____;在并联型晶体振荡电路中,晶体可等效为_____。

(9) 石英晶体振荡电路的振荡频率取决于_____。

(10) 当石英晶体作为正弦波振荡电路的一部分时,其工作频率范围是_____。

(11) 集成运放组成的非正弦发生器电路,一般由_____、_____和_____几个基本部分组成。

(12) 非正弦波振荡电路产生振荡的条件比较简单,只要反馈信号能使_____的状态发生跃变,即能产生周期性的振荡。

[答案] (1)正,放大电路,反馈网络,选频网络,稳幅电路。(2)正弦波。(3)非线性失真。(4)RC,LC,石英晶体。(5)放大倍数 A。(6) $f_S=\dfrac{1}{2\pi\sqrt{LC}}$,$f_P=\dfrac{1}{2\pi\sqrt{L\dfrac{CC_0}{C+C_0}}}$。(7)阻,感,容。(8)电阻,电感。(9)石英晶体的谐振频率。(10) $f_S\leqslant f<f_P$。(11)比较电路,反馈网络,延迟电路。(12)比较电路。

9.3.2 典型题举例

[例9.1] 图9.3.3所示电路是没有画完整的正弦波振荡器。

(1) 完成各节点的连接。

(2) 选择电阻 R_2 的阻值。

（3）计算电路的振荡频率。

（4）若用热敏电阻 R_t（R_t 的特性如图 9.3.4 所示）代替反馈电阻 R_2，当 I_t（有效值）多大时该电路出现稳定的正弦波振荡？此时输出电压有多大？

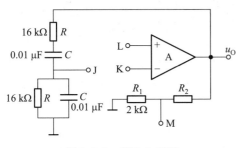

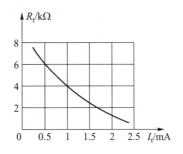

图 9.3.3 例 9.1 题图   图 9.3.4 R_t 的特性图

[**解**] （1）在本题图中，当 $f=f_0$ 时，RC 串并联选频网络的相移为零，为了满足相位条件，放大器的相移也应为零，所以节点 J 应与 L 相连接；为了减少非线性失真，放大电路引入负反馈，节点 K 应与 M 相连接。

（2）为了满足电路自行起振的条件，由于正反馈网络（选频网络）的反馈系数等于 $1/3$（$f=f_0$ 时），所以电路放大倍数应大于等于 3，即 $R_2 \geqslant 2R_1 \geqslant 4\ \mathrm{k\Omega}$。故 R_2 应选择大于 $4\ \mathrm{k\Omega}$ 的电阻。

（3）电路的振荡频率 $f_0 = \dfrac{1}{2\pi RC} = \dfrac{1}{2\pi \times 16 \times 10^3 \times 0.01 \times 10^{-6}}\ \mathrm{Hz} \approx 995\ \mathrm{Hz}$。

（4）由图 9.3.4 可知，当 $R_t = 4\ \mathrm{k\Omega}$，即当电路出现稳定的正弦波振荡时，$I_t = 1\ \mathrm{mA}$，此时输出电压的有效值 $U_o = I_t(R_t + R_1) = 6\ \mathrm{V}$。

[**例 9.2**] 图 9.3.5 所示电路为 RC 移相式正弦波信号发生器，设集成运放的 A_1、A_2 均具有理想的特性。

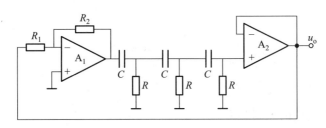

图 9.3.5 例 9.2 题图

（1）试分析电路的工作原理。

（2）试求电路的振荡频率和起振条件。

[**解**] （1）图 9.3.5 所示 RC 移相式正弦波信号发生器由反相输入比例放大器（A_1）、电压跟随器（A_2）和三节 RC 移相网络组成。放大电路（中频区）的相移 $\varphi_A = -180°$，利用电压跟

261

随器的阻抗变换作用减小放大电路输入电阻 R_1 对 RC 移相网络的影响。为了要满足相位平衡条件,要求反馈网络的相移 $\varphi_F = -180°$。由 RC 电路的频率响应可知,一节 RC 电路的最大相移不超过 $\pm 90°$,两节 RC 电路的最大相移也不超过 $\pm 180°$,当相移接近 $\pm 180°$ 时,RC 低通电路的频率会很高,而 RC 高通电路的频率也很低,此时输出电压已接近于零,又不能满足振荡电路的幅度平衡条件。对于三节 RC 电路,其最大相移可接近 $\pm 270°$,有可能在某一特定频率下使其相移为 $\pm 180°$,即 $\varphi_F = \pm 180°$ 则有

$$\varphi_F + \varphi_A = 2n\pi$$

满足相位平衡条件,合理选取元器件参数,满足起振条件和幅度平衡条件,电路就会产生振荡。

（2）由图 9.3.5 不难写出电路的放大倍数

$$\dot{A} = -\frac{R_2}{R_1}$$

画出反馈网络,如图 9.3.6 所示。由图可得

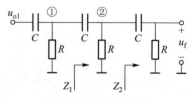

图 9.3.6 反馈网络

$$\dot{U}_f = \frac{R}{Z_2}\dot{U}_2$$

$$\dot{U}_2 = \frac{R /\!/ Z_2}{Z_1}\dot{U}_1$$

$$\dot{U}_1 = \frac{R /\!/ Z_1}{\frac{1}{j\omega C} + R /\!/ Z_1}\dot{U}_{o1}$$

$$Z_2 = R + \frac{1}{j\omega C}$$

$$Z_1 = \frac{1}{j\omega C} + R /\!/ Z_2$$

由以上各式,得电路的反馈系数为

$$\dot{F} = \frac{\dot{U}_f}{\dot{U}_{o1}} = \frac{R^3 C}{R^3 C - \dfrac{5R}{\omega^2 C} + j\left(\dfrac{1}{\omega^3 C^2} - \dfrac{6R^2}{\omega}\right)}$$

令 $\dot{F}$ 的虚部为零,得电路的振荡频率为

$$\omega_0 = \frac{1}{\sqrt{6}RC}$$

或

$$f_0 = \frac{1}{2\pi\sqrt{6}RC}$$

此时电路的反馈系数

$$\dot{F}(\omega_0) = -\frac{1}{29}$$

根据电路的起振条件 $\dot{A}(\omega_0)\dot{F}(\omega_0) \geqslant 1$ 知,当 $|\dot{A}| = \dfrac{R_2}{R_1} \geqslant 29$ 时,电路产生振荡。

[**例 9.3**]   试判断图 9.3.7 所示电路是否有可能产生振荡。若不可能产生振荡,请指出电路中的错误,画出一种正确的电路,写出电路振荡频率表达式。

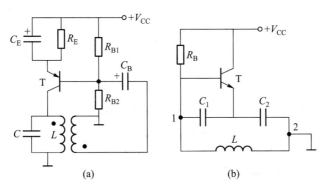

图 9.3.7   例 9.3 题图

[**解**]   图(a)电路中的选频网络由电容 C 和电感 L(变压器的等效电感)组成;晶体管 T 及其直流偏置电路构成基本放大电路;变压器副边电压反馈到晶体管的基极,构成闭环系统;本电路利用晶体管的非线性特性稳幅。静态时,电容开路、电感短路,从电路结构来看,本电路可使晶体管工作在放大状态,若参数选择合理,可使本电路有合适的静态工作点。动态时,发射极旁路电容 C_E 和基极耦合电容 C_B 短路,集电极的 LC 并联网络谐振,其等效阻抗呈阻性,构成共射极放大电路。利用瞬时极性法判断相位条件:首先断开反馈信号(变压器二次侧与晶体管基极之间),给晶体管基极接入对地极性为 ⊕ 的输入信号,则集电极的输出信号对地极性为 ⊖,即变压器同名端极性为 ⊖,反馈信号对地极性也为 ⊖。反馈信号与输入信号极性相反,不可能产生振荡。若要电路满足相位平衡条件,只要对调变压器二次绕组接线,使反馈信号对地极性为 ⊕ 即可。改正后的电路如图 9.3.8(a)所示。本电路振荡频率的表达式为

$$f_0 \approx \frac{1}{2\pi\sqrt{LC}}$$

图(b)电路中的选频网络由电容 C_1、C_2 和电感 L 组成;晶体管 T 是放大元件,但直流偏置不合适;电容 C_1 两端电压可作为反馈信号,但放大电路的输出信号(晶体管集电极信号)没有传递到选频网络。本电路不可能产生振荡。首先修改放大电路的直流偏置电路:为了设置合理的偏置电路,选频网络与晶体管的基极连接时要加隔直电容 C_B,晶体管的偏置电路有两种选择,一种是固定基极偏置电阻的共射极电路,另一种是分压式偏置

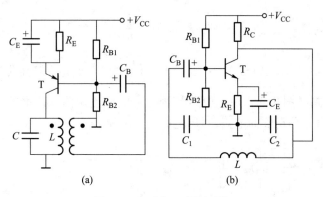

图 9.3.8　例 9.3 题解图

的共射极电路。选用静态工作点比较稳定的电路(分压式偏置电路)比较合理。修改交流信号通路:把选频网络的接地点移到 C_1 和 C_2 之间,并把原电路图中的节点 2 连接到晶体管 T 的集电极。修改后的电路如图 9.3.8(b)所示。然后再判断相位条件:在图 9.3.8(b)电路中,断开反馈信号(选频网络与晶体管基极之间),给晶体管基极接入对地极性为 ⊕ 的输入信号,集电极输出信号对地极性为 ⊖(共射放大电路),当 LC 选频网络发生并联谐振时,LC 网络的等效阻抗呈阻性,反馈信号(电容 C_1 两端电压)对地极性为 ⊕。反馈信号与输入信号极性相同,表明 $\varphi_A + \varphi_F = 2n\pi$,修改后的电路能满足相位平衡条件,电路有可能产生振荡。本电路振荡频率的表达式为

$$f_0 = \cfrac{1}{2\pi\sqrt{L\cfrac{C_1 C_2}{C_1 + C_2}}}$$

[例 9.4]　试将图 9.3.9(a)和(b)中的 j、k、m、n 各点正确连接,使它们成为正弦波振荡电路,然后指出它们属于什么电路类型,并写出振荡频率 f_0 的近似表达式。

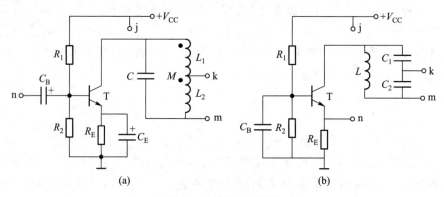

图 9.3.9　例 9.4 题图

[**解**]　图(a)电路中选频网络由电感 L_1、L_2 和电容 C 组成;晶体管 T 组成共射极放大电路,C_B 为基极耦合电容,C_E 为发射极旁路电容;选频网络接在晶体管集电极,为了给放大电路提供合理的直流偏置(集电极电位应高于基极电位),节点 j 接节点 k 或 m 都可以(电感的直流等效电阻近似等于零),分别画出这两种连接方式的交流通路如图 9.3.10(a)(b)所示。由图可知,两个电路的反馈信号都是电感 L_2 两端电压。利用瞬时极性法分别判断两种接法的相位关系可知,节点 k 接节点 n,节点 m 接节点 j 时,$\varphi_A + \varphi_F = 2(n+1)\pi$,电路不满足相位平衡条件;而节点 k 接节点 j,节点 m 接节点 n 时,$\varphi_A + \varphi_F = 2n\pi$;电路满足相位平衡条件。本电路为电感三点式正弦波振荡电路,其振荡频率表达式为

$$f_0 \approx \frac{1}{2\pi\sqrt{(L_1+L_2+2M)C}}$$

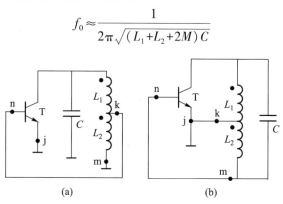

图 9.3.10　两种连接方法的交流通路

图(b)电路中选频网络由电容 C_1、C_2 和电感 L 组成;晶体管 T 组成共基极放大电路,C_B 为基极旁路电容;选频网络接在晶体管集电极,为了给放大电路提供合理的直流偏置,节点 j 只能与节点 m 相接、节点 k 与节点 n 相接,其交流通路如图 9.3.11 所示。由图可知,反馈信号是电容 C_2 两端电压。利用瞬时极性法判别相位关系可知,$\varphi_A + \varphi_F = 2n\pi$,电路满足相位平衡条件。本电路是电容三点式正弦波振荡电路,其频率特性表达式为

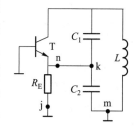

图 9.3.11　例 9.4 题解图

$$f_0 = \frac{1}{2\pi\sqrt{L\dfrac{C_1 C_2}{C_1+C_2}}}$$

[**例 9.5**]　在调试图 9.3.12 所示电路时,如果出现下列现象,请予以解释。

(1) 对调反馈线圈的两个接头后就能起振。

(2) 调 R_{B1}、R_{B2} 或 R_E 阻值后就能起振。

(3) 改用 β 较大的晶体管后就能起振。

(4) 适当增加反馈线圈的匝数后就能起振。

(5) 适当增大 L 值或减小 C 值后就能起振。

(6) 增加反馈线圈的匝数后,波形变坏。

(7) 调整 R_{B1}、R_{B2} 或 R_E 的阻值后可使波形变好。

(8) 减小负载电阻时,输出波形产生失真,有时甚至不能起振。

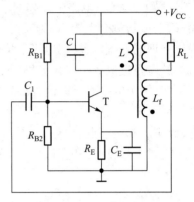

图 9.3.12　例 9.5 题图

[解]　(1) 对调反馈线圈的两个接头后就能起振,说明原电路中反馈线圈极性接反了,形成了负反馈而不能起振。

(2) 调节 R_{B1}、R_{B2} 或 R_E 阻值可改变电路的静态工作点。调 R_{B1}、R_{B2} 或 R_E 阻值后就能起振,说明原电路的工作点偏低,电压放大倍数偏小;而调整工作点后电压放大倍数提高,故能起振。

(3) 原电路中的 β 太小,使电压放大倍数不满足自激振荡的幅度条件。改用 β 较大的晶体管可使电压放大倍数提高,易于振荡。

(4) 原电路中的反馈强度不够(F 太小),不能起振。增加反馈线圈的匝数可增大反馈值,使电路易于起振。

(5) 适当增大 L 值或减小 C 值,可使谐振阻抗 $Z_0 = \dfrac{L}{RC}$ 增大,从而增大电路的电压放大倍数,使电路易于起振。

(6) 反馈太强使晶体管进入饱和区才能稳定,故而波形变坏。

(7) 调整 R_{B1}、R_{B2} 或 R_E 的阻值可使静态工作点合适,放大器工作在靠近线性区时稳定振荡,所以波形变好。

(8) 负载 R_L 过小,折算到变压器原边的等值阻抗下降,晶体管的交流负载线变陡,容易产生截止失真,故波形不好;同时使输出电压下降,电压放大倍数减小,故有时不能起振。

[例 9.6]　电路如图 9.3.13 所示,设运放 A_1 和 A_2 都是理想器件。试分析电路能否产生方波、三角波信号,若不能产生振荡,请改正。

[解]　在图 9.3.13 所示电路中,运放 A_1 组成反相输入迟滞比较器,运放 A_2 组成积分电路,积分器输出接比较器输入构成反馈环路。如果电路能振荡,比较器输出 u_{O1} 必然是方波信号,$u_{O1} = \pm U_Z$,积分器输出 u_O 将随比较器输出 u_{O1} 的极性向相反方向变化而产生三角波。

假定比较器输出 $u_{O1} = U_Z$，此时运放 A_1 同相端的电位 $U_R = \dfrac{R_1}{R_1 + R_2} U_Z$，积分器输出 u_O 向负方向变化，随时间推移 u_O 将趋向负电源电压。比较器 A_1 反相输入端的电位与同相输入端电位没有比较点，所以它不可能翻转，即本电路不会产生方波、三角波信号。为了使比较器输出状态能随积分器输出电压的变化而翻转，可将运放 A_1 的反相输入端接地，把电阻 R_1 的接地端断开，并与运放 A_2 的输出端相接，如图 9.3.14（a）所示。按此方法改正后电路必然会产生方波、三角波信号。另一种改进方法是在原电路的比较器和积分器之间，再加一级反相器，如图 9.3.14（b）所示，其工作原理请读者自己分析。

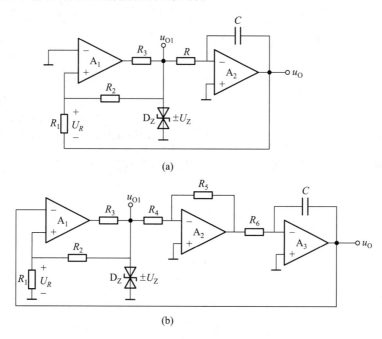

图 9.3.14　例 9.6 题解图

[**例 9.7**]　图 9.3.15 所示电路可产生三种不同的波形。设集成运放的最大输出电压为 $\pm 14\text{V}$，稳压管的 $U_Z = \pm 12\text{ V}$，控制信号电压 U_C 的值在 u_{O1} 的两个峰值之间变化。

（1）试简述电路的组成及工作原理。

（2）试求 u_{O1} 的周期值。

（3）试求 u_{O3} 的占空比与 U_C 的函数关系；并设 $U_C = 2.5\text{ V}$，试画出 u_{O1}、u_{O2} 与 u_{O3} 的波形。

[**解**]　（1）由图可知，运放 A_1 组成积分器，A_2 组成迟滞比较器，两个单元电路形成闭环后，构成三角波与方波发生器。其中 u_{O1} 为三角波，u_{O2} 为方波。A_3 组成单门限电压比较器，输出为矩形波，其脉冲占空比由控制信号 U_C 决定。

（2）由于 A_2 的反相输入端电压为零，利用叠加原理可求得 A_2 的同相输入端电压为

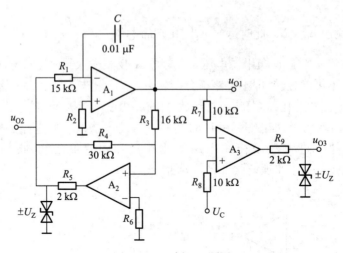

图 9.3.15　例 9.7 题图

$$u_{+2} = \frac{u_{O1}}{R_3+R_4}R_4 + \frac{u_{O2}}{R_3+R_4}R_3$$

u_{+2} 过零时,比较器输出电压发生跃变,即比较器的翻转条件为

$$\frac{u_{O1}}{R_3+R_4}R_4 + \frac{u_{O2}}{R_3+R_4}R_3 = 0$$

求解上式可得比较器翻转时 u_{O1} 与 u_{O2} 的关系

$$u_{O1} = -\frac{R_3}{R_4}u_{O2}$$

当 $u_{O2} = -U_Z = -12$ V 时

$$u_{O1} = U_{O1m} = -\frac{R_3}{R_4}u_{O2} = -\frac{16}{30}\times(-12)\ \text{V} = 6.4\ \text{V}$$

当 $u_{O2} = U_Z = 12$ V 时

$$u_{O1} = -U_{O1m} = -\frac{R_3}{R_4}u_{O2} = -\frac{16}{30}\times 12\ \text{V} = -6.4\ \text{V}$$

因为 A_1 积分器的输出电压 u_{O1} 为三角波,比较器输出电压 u_{O2} 为方波。所以

$$u_{O1}(t) = -\frac{1}{R_1C}\int_{t_1}^{t}u_{O2}\mathrm{d}t + u_{O1}(t_1) = -\frac{u_{O2}}{R_1C}t + u_{O1}(t_1)$$

即 u_{O1} 随时间 t 线性的变化。

令 $t_1 = 0$,那么 $\qquad\qquad\qquad u_{O1}(0) = 0$

当 $t = t_1 + \dfrac{T}{4}$ 时

268

$$u_{O1}\left(\frac{T}{4}\right)=\frac{12}{R_1C}\,\frac{T}{4}=U_{O1m}=6.4\ \text{V}$$

$$T=\frac{6.4}{3}R_1C=\frac{6.4}{3}\times15\times10^3\times0.01\times10^{-6}\ \text{ms}=0.32\ \text{ms}$$

即电路的振荡周期为 0.32 ms。

（3）设 u_{O3} 波形的占空比 ε 与控制信号 U_C 呈线性关系,其函数关系为

$$\varepsilon=\frac{T_1}{T}=aU_C+b$$

当 $U_C=0$ 时,u_{O3} 为方波,占空比为 50%,得常数 $b=0.5$。

当 $U_C=\dfrac{1}{2}U_{O1m}=3.2$ V 时,占空比为 75%,可得比例系数 $a=\dfrac{5}{64}\text{V}^{-1}$。于是得

$$\varepsilon=\frac{5}{64}U_C+0.5$$

当 $U_C=2.5$ V 时,u_{O3} 矩形脉冲的占空比为

$$\varepsilon=\frac{5}{64}\times2.5+0.5\approx70\%$$

由以上分析可画出 u_{O1}、u_{O2} 与 u_{O3} 的波形如图 9.3.16 所示。

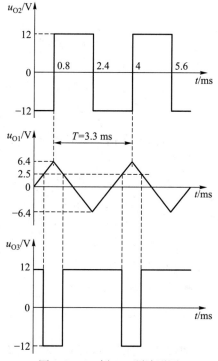

图 9.3.16　例 9.7 题波形图

[**例 9.8**]　试将正弦波电压转换为二倍频锯齿波电压,要求画出电路原理框图,并定性画出各部分输出电压的波形。

[**解**]　方案一:原理框图和各部分输出电压的波形如图 9.3.17 所示。

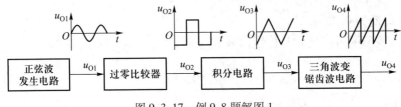

图 9.3.17　例 9.8 题解图 1

方案二:原理框图和各部分输出电压的波形如图 9.3.18 所示。

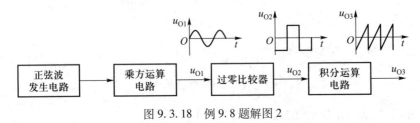

图 9.3.18　例 9.8 题解图 2

9.4　课后习题及其解答

9.4.1　课后习题

9.1　正弦波振荡电路产生自激振荡的平衡条件是什么? 负反馈放大电路产生自激振荡的条件又是什么? 二者的区别是什么?

9.2　一般正弦波振荡电路由哪几个功能模块组成? 正弦波振荡是怎样建立起来的? 它又是怎样稳定的? 你能说出正弦波振荡电路的起振条件吗?

9.3　你知道哪几种类型的正弦波振荡电路? 它们各有什么特点?

9.4　非正弦波振荡电路由哪几个功能模块组成? 产生非正弦波振荡的条件是什么?

9.5　文氏电桥式正弦波发生器电路如题 9.5 图所示。

(a) 标出运算放大器的同相输入端和反相输入端;

(b) 估算振荡频率 f_0;

(c) 说明 D_1、D_2 的作用。

9.6　RC 型正弦波振荡电路如题 9.6 图所示,为了使电路能够起振,试推导 R_2 与 R_1 的关系;为了减小输出正弦波形的非线性失真,用正温度系数的热敏电阻代替图中哪一个电阻合适?

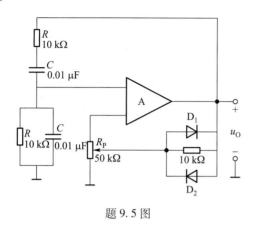

题 9.5 图

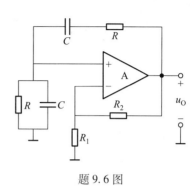

题 9.6 图

9.7 电路如题 9.7 图所示,试求:

(a) R_w 的最小值;

(b) 电路的振荡频率。

9.8 电路如题 9.8 图所示,稳压管 D_Z 的稳定电压 $U_Z = 6$ V。试估算:

(a) 输出电压不失真情况下的有效值;

(b) 振荡频率。

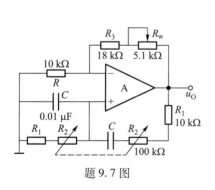

题 9.7 图

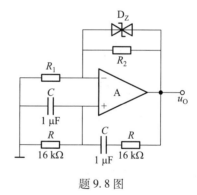

题 9.8 图

9.9 试将题 9.9 图所示电路合理连线,组成 RC 桥式正弦波振荡电路。

9.10 电路如题 9.10 图所示,试判断这些电路是否有可能产生正弦波振荡。

9.11 电路如题 9.11 图所示,图中各个电路都只画出了交流通路,试从相位平衡的观点,说明其中哪些电路有可能产生自激振荡。若不可能产生振荡,请加以改正。

9.12 在题 9.12 图所示的三个振荡电路中,C_B、C_C、C_E 的电容量足够大,对于交流来说可视为短路,试问图中哪些电路有可能产生自激振荡? 若不可能产生振荡,请加以改正并写出振荡频率 f_0 的表达式。

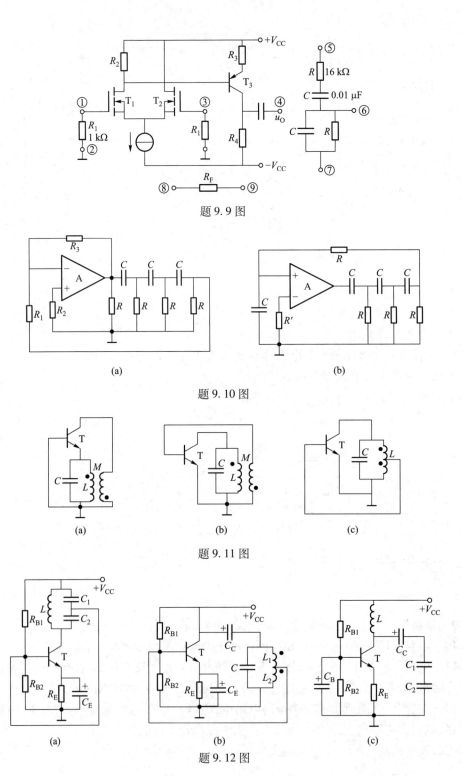

题 9.9 图

(a)   (b)

题 9.10 图

(a)   (b)   (c)

题 9.11 图

(a)   (b)   (c)

题 9.12 图

9.13 某通用示波器中的时间标准振荡电路如题9.13图所示(图中 L_1 是高频扼流线圈，C_3 和 C_4 是去耦电容)，试估算该电路的振荡频率。

9.14 某收音机的本振电路如题9.14图所示，试标明该电路振荡线圈中两个绕组的同名端，并估算振荡频率的可调范围。

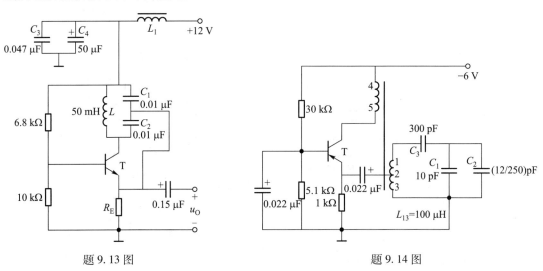

题 9.13 图   题 9.14 图

9.15 某同学用石英晶体组成的两个振荡电路如题9.15图所示，电路中的 C_B、C_C 为旁路电容，L_1 为高频扼流圈。

（a）画出这两个电路的交流通路；

（b）根据相位平衡条件判别它们是否有可能振荡；

（c）如有可能振荡，指出它们是何种类型的晶体振荡电路，晶体在振荡电路中起了哪种元件的作用；如不能振荡，则加以改正。

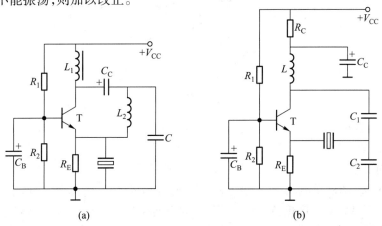

(a)   (b)

题 9.15 图

9.16 电路如题 9.16 图所示,图中运算放大器 A 和二极管 D_1、D_2 都是理想器件,稳压管 D_Z 的稳压值为 $\pm U_Z$。试证明调节电位器 R_P 改变矩形波占空比时,周期 T 将保持不变。

9.17 在题 9.17 图所示的矩形波发生电路中,运算放大器的电源为 +15 V(单电源供电),其最大输出电压 $U_{omax} = 12$ V,最小的输出电压 $U_{omin} = 0$ V,其他特性都是理想的。

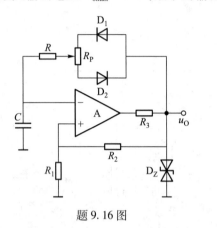

题 9.16 图

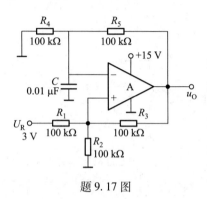

题 9.17 图

(a) 画出输出电压 u_O 和电容电压 u_c 的波形;

(b) 求出 u_c 的最大值和最小值;

(c) 当 U_R 的大小超出什么范围时,电路将不再产生矩形波?

9.18 试算估主教材图 9.2.3(a) 所示三角波发生器的输出电压 u_O 的振幅和频率。

9.19 三角波发生器的电路如题 9.19 图所示,为了实现以下几种不同要求,U_R 和 U_S 应相应地做哪些调整?

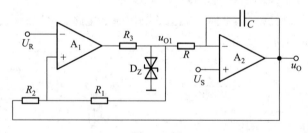

题 9.19 图

(a) u_{O1} 端输出对称方波,u_{O2} 端输出对称三角波;

(b) 对称三角波的电平可以移动(例如使波形上移);

(c) 输出矩形波的占空比可以改变(例如占空比减小)。

9.20 题 9.20 图所示电路为一压控振荡器,假设输入电压 U_1 大于零,且小于 6 V($0 < U_1 < 6$ V);运算放大器 A_1、A_2 为理想器件;二极管 D 的正向压降为 0.6 V,动态电阻很小,反向电流为零;稳压管 D_Z 的稳定电压为 ± 6 V。

（a）运算放大器 A_1、A_2 各组成什么电路？

（b）画出 u_{O1} 和 u_{O2} 波形，要求时间坐标对应，标明电压幅值；

（c）写出振荡频率 f_0 与输入电压 U_I 的近似函数关系式。

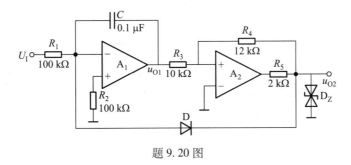

题 9.20 图

9.21　PWM 波发生器电路及参数如主教材图 9.2.6 所示，试完成以下分析计算。

（a）调节电位器 R_P 可改变比较器 A_1 反相输入端参考电压 U_{REF}，当参考电压 U_{REF} 等于多大时，三角波电压信号 u_{O2} 的波形在零电平以上，同时计算波形 u_{O2} 的峰值及其周期 T；

（b）假定需要 PWM 波 u_0 的占空比在 $0 \sim 80\%$ 之间变化，试分析确定调制波信号 u_1 的变化范围。

9.4.2　课后部分习题解答

9.1～9.4　解答略。

9.5 ［解］　（a）文氏电桥正弦波发生器中的正反馈网络（选频网络）在 $f=f_0$ 时，$\varphi_F=0$。为了满足相位条件，放大器的相移 φ_A 也应等于零。所以，运放 A 的同相输入端应与 RC 串并联网络相接；反相输入端与图中的电位器 R_P 相接。

（b）
$$f_0 = \frac{1}{2\pi RC} = \frac{1}{2\pi \times 10 \times 0.01 \times 10^{-3}}\ \mathrm{Hz} = 1\ 590\ \mathrm{Hz}$$

（c）二极管具有非线性等效电阻，当二极管两端电压小时等效电阻大，反之，等效电阻小。利用反并联的两个二极管 D_1 和 D_2 可构成非线性负反馈网络。当输出电压较小时，负反馈较弱，电路放大倍数较大，电路容易起振；当输出电压大时，负反馈较强，能较快地使放大器在未进入非线性区时，输出电压达到稳定。这样可以减小输出电压的非线性失真。

9.6 ［解］　由电路图可写出如下关系：
$$Z_1 = R + \frac{1}{\mathrm{j}\omega C}, \quad Z_2 = \frac{R}{1+\mathrm{j}\omega RC}$$

反馈系数
$$\dot{F} = \frac{\dot{U}_\mathrm{f}}{\dot{U}_\mathrm{o}} = \frac{Z_2}{Z_1+Z_2} = \frac{\dfrac{R}{1+\mathrm{j}\omega RC}}{R+\dfrac{1}{\mathrm{j}\omega C}+\dfrac{R}{1+\mathrm{j}\omega RC}} = \frac{1}{3+\mathrm{j}\left(\omega RC - \dfrac{1}{\omega RC}\right)}$$

当 $\omega=\dfrac{1}{RC}$ 时,幅频特性的幅值最大

$$F=\frac{1}{3}, \quad \varphi_F=0$$

此时,放大电路(同相输入比例器)的电压放大倍数 $A_u=1+\dfrac{R_2}{R_1}\geqslant 3$。要减小输出正弦波的非线性失真,应使 R_2/R_1 随输出幅值的增大而减小,故用正温度系数热敏电阻代替 R_1 可达到目的。

9.7 [解] (a)根据文氏电桥式正弦波振荡电路的工作原理知,电路发生振荡的充分条件是

$$\frac{R_3+R_w}{R}\geqslant 2$$

故 R_w 的最小值为 2 kΩ。

(b)电路的振荡频率

$$f_0=\frac{1}{2\pi C(R_1+R_2)}$$

当 $R_2=0$ 时,得电路最高振荡频率

$$f_{0max}=\frac{1}{2\pi CR_1}\approx 1\,592\ \text{Hz}$$

当 $R_2=100$ kΩ 时,得电路最低振荡频率

$$f_{0min}=\frac{1}{2\pi C(R_1+R_2)}\approx 145\ \text{Hz}$$

9.8 [解] (a)输出电压不失真情况下的有效值

$$U_o=\frac{1.5U_Z}{\sqrt{2}}\approx 6.36\ \text{V}$$

(b)电路的振荡频率

$$f_0=\frac{1}{2\pi CR}\approx 10\ \text{Hz}$$

9.9 [解] ④、⑤与⑨相连,③与⑧相连,①与⑥相连,②与⑦相连。如题 9.9 解图。

9.10 [解] 图(a)电路中,放大电路是反相输入比例器,$\varphi_A=-180°$;三节 RC 相移电路最大相移为270°,当三节 RC 电路相移为180°时,$\varphi_A+\varphi_F=0$。所以,本电路有可能产生振荡。

图(b)电路中反馈信号接到运放 A 的同相输入端,$\varphi_A=0$;四节 RC 移相电路中有三节 RC 移相电路是超前移相网络,一节 RC 移相电路是滞后移相网络,等效为两节 RC 超前移相网络,最大相移为180°,不满足 $\varphi_A+\varphi_F=2n\pi$ 的条件,故而不可能产生振荡。

9.11 [解] 图(a)电路中放大电路是共基极接法,信号从集电极输出,反馈信号接到发射极,选频网络是 LC 并联谐振电路。从发射极断开反馈信号,利用瞬时极性法判断可知,本

276

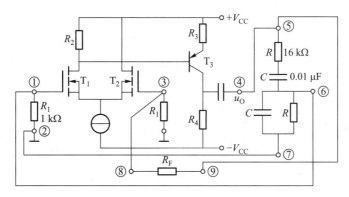

题 9.9 解图

电路是负反馈电路,不满足相位平衡条件,故而不可能产生振荡。最简单的改正方法是调换变压器的同名端。

图(b)电路中放大电路是共射极接法,信号从集电极输出,反馈信号接到基极,选频网络是 LC 并联谐振电路。从基极断开反馈信号,利用瞬时极性法判断可知,本电路是正反馈电路,能满足相位平衡条件,故而有可能产生振荡。

图(c)电路中放大电路是共射接法,信号从集电极输出,反馈信号接到基极,选频网络是 LC 并联谐振电路。利用与上题同样的方法可判断本电路不满足相位平衡条件,故而不可能产生振荡。本电路最简单的修改方案是调整选频网络的接法。具体方法如下:断开基极与电感中心抽头之间的连线,断开 LC 并联谐振网络与地线之间的连线;电感中心抽头接到发射极并接地,LC 并联谐振网络跨接在基极与集电极之间。

9.12 ［解］ 图(a)电路中放大电路是共射极接法,LC 并联谐振网络接在集电极,反馈信号取自电容 C_1,连接到基极。利用瞬时极性法判别可知,本电路的反馈是负反馈,不满足相位平衡条件,故而不可能产生振荡。为了满足相位平衡条件,可将放大电路改接成共基极电路。修改后的电路如题 9.12 解图(a)所示。

$$f_0 = \frac{1}{2\pi\sqrt{LC}} = \frac{1}{2\pi\sqrt{\dfrac{C_1 C_2}{C_1 + C_2}L}}$$

图(b)电路中的放大电路是共射极接法,LC 并联谐振网络是选频网络兼反馈网络。静态时,基极对地之间被电感 L_2 短路,晶体管发射结不能正偏,正确的接法应该在反馈回路串接基极耦合电容 C_B。动态时,集电极对地短路,信号无法传送到选频网络;另外,本电路中的反馈是负反馈,不能满足相位平衡条件,故而本电路不能振荡。修改后的电路如题 9.12 解图(b)所示。

$$f_0 = \frac{1}{2\pi\sqrt{LC}} = \frac{1}{2\pi\sqrt{(L_1 + L_2 + 2M)C}}$$

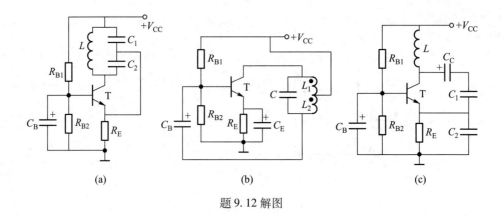

题 9.12 解图

图(c)电路中放大电路是共基极接法, LC 并联谐振网络是选频网络。由于电路没有反馈回路,故而电路不能振荡。改正方法非常简单,只要在晶体管发射极与谐振网络电容 C_1 和 C_2 之间增加一根连线,电路就能满足相位平衡条件。

$$f_0 = \frac{1}{2\pi\sqrt{LC}} = \frac{1}{2\pi\sqrt{\dfrac{C_1 C_2}{C_1 + C_2}L}}$$

9.13 [解]

$$f_0 = \frac{1}{2\pi\sqrt{LC}} = \frac{1}{2\pi\sqrt{\dfrac{C_1 C_2}{C_1 + C_2}L}} = \frac{1}{2\pi\sqrt{\dfrac{0.01 \times 0.01}{0.01 + 0.01} \times 10^{-6} \times 50 \times 10^{-3}}} \text{ Hz} \approx 10 \text{ kHz}$$

9.14 [解] 本电路中的放大电路是共基极接法, LC 并联谐振网络是选频网络,反馈信号取自电感 2 端和 3 端之间,通过耦合电容连接到晶体管发射极。利用瞬时极性法判别可知,只要变压器 5 端和 1 端信号极性相同,电路就能满足相位平衡条件,即 5 端和 1 端应为同名端。

谐振电容值

$$C = \frac{(C_1 + C_2)C_3}{C_1 + C_2 + C_3} = 20.5 \sim 139.29 \text{ pF}$$

振荡频率

$$f_0 = \frac{1}{2\pi\sqrt{L_{13}C}} = 3\,517 \sim 1\,349 \text{ kHz}$$

9.15 [解] (a) 动态时,旁路电容 C_B、C_C 短路,直流电压源短路,高频扼流圈 L_1 开路(阻抗很大),可画交流通路如题 9.15 解图所示。

(b) 由瞬时极性法判断可知图(a)、图(b)两个电路都有可能振荡。

(c) 图(a)电路中,当晶体工作在并联谐振时,晶体等效为电感,电路构成电感三点式振荡电路。

278

图(b)电路中,当晶体发生串联谐振时,晶体的等效阻抗近似为零,正反馈信号最强,电路才有可能振荡。所以,本电路是串联型晶体振荡电路。LC 并联谐振网络的谐振频率应与晶体串联谐振频率相等。

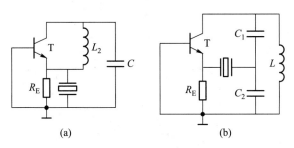

(a)   (b)

题 9.15 解图

9.16 [解] 为便于分析,可先画出 u_O 和 u_C 的波形示意图如题 9.16 解图所示。其中

$$U_F = \frac{R_1}{R_1 + R_2} U_Z$$

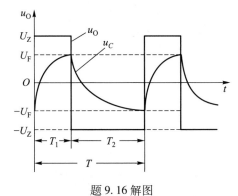

题 9.16 解图

当输出电压为 U_Z 时,u_O 通过 D_1 对电容充电

$$T_1 = (R + R'_P) C \ln\left(1 + \frac{2R_1}{R_2}\right)$$

当输出电压为 $-U_Z$ 时,电容通过 D_2 放电

$$T_2 = (R + R''_P) C \ln\left(1 + \frac{2R_1}{R_2}\right)$$

故矩形波周期

$$T = T_1 + T_2 = (2R + R_P) C \ln\left(1 + \frac{2R_1}{R_2}\right)$$

可见,在改变 R_P 滑动端位置时,T 保持不变。

9.17[解] （a）方波发生器电路输出电压只有高电平和低电平两种状态,电容 C 随输出电压的极性进行充电或放电。当电容 C 两端电压大于运放同相端电位时,输出为低电平;反之,输出为高电平。因而,输出电压 u_O 和电容电压 u_C 的波形如题 9.17 解图所示。

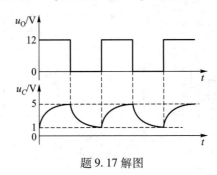

题 9.17 解图

（b）只要求出运放同相端电位的最大值和最小值,就可知道电容 C 两端电压的最大值和最小值。由图可知

$$\frac{u_O - u_+}{R_3} + \frac{U_R - u_+}{R_1} = \frac{u_+}{R_2}$$

$$R_1 = R_2 = R_3$$

故

$$u_+ = \frac{u_O + U_R}{3}$$

当 $u_O = U_{omax} = 12$ V 时, $\qquad u_+ = \dfrac{12+3}{3}$ V $= 5$ V。

当 $u_O = U_{omin} = 0$ V 时, $\qquad u_+ = \dfrac{0+3}{3}$ V $= 1$ V。

$u_O = 12$ V 时,电容器 C 充电,当 $u_+ = u_C$ 时,C 充电结束,此时 $u_{Cmax} = 5$ V;$u_O = 0$ V 时,电容器 C 放电,当 $u_+ = u_C$ 时,C 放电结束,此时 $u_{Cmin} = 1$ V。

（c）如果电容 C 充电电压不能大于 $u_+\Big|_{u_O=U_{omax}}$,或者电容放电时 u_C 不能小于 $u_+\Big|_{u_O=U_{omin}}$,电路就不再产生方波。由图可知,当电容 C 不受比较器翻转控制时,U_{omax} 在 R_4 两端的分压就是电容 C 最大可能的充电电压 $u_{Cmax} = \dfrac{1}{2}U_{omax}$;而电容 C 放电时,最小电压 $u_{Cmin} = \dfrac{1}{2}U_{omin}$。即

$$u_{Cmax} = \frac{1}{2}U_{omax} < \frac{1}{3}U_{omax} + \frac{1}{3}U_R$$

或者

$$u_{Cmin} = \frac{1}{2}U_{omin} > \frac{1}{3}U_{omin} + \frac{1}{3}U_R$$

从而可得出:当 $U_R > \dfrac{1}{2}U_{omax} = 6$ V,或 $U_R < \dfrac{1}{2}U_{omin} = 0$ V 时,电路就不能正常工作。

9.18〔解〕 经分析可知

$$U_{om} = \frac{R_1}{R_2}U_Z = \frac{10}{20} \times 6.5 \text{ V} = 3.25 \text{ V}$$

$$f = \frac{R_2}{4R_1RC} = \frac{20}{4 \times 10 \times 2.7 \times 0.2} \text{ kHz} \approx 1 \text{ kHz}$$

9.19〔解〕 首先分析 U_R 和 U_S 对电路的影响。运放 A_1 反相输入端的参考电压 U_R 会改变比较器的阈值电压，不会影响比较器的输出电压 u_{o1} 的大小，因而积分电容 C 的充放电斜率不会变化；但 U_R 会改变积分器输出电压的零点，使三角波信号平移。运放 A_2 同相端的参考电压 U_S 会改变积分电容充放电电流的大小，使正向充电电流与负向充电电流不等，从而改变了输出信号 u_{o1} 高低电平持续时间，即改变矩形波的占空比。

（a）$U_R = 0$，$U_S = 0$。

（b）$U_S = 0$，U_R 为一合适的电压。当 $U_R > 0$ 时，整个波形上移。

（c）$U_R = 0$，U_S 为一合适的电压。当 $U_S > 0$ 时，占空比 $\dfrac{T_1}{T}$ 变大，T_1 表示矩形波在周期 T 内为高电平的时间。

9.20〔解〕 （a）A_1 构成反相输入积分电路，A_2 构成同相输入比较电路。

（b）比较器的输出电压只有高、低电平两种状态，当输出高电平 $U_Z = 6$ V 时，二极管 D 关断，u_{o1} 随时间推移而负向线性增大。当负极性 u_{o1} 与正极性 u_{o2} 使运放 A_2 同相端电位过零（反相端接地）时，比较器翻转，u_{o2} 跃变为负值。此时，二极管 D 导通，u_{o2} 等于二极管导通压降 0.6 V（运放 A_1 反相端为虚地）。二极管 D 导通后等效电阻很小，积分电容 C 迅速放电，u_{o1} 快速正向增大。当正极性 u_{o1} 与负极性 u_{o2}（$=-0.6$ V）使运放 A_2 同相端电位过零时，比较器再次翻转，u_{o2} 跃变为正值，二极管再次关断，如此周而复始，形成周期性振荡。

为了推算比较器翻转时刻 u_{o1} 的大小，可利用叠加原理列出运放 A_2 同相输入端电位与 u_{o1} 和 u_{o2} 之间的关系如下：

$$\frac{R_4}{R_3+R_4}u_{o1} + \frac{R_3}{R_3+R_4}u_{o2} = 0$$

$$u_{o1} = -\frac{R_3}{R_4}u_{o2}$$

当 $u_{o2} = U_Z = 6$ V 时，$u_{o1} = -5$ V，比较器状态翻转。

当 $u_{o2} = -0.6$ V 时，$u_{o1} = 0.5$ V，比较器状态翻转。

由此可画出 u_{o1} 和 u_{o2} 的波形如题 9.20 解图所示。

（c）由于二极管 D 导通电阻很小，积分电容放电时间极短，锯齿波的周期近似等于积分电容充电时间，即 $T \approx T_1$。

$$u_{o1} = -\frac{1}{R_1C}\int U_I dt = -\frac{U_I}{R_1C}t$$

当 $u_{O1} = -\dfrac{R_3}{R_4}U_Z$ 时,电容充电结束,则有

$$-\frac{T_1}{R_1 C}U_1 = -\frac{R_3}{R_4}U_Z$$

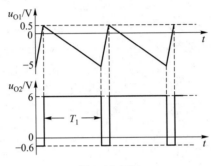

题 9.20 解图

即

$$T_1 = \frac{R_1 R_3 C U_Z}{R_4 U_1}$$

$$f_0 \approx \frac{1}{T_1} = \frac{R_4 U_1}{R_1 R_3 C U_Z} = \frac{12 \times 10^3 \times U_1}{100 \times 10^3 \times 10 \times 10^3 \times 0.1 \times 10^{-6} \times 6} = 20 U_1$$

9.21 [**解**] (a) 由主教材图 9.2.6 可知,当调节电位器 R_P 使参考电压 U_{REF} 为零时,u_{O2} 为正负对称的三角波,其峰-峰值等于 $2U_Z$。改变参考电压 U_{REF} 的大小可使三角波向上平移。当 U_{REF} 等于 $+U_Z/2$ 时,由比较器 A_1 组成的迟滞比较器的状态翻转点等于 $+U_Z/2$。当 A_1 输出端的稳压管压降等于 $+U_Z$ 时,积分器输出电压 u_{O2} 逐渐减小,当 u_{O2} 减小到零时,A_1 的同相输入端电压也等于 $+U_Z/2$;若当 u_{O2} 略小于零,则迟滞比较器的状态翻转,A_1 输出端的稳压管压降等于 $-U_Z$,此时积分器输出电压 u_{O2} 逐渐增大,又当 u_{O2} 增大到 $+2U_Z$ 时,A_1 的同相输入端电压与其反相输入端电压相等(等于 $+U_Z/2$),若当 u_{O2} 略小于零则迟滞比较器的状态翻转,A_1 输出端的稳压管压降等于 $+U_Z$;如此循环往复可使 u_{O2} 产生大于零电平的三角波,其幅值等于 $2U_Z = 10$ V,周期等于 $4R_7 C = 0.1$ ms。

(b) 由以上分析可知比较器 A_3 的反相输入端的信号为 0~10 V 的三角波,当 A_3 同相输入端电压 u_1 在三角波峰值之间变化时,比较器 A_3 输出端脉冲占空比可调。当 u_1 等于零时,占空比 $d=0$;当 u_1 等于 10 V 时,占空比 $d=1$。所以,当 u_1 在 0~8 V 之间可调时,u_0 的占空比可在 0~80% 之间变化。

10

功率放大电路

10.1 教 学 要 求

本章介绍了功率放大电路的特点和分类、互补推挽功率放大电路以及功率器件与散热。各知识点的教学要求如表 10.1.1 所示。

表 10.1.1　第 10 章教学要求

知　识　点		教学要求		
		熟练掌握	正确理解	一般了解
功率放大电路的特点和分类				√
互补推挽功率放大电路	乙类互补推挽功率放大电路的工作原理及主要性能指标计算	√		
	甲乙类互补推挽功率放大电路工作原理	√		
	单电源功率放大电路工作原理		√	
	前置级为运放的功率放大电路	√		
	变压器耦合功率放大电路			√
	集成功率放大器			√
功率器件与散热	几种功率器件的特点			√
	功率器件的散热			√

10.2 基本概念与分析计算的依据

10.2.1 功率放大电路的特点和分类

1. 特点

(1) 研究的主要问题:功率放大电路的输出功率、效率、非线性失真以及电路在大信号工作状态下器件的安全和散热等问题。

(2) 分析方法:主要采用图解分析法。

2. 工作状态分类

(1) 根据晶体管的导通角的不同,放大电路可分成甲类、乙类、甲乙类。

(2) 按电路形式分:单管功放、推挽式功放、桥式功放。

(3) 按耦合的方式分:变压器耦合、直接耦合(OCL)、电容耦合(OTL)。

(4) 按功放管的类型分:电子管、晶体管、场效应管、集成功放。

3. 甲类、乙类和甲乙类功放电路的特点

甲类、乙类和甲乙类功放电路的特点如表 10.2.1 所示。

表 10.2.1 甲类、乙类和甲乙类功放电路的特点

类别	工作点位置	电流波形	特点
甲类	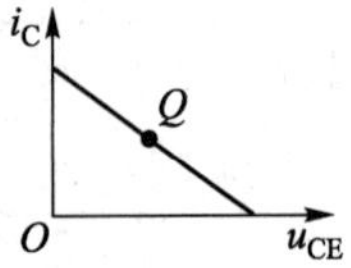	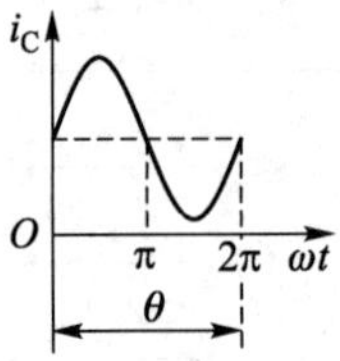	(1) 管子的导通角 $\theta = 2\pi$ (2) 静态电流不为零,电路的电源供给的功率始终等于静态功率损耗 (3) 电路的静态功耗大,效率低 (4) 非线性失真小
乙类	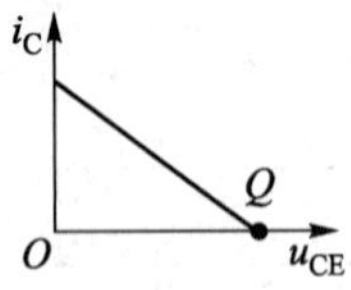	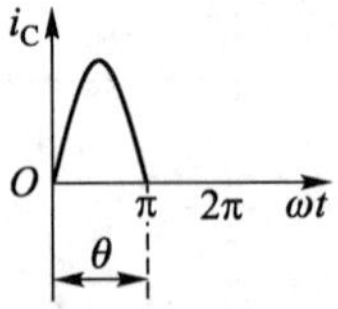	(1) 管子的导通角 $\theta = \pi$ (2) 静态电流和功耗均为零 (3) 效率高 (4) 非线性失真大
甲乙类	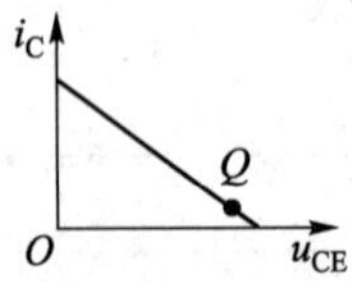	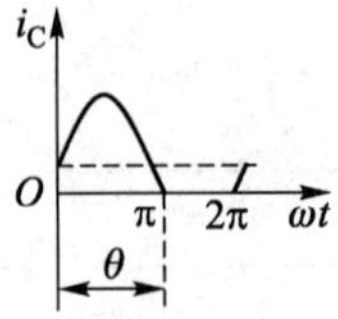	(1) $\pi < \theta < 2\pi$ (2) 静态电流和功耗都很小 (3) 效率较高 (4) 非线性失真比甲类大,比乙类小

10.2.2　互补推挽功率放大电路

1. 乙类互补推挽功率放大电路

乙类互补推挽功率放大电路如图10.2.1所示。当输入信号 $u_i = 0$ 时,两只晶体管都不导通,输出信号 $u_o = 0$。在输入信号的正、负两个半周内,两只管子轮流导通,各导通半个周期,输出电压近似等于输入电压。

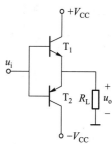

图 10.2.1　乙类互补推挽功放电路

（1）电路特点

（a）晶体管的静态电流等于零。

（b）电路的静态功耗为零,能量转换效率高。

（c）存在交越失真。

（2）主要性能指标

（a）输出电压 $u_o \approx u_i$。

最大输出电压 $V_{CC} - U_{CES}$,近似等于电源电压 V_{CC}。

（b）输出功率

$$P_o = U_o I_o = \frac{U_o^2}{R_L} = \frac{U_{om}^2}{2R_1}$$

最大输出功率

$$P_{om} = \frac{(V_{CC} - U_{CES})^2}{2R_L} \approx \frac{V_{CC}^2}{2R_1}$$

（c）电源供给功率

$$P_V = 2V_{CC} I_{C(AV)} = \frac{2}{\pi} \frac{V_{CC} U_{om}}{R_L}$$

（d）能量转换效率

$$\eta = \frac{P_o}{P_V} = \frac{\pi}{4} \frac{U_{om}}{V_{CC}}$$

当 $U_{om} = V_{CC}$ 时,能量转换效率最大, $\eta_m = \frac{\pi}{4} = 78.5\%$。

（e）晶体管的耗散功率

$$P_T = P_V - P_o$$

当 $U_{om} = \frac{2}{\pi} V_{CC} \approx 0.6 V_{CC}$ 时,晶体管的功耗最大,每只管子的最大管耗为

$$P_{T1m} = P_{T2m} = \frac{1}{\pi^2} \frac{V_{CC}^2}{R_L} \approx 0.2 P_{om}$$

（3）功率管的选择原则

（a）$P_{CM} \geqslant 0.2 P_{om}$;　（b）$|U_{(BR)CEO}| > 2V_{CC}$;　（c）$I_{CM} \geqslant V_{CC}/R_L$。

2. 甲乙类互补推挽功率放大电路

为了克服乙类互补推挽功率放大电路输出信号的交越失真,通常给功放管施加一定的直流偏置电压,使功放管在静态时处于微导通状态,即工作于甲乙类工作状态。甲乙类互补推挽功率放大电路性能指标与乙类电路接近。

3. 单电源互补推挽功率放大电路

在单电源互补推挽功率放大电路中,通常利用输出耦合电容器(容量足够大)上的充电电压代替双电源功放电路中的负电源。此时,电路中每只功率管的工作电源不是原来双电源中的 V_{CC},而是 $V_{CC}/2$。所以,在计算电路各项性能指标时要用 $V_{CC}/2$ 代替原公式中的 V_{CC}。

4. 以运放为前置级的功放电路

为了提高运放的带负载能力,可在运放输出端串接功率放大电路之后,设置电压负反馈形成闭环,提高了功放电路的稳定性。

5. 变压器耦合功率放大电路

变压器耦合功率放大电路有单管电路和互补推挽电路之分,他们都是利用变压器的阻抗变换能力,将实际负载 R_L 通过变压器转化为功率电路的最佳负载 R'_L,实现功率电路的阻抗匹配。但由于变压器体积大、频率特性差且不宜集成的缺点,故只有在需要大功率输出时才使用这种电路。

10.2.3 集成功率放大器

由分立元件组成的各种功率放大电路在实际应用时,需要引入深度负反馈以改善频率特性、减小非线性失真,因而电路趋于复杂。而随着集成电路的发展,大量的专业及民用设备都采用了集成功率放大器。集成功率放大器的种类很多,常用的低频集成功放有 LM386、LM380、TDA2003 和 TDA2006 等。

10.2.4 功率管及其散热

为了提高功放电路的输出功率,保证电路安全工作,通常有两种方法,一是采用大功率半导体器件(功率管),二是提高功率器件的散热能力。

1. 三种常用的功率器件的比较

双极型功率晶体管(BJT)、功率 MOSFET 和绝缘栅双极型晶体管(IGBT)是三种常用的功率器件,它们的特点如表 10.2.2 所列。

表 10.2.2 三种常用的功率器件的比较

名　　称	特　　点
双极型功率晶体管(BJT)	输入阻抗低、所需驱动电流大,驱动电路复杂;温度稳定性差,集电极电流具有正温度系数,会发生热击穿和二次击穿,安全工作区小;受少子基区渡越时间的限制,频率特性较差,非线性失真严重
功率 MOSFET	输入阻抗高、所需驱动电流小,驱动电路简单,温度稳定性好;漏极电流具有负温度系数,不会发生热击穿,也不会出现二次击穿,安全工作区大;没有 BJT 管的少子存储问题,频率特性好,工作速度高、线性好、失真小
绝缘栅双极型晶体管(IGBT)	它综合了 MOSFET 输入阻抗高、驱动电流小和双极型管的导通电阻小、高电压、大电流的优点

2. 功率管的散热

功率管良好的散热是保证功率放大器正常工作的重要条件。散热的好坏通常用热阻的大小来描述。热阻 R_T 定义为每 1 W 的集电极耗散功率使晶体管的结温升高的度数,即

$$R_T = \frac{T_2 - T_1}{P_C} (\text{℃/W})$$

热阻 R_T 越小,散热条件越好。功率管最大允许的管耗 P_{CM} 与热阻大小、工作环境温度有关,即

$$P_{CM} = \frac{T_{jM} - T_a}{R_T}$$

式中,T_{jM} 表示 PN 结的最高允许结温;T_a 表示功率管的工作环境温度。

10.3 基本概念自检题与典型题举例

10.3.1 基本概念自检题

1. 选择填空题(以下每小题后均列出了几个可供选择的答案,请选择其中一个最合适的答案填入空格之中)

(1) 与甲类功率放大器相比较,乙类互补推挽功放的主要优点是(   )。

(a) 无输出变压器   (b) 无输出电容   (c) 能量转换效率高   (d) 无交越失真

(2) 实际上,乙类互补推挽功放电路中的交越失真就是(   )。

(a) 幅频失真   (b) 相频失真   (c) 饱和失真   (d) 截止失真

(3) 乙类互补推挽功率放大电路的能量转换效率最高是(   )。

(a) 50%   (b) 78.5%   (c) 85%   (d) 100%

(4) 在甲类功率放大电路中,当输出电压幅值(   )时,管子的功耗最小。

(a) 最小   (b) 适中   (c) 等于零   (d) 最大

(5) 在乙类互补推挽功率放大电路中,当输出电压幅值等于(   )时,管子的功耗最小。

(a) 0   (b) $\frac{1}{\pi} V_{CC}$ (c) $\frac{2}{\pi} V_{CC}$ (d) $V_{CC} - U_{CES}$

(6) 在甲类放大电路中,当输出电压幅值(   )时,管子的功耗最大。

(a) 最小   (b) 适中   (c) 等于零   (d) 最大

(7) 在乙类互补推挽功率放大电路中,当输出电压幅值等于(   ),管子的功耗最大。

(a) 0   (b) $\frac{1}{\pi} V_{CC}$ (c) $\frac{2}{\pi} V_{CC}$ (d) $V_{CC} - U_{CES}$

(8) 在乙类互补推挽功率放大电路中,每只管子的最大管耗为(   )。

(a) $0.5 P_{om}$ (b) P_{om} (c) $0.4 P_{om}$ (d) $0.2 P_{om}$

(9) 在乙类互补推挽功率放大电路中,晶体管 c、e 极间承受的最大电压近似等于(　　)。

(a) $V_{CC}/2$　　　　　(b) $V_{CC}-U_{CES}$　　　　(c) V_{CC}　　　　　(d) $2V_{CC}$

(10) 在乙类互补推挽功率放大电路中,流过放大管的平均电流为(　　)。

(a) $\dfrac{1}{\pi}\dfrac{V_{CC}}{R_L}$　　　(b) $\dfrac{1}{\pi}\dfrac{V_{CC}-U_{CES}}{R_L}$　　　(c) $\dfrac{1}{\pi}\dfrac{U_{om}}{R_L}$　　　(d) $\dfrac{U_{om}}{R_L}$

(11) 单电源互补推挽功率放大电路中,电路的最大输出电压幅值为(　　)。

(a) $V_{CC}-U_{CES}$　　　(b) $\dfrac{V_{CC}}{2}$　　　(c) $\dfrac{V_{CC}-U_{CES}}{2}$　　　(d) $\dfrac{V_{CC}}{2}-U_{CES}$

[答案]　(1)(c)。(2)(d)。(3)(b)。(4)(d)。(5)(a)。(6)(c)。(7)(c)。
(8)(d)。(9)(d)。(10)(c)。(11)(d)。

2. 填空题(请在空格中填上合适的词语,将题中的论述补充完整)

(1) 甲类放大电路放大管的导通角 θ 等于_____,乙类放大电路放大管的 θ 等于_____,而甲乙类放大电路放大管的 θ_____。

(2) 乙类互补推挽功率放大电路的能量转换效率,在理想的情况下最高可达_____,但这种电路会产生_____失真现象。为了消除这种失真,应当给功放管_____,使其工作于_____状态。

(3) 设计一个输出功率为 20 W 的扩音机电路,若用乙类互补对称功率放大,则应选额定功耗至少为_____W 的功率管两个。

(4) 由于功率放大电路中的功放管工作于大信号状态,因此通常采用_____法分析电路。

(5) 采用双极型晶体管设计功率放大电路时要特别注意功放管的_____、_____和_____三个极限参数的选择。

(6) 分析功率器件的散热问题时,通常采用_____,即用_____来模拟功率器件的散热回路。

(7) 功率管的最大允许功耗 P_{CM} 与环境温度 T_a、最高结温 T_{jM} 及热路热阻 R_T 间的关系是_____,这一关系称为热路欧姆定律。

[答案]　(1) $360°$,$180°$,$180°<\theta<360°$。(2) 78.5%,交越失真,施加静态偏置,甲乙类。(3) 4。(4) 图解。(5) I_{CM},P_{CM},$U_{(BR)CEO}$。(6) 电-热模拟法,导电回路。(7) $P_{CM}=(T_{jM}-T_a)/R_T$。

10.3.2　典型题举例

[**例 10.1**]　乙类互补推挽功放电路如图 10.2.1 所示。已知 $V_{CC}=12$ V,$R_L=8$ Ω。假设功率管 T_1 和 T_2 特性对称,管子的饱和压降 $U_{CES}=0$,u_i 为正弦电压。

(1) 试求电路可能达到的最大输出功率。

(2) 功率管的 P_{CM} 至少应为多少?

(3) 功率管的耐压 $|U_{(BR)CEO}|$ 至少应为多少?

（4）当输入信号 $u_i = 6 \sin \omega t$ V 时，输出功率和能量转化效率分别为多大？

[解] （1）因为电路的最大输出电压幅值近似等于电源电压 V_{CC}。因此，电路可能达到的最大输出功率为

$$P_{om} \approx \frac{V_{CC}^2}{2R_L} = \frac{12 \times 12}{2 \times 8} \text{ W} = 9 \text{ W}$$

（2）每个功率管的 $P_{CM} \geqslant 0.2 P_{om} = 1.8$ W。

（3）每个功率管的耐压 $|U_{(BR)CEO}| \geqslant 2V_{CC} = 24$ V。

（4）当 $u_i = 6 \sin \omega t$ V 时

$$U_{om} = 6 \text{ V}$$

$$P_o = \frac{U_{om}^2}{2R_L} = \frac{6 \times 6}{2 \times 8} \text{ W} = 2.25 \text{ W}$$

$$P_V = 2V_{CC}I_{C(AV)} = \frac{2}{\pi} \frac{V_{CC}U_{om}}{R_L} = \frac{2}{\pi} \frac{12 \times 6}{8} \text{ W} \approx 5.7 \text{ W}$$

$$\eta = \frac{P_o}{P_V} \times 100\% = \frac{2.25}{5.7} \times 100\% \approx 39\%$$

[例 10.2] 在图 10.2.1 所示的功放电路中。已知 u_i 为正弦电压，$R_L = 8$ Ω，要求最大输出功率为 16 W，假设功率管 T_1 和 T_2 特性完全对称，管子的饱和压降 $U_{CES} \approx 0$。试求：

（1）正、负电源 V_{CC} 的最小值。

（2）当输出功率最大时，电源供给的功率。

（3）当输出功率最大时的输入电压的有效值。

[解] （1）由于电路的最大输出功率

$$P_{om} \approx \frac{V_{CC}^2}{2R_L} = 16 \text{ W}$$

所以电源电压

$$V_{CC} \geqslant \sqrt{2R_L P_{om}} = \sqrt{2 \times 8 \times 16} \text{ V} = 16 \text{ V}$$

（2）当输出功率最大时，电源供给的功率

$$P_V = \frac{2}{\pi} \frac{V_{CC}^2}{R_L} = \frac{2}{\pi} \times \frac{16 \times 16}{8} \text{ W} \approx 20.38 \text{ W}$$

（3）因为当输出功率最大时，输出电压的幅值为

$$U_{om} \approx V_{CC} = 16 \text{ V}$$

所以输入电压的有效值为

$$U_i \approx U_o = \frac{V_{CC}}{\sqrt{2}} \approx 11.32 \text{ V}$$

[例 10.3] 在图 10.3.1 所示的电路中，已知晶体管的 $\beta = 50$，$U_{BE} = 0.7$ V，$U_{CES} = 0.5$ V，

$I_{CEO}=0$。请先计算电路可能达到的最大输出功率 P_{om}；然后估算偏置电阻 R_B 和电路最大能量转换效率 η_m。

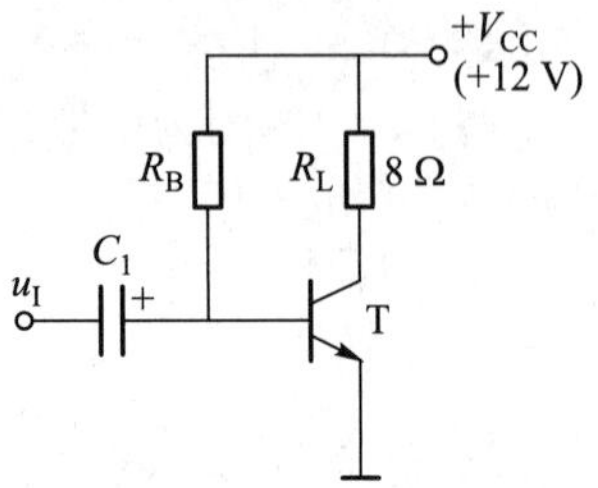

图 10.3.1　例 10.3 题图

　　[解]　（1）为了计算电路能达到的最大输出功率 P_{om}，首先，应估算负载上能得到的最大不失真输出电压的峰-峰值 U_{opp}。由图可知，当晶体管截止时，负载上的电压等于零；当晶体管饱和时，负载上的电压近似等于 V_{CC}。即

$$U_{opp}=V_{CC}-U_{CES}=11.5 \text{ V}$$

由输出功率 $P_o=\dfrac{U_{om}^2}{2R_L}$ 可知，当 $U_{om}=\dfrac{U_{opp}}{2}$ 时，输出功率达到最大，即

$$P_{om}=\frac{(U_{opp}/2)^2}{2R_L}=\frac{(11.5/2)^2}{2\times 8}\text{W}\approx 2.07 \text{ W}$$

　　（2）估算偏置电阻 R_B，应先估算电路的静态工作点 U_{CEQ}、I_{CQ} 和 I_{BQ}。输出电压 U_{opp} 与 U_{CEQ} 应满足下式：

$$U_{CEQ}=\frac{U_{opp}}{2}+U_{CES}=6.25 \text{ V}$$

或

$$U_{CEQ}=V_{CC}-\frac{U_{opp}}{2}=6.25 \text{ V}$$

$$I_{CQ}=\frac{V_{CC}-U_{CEQ}}{R_L}=\frac{12-6.25}{8}\text{A}\approx 0.71 \text{ A}$$

$$I_{BQ}=\frac{I_{CQ}}{\beta}=\frac{0.71}{50}\text{A}\approx 14.2 \text{ mA}$$

故

$$R_B=\frac{V_{CC}-U_{BEQ}}{I_{BQ}}=\frac{12-0.7}{14.2}\text{k}\Omega\approx 800 \text{ }\Omega$$

　　（3）此时电源提供的功率为

$$P_V=V_{CC}I_{CQ}=8.52 \text{ W}$$

故电路最大的能量转换效率为

$$\eta_m=\frac{P_{om}}{P_V}\times 100\%\approx 24\%$$

　　[例 10.4]　甲乙类互补推挽功率放大电路如图 10.3.2 所示。已知 $V_{CC}=26 \text{ V}$，$R_L=8 \text{ }\Omega$，假设功率管 T_1 和 T_2 的特性完全对称，管子饱和压降 $|U_{CES}|=1 \text{ V}$，发射结正向压降 $|U_{BE}|=0.55 \text{ V}$，二极管的正向压降 $U_D=0.55 \text{ V}$。

　　（1）求静态时 U_A、U_{B1}、U_{B2} 的值。

　　（2）求该电路的最大输出功率 P_{om} 和能量转换效率 η_m。

（3）求功率管耗散功率最大时,电路的输出功率 P_o、电源功率 P_V 及能量转换效率 η。

（4）假定输出电压的有效值为 10 V,求输出功率 P_o、电源供给的功率 P_V、能量转换效率 η 及功率管的耗散功率 P_T1 和 P_T2。

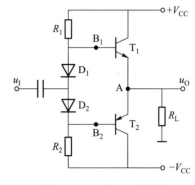

图 10.3.2　例 10.4 题图

[解]　（1）由于电路具有很好的对称性,并且信号源和放大电路之间采用了阻容耦合的方式。所以在静态时

$$U_\mathrm{A}=0\text{ V},U_\mathrm{B1}=0.55\text{ V},U_\mathrm{B2}=-0.55\text{ V}$$

（2）当功率管饱和时,负载上得到最大电压。即最大输出功率为

$$P_\mathrm{om}=\frac{(V_\mathrm{CC}-U_\mathrm{CES})^2}{2R_\mathrm{L}}=\frac{(26-1)^2}{2\times8}\text{ W}\approx39\text{ W}$$

此时电源供给的功率为

$$P_\mathrm{V}=\frac{2}{\pi}\frac{(V_\mathrm{CC}-U_\mathrm{CES})V_\mathrm{CC}}{R_\mathrm{L}}=\frac{2}{\pi}\times\frac{(26-1)\times26}{8}\text{W}\approx51.8\text{ W}$$

能量转换效率

$$\eta=\frac{P_\mathrm{om}}{P_\mathrm{V}}\times100\%=\frac{39}{51.8}\times100\%\approx75\%$$

（3）当功率管耗散功率最大时,输出电压的幅值等于

$$U_\mathrm{om}=\frac{2}{\pi}V_\mathrm{CC}$$

此时电路的输出功率为

$$P_\mathrm{o}=\frac{1}{2R_\mathrm{L}}\left(\frac{2}{\pi}V_\mathrm{CC}\right)^2=\frac{1}{2\times8}\left(\frac{2}{\pi}\times26\right)^2\text{ W}\approx17.1\text{ W}$$

电源供给的功率为

$$P_\mathrm{V}=\frac{1}{R_\mathrm{L}}\left(\frac{2}{\pi}V_\mathrm{CC}\right)^2=\frac{1}{8}\left(\frac{2}{\pi}\times26\right)^2\text{ W}\approx34.2\text{ W}$$

能量转换效率为

$$\eta=\frac{P_\mathrm{o}}{P_\mathrm{V}}\times100\%=50\%$$

（4）已知输出电压 $U_\mathrm{o}=10$ V,故

$$P_\mathrm{o}=\frac{U_\mathrm{o}^2}{R_\mathrm{L}}=12.5\text{ W}$$

$$P_\mathrm{V}=\frac{2}{\pi}\frac{\sqrt{2}U_\mathrm{o}V_\mathrm{CC}}{R_\mathrm{L}}=\frac{2}{\pi}\frac{\sqrt{2}\times10\times26}{8}\text{W}\approx29.3\text{ W}$$

$$\eta = \frac{P_{\mathrm{o}}}{P_{\mathrm{V}}} \times 100\% = \frac{12.5}{29.3} \times 100\% \approx 42.7\%$$

$$P_{\mathrm{T}} = P_{\mathrm{V}} - P_{\mathrm{o}} = 16.8\ \mathrm{W}$$

$$P_{\mathrm{T1}} = P_{\mathrm{T2}} = P_{\mathrm{T}}/2 = 8.4\ \mathrm{W}$$

[**例10.5**]　单电源互补功率放大电路如图 10.3.3 所示。设功率管 T_1、T_2 的特性完全对称,管子的饱和压降 $|U_{\mathrm{CES}}| = 1\ \mathrm{V}$, 发射结正向压降 $|U_{\mathrm{BE}}| = 0.55\ \mathrm{V}$, $\beta = 30$, $R_{\mathrm{L}} = 16\ \Omega$, $V_{\mathrm{CC}} = 26\ \mathrm{V}$, 并且电容器 C_1 和 C_2 的容量足够大。

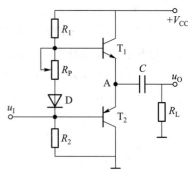

图 10.3.3　例 10.5 题图

（1）静态时,A 点的电位 U_{A}、电容器 C 两端压降 U_C 和输入端信号中的直流分量 U_{I} 分别为多大?

（2）动态时,若输出电压仍有交越失真, R_{P} 应该增大还是减小?

（3）试确定电路的最大输出功率 P_{om}、能量转换效率 η_{m}, 及此时需要的输入激励电流 i_{B} 的值。

（4）如果二极管 D 开路,将会出现什么后果?

[**解**]　（1）静态时,调整电阻 R_1、R_2 和 R_{P}, 保证功率管 T_1 和 T_2 处于微导通状态使 A 点电位 U_{A} 等于电源电压的一半,即 $U_{\mathrm{A}} = V_{\mathrm{CC}}/2 = 13\ \mathrm{V}$。此时耦合电容 C 被充电, $U_C = V_{\mathrm{CC}}/2 = 13\ \mathrm{V}$; 输入信号中的直流分量的大小,应保证输入信号接通后不影响放大电路的直流工作点,即 $U_{\mathrm{I}} = U_{\mathrm{A}} - |U_{\mathrm{BE2}}| = 12.45\ \mathrm{V}$。

（2）电路中设置电位器 R_{P} 和二极管 D 的目的是为功率管提供合适的静态偏置,从而减小互补推挽电路的交越失真。若接通交流信号后输出电压仍有交越失真,说明偏置电压不够高,适当增大电位器 R_{P} 的值之后,交越失真将会减小。

（3）功率管饱和时,输出电压的幅值达到最大值,则电路的最大输出功率

$$P_{\mathrm{om}} = \frac{\left(\dfrac{V_{\mathrm{CC}}}{2} - U_{\mathrm{CES}}\right)^2}{2R_{\mathrm{L}}} = 4.5\ \mathrm{W}$$

此功放电路的能量转换效率最大

$$\eta_{\mathrm{m}} = \frac{\pi}{4} \cdot \frac{\dfrac{V_{\mathrm{CC}}}{2} - U_{\mathrm{CES}}}{\dfrac{V_{\mathrm{CC}}}{2}} = \frac{\pi}{4} \times \frac{13 - 1}{13} \approx 72.5\%$$

当输出电压的幅值达最大值时,功率管基极电流的瞬时值应为

$$i_{\mathrm{B}} = \frac{i_{\mathrm{E}}}{1+\beta} = \frac{1}{1+\beta} \cdot \frac{\dfrac{V_{\mathrm{CC}}}{2} - U_{\mathrm{CES}}}{R_{\mathrm{L}}} = 25\ \mathrm{mA}$$

（4）当 D 开路时,原电路中由电位器 R_P 和二极管 D 给功率管 T_1 和 T_2 提供微导通的作用消失。V_{CC}、R_1、T_1 和 T_2 的发射结及 R_2 将构成直流通路,有可能使 T_1 和 T_2 管完全导通。若 R_1 和 R_2 的值较小时,将会出现 $P_T \geqslant P_{CM}$,从而使功放管烧坏。

[**例 10.6**] 由集成运放作为前置级的功率放大电路的部分设计结果如图10.3.4所示。已知 $R_L = 100\ \Omega$,$R_1 = 2\ k\Omega$,$V_{CC} = 12\ V$,功率管的饱和压降 $|U_{CES}| = 2\ V$,耦合电容 C_1 和 C_2 的电容足够大。请按下述要求完成电路设计。

（1）以稳定输出电压为目的,给电路引入合理的反馈。

（2）当输入电压 $U_i = 100\ mV$ 时,输出电压 $U_o = 1\ V$,选择反馈元件的参数。

（3）确定电阻 R_2 的阻值。

（4）试估算输入信号 u_i 的幅值范围。

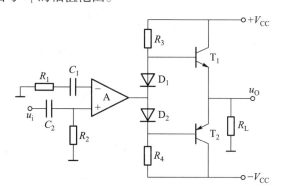

图 10.3.4 例 10.6 题图

[**解**] （1）为了稳定电路输出电压,必须引入电压负反馈。利用瞬时极性法判断可知,反馈信号接到运放的反相输入端,或者接到电阻 R_1 和电容 C_1 之间都能构成负反馈。如果反馈信号接到 R_1 和 C_1 之间,静态时($u_i = 0$),运放会因反相输入端开路而不能正常工作。所以,反馈信号必须接到运放反相输入端,通过反馈网络给运放提供直流通路。完整的电路图如图 10.3.5 所示。

（2）由图 10.3.5 可知,本电路引入了电压串联负反馈,由于集成运放的增益很高,电路很容易满足深度负反馈条件。因而,本电路闭环增益的表达式为

$$\dot{A}_{uf} = \frac{\dot{U}_o}{\dot{U}_i} \approx 1 + \frac{R_F}{R_1}$$

题目要求 $U_i = 100\ mV$ 时,$U_o = 1\ V$,也就是要求 $\dot{A}_{uf} = 10$,即 $R_F = 9R_1 = 18\ k\Omega$。

（3）电阻 R_2 的选择应从静态和动态两个方面来考虑。静态情况下,$U_i = 0$ 时 $U_o = 0$,运放两个输入端外接电阻应相等(减小输入偏置电流引起输出零点位移),即 $R_2 = R_F = 18\ k\Omega$;动态情况下,电路的输入电阻 $R_i \approx R_2 = 18\ k\Omega$。若以提高输入电阻为目的,应增大 R_2。但是,当 R_2 太大时,输入失调电流的影响将会增大,所以电阻 R_2 的阻值大小应根据实际应用折中考虑。

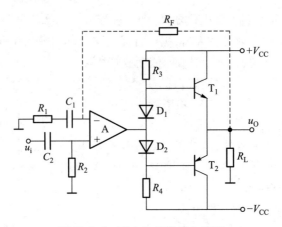

图 10.3.5　引入负反馈的电路图

（4）在电压放大倍数已知的条件下,估算输入信号的范围,实际上就是估算电路最大不失真的输出电压。本电路最大不失真输出电压幅值等于

$$U_{opp} = 2(V_{CC} - U_{CES}) = 20 \text{ V}$$

所以

$$U_{ipp} = \frac{U_{opp}}{A_{uf}} = 2 \text{ V}$$

也就是说,只要输入信号的幅值小于 1 V,输出电压就不会产生饱和失真。

[**例 10.7**]　桥式推挽功率放大电路如图 10.3.6 所示,设 T_1、T_2、T_3 和 T_4 的参数一致,试说明电路的工作原理,并求电路的最大输出功率 P_{om} 和最大能量转换效率 η_m。

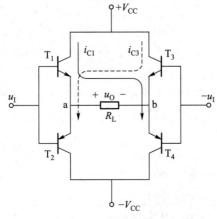

图 10.3.6　例 10.7 题图

[**解**]　静态时,$T_1 \sim T_4$ 的基极电位为零,由于 4 只晶体管的参数一致,a 和 b 点电位为零,因此,负载电阻 R_L 两端电压 $u_0 = 0$。

294

动态时,设输入电压 u_I 为正弦波,当 u_I 为正半周时,T_1、T_4 导通(T_2、T_3 截止),电流 i_{C1} 由 $+V_{CC}$ 经 T_1、R_L、T_4 流入 $-V_{CC}$,负载电阻 R_L 两端获得正半周信号。

当 u_I 为负半周时,T_2、T_3 导通(T_1、T_4 截止),电流 i_{C3} 由 $+V_{CC}$ 经 T_3、R_L、T_2 流入 $-V_{CC}$,负载电阻 R_L 两端获得负半周信号。

由于电路中 4 只晶体管如同 4 个桥臂,故称为桥式推挽功率放大电路。

当忽略晶体管的饱和压降时,负载 R_L 两端最大的峰值电压等于 $2V_{CC}$,因此最大输出功率为

$$P_{om} \approx \frac{(2V_{CC})^2}{2R_L} = \frac{2V_{CC}^2}{R_L}$$

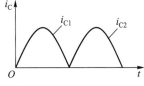

图 10.3.7　电源电流图

可见,桥式推挽功率放大电路的最大输出功率等于乙类互补推挽功放电路的 4 倍。

在信号整个周期内,电源电流的波形如图 10.3.7 所示。

$$I_{C(AV)} = \frac{1}{2\pi} \int_0^{2\pi} I_{cm}\sin \omega t \mathrm{d}(\omega t) = \frac{1}{\pi} \int_0^{\pi} I_{cm}\sin \omega t \mathrm{d}(\omega t) = \frac{U_{om}}{\pi R_L} \int_0^{\pi} \sin \omega t \mathrm{d}(\omega t)$$

$$= \frac{2U_{om}}{\pi R_L}$$

当 $U_{om} = 2V_{CC}$ 时,电源电流最大,所以最大的电源电流平均值为

$$I_{C(AV)} = \frac{4V_{CC}}{\pi R_L}$$

电源提供的最大功率为

$$P_V = 2V_{CC}I_{C(AV)} = 2 \times \frac{4}{\pi} \frac{V_{CC}^2}{R_L} = \frac{8}{\pi} \frac{V_{CC}^2}{R_L}$$

由上式可知,桥式推挽功率放大电路 P_V 比乙类互补推挽功放电路提高了 4 倍,所以能量转换效率的最大值为

$$\eta_{max} = \frac{\pi}{4}$$

[**例 10.8**]　在图 10.3.8 所示的电路中,已知运放性能理想,其最大的输出电流、电压幅值分别为 15 mA 和 15 V。设晶体管 T_1 和 T_2 的性能完全相同,$\beta = 60$,$|U_{BE}| = 0.7$ V。试问:

(1) 该电路采用什么方法来减小交越失真?请简述理由。

(2) 如负载 R_L 分别为 20 Ω、10 Ω 时,其最大不失真输出功率分别为多大?

[**解**]　(1) 在输入信号非常小的情况下,

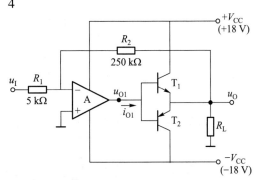

图 10.3.8　例 10.8 题图

295

推导输入信号与晶体管发射结电压的关系,分析电路减小交越失真的措施。

当输入信号小到还不足以使晶体管 T_1 和 T_2 导通时,电路中还没有形成负反馈。此时由图 10.3.8 可列出以下关系式:

$$u_- = \frac{R_2 + R_L}{R_1 + R_2 + R_L} u_I$$

$$u_{O1} = -\dot{A}_u u_- = -\frac{R_2 + R_L}{R_1 + R_2 + R_L} u_I \dot{A}_u$$

$$u_O = \frac{R_L}{R_1 + R_2 + R_L} u_I$$

$$u_{BE} = u_{O1} - u_O$$

$$= -\frac{u_I}{R_1 + R_2 + R_L} [R_2 \dot{A}_u + R_L(\dot{A}_u + 1)]$$

$$\approx -\frac{(R_2 + R_L)\dot{A}_u u_I}{R_1 + R_2 + R_L}$$

u_I 与 T_1 和 T_2 死区电压 $|U_{BE}|$ 的关系为

$$|u_I| = \left(1 + \frac{R_1}{R_2 + R_L}\right) \frac{|U_{BE}|}{\dot{A}_u}$$

当 $|u_I| \leqslant [1 + R_1/(R_2 + R_L)] |U_{BE}|/\dot{A}_u$ 时,T_1 和 T_2 未导通;当 $|u_I| > [1 + R_1/(R_2 + R_L)] \cdot |U_{BE}|/\dot{A}_u$ 时,T_1 和 T_2 导通。由于运放的 $|\dot{A}_u|$ 很大,即使 $|u_I|$ 非常小时,T_1 或 T_2 也会导通,与未加运放的乙类推挽功放电路相比,输入电压的不灵敏区减小了,从而减小了电路的交越失真。

(2)由图可知,功放电路最大的输出电流幅值为

$$I_{om} \approx I_{em} = (1 + \beta) I_{o1m} = 0.915 \text{ A}$$

最大的输出电压幅值为

$$U_{om} \approx U_{o1m} = 15 \text{ V}$$

当 $R_L = 20 \ \Omega$ 时,因为 $I_{om} R_L = 18.3 \text{ V} > U_{om} = 15 \text{ V}$,受输出电压的限制,电路的最大输出功率为

$$P_{om} = \frac{1}{2} \frac{U_{om}^2}{R_L} = 5.63 \text{ W}$$

当 $R_L = 10 \ \Omega$ 时,因为 $\frac{U_{om}}{R_L} = 1.5 \text{ A} > I_{om} = 0.915 \text{ A}$,受输出电流的限制,电路的最大输出功率为

$$P_{om} = \frac{1}{2} I_{om}^2 R_L = 0.5 \times 0.915^2 \times 10 \text{ W} \approx 4.19 \text{ W}$$

[**例 10.9**]　由集成功放组成的桥式推挽电路如图 10.3.9 所示,设集成功率放大器 A_1 与 A_2 具有理想特性,旁路电容器 C_1、耦合电容器 C_2、C_3 和 C_4 的容量足够大。

（1）试计算电路静态时的输出电压 U_O,说明运放输出端加直流偏置的理由。

（2）试简述电路的工作原理,并写出输出电压与输入电压的关系式。

（3）设输入信号为正弦电压,试推导输出功率与输入信号的关系式。

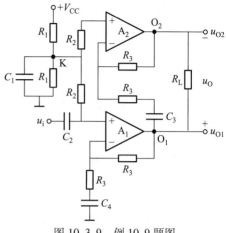

图 10.3.9　例 10.9 题图

[**解**]　（1）静态时,电容器 C_1、C_2、C_3 和 C_4 都相当于开路,集成功放 A_1 和 A_2 的静态输入电流很小,流过电阻 R_2（2 只）中的静态电流近似为零。K 点的直流电位

$$U_K = \frac{V_{CC}}{2}$$

两只集成功放输入端和输出端的直流电位都与 K 点等电位。故

$$U_{O1} = U_{O2} = \frac{V_{CC}}{2}$$

输出电压

$$U_O = U_{O1} - U_{O2} = 0$$

由于集成功放输入和输出端的直流电位都等于电源电压的一半,它把交流信号的零点偏移到电源摆幅的中点。这是双电源集成电路工作在单电源供电条件下的偏置方式。

（2）动态时,电容器 C_1、C_2、C_3 和 C_4 均视为短路,电路的交流通路如图 10.3.10 所示。

输入信号经同相放大器 A_1 放大后送到 O_1 端,此时

$$u_{o1} = 2u_i$$

同时,u_{o1} 又加到反相放大器 A_2 的输入端,这样输出端 O_2 的电压为

$$u_{o2} = -u_{o1} = -2u_i$$

故输出电压

$$u_o = u_{o1} - u_{o2} = 4u_i$$

（3）设 U_{im} 为正弦输入信号的幅值,则此时负载 R_L 上得到的信号电压为

$$U_{om} = 4U_{im}$$

负载 R_L 上得到的功率为

$$P_o = \frac{U_{om}^2}{2R_L} = \frac{8U_{im}^2}{R_L}$$

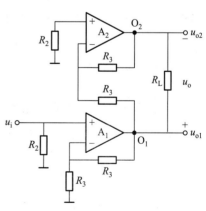

图 10.3.10　图 10.3.9 所示电路的交流通路

[例 10.10] 在图 10.3.11 所示电路中,已知 $V_{CC} = 15$ V,T_1 和 T_2 的饱和管压降 $|U_{CES}| = 2$ V,输入电压足够大。求解:

（1）最大不失真输出电压的有效值。

（2）负载电阻 R_L 上电流的最大值。

（3）最大输出功率 P_{om} 和效率 η。

[解] （1）最大不失真输出电压有效值

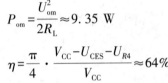

图 10.3.11 例 10.10 题图

$$U_{om} = \frac{\dfrac{R_L}{R_4 + R_L} \cdot (V_{CC} - U_{CES})}{\sqrt{2}} \approx 8.65 \text{ V}$$

（2）负载电流最大值

$$i_{Lmax} = \frac{V_{CC} - U_{CES}}{R_4 + R_L} \approx 1.53 \text{ A}$$

（3）最大输出功率和效率分别为

$$P_{om} = \frac{U_{om}^2}{2R_L} \approx 9.35 \text{ W}$$

$$\eta = \frac{\pi}{4} \cdot \frac{V_{CC} - U_{CES} - U_{R4}}{V_{CC}} \approx 64\%$$

[例 10.11] 在图 10.3.12 所示电路中,已知 $V_{CC} = 15$ V,T_1 和 T_2 的饱和管压降 $|U_{CES}| = 1$ V,集成运放的最大输出电压幅值为 ±13 V,二极管的导通电压为 0.7 V。

（1）若输入电压幅值足够大,试求电路的最大输出功率。

（2）为了提高输入电阻,稳定输出电压,且减小非线性失真,请问应该引入何种类型的交流负反馈? 画出反馈电路图。

（3）若 $U_i = 0.1$ V 时,$U_o = 5$ V,试求反馈网络中电阻值。

[解] （1）输出电压幅值和最大输出功率分别为

$$u_{Omax} \approx 13 \text{ V}$$

$$P_{om} = \frac{(u_{Omax}/\sqrt{2})^2}{R_L} \approx 10.6 \text{ W}$$

（2）应引入电压串联负反馈,电路如图 10.3.13 所示。

（3）在深度负反馈条件下,电压放大倍数为

$$\dot{A}_{uf} = \frac{\dot{U}_o}{\dot{U}_i} \approx 1 + \frac{R_F}{R_1} = 50$$

故

$$R_F = 50R_1 - 1 \text{ k}\Omega = 49 \text{ k}\Omega$$

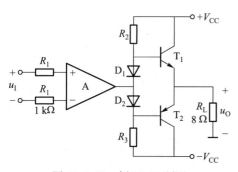

图 10.3.12　例 10.11 题图

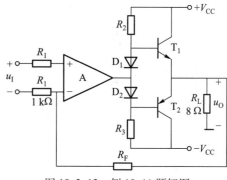

图 10.3.13　例 10.11 题解图

10.4　课后习题及其解答

10.4.1　课后习题

10.1　功率放大电路与电压放大电路有什么区别？

10.2　晶体管按工作状态可以分为哪几类？各有什么特点？

10.3　你会估算乙类互补推挽功率放大电路的最大输出功率和最大效率吗？在已知输入信号、电源电压和负载电阻的情况下,如何估算电路的输出功率和效率？

10.4　什么是交越失真？怎样克服交越失真？

10.5　在乙类互补推挽功放中,晶体管耗散功率最大时,电路的输出电压是否也最大？

10.6　以运放为前置级的功率放大电路有什么特点？

10.7　常用的功率器件有哪些,各有什么特点？选择功率器件要考虑哪些因素？

10.8　什么是热阻？如何估算和选择功率器件所用的散热装置？

10.9　功率放大电路如题 10.9 图所示。已知 $V_{CC} = 12$ V,$R_L = 8$ Ω,静态时的输出电压为零,在忽略 U_{CES} 的情况下,试问：

（a）电路的最大输出功率是多少？

（b）T_1 和 T_2 的最大管耗 P_{T1m} 和 P_{T2m} 是多少？

（c）电路的最大效率是多少？

（d）T_1 和 T_2 的耐压 $|U_{(BR)CEO}|$ 至少应为多少？

（e）二极管 D_1 和 D_2 的作用是什么？

10.10　功率放大电路如题 10.10 图所示,假设运放为理想器件,电源电压为 ±12 V。

（a）试分析 R_2 引入的反馈类型；

（b）试求 $A_{uf} = U_o/U_i$ 的值；

（c）试求 $u_i = \sin \omega t$ V 时的输出功率 P_o、电源供给功率 P_V 及能量转换效率 η 的值。

299

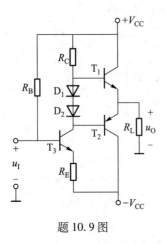

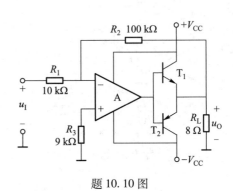

题 10.9 图　　　　　　　　　　　题 10.10 图

10.11　功率放大电路如题 10.10 图所示,假设运放为理想器件,电源电压为 ±12V,运放的最大输出电压幅度为 ±10 V,最大负载电流为 ±10 mA。晶体管 T_1 和 T_2 的 $|U_{BE}| = 0.7$ V,输入信号是正弦电压,且忽略饱和压降 U_{CES} 和交越失真的影响。试问:

(a) 为了得到尽可能大的输出功率,T_1 和 T_2 的 β 值至少应是多少?

(b) 一般功率晶体管的 β 值比较小,如果所需的 β 值较大,怎样修改电路才能满足要求?

(c) 电路最大输出功率是多少?

(d) 达到最大输出功率时,输出级的效率是多少? 每只管子的管耗多大?

10.12　互补推挽功放的电路原理图如题 10.12 图所示,其中 $V_{CC} = 12$ V。假设晶体管饱和压降可以忽略,试求 P_{om} 之值。

10.13　功率放大电路如题 10.13 图所示。

(a) 试分别标出晶体管 $T_1 \sim T_4$ 的管脚(b、c、e)及其类型(NPN、PNP);

(b) 试说明晶体管 T_5 的作用。

(c) 试问调节可变电阻 R_2 将会改变哪些参数?

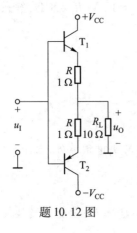

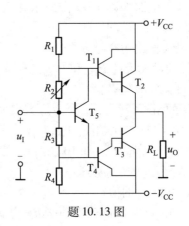

题 10.12 图　　　　　　　　　　题 10.13 图

300

10.14 若功率放大电路输出的最大功率 $P_{om} = 100$ mW，负载电阻 $R_L = 80$ Ω，如采用主教材图 10.2.8 的单电源互补功率放大电路，试求电源电压 V_{CC} 的值。

10.15 用理想变压器耦合的功率放大电路如题 10.15 图所示。若 $V_{CC} = 9$ V、$R_L = 8$ Ω、$n = N_1/N_2 = 4$，忽略晶体管的饱和压降。试求电路最大不失真时的输出功率 P_{om}、电源供给功率 P_V 和能量转换效率 η_{max}。

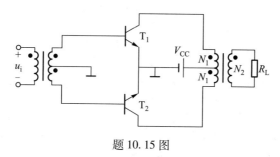

题 10.15 图

10.16 功率放大电路如题 10.16 图所示。假设晶体管 T_4 和 T_5 的饱和压降可以忽略，试问：

（a）该电路是否存在反馈？若存在反馈，请判断反馈类型；

（b）假设电路满足深度负反馈的条件，当 $U_i = 0.5$ V 时，U_o 等于多少？此时电路的 P_o、P_V 及 η 各等于多少？

（c）电路最大输出功率 P_{om}、最大效率 η_{max} 各等于多少？

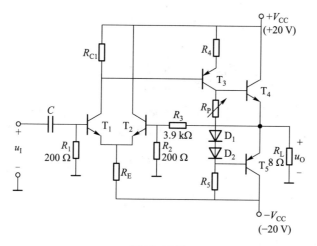

题 10.16 图

10.4.2 课后部分习题解答

10.1～10.8 解答略。

10.9 [解] （a）
$$P_{om} \approx \frac{V_{CC}^2}{2R_L} = 9 \text{ W}$$

（b）
$$P_{T1m} = P_{T2m} \approx 0.2\, P_{om} = 1.8 \text{ W}$$

（c）
$$P_V = \frac{2V_{CC}U_{om}}{\pi R_L} = 11.46 \text{ W}$$

$$\eta_{max} = \frac{P_{om}}{P_V} \times 100\% = \frac{9}{11.46} \times 100\% = 78.5\% \text{ 或 } \eta_{max} = \frac{\pi}{4} \times 100\% = 78.5\%$$

（d）$|U_{(BR)CEO}| \geqslant 2V_{CC} = 24 \text{ V}$

（e）二极管 D_1 和 D_2 为晶体管提供一定的直流偏置,使之处于微导通状态,从而克服了交越失真,并使晶体管的工作状态从乙类转为甲乙类。

10.10 [解] （a）图中基本放大电路由运放 A 和乙类互补推挽电路组成,反馈支路 R_2 引入的是电压并联负反馈。

（b）
$$\dot{A}_{uf} = \frac{\dot{U}_o}{\dot{U}_i} = -\frac{R_2}{R_1} = -10$$

（c）
$$U_{om} = |\dot{A}_{uf}| U_{im} = 10 \text{ V}, P_o = \frac{U_{om}^2}{2R_L} = 6.25 \text{ W}$$

$$P_V = \frac{2V_{CC}U_{om}}{\pi R_L} = 9.55 \text{ W}$$

$$\eta = \frac{P_o}{P_V} \times 100\% = \frac{6.25}{9.55} \times 100\% = 65\%$$

10.11 [解] （a）设集成运放的最大输出电压为 U_{Am},最大输出电流为 I_{Am},则电路的最大输出电压的幅值 $U_{om} = U_{Am} - U_{BE} = 9.3 \text{ V}$,最大输出电流及晶体管的 β 分别为

$$I_{cm} = \frac{U_{om}}{R_L} = 1.16 \text{ A}$$

$$\beta \geqslant \frac{I_{cm}}{I_{Am}} = 116$$

（b）为了满足上述 β 大于 116 倍的要求,采用复合管取代原电路的晶体管。

（c）
$$P_{om} = \frac{U_{om}^2}{2R_L} = 5.41 \text{ W}$$

（d）
$$P_V = \frac{2V_{CC}U_{om}}{\pi R_L} = 11.10 \text{ W}$$

$$\eta = \frac{P_{om}}{P_V} \times 100\% = \frac{5.41}{11.10} \times 100\% = 48.7\%$$

$$P_{T1} = P_{T2} = \frac{1}{2}(P_V - P_{om}) = 2.85 \text{ W}$$

10.12 ［解］
$$P_{om} = \frac{(V_{CC} - U_{CES})^2}{2(R + R_L)} \frac{R_L}{R + R_L} = 6 \text{ W}$$

10.13 ［解］ （a）根据电路图中 $T_1 \sim T_4$ 的连接结构，T_1 和 T_2 采用 NPN 型晶体管，T_3 和 T_4 采用 PNP 型晶体管组成的复合管，管脚标注从略。

（b）图中晶体管 T_5、电阻 R_3 和 R_2 构成 U_{BE} 扩大电路，为功率管提供偏置电压。

（c）调节可变电阻 R_2 会改变 T_5 的 c、e 极间电压，从而调节功率管的偏置电压。

10.14 ［解］ 按照双电源互补功率放大电路最大输出功率 P_{om} 与电源电压 V_{CC} 及负载电阻的关系：

$$P_{om} \approx \frac{(V_{CC} - U_{CES})^2}{2R_L}$$

可得
$$V_{CC} = \sqrt{2P_{om}R_L} + U_{CES} = \sqrt{2 \times 100 \times 10^{-3} \times 80} \text{ V} + U_{CES} = 4 \text{ V} + U_{CES}$$

由于电源电压较小，若忽略 U_{CES} 将引起较大误差，故假设 $U_{CES} = 2$ V，则电源电压

$$V_{CC} = 6 \text{ V}$$

当考虑单电源供电时，电源电压应是双电源功放的两倍，即 $V_{CC} = 12$ V。

10.15 ［解］ 负载电阻 R_L 等效到变压器原边的等效负载 $R'_L = n^2 R_L = 4^2 \times 8 \ \Omega = 128 \ \Omega$，理想变压器的效率为 100%，则等效负载的功率就是实际负载 R_L 的功率。

$$P_{om} = \frac{V_{CC}^2}{2R'_L} = 0.316 \text{ W}$$

$$P_V = \frac{2V_{CC}^2}{\pi R'_L} = 0.403 \text{ W}$$

$$\eta_m = \frac{P_{om}}{P_V} \times 100\% = \frac{\pi}{4} \times 100\% = 78.5\%$$

10.16 ［解］ （a）本电路是带甲乙类互补推挽功放的多级放大电路，中间级（T_3）是共射极放大电路，输入级是单端输出差分放大电路。输入信号接在 T_1 的基极，而反馈信号接在 T_2 的基极。反馈网络由 R_2 和 R_3 组成，反馈信号是 R_2 两端的电压。利用瞬时极性法判别本电路是负反馈电路，并且是电压串联负反馈。

（b）
$$\dot{A}_{uf} \approx 1 + \frac{R_3}{R_2} = 20.5$$

$$U_o = |\dot{A}_u| U_i = 10.25 \text{ V}$$

$$P_{\text{o}} = \frac{U_{\text{o}}^2}{R_{\text{L}}} = 13 \text{ W}$$

$$P_{\text{V}} = 2V_{\text{CC}} \frac{U_{\text{om}}}{\pi R_{\text{L}}} = \frac{2 \times 20 \times \sqrt{2} \times 10.25}{3.14 \times 8} \text{ W} \approx 23 \text{ W}$$

$$\eta = \frac{P_{\text{o}}}{P_{\text{V}}} \times 100\% = \frac{13}{23} \times 100\% = 56.5\%$$

（c）当输出电压幅值达到电源电压时，输出功率和效率达到最大。

$$P_{\text{om}} = \frac{V_{\text{CC}}^2}{2R_{\text{L}}} = 25 \text{ W}$$

$$P_{\text{V}} = \frac{2V_{\text{CC}}^2}{\pi R_{\text{L}}} = 31.85 \text{ W}$$

$$\eta_{\text{m}} = \frac{P_{\text{om}}}{P_{\text{V}}} \times 100\% = \frac{\pi}{4} \times 100\% = 78.5\%$$

11

直流稳压电源

11.1 教 学 要 求

本章介绍了直流稳压电源的组成,即整流电路、滤波电路、线性稳压电路及开关型稳压电路。各知识点的教学要求如表 11.1.1 所列。

表 11.1.1　第 11 章教学要求

知 识 点	教 学 要 求		
	熟练掌握	正确理解	一般了解
直流稳压电源的组成			√
单相桥式整流电路的工作原理及其主要性能指标	√		
滤波电路的工作原理及其主要参数	√		
倍压整流电路			√
稳压电路的主要性能指标		√	
串联型线性稳压电路的组成及工作原理	√		
高精度基准电源			√
集成三端稳压器	√		
高效率低压差线性集成稳压器			√
开关型稳压电路			√

11.2 基本概念与分析计算的依据

11.2.1 直流稳压电源的组成

1. 采用直流稳压电源的意义

电子设备中需要直流电源,它们可以采用干电池、蓄电池或其他直流电源供电。但是这些电源成本高、容量有限。在有交流电网的地方,一般采用将交流电变为直流电的直流稳压电源。

2. 直流稳压电源的组成

(1) 电源变压器　将电网供给的交流电压变换为符合整流电路需要的交流电压。

(2) 整流电路　将变压器二次侧交流电压变换为单向脉动的直流电压。

(3) 滤波电路　将脉动的直流电压变换为平滑的直流电压。

(4) 稳压电路　使直流输出电压稳定。

11.2.2 整流及滤波

1. 整流电路的分类

(1) 按输入交流电源类型可分单相整流和三相整流等。

(2) 按输出功率可分为小功率和大功率。小功率直流电源通常采用单相整流,而对于较大功率的直流电源,通常采用三相整流。

(3) 按整流元件的类型可分为可控整流和不可控整流电路。在可控整流电路中,通过改变整流元件的导通时间来控制输出电压的大小;在不可控整流电路中,整流元件的导通时间是不可控的,当整流电路的输入电压和负载一定时,输出电压一定。

本课程只讨论单相、小功率、不可控的整流电路。

2. 整流电路的基本工作原理

整流电路利用整流二极管的单向导电性,将交流电变成单向脉动电,使输出电压中包含有一定的直流分量。

3. 单相整流电路及其主要性能指标

设 U_2 为变压器二次侧电压有效值,R_L 为负载电阻,U_0 为电路输出电压的直流分量,U_{DRM} 为二极管承受的最高反向电压,I_D 为流过二极管的电流平均值。单相整流电路及其主要性能指标如表 11.2.1 所列。

4. 滤波电路

(1) 滤波电路的作用

滤波电路是利用电容、电感在电路中的储能作用及其对不同频率有不同电抗的特性来组成低通滤波电路,以减小输出电压中的纹波。

表 11.2.1　单相整流电路及其主要性能指标

名称	电路	性能指标				特点
		U_O	I_O	I_D	U_{DRM}	
半波整流		$0.45\,U_2$	U_O/R_L	I_O	$\sqrt{2}\,U_2$	电路简单,输出电压纹波大,变压器利用率低
全波整流		$0.9\,U_2$	U_O/R_L	$I_O/2$	$2\sqrt{2}\,U_2$	输出电压纹波小,变压器的利用率低,二极管承受的反向电压高
桥式整流		$0.9\,U_2$	U_O/R_L	$I_O/2$	$\sqrt{2}\,U_2$	电路复杂,输出电压纹波小,变压器的利用率高,二极管承受的反向电压比全波整流电路低

（2）电容滤波电路

单相桥式整流电容滤波电路如图 11.2.1 所示,电路的外特性如图 11.2.2 所示。

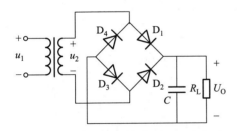

图 11.2.1　单相桥式整流电容滤波电路

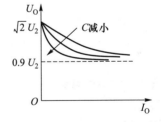

图 11.2.2　电容滤波电路的外特性

（3）电容滤波电路的特点

① 输出电压的平均值 $U_{O(AV)}$ 大于变压器二次侧电压的有效值 U_2。

当电容器 C 的放电时间常数满足一定条件时,输出电压平均值由下式估算:

$$U_{O(AV)} \approx 1.2\,U_2$$

条件: $R_L C \geqslant (3\!\sim\!5)\,T/2$, T 为交流电压的周期。

② 输出直流电压的大小受负载变化的影响较大,适合于负载不变或输出电流不大的场合。

③ R_L 及滤波电容越大,滤波效果越好。

④ 流过二极管的冲击电流较大,选择二极管的电流参数时应当留有 2~3 倍的裕量。

（4）其他形式的滤波电路

除电容滤波电路外,还有电感滤波、RC-π 形滤波、LC-π 形滤波等电路。

（5）倍压整流电路

一般整流电路,能获得的最大整流输出电压仅为变压器副边电压的峰值。当负载需要高电压、小电流的直流电源时,常常采用倍压整流电路。倍压整流的实质是电荷泵,可以在较低的交流输入电压下,用耐压较低的整流二极管和电容器,"整"出一个较高的直流输出电压。它也是利用滤波电容能存储电荷,当放电时间常数大时能维持所充电压的原理构成的。倍压整流电路一般按照输出电压是输入电压的多少倍,分为二倍压、三倍压与多倍压整流电路。

11.2.3　稳压电路

1. 稳压电路的功能

维持输出直流电压稳定,使其不随电源电压和负载电流的变化而变化。

2. 稳压电路的主要技术指标

（1）稳压系数

$$S_r = \frac{\Delta U_O / U_O}{\Delta U_I / U_I} \bigg|_{\Delta I_O = 0, \Delta T = 0}$$

（2）输出电阻

$$R_O = \frac{\Delta U_O}{\Delta I_O} \bigg|_{\Delta U_I = 0, \Delta T = 0}$$

（3）输出电压的温度系数

$$S_T = \left\{ \frac{1}{U_O} \cdot \frac{\Delta U_O}{\Delta T} \bigg|_{\Delta I_O = 0, \Delta U_I = 0} \right\} \times 100\%$$

3. 串联型线性稳压电路

（1）电路组成

串联型线性稳压电路如图 11.2.3 所示。它由基准环节、取样环节、比较放大环节和调整环节组成。

实际上,串联型线性稳压电源就是一个电压串联负反馈电路。

（2）输出电压及其调节范围

$$U_{Omin} = \frac{R_1 + R_P + R_2}{R_2 + R_P} U_R, \quad U_{Omax} = \frac{R_1 + R_P + R_2}{R_2} U_R$$

（3）电路的主要特点

① 电压稳定度高,纹波电压小,响应速度快。

② 输出电压可调,输出电流范围较大,输出电阻小。

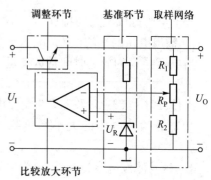

图 11.2.3　串联型线性稳压电路的组成

308

③ 调整管工作在线性状态,管压降较大(通常在3~5 V之间),电路的功率变换效率较低,约 30%~50%。

（4）线性集成稳压器

线性集成稳压器的电路结构与工作原理与图 11.2.3 所示电路类似。表 11.2.2 列出了几种常用的线性集成稳压器及其特点。

表 11.2.2　几种常用的线性集成稳压器及其特点

名　称			主要特点
三端集成稳压器	输出电压可调	LM317,LM117	输出正电压
		LM337,LM137	输出负电压
	输出电压固定	LM78××	输出正电压
		LM79××	输出负电压
低压差线性集成稳压器			1. 调整管工作于临界饱和状态 2. 管压降最小 3. 电路的效率很高

表中"三端集成稳压器"对应"调整管工作在线性状态,管压降较大,效率低"。

4. 高精度基准电压源

该类基准电压源具有精度高、噪声低、温漂系数小、长期稳定度好等特点,但输出电流比较小,一般只有几毫安到几十毫安。广泛应用于稳压电路、数据转换(A/D、D/A)及大多数传感器等电路之中。

5. 开关型稳压电路

当稳压电源中的调整管在控制脉冲作用下,工作于开关状态,通过适当调整开通和关断的时间,可使输出电压稳定的稳压电源称为开关稳压电源。

调整管开通和关断时间的控制方式有两种,一种是固定开关频率,控制脉冲宽度(PWM——脉冲宽度调制);一种是固定脉冲宽度,控制开关频率(PFM——脉冲频率调制)。无论是哪一种控制方式,开关稳压电源仍然是一个负反馈控制系统。

开关型稳压电路有以下几个主要特点:

① 调整管在控制脉冲的作用下工作于开关状态,功耗低,电源的功率转换效率高,约 60%~80%,甚至可高达 90% 以上。

② 由于控制脉冲的频率高,一般在几十千赫以上,所以滤波电感、电容的数值较小。故大多数开关电源没有工频电源变压器,体积小,重量轻。

③ 电路的其他性能指标略低于线性电源。

11.3 基本概念自检题与典型题举例

11.3.1 基本概念自检题

1. 选择填空题(以下每小题后均列出了几个可供选择的答案,请选择其中一个最合适的答案填入空格之中)

(1) 桥式整流电路如图11.3.1所示,若忽略二极管的正向压降,那么,当 $u_2 = 10\sqrt{2}\sin\omega t$ V, $R_L = 1$ kΩ 时, $U_0 \approx (\quad)$ V。

(a) 4.5 　　　　(b) 9 　　　　(c) 10 　　　　(d) 14.14

(2) 在上题中,流过二极管的平均电流为( )mA。

(a) 4.5 　　　　(b) 9 　　　　(c) 10 　　　　(d) 14.14

(3) 在图11.3.2所示桥式整流电容滤波电路中,若二极管具有理想的特性,那么,当 $u_2 = 10\sqrt{2}\sin 314t$ V, $R_L = 10$ kΩ, $C = 50$ μF 时, $U_0 \approx (\quad)$ V。

(a) 9 　　　　(b) 10 　　　　(c) 12 　　　　(d) 14.14

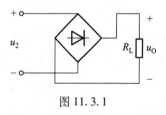

图 11.3.1　　　　　　　　　　　　图 11.3.2

(4) 在(3)题中,流过二极管的平均电流为( )mA。

(a) 0.6 　　　　(b) 0.9 　　　　(c) 1.2 　　　　(d) 1.4

(5) 在(3)题中,若 $R_L = \infty$,那么, $U_0 \approx (\quad)$ V。

(a) 9 　　　　(b) 10 　　　　(c) 12 　　　　(d) 14.14

(6) 串联型线性稳压电路正常工作时,调整管处于( )状态。

(a) 饱和 　　　　(b) 截止 　　　　(c) 放大 　　　　(d) 倒置

(7) 在串联型线性稳压电路中,若要求输出电压为18 V,调整管压降为6 V,整流电路采用电容滤波,则电源变压器二次侧电压有效值应选( )。

(a) 6 V 　　　　(b) 18 V 　　　　(c) 20 V 　　　　(d) 24 V

(8) 在串联型线性稳压电路中,比较放大环节放大的电压是( )。

(a) 取样电压与基准电压之差　　　　(b) 基准电压

(c) 输入电压　　　　　　　　　　　(d) 取样电压

（9）在图 11.3.3 中，若 $U_I = 24$ V，$R_1 = 2$ kΩ，$R_2 = 3$ kΩ，稳压管的击穿电压为 12 V，则输出 $U_0 = $（　　）。

（a）10 V　　　　（b）12 V　　　　（c）18 V　　　　（d）20 V

（10）在图 11.3.4 所示电路中，A 为理想运算放大器，三端集成稳压器的输出电压用 $U_{××}$ 表示，此时，电路中电流 I_0 的表达式为（　　）。

（a）$I_0 = \dfrac{U_{××} + I_W R_3}{R_1 + R_2}$ 　　　　　（b）$I_0 = \dfrac{U_{××}}{R_1}$

（c）$I_0 = I_W + \dfrac{U_{××}}{R_1}$ 　　　　　（d）$I_0 = \dfrac{U_I - U_{××}}{R_1 + R_2}$

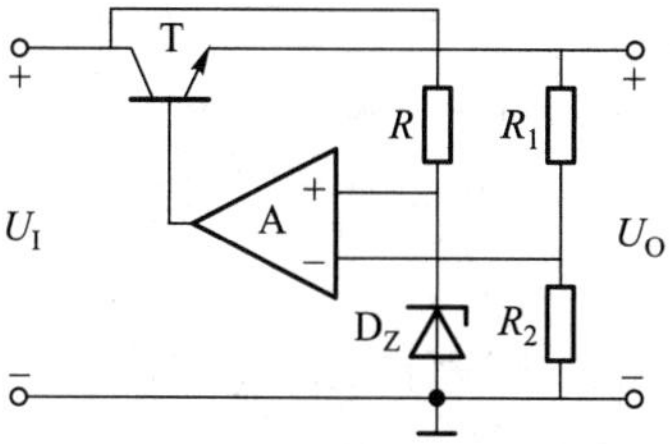

图 11.3.3

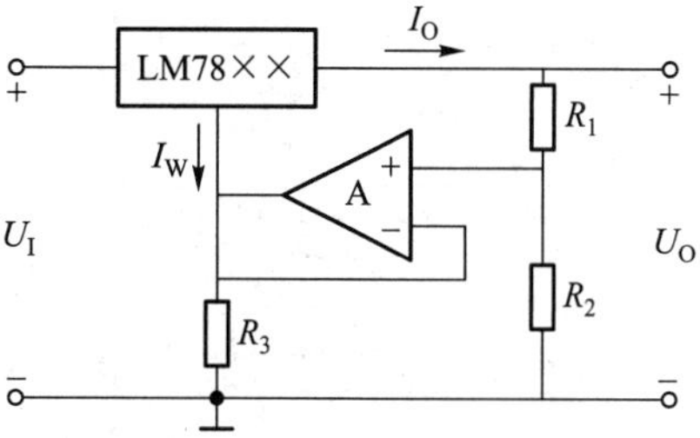

图 11.3.4

（11）在图 11.3.5 所示电路中，已知 $U_I = -25$ V，若稳压管 D_Z 的稳定电压 $U_Z = 10$ V，正向压降忽略不计，则电路输出电压 $U_0 = $（　　）V。

（a）12　　　　　　（b）22

（c）-12　　　　　（d）-22

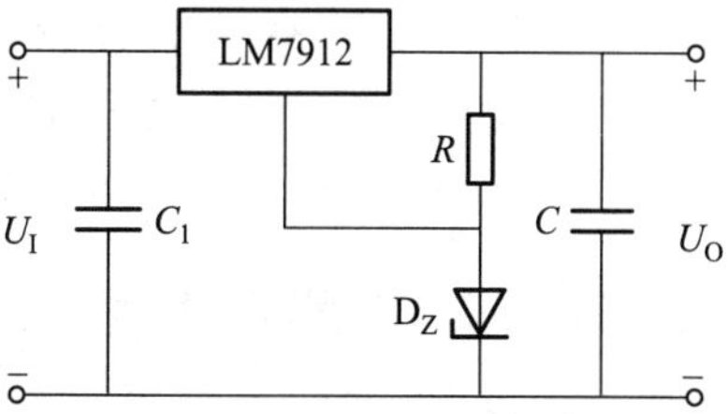

图 11.3.5

[答案]　（1）（b）。（2）（a）。（3）（c）。（4）（a）。（5）（d）。（6）（c）。（7）（c）。（8）（a）。（9）（d）。（10）（b）。（11）（d）。

2. 填空题（请在空格中填上合适的词语，将题中的论述补充完整）

（1）直流稳压电源主要由变压器、_____、_____和_____电路组成。

（2）电容滤波电路的滤波电容越大，整流二极管的导通角越_____，流过二极管的冲击电流越_____，输出纹波电压越_____，输出电压值越_____。

（3）桥式整流电容滤波电路中，如变压器二次侧电压的有效值为 U_2，那么，整流二极管所承受的最大反向电压为_____。

（4）串联型稳压电路主要由_____、_____、_____和_____四部分组成。

（5）在小功率直流电源中，在变压器二次侧电压相同的条件下，若希望二极管承受的反向电压较小，而输出直流电压较高，则应采用_____整流电路；若负载电流较小（变化范围也较小）时，为了得到稳定的但不需要调节的直流输出电压，则可采用_____稳压电路；为了适应电网电压和负载电流变化范围比较大的情况,且要求输出电压可以调节,则可采用_____晶体管稳压电路。

(6) 在图 11.3.6 所示的单相桥式整流电路中,如果 D_1 正负端接反,将引起电源变压器_____;如果 D_2 被击穿(电击穿),将引起电源变压器_____;如果负载 R_L 被短路,将会使整流二极管_____;如果任一个二极管开路或脱焊,电路将变成_____整流电路。

(7) 在图 11.3.7 所示电路中,电容 C_1 的作用是用来抵消输入线较长时所带来的电感效应而引起的_____;电容 C_2 的作用是减小由负载电流瞬时变化引起的_____。

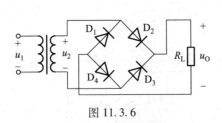

图 11.3.6

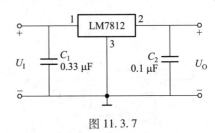

图 11.3.7

(8) 在低压差线性集成稳压器中,输入电压与输出电压之差值比较小的原因是调整管可以工作在_____状态,从而_____了这类集成稳压器的功率变换效率。

(9) 线性稳压电源效率_____,开关稳压电源效率_____。

[答案] (1) 整流,滤波,稳压。(2) 小,大,平滑,高。(3) $\sqrt{2}\,U_2$。(4) 基准环节,取样环节,比较放大环节和调整环节。(5) 桥式,稳压管,串联型。(6) 短路,短路,烧坏,半波。(7) 自激振荡,高频干扰。(8) 临界饱和,提高。(9) 低,高。

11.3.2 典型题举例

[例 11.1] 在图 11.3.8 所示电路中,已知交流电源频率为 50 Hz,输出直流电压为 24 V。若要求输出电压 $U_0 \approx 1.2\,U_2$,试问滤波电容 C 的大小和耐压是否合适?

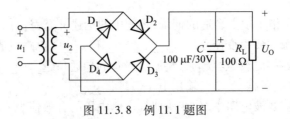

图 11.3.8 例 11.1 题图

[解] (1) 由题意知 $U_0 \approx 1.2\,U_2$,那么 C 的取值应满足

$$R_L C \geqslant (3 \sim 5) T/2$$

即

$$C \geqslant (3 \sim 5) T / (2 R_\mathrm{L}) = \frac{(3 \sim 5)}{50 \times 2 \times 100} \mathrm{F} = (300 \sim 500)\ \mu\mathrm{F}$$

但电路中电容 $C = 100\ \mu\mathrm{F}$，显然不满足电路的要求。

（2）变压器二次侧电压有效值为

$$U_2 \approx \frac{U_0}{1.2} = 20\ \mathrm{V}$$

考虑到电网电压有 ±10% 的波动，电容的耐压值应大于 $1.1\sqrt{2}\,U_2 \approx 31\ \mathrm{V}$。

［**例 11.2**］ 某稳压电源如图 11.3.9 所示，试问：

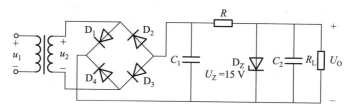

图 11.3.9　例 11.2 题图

（1）输出电压 U_0 的极性和大小如何？

（2）电容器 C_1 和 C_2 的极性如何？

（3）如将稳压管接反，后果如何？

（4）如 $R = 0$，又将产生怎样的后果？

［**解**］ （1）由于整流桥的直流电流只能从二极管共阳极节点流入，从二极管共阴极节点流出。因而，由图可知，本电路是负电源，即输出电压 U_0 的极性上"－"下"＋"。输出电压等于稳压管的稳定电压，即 $U_0 = -15\ \mathrm{V}$。

（2）C_1 和 C_2 的极性均为上"－"下"＋"。

（3）稳压管接反的直接后果是：① 输出电压 $U_0 \approx 0$；② 可能造成二极管和稳压管也被烧坏。

（4）如果限流电阻 $R = 0$，整流桥的输出电压直接加到稳压管两端，使流过稳压管的电流超过极限参数而首先可能烧坏。当稳压管烧坏造成短路时，二极管电流过大也会被烧坏。

［**例 11.3**］ 某倍压整流电路如图 11.3.10 所示，设 $u_2 = \sqrt{2}\,U_2 \sin \omega t$。试简要分析其工作原理，并估算出电压 U_0。

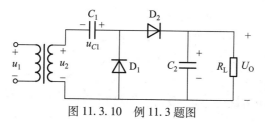

图 11.3.10　例 11.3 题图

313

[**解**]　当 u_2 处于负半周时,即"上"端为负,"下"端为正时,D_1 导通,u_2 通过 D_1 向电容 C_1 充电,电容 C_1 的电压 u_{C1} 可达 u_2 的幅值 $\sqrt{2}\,U_2$,电压 u_{C1} 的极性如图所示;当 u_2 处于正半周时,即"上"端为正,"下"端为负时,则 D_2 导通,u_2 和 u_{C1} 串联后,通过 D_2 向电容 C_2 充电,u_{C2} 最大可达 $2\sqrt{2}\,U_2$。此时,D_1 因反偏而截止。由于负载电阻 R_L 大,负载电流很小,C_2 充电后,放电时间常数 C_2R_L 很大,输出电压 $U_0 \approx 2\sqrt{2}\,U_2$。

　　[**例 11.4**]　某倍压整流电路如图 11.3.11 所示。试标出电容器上电压(最大值)和极性,并估算出电压 U_0。

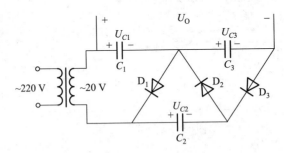

图 11.3.11　例 11.4 题图

　　[**解**]　电容 C_1 : $U_{C1} = \sqrt{2}\,U_2 = \sqrt{2} \times 20 \text{ V} \approx 28 \text{ V}$　极性左正右负。

　　　　　电容 C_2 : $U_{C2} = 2\sqrt{2}\,U_2 = 2\sqrt{2} \times 20 \text{ V} \approx 56 \text{ V}$　极性左正右负。

　　　　　电容 C_3 : $U_{C3} = 2\sqrt{2}\,U_2 = 2\sqrt{2} \times 20 \text{ V} \approx 56 \text{ V}$　极性左正右负。

输出电压 U_0 为电容 C_1 与电容 C_2 上的电压之和,即

$$U_0 = U_{C1} + U_{C3} = 3\sqrt{2}\,U_2 = 3\sqrt{2} \times 20 \text{ V} \approx 85 \text{ V}$$

　　[**例 11.5**]　串联型稳压电路如图 11.3.12 所示。已知稳压管 D_Z 的稳压电压 $U_Z = 6 \text{ V}$,负载 $R_L = 20\ \Omega$。

（1）标出运算放大器 A 的同相和反相输入端。

（2）试求输出电压 U_0 的调整范围。

（3）为了使调整管的 $U_{CE} > 3 \text{ V}$,试求输入电压 U_1 的值。

　　[**解**]　（1）由于串联型稳压电路实际上是电压串联负反馈电路。为了实现负反馈,取样网络(反馈网络)应接到运放的反相输入端,基准电压应接到运放的同相输入端。所以,运放 A 的上端为反相输入端(−),下端为同相端(+)。

　　（2）根据串联型稳压电路的稳压原理,由图可知

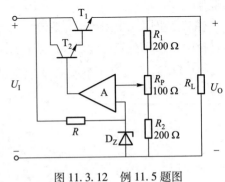

图 11.3.12　例 11.5 题图

$$U_O = \frac{R_1 + R_P + R_2}{R_2 + R_P''} U_Z$$

式中,R_P'' 为可变电阻 R_P 滑动触头以下部分的电阻,$0 \leqslant R_P'' \leqslant R_P$。

当 $R_P'' = R_P$ 时,U_O 最小。

$$U_{Omin} = \frac{R_1 + R_P + R_2}{R_P + R_2} U_Z = 10 \text{ V}$$

当 $R_P'' = 0$ 时,U_O 最大。

$$U_{Omax} = \frac{R_1 + R_P + R_2}{R_2} U_Z = 15 \text{ V}$$

因此,输出电压 U_O 的可调范围为 10~15 V。

(3) 由于

$$U_{CE} = U_I - U_O$$

当 $U_O = U_{Omax} = 15$ V 时,为保证 $U_{CE} = 3$ V,输入电压

$$U_I = U_{CE} + U_O = 18 \text{ V}$$

若考虑到电网电压有 ±10% 波动时,也能保证 $U_{CE} > 3$ V,那么,实际应用中,输入电压 U_I 应取 20 V。

[例11.6] 电路如图 11.3.13 所示。已知 $U_Z = 6$ V,$R_1 = 2$ kΩ,$R_2 = 2$ kΩ,$R_3 = 2$ kΩ,$U_I = 15$ V,调整管 T 的电流放大系数 $\beta = 50$。试求:

(1) 输出电压 U_O 的变化范围。

(2) 当 $U_O = 10$ V、$R_L = 100$ Ω 时,调整管 T 的功耗和运算放大器 A 的输出电流。

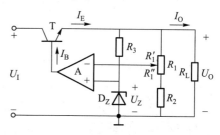

图 11.3.13 例 11.6 图

[解] (1) 根据串联型稳压电路的稳压原理,由图可知输出电压

$$U_O = \frac{R_1 + R_2}{R_2 + R_1''} U_Z$$

式中

$$0 \leqslant R_1'' \leqslant R_1$$

当 $R_1'' = R_1$ 时 $U_O = U_Z = 6$ V

当 $R_1'' = 0$ 时 $U_O = 12$ V

故输出电压 U_O 的范围为 6~12 V。

(2) 由于电路的输出电流 $I_O = \dfrac{U_O}{R_L} = 0.1 \text{ A}$

故运放的输出电流

$$I_{A0} = I_B = \frac{I_E}{1+\beta}$$

$$= \frac{1}{1+\beta}\left(\frac{U_0 - U_Z}{R_3} + \frac{U_0}{R_1 + R_2} + I_0\right)$$

$$= \frac{1}{1+50}\left(\frac{10-6}{2} + \frac{10}{2+2} + 100\right) \text{ mA}$$

$$\approx 2 \text{ mA}$$

调整管的管压降　　$U_{CE} = U_I - U_0 = 5 \text{ V}$
调整管的功耗　　　$P_C = U_{CE}I_C = U_{CE}\beta I_B = 0.5 \text{ W}$

11.4　课后习题及其解答

11.4.1　课后习题

11.1　直流稳压电源由哪些单元电路组成? 试简述各单元电路的作用。

11.2　整流二极管的反向电阻不够大,并且正向电阻不够小时,对整流效果有何影响?

11.3　具有电容滤波的整流电路,当负载一定时,如果增大滤波电容,对整流二极管的要求有何变化?

11.4　纯电阻负载的桥式整流电路与有电容滤波的桥式整流电路相比,哪个外特性更好?

11.5　表征直流稳压电源性能的技术指标有哪几项? 你能说出它们的含义吗?

11.6　串联反馈型稳压电路由哪几部分组成? 试简述各部分的作用。

11.7　高精度基准电压源有哪些特点? 哪些场合需要使用它? 试举例说明。

11.8　普通线性集成三端稳压器与高效率低压差线性集成稳压器有哪些区别?

11.9　试分别说明线性稳压电路和开关型稳压电路各自的优缺点。

11.10　单相桥式整流电路如题 11.10 图所示,已知 $u_2 = 25 \sin \omega t$ V,$f = 50$ Hz。

(a) 当 $R_L C = (3\sim5) T/2$ 时,估算输出电压 U_0;

(b) 当 $R_L \to \infty$ 时,输出电压 U_0 有何变化?

(c) 当滤波电容开路时,输出电压 U_0 有何变化?

(d) 当二极管 D_1 开路或短路时,输出电压 U_0 有何变化?

(e) 如果二极管 $D_1 \sim D_4$ 中有一个二极管的正、负极接反了,将产生什么后果?

11.11　电路同题 11.10 图,用交流电压表测得

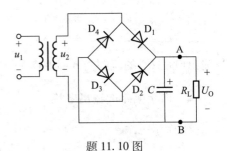

题 11.10 图

$U_2 = 20$ V, 再用直流电压表测量 A、B 两点之间的电压如下所列, 试分析所测得的数值, 哪些说明电路正常, 哪些说明电路出了故障, 并指出原因。

(a) $U_0 = 28$ V; (b) $U_0 = 18$ V; (c) $U_0 = 24$ V; (d) $U_0 = 9$ V。

11.12 全波整流电路如题 11.12 图所示, 变压器二次绕组的中心抽头接地, 且 $u_{21} = -u_{22} = \sqrt{2} U_2 \sin\omega t$, 变压绕组电阻和二极管正向压降可忽略不计。试求:

(a) $U_{O(AV)}$、$I_{O(AV)}$ 和二极管平均电流 $I_{D(AV)}$、反向峰值电压 U_{RM};

(b) 如果 D_2 的极性接反, 会出现什么问题?

(c) 若输出端短路, 会出现什么问题?

11.13 在题 11.13 图所示电路中, 假设变压器和二极管均为理想器件, 负载电阻 $R_{L1} = 3R_{L2}$, 变压器二次侧电压有效值 $U_2 = 20$ V、$U_3 = U_4 = 10$ V。试求:

(a) R_{L1} 和 R_{L2} 两端电压的平均值, 并标注电压的极性。

(b) 各个二极管所承受的反向电压。

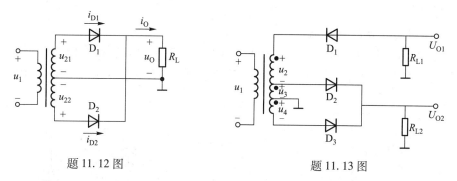

题 11.12 图   题 11.13 图

11.14 要求画出输出直流电压 $U_0 = -12$ V 的具有电容滤波的桥式整流电路。在该电路中, 设交流电源的频率为 1 000 Hz, 直流输出电流 $I_0 = 100$ mA, 整流二极管正向压降为 0.7 V, 变压器的内阻为 2 Ω, 试计算:

(a) 估算变压器二次侧电压有效值 $U_2 =$;

(b) 选择整流二极管的参数值;

(c) 选择滤波电容器的电容值。

11.15 倍压整流电路如题 11.15 图所示, 假设图中负载电阻很大, 可视为开路, 变压器二次侧电压有效值 $U_2 = 100$ V。试求:

(a) 负载电阻两端的电压;

(b) 各个电容器上的直流电压;

(c) 每个二极管所承受的反向电压。

11.16 题 11.16 图为运算放大器组成的稳压电路, 图中输入直流电压 $U_1 = 30$ V, 调整管 T 的 $\beta = 25$, 运算放大器的开环增益为 100 dB, 输出电阻为 100 Ω, 输入电阻为 2 MΩ, 稳压管的稳定电压 $U_Z = 5.4$ V, 稳压电路的输出电压近似等于 9 V。在稳压电路工作正常的情况下, 试问:

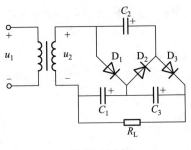
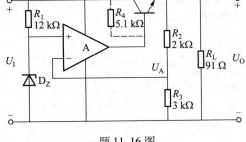

题 11.15 图　　　　　　　　　　　题 11.16 图

（a）调整管 T 的功耗 P_T 和运算放大器的输出电流等于多少？

（b）从电压串联负反馈电路详细分析计算的角度看，该稳压电路的输出电压能否真正等于 9 V，无一点误差，如不能，输出电压的精确值等于多少？

（c）在调整管的集电极和基极之间加一只 5.1 kΩ 的电阻 R_4（如图中虚线所示），再求运算放大器的输出电流。

（d）说明引入电阻 R_4 的优点。

11.17　某串联反馈型稳压电路如题 11.17 图所示，图中输入直流电压 $U_I = 24$ V，调整管 T_1 和误差放大管 T_2 的 U_{BE} 均等于 0.7 V，稳压管的稳定电压 U_Z 等于 5.3 V，负载电流等于 100 mA。试问：

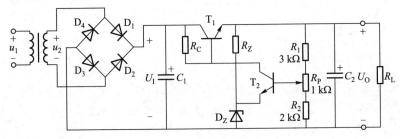

题 11.17 图

（a）输出电压 U_O 的最大值和最小值各等于多少伏？

（b）当 C_1 的电容量足够大时，变压器二次侧电压 U_2 等于多少伏？

（c）当电位器 R_P 的滑动端处于什么位置（上端或下端）时，调整管 T_1 的功耗最大？调整管 T_1 的极限参数 P_{CM} 至少应选多大？（应考虑电网有 ±10% 的波动）？

11.18　电路如题 11.18 图所示。请合理连线，构成一个 12 V 的直流电源。

11.19　整流稳压电路如题 11.19 图所示。试求：

（a）电压 U_I；

（b）当负载电流 $I_L = 100$ mA 时 LM7812 的功耗。

11.20　题 11.20 图中画出了三个直流稳压电源电路，输出电压和输出电流的数值如图所示，试分析各电路是否有错误？如有错误，请加以改正。

318

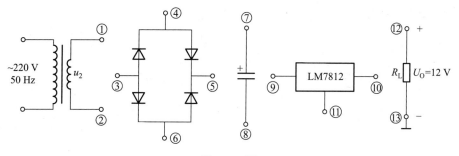

题 11.18 图

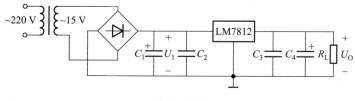

题 11.19 图

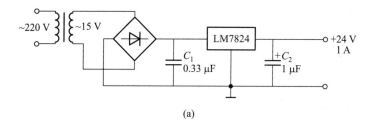

(a)

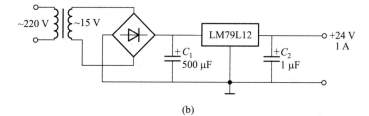

(b)

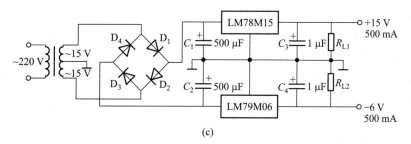

(c)

题 11.20 图

11.21 题 11.21 图中画出了两个用三端集成稳压器组成的电路,已知静态电流 $I_Q =$ 2 mA。

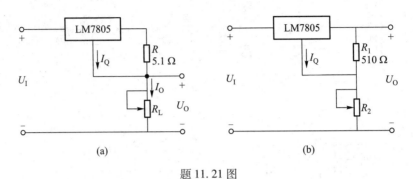

题 11.21 图

(a) 写出图(a)中电流 I_O 的表达式,并算出其具体数值;

(b) 写出图(b)中电压 U_O 的表达式,并算出当 $R_2 = 0.51$ kΩ 时的具体数值;

(c) 说明这两个电路分别具有什么功能。

11.22 电路如题 11.22 图所示,图中已知 $I_Q = 2$ mA,晶体管的 $\beta = 50$,$|U_{BE}| = 0.7$ V,运算放大器为理想器件,直流输入电压能满足三端集成稳压器正常工作的要求。试分别写出两个电路输出电压的表达式,并求其值。

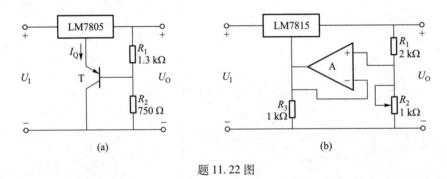

题 11.22 图

11.23 电路如题 11.23 图所示,已知运算放大器为理想器件,三端集成稳压器 LM78×× 的额定输出电压为 $U_{××}$,且 $R_2 R_3 < R_1 R_4$,试写出输出电压的表达式。

11.24 在题 11.24 图所示电路中,$R_1 = 240$ Ω,$R_2 = 3$ kΩ,LM117 的输入端和输出端之间的电压 U_{12} 允许范围为 3~40 V,输出端和调整端之间的电压 U_R 为 1.25 V。试求:

(a) 输出电压的调节范围;

(b) 输入电压允许的范围。

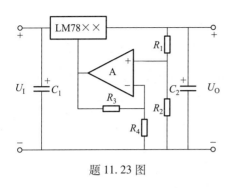
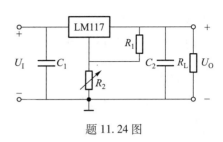

题 11.23 图   题 11.24 图

11.4.2 课后部分习题解答

11.1~11.9 解答略。

11.10 ［解］ (a) 当 $RC = (3 \sim 5)T/2$ 时，$U_0 = 1.2\ U_2 = 21.2$ V。

(b) 当 $R_L \to \infty$ 时，输出电压等于 u_2 的峰值，即 $U_0 = \sqrt{2}\ U_2 = 25$ V。

(c) 当滤波电容开路时，输出电压为单向脉动电压，$U_0 = 0.9\ U_2 = 15.91$ V

(d) 当二极管 D_1 开路时，电路为半波整流电路，在交流电压的一个周期中，电容 C 充电时间缩短，放电时间增加，使输出电压平均值 U_0 减小，此时 $0.45\ U_2 < U_0 < 1.2\ U_2$。

二极管 D_1 短路后，在 u_0 的负半周，D_2 导通，且经短路的 D_1 直接并接在变压器二次绕组两端，将会烧毁二极管 D_2 和变压器，$U_0 \approx 0$。

(e) 如 $D_1 \sim D_4$ 中有一个二极管的正负极接反，也会出现两个正向偏置的二极管直接并接的情况，将导致二极管和变压器烧毁。

11.11 ［解］ (a) $U_0 = 28$ V，此时 $U_0 = \sqrt{2}\ U_2$，电路有故障，负载断开了。

(b) $U_0 = 18$ V，此时 $U_0 = 0.9\ U_2$，电路有故障，负载断开了。

(c) $U_0 = 24$ V，此时 $U_0 = 1.2\ U_2$，电路无故障。

(d) $U_0 = 9$ V，此时 $U_0 = 0.45\ U_2$，电路有故障，在某一个或相对的两个二极管断开了，且电容也断开了，成为半波整流电路。

11.12 ［解］ (a)

$$U_{O(AV)} \approx 0.9 U_2$$

$$I_{O(AV)} = U_{O(AV)}/R_L \approx 0.9 U_2 / R_L$$

二极管平均电流 $\qquad I_{D(AV)} = I_{O(AV)}/2 \approx 0.45 U_2 / R_L$

反向峰值电压 $\qquad U_{RM} = \sqrt{2}\ U_2$

(b) 如果 D_2 的极性接反，那么在 u_i 正半周时变压器二次绕组被短路，二极管或变压器可能烧毁。

(c) 若输出端短路，无论是正半周还是负半周，变压器二次侧均被短路，极管或变压器可能烧毁。

11.13 ［解］ (a) U_{01} 是 u_2 和 u_3 串联并经 D_1 半波整流后，带纯电阻负载时的输出电压，

由同名端可知,u_2 和 u_3 串联后的总电压等于它们之和,故
$$U_{O1} = -0.45(U_2+U_3) = -13.5 \text{ V}$$
U_{O1} 相对于地的极性为负。

U_{O2} 是 D_2、D_3 全波整流接纯电阻负载时的输出电压,其平均值为
$$U_{O2} = 0.9U_3 = 9 \text{ V}$$
U_{O2} 相对于地的极性为正。

（b）D_1、D_2 和 D_3 承受的最高反向电压分别为
$$U_{D1} = \sqrt{2}(U_2+U_3) = 42.4 \text{ V}$$
$$U_{D2} = U_{D3} = 2\sqrt{2}U_3 = 28.3 \text{ V}$$

11.14［解］ （a）由 $U_O = 1.2U_2 = 12$ V 可得 $U_2 = 10$ V。

（b）流过二极管的电流 $I_D = \dfrac{I_O}{2} = 50$ mA,二极管承受的反压为 $\sqrt{2}U_2 = 10\sqrt{2}$ V ≈ 14.14 V。选 2CP33 型二极管,其参数为 $U_{RM} = 25$ V,$I_{DM} = 500$ mA。

（c）由 $I_O = 100$ mA,$U_O = 12$ V,可得 $R_L = \dfrac{U_O}{I_O} = 120$ Ω。取 $\tau = CR_L = 2.5 T$,$C = \dfrac{2.5T}{R_L} = \dfrac{2.5 \times 1 \times 10^{-3}}{120}$ μF $= 20.8$ μF。选 $C = 22$ μF,耐压 25 V 的电解电容。

11.15［解］ u_2 正半周期,上正下负,电源经 D_1 对 C_1 充电,$u_{C1} = \sqrt{2}U_2 \approx 141$ V;u_2 负半周期,上负下正,电源经 C_1 过 D_2 对 C_2 充电,$u_{C2} = u_2 + u_{C1} = 2\sqrt{2}U_2 \approx 282$ V;u_2 正半周期,上正下负,电源经 C_2 过 D_3、C_3 和 C_1 对 C_3 充电
$$u_{C3} = u_2 + u_{C2} - u_{C1} = \sqrt{2}U_2 + 2\sqrt{2}U_2 - \sqrt{2}U_2 = 2\sqrt{2}U_2 \approx 282 \text{ V}$$

（a）负载电阻两端电压为
$$U_{R_L} = 3\sqrt{2}U_2 \approx 423 \text{ V}$$

（b）各个电容器上的直流电压分别为
$$u_{C1} = \sqrt{2}U_2 \approx 141 \text{ V}$$
$$u_{C2} = u_{C3} = 2\sqrt{2}U_2 \approx 282 \text{ V}$$

（c）各个二极管承受的反压为
$$U_{D1} = U_{D2} = U_{D3} = 2\sqrt{2}U_2 \approx 282 \text{ V}$$

11.16［解］ （a）调整管功耗
$$P_T = U_{CE}I_E = (U_I - U_O)\left(\dfrac{U_O}{R_L} + \dfrac{U_O}{R_2+R_3}\right) = 2.11 \text{ W}$$

运算放大器的输出电流 I_{AO} 即为调整管的基极电流 I_B。
$$I_{AO} = I_B = \dfrac{1}{1+\beta}\left(\dfrac{U_O}{R_L} + \dfrac{U_O}{R_2+R_3}\right) = 3.87 \text{ mA}$$

（b）由于本电路中运放的电压放大倍数是有限值,所以 U_O 只能近似等于9 V。按负反馈电路增益计算方法可得闭环增益

$$A_f = \frac{A}{1+AF}$$

$$U_O = A_f U_Z = \frac{A}{1+AF} U_Z = \frac{10^5}{1+10^5 \times \frac{3}{5}} \times 5.4 \text{ V} \approx 8.999\ 8 \text{ V}$$

（c）增加电阻 R_4 后,流过 R_4 的电流 I_4 为

$$I_4 = \frac{U_I - (U_O + 0.7 \text{ V})}{R_4} = 3.98 \text{ mA}$$

运放的输出电流 I'_{AO} 为

$$I'_{AO} = I_4 - I_B = 0.11 \text{ mA}$$

（d）R_4 接入后减小了运放 A 的输出电流,从而降低运放的功率损耗。但是运放 A 对调整管的基极电流的控制作用则有所削弱。

11.17［解］ （a） $$U_{B2} = U_Z + U_{BE2} = 6 \text{ V}$$

$$U_{Omin} = \frac{R_1 + R_2 + R_P}{R_2 + R_P} U_{B2} = 12 \text{ V}$$

$$U_{Omax} = \frac{R_1 + R_2 + R_P}{R_2} U_{B2} = 18 \text{ V}$$

（b） $$U_1 = 1.2\ U_2, U_2 = \frac{U_1}{1.2} = 20 \text{ V}$$

（c）T_1 的最大功耗出现在 R_P 的滑动端处于最上端。

$$P_{CM} = (U_I - U_{Omin}) I_{CE} = 1.2 \text{ W}$$

考虑电源 10% 波动时,$U_I = 26.4 \text{ V}, P_{CM} = 1.44 \text{ W}$。

11.18［解］ 连线方式为：①接④,②接⑥,⑤接⑦、⑨,③接⑧、⑪、⑬,⑩接⑫,如题 11.18 解图所示。

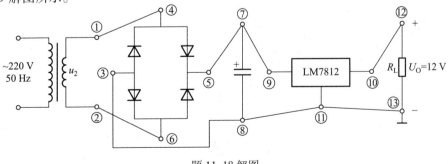

题 11.18 解图

11.19［解］　(a) $U_1 \approx 1.2 \times 15 \text{ V} = 18 \text{ V}$

(b) 当负载电流 $I_L = 100 \text{ mA}$ 时 LM7812 的功耗为

$$P = (U_1 - U_0)I_L \approx (18 - 12) \times 0.1 \text{ W} = 0.6 \text{ W}$$

11.20［解］　图(a)电路有两处错误,一处是整流滤波电路的滤波电容(0.33 μF)太小,另一处是变压器二次侧电压 u_2(15 V)太小。

滤波电容的选取应满足 $\tau = RC \geq (3 \sim 5) \dfrac{T}{2}$ 的关系,当 $T = 20 \text{ ms}$ 时

$$R \approx \frac{U_0 + \Delta U}{I_0} = 27 \ \Omega$$

则滤波电容 $C \geq \dfrac{5}{R} \cdot \dfrac{T}{2} \approx 1\,850 \ \mu\text{F}$,选取滤波电容 C 大于 2 000 μF。

选择变压器二次侧电压时,不仅要考虑输出直流电压的大小,也要考虑调整管工作在放大区(压降约为 3 V)之要求。因而 LM7824 的输入直流电压至少应为 27 V。另外考虑到输入端滤波电容(以 2 000 μF 为例)两端电压近似为锯齿波电压,其峰-峰值

$$\Delta U = \frac{1}{C} I \Delta t = 5 \text{ V}$$

因此,要求滤波后的电压平均值不低于(27 + 5/2) V = 29.5 V,也就是说,变压器二次侧电压 u_2 至少应为 24.6 V。

图(b)电路也有两处错误,一处是 79 系列稳压器是负电源,它不符合整流桥和输出电压极性的要求,另一处是负载需要 1 A 电流,而 LM79L12 只能提供 0.1 A 电流。故应将 LM79L12 换为 LM7812。

图(c)电路中二极管 D_2、D_3 极性接反了。

11.21［解］　(a)

$$I_0 = I_Q + \frac{U_{xx}}{R} \approx 0.98 \text{ A}$$

(b)

$$U_0 = U_{xx} + R_2\left(I_Q + \frac{U_{xx}}{R_1}\right) = 11.02 \text{ V}$$

(c)图(a)所示电路具有恒流特性,图(b)所示的电路具有恒压特性。

11.22［解］　图(a)电路中,R_1 两端电压

$$U_{R1} = U_{xx} + U_{BE} = 5.7 \text{ V}$$

流过 R_1 的电流和晶体管的基极电流分别为

$$I_{R1} = \frac{U_{R1}}{R_1} = 4.38 \text{ mA}$$

$$I_B = \frac{I_Q}{\beta} = 0.04 \text{ mA}$$

由于 $I_{R1} \gg I_B$,所以 $U_0 \approx I_{R1}(R_1 + R_2) = 4.38 \times (1.3 + 0.75) \text{ V} \approx 9 \text{ V}$

324

图(b)电路中运放 A 构成电压跟随器,电阻 R_1 两端电压等于 $U_{xx} = 15$ V,输出电压

$$U_0 = \frac{U_{xx}}{R_1}(R_1 + R_2) = 22.5 \text{ V}$$

11.23 [解] 图中运放 A 构成同相输入比例器,比例器输入电压等于电路输出电压 U_0 在电阻 R_2 两端的分压值,而电路输出电压又等于三端稳压器输出电压 U_{xx} 与运放输出电压 U_{O1} 之和,则有如下关系成立:

$$U_{O1} = \frac{R_3 + R_4}{R_4} \cdot \frac{R_2}{R_1 + R_2} U_0$$

$$U_0 = U_{xx} + U_{O1}$$

求解上两式,得

$$U_0 = \frac{R_4(R_1 + R_2)}{R_1 R_4 - R_2 R_3} U_{xx}$$

11.24 [解] (1) 输出电压的调节范围

$$U_0 \approx \left(1 + \frac{R_2}{R_1}\right) U_{REF} = 1.25 \sim 1.69 \text{ V}$$

(2) 输入电压取值范围

$$U_{Imin} = U_{Omax} + U_{12min} \approx 20 \text{ V}$$

$$U_{Imax} = U_{Omin} + U_{12max} \approx 41.25 \text{ V}$$

附录 1

模拟电子技术基础模拟试题一

（一）填空题（16 分）

1. 为了使晶体管工作在放大状态,其发射结应该_____偏置,集电结_____偏置。

2. 在放大电路中,为了稳定静态工作点,可引入_____反馈;为了稳定输出电压,可引入_____反馈;为了提高输入电阻、稳定输出电压,可引入_____反馈。

3. 在晶体管组成的乙类互补推挽功率放大电路中,静态时晶体管的功耗为_____,该电路的主要特点是_____,但是有_____失真,为了克服这种失真可以选用_____类互补推挽功率放大电路。

4. 单个运放电路有同相、反相和差分三种输入方式,为了给运放引入串联负反馈,应采用_____输入;要求引入并联负反馈,应采用_____输入;要求既能放大差模信号,又能抑制共模信号,应采用_____输入。

5. 当 $0 \geqslant U_{GSQ} >$ _____ , $U_{DSQ} >$ _____ 时,N 沟道结型场效应管工作于放大状态;而当 $U_{GSQ} >$ _____ , $U_{DSQ} >$ _____ 时,N 沟道增强型 MOSFET 工作于放大工作状态。

（二）（22 分） 电路如题二图所示,晶体管 T 的 $\beta = 50$, $r_{bb'} = 300 \ \Omega$, $U_{BE} = 0.7 \ \text{V}$,结电容可以忽略。 $R_s = 0.5 \ \text{k}\Omega$, $R_B = 300 \ \text{k}\Omega$, $R_C = 4 \ \text{k}\Omega$, $R_L = 4 \ \text{k}\Omega$, $C_1 = C_2 = 10 \ \mu\text{F}$, $V_{CC} = 12 \ \text{V}$, $C_L = 1 \ 600 \ \text{pF}$ 。

1. 试估算 I_{CQ} 、 U_{CEQ} ;

2. 求输入电阻 R_i 、输出电阻 R_o 、电压放大倍数 $\dot{A}_{um} = \dfrac{\dot{U}_o}{\dot{U}_i}$ 及 $\dot{A}_{us} = \dfrac{\dot{U}_o}{\dot{U}_s}$;

3. 求电路的下限截止频率 f_L 和上限截止频率 f_H ;

4. 求电路最大的不失真输出电压的幅值 U_{om} ;

5. 当输入电压逐渐增加时,输出首先出现何种非线性失真? 怎样减小这种失真?

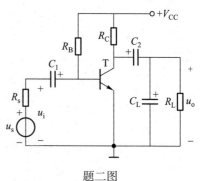

题二图

326

（三）（16分） 多级放大电路如题三图所示,已知各晶体管的输入电阻 r_{be1}、r_{be2}、r_{be3}、r_{be4} 及电流放大倍数 β_1、β_2、β_3、β_4,T_1、T_2 的特性对称。要求:

1. 写出各级电压放大倍数 $\dot{A}_{u1} = \dfrac{\dot{U}_{o1}}{\dot{U}_i}$,$\dot{A}_{u2} = \dfrac{\dot{U}_{o1}}{\dot{U}_{o2}}$,$\dot{A}_{u3} = \dfrac{\dot{U}_o}{\dot{U}_{o2}}$ 的表达式;

2. 写出输入电阻 R_i 和输出电阻 R_o 的表达式;

3. 用瞬时极性法判别 T_1 和 T_2 的两个基极(B_1 和 B_2)中哪个是同相输入端,哪个是反相输入端;

4. 为了降低电路的输出电阻,试说明应如何连接反馈电阻 R_F,并说明是哪种反馈组态;

5. 在满足深负反馈的条件下,写出闭环电压放大倍数的近似表达式。

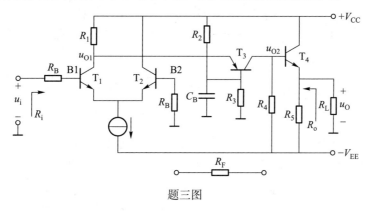

题三图

（四）（12分） 电路如题四图所示,已知 $R = 16\ \text{k}\Omega$,$C = 0.1\ \mu\text{F}$,$C_1 = 5\ \mu\text{F}$,$U_Z = \pm 5\ \text{V}$。设 $A_1 \sim A_4$ 均为理想运放,其电源电压 $V_{CC} = \pm 15\text{V}$,电容上的初始电压 $u_C(0) = 0$。

1. 请指出各部分电路的名称;

2. 计算 $\dfrac{R_t}{R_1}$ 及 u_{o1} 的频率;

3. 为使 R_t 起到稳幅的作用,它应具有正的还是负的温度系数?

4. 假设 u_{o1} 的幅值为 10V,试定量画出 u_{o1}、u_{o2}、u_{o3} 和 u_{o4} 的波形。

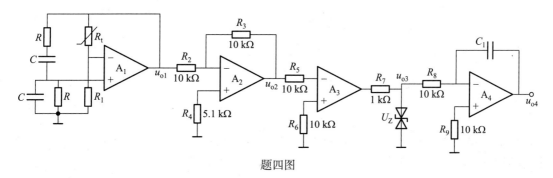

题四图

（五）（12分）　某串联反馈型稳压电路如题五图所示,图中输入直流电压 $U_I = 25$ V,调整管 T_1 和误差放大管 T_2 的 U_{BE} 均等于 0.7 V,稳压管的稳定电压 U_Z 等于 5.3 V,$R_Z = 10$ kΩ,负载电阻 $R_L = 100$ W。试问:

1. 输出电压 U_O 的最大值和最小值各等于多少伏?
2. 当 C_1 的电容量足够大时,变压器副边电压 U_2 等于多少伏?
3. 当电位器 R_P 的滑动端处于上端和下端时,调整管 T_1 的功耗分别为多少?
4. 调整管 T_1 的最大管耗为多少?

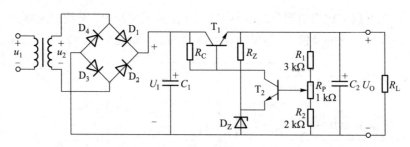

题五图

（六）（9分）　理想运放组成的电路如题六图所示,已知 $R_1 = R_2 = R_3 = R_4 = R_5 = R_6 = R_7 = R_8 = R_9 = R$,$R_{10} = 0.125R$,$R_{11} = 0.1R$,$R_{12} = 3R$,$C_1 = C_2 = C$。试推导输出电压 u_o 与输入电压 u_i 的关系式。

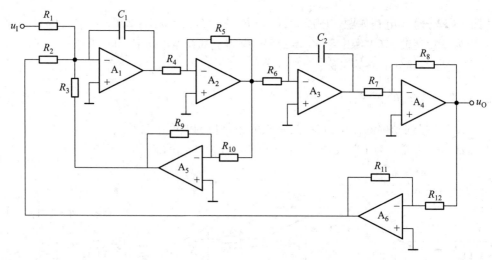

题六图

（七）（13分）　在题七图所示电路中,已知 $R_L = 10$ Ω,$R_1 = 2$ kΩ,$R_F = 18$ kΩ,$V_{CC} = 18$ V,功率管的饱和压降 $U_{CES} = 2$ V,耦合电容 C_1 和 C_2 的电容量足够大。

328

1. 判断电路引入的交流反馈的类型;

2. 当输入电压 $u_i = \sin\omega t$ V 时,试求电路的输出功率及电源转换效率;

3. 试求电路的最大输出功率及电源转换效率;

4. 输入信号 u_i 幅值的最大值。

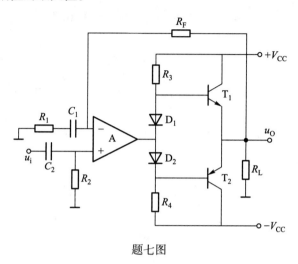

题七图

模拟电子技术基础模拟试题一参考答案

(一)填空题(共 16 分)

1. 正向,反向。 2. 直流负,电压负,电压串联负。 3. 0,效率高,交越失真,甲乙。

4. 同相,反相,差分。 5. $U_{GS(off)}$,$U_{GS}-U_{GS(off)}$,$U_{GS(th)}$,$U_{GS}-U_{GS(th)}$。

(二)(22 分)

1.
$$I_{BQ} = \frac{V_{CC}-U_{BEQ}}{R_B} = \frac{12-0.7}{300}\ \text{mA} \approx 37.67\ \mu\text{A}$$

$$I_{CQ} = \beta I_{BQ} \approx 50 \times 37.67\ \mu\text{A} \approx 1.88\ \text{mA}$$

$$U_{CEQ} = V_{CC} - I_{CQ}R_C = 12 - 1.88 \times 4\ \text{V} = 4.48\ \text{V}$$

2.
$$r_{be} = r_{bb'} + (1+\beta)\frac{U_T}{I_{EQ}} = 300 + \frac{26}{37.67 \times 10^{-3}}\ \Omega \approx 990\ \Omega$$

$$R_i = R_B \mathbin{/\mkern-5mu/} r_{be} \approx r_{be} = 990\ \Omega$$

$$R_o = R_C = 4\ \text{k}\Omega$$

$$\dot{A}_u = \frac{-\beta(R_C \mathbin{/\mkern-5mu/} R_L)}{r_{be}} \approx -101$$

$$\dot{A}_{us} = \frac{u_o}{u_i}\frac{u_i}{u_s} = A_u\frac{R_i}{R_s + R_i} = -101 \times \frac{990}{500 + 990} \approx -67.1$$

3. 求电路的下限截止频率 f_L 和上限截止频率 f_H。

$$f_{L1} = \frac{1}{2\pi(R_i + R_s)C_1} = \frac{1}{2\pi \times (990 + 500) \times 10 \times 10^{-6}}\ \mathrm{Hz} \approx 10.7\ \mathrm{Hz}$$

$$f_{L2} = \frac{1}{2\pi(R_L + R_o)C_1} = \frac{1}{2\pi \times (4+4) \times 10^3 \times 10 \times 10^{-6}}\ \mathrm{Hz} \approx 2\ \mathrm{Hz}$$

$$f_L = 1.15\sqrt{f_{L1}^2 + f_{L2}^2} = 1.15\sqrt{10.7^2 + 2^2}\ \mathrm{Hz} \approx 12.5\ \mathrm{Hz}$$

$$f_H = \frac{1}{2\pi(R_o /\!/ R_L)C_L} = \frac{1}{2\pi \times (4 /\!/ 4) \times 10^3 \times 1\,600 \times 10^{-12}}\ \mathrm{Hz} \approx 49.8\ \mathrm{kHz}$$

4. $U_{om} = \min[U_{CEQ}, I_{CQ}R_L'] = \min[4.48, 3.76]\ \mathrm{V} = 3.76\ \mathrm{V}$。

5. 首先出现截止失真,减小 R_B,或增大 R_C。

（三）（16 分）

1.
$$\dot{A}_{u1} = -\frac{\beta_1\left(R_1 /\!/ \dfrac{r_{be3}}{1+\beta_3}\right)}{2(R_B + r_{be1})}$$

$$\dot{A}_{u2} = \frac{\beta_3\{R_4 /\!/ [r_{be4} + (1+\beta_4)(R_5 /\!/ R_L)]\}}{r_{be3}}$$

$$\dot{A}_{u3} = \frac{(1+\beta_4)(R_5 /\!/ R_L)}{r_{be4} + (1+\beta_4)(R_5 /\!/ R_L)}$$

2.
$$R_i = 2(R_B + r_{be}),\ R_o = R_5 /\!/ \frac{R_4 + r_{be4}}{1+\beta_4}$$

3. B_1 为反相输入端,B_2 为同相输入端。

4. R_F 接在 T_4 的发射极 E_4 和 B_1 之间,为电压并联负反馈。

5.
$$\dot{A}_{uf} = \frac{\dot{U}_o}{\dot{U}_i} \approx -\frac{R_F}{R_B}$$

（四）（12 分）

1. A_1 为文氏电桥 RC 型正弦波振荡器,A_2 为反相器,A_3 为零电平比较器,A_4 为积分器。

2. $\dfrac{R_t}{R_1} = 2$,$f_{o1} = \dfrac{1}{2\pi RC} = 100\ \mathrm{Hz}$

3. 应具有负的温度系数。

4. 波形略。

（五）（12 分）

1. 晶体管 T_2 的基极电位

$$U_{B2} = U_Z + U_{BE2} = 5.3 + 0.7 \text{ V} = 6 \text{ V}$$

输出电压的最大值与最小值分别为

$$U_{Omin} = \frac{R_1 + R_2 + R_P}{R_2 + R_P} U_{B2} = 12 \text{ V}$$

$$U_{Omax} = \frac{R_1 + R_2 + R_P}{R_2} U_{B2} = 18 \text{ V}$$

2. 由 $U_I = 1.2 U_2$，得 $U_2 \approx 20.83$ V。

3. 当电位器 R_P 的滑动端处于上端时，调整管的功耗为

$$P_{T1} = (U_I - U_{Omin}) \frac{U_{Omin}}{R_L} = 1.56 \text{ W}$$

当电位器 R_P 的滑动端处于下端时，调整管的功耗为

$$P_{T1} = (U_I - U_{Omax}) \frac{U_{Omax}}{R_L} = 1.26 \text{ W}$$

4. 当输入电压不变时，调整管的功耗为

$$P_{T1} = (U_I - U_o) \frac{U_o}{R_L}$$

由上式可知，当 $U_O = U_I / 2$ 时，调整管的功耗最大，最大管耗为

$$P_{T1max} = \frac{U_I^2}{4 R_L} \approx 1.563 \text{ W}$$

（六）（9 分） 输出电压 u_o 与输入电压 u_i 的关系式为

$$\frac{d^2 u_o}{dt^2} + 8 \frac{d u_o}{dt} + 30 u_o = u_i$$

（七）（13 分）

1. 电路引入的是电压串联负反馈的。

2. 电路的闭环增益为

$$\dot{A}_{uf} = \frac{\dot{U}_o}{\dot{U}_i} \approx 1 + \frac{R_F}{R_1} = 10$$

当输入电压 $u_i = \sin\omega t$ V 时

$$U_{om} = 10 \text{ V}$$

电路的输出功率

$$P_o = \frac{U_{om}^2}{2 R_L} = 5 \text{ W}$$

电源转换效率 $\qquad \eta_m = \dfrac{\pi}{4} \dfrac{U_{om}^2}{V_{CC}} \approx 43.6\%$

3. 电路的最大输出功率 $\qquad P_{om} = \dfrac{(V_{CC} - U_{CES})^2}{2R_L} = 12.8\ \text{W}$

电路的最大电源转换效率 $\qquad \eta_m = \dfrac{\pi}{4} \dfrac{V_{CC} - U_{CES}}{V_{CC}} \approx 69.8\%$

4. 电路最大不失真输出电压幅值等于$(V_{CC} - U_{CES}) = 16\ \text{V}$,最大输入电压幅值为 $16/10\ \text{V} = 1.6\ \text{V}$。

附录 2

模拟电子技术基础模拟试题二

（一）（20分）

1. 电路如题一图1所示，已知 $u_i = 5\sin\omega t$（V），二极管导通电压 $U_D = 0.7$ V。试画出 u_i 与 u_O 的波形，并标出幅值。

2. 测得某放大电路中三个 MOS 管的三个电极的电位如表1所示，它们的开启电压也在表中。试分析各管的工作状态（截止区、恒流区、可变电阻区），并填入表内。

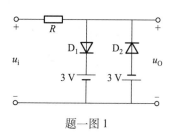

题一图1

表1

管子	$U_{GS(th)}/V$	U_S/V	U_G/V	U_D/V	工作状态
T_1	4	-5	1	3	
T_2	-4	3	3	10	
T_3	-4	6	0	5	

3. 判断题一图2所示各电路能否实现正常放大？若不能，请指出其中错误。图中各电容对交流可视为短路。

（二）（20分） 放大电路如题二图所示，已知 $V_{CC} = 15$ V，$r_{bb'} = 300\ \Omega$，$\beta = 100$，$U_{BE} = 0.7$ V，$R_{B1} = 49$ kΩ，$R_{B2} = 30$ kΩ，$R_E = R_C = R_L = 2$ kΩ，$C_1 = C_2 = 10\ \mu$F，$C_E = 47\ \mu$F，$C_L = 1\ 600$ pF，晶体管饱和压降 U_{CES} 为 1 V，晶体管的结电容可以忽略。试求：

1. 静态工作点 I_{CQ}，U_{CEQ}；

2. 中频电压放大倍数 $\dot{A}_{um}$、输出电阻 R_o、输入电阻 R_i；

3. 电路的上限截止频率 f_H 和下限截止频率 f_L。

（三）（15分） 电路题三图所示，已知 $R_B = 1$ kΩ，$R_C = 6$ kΩ，$R_P = 200\ \Omega$，$R_E = 5$ kΩ，$R_L =$

333

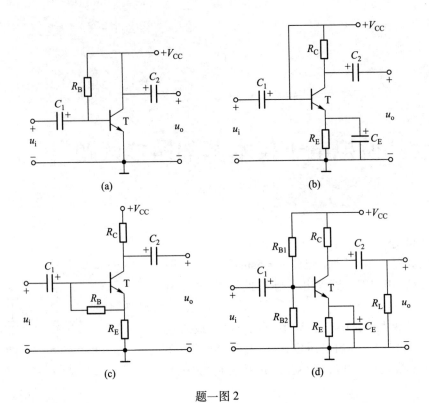

(a)

(b)

(c)

(d)

题一图 2

$3~\mathrm{k}\Omega, V_{\mathrm{CC}} = V_{\mathrm{EE}} = 15~\mathrm{V}$，晶体管的 $U_{\mathrm{BE}} = 0.7~\mathrm{V}, r_{\mathrm{bb'}} = 300~\Omega, \beta = 100$。设可变电阻 R_{P} 的滑动触头滑到中间位置。试求：

1. 静态工作点 I_{CQ} 和 U_{CEQ}；
2. 差模放大倍数 A_{ud} 和共模放大倍数 A_{uc}；
3. 差模输入电阻 R_{id}、共模输入电阻 R_{ic} 和输出电阻 R_{o}。

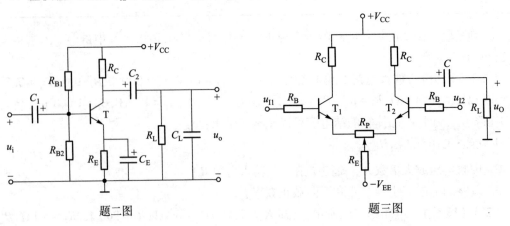

题二图

题三图

334

（四）（12 分）　电路如题四图所示。已知 $U_Z = 6$ V，$R_1 = R_2 = R_3 = 2$ kΩ，$U_I = 15$ V，调整管 T 的电流放大系数 $\beta = 50$。试求：

　　1. 试说明电路的如下部分分别由哪些元器件构成：

　　　　a. 调整环节　　　b. 放大环节　　　c. 基准环节　　　d. 取样环节

　　2. 输出电压 U_O 的变化范围；

　　3. 当 $U_O = 10$ V、$R_L = 100$ Ω 时，调整管 T 的功耗和运算放大器 A 的输出电流。

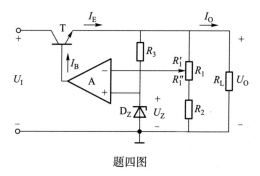

题四图

（五）（10 分）　电路如题五图所示，运放 A_1、A_2 具有理想特性。

1. 请判断电路级间反馈的极性和组态（类型）；

2. 假定满足深度负反馈的条件，试写出闭环互导增益 $A_{gf} = \dfrac{i_o}{u_i}$ 和电压增益 $A_{uf} = \dfrac{u_o}{u_i}$ 的表达式。

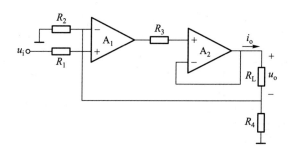

题五图

（六）（10 分）　电路如题六图所示，已知 $U_Z = 10$ V。

1. 说明各级电路的名称；

2. 设 $t = 0$ 时，电容 C 上的电压为 0 V，u_{o2} 的输出为 +10 V，画出 u_{o1}，u_{o2}，u_{o3} 的波形图。（须明确标出幅值和时间的数值和单位）。

（七）（13 分）　已知题七图所示电路中的 A_1 和 A_2 是集成功率放大器，设其电压放大倍数和输入电阻均为无穷大，最大输出电压的峰－峰值 $U_{opp} = 20$ V；输入电压 u_i 为正弦波；所有电容

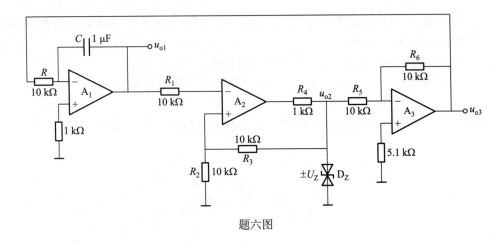

题六图

对于交流信号均可视为短路。

1. 静态时,试求 u_{o1}、u_{o2} 和 u_O 的值;

2. A_1 和 A_2 各引入了哪种组态的交流负反馈?

3. 试求电压放大倍数 $\dot{A}_{u1} = \dot{U}_{o1}/\dot{U}_i$、$\dot{A}_{u2} = \dot{U}_{o2}/\dot{U}_i$ 和 $\dot{A}_u = \dot{U}_o/\dot{U}_i$;

4. 试求负载上可能获得的最大输出功率 P_{om} 及输出效率 η;

5. 为使负载电阻上获得最大输出功率,试求输入电压的有效值。

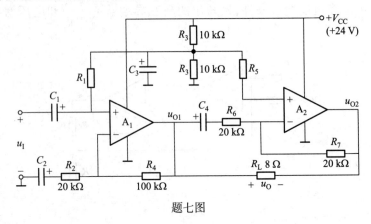

题七图

模拟电子技术基础模拟试题二参考答案

（一）（20 分）

1. u_i 与 u_O 的波形图如题一解图所示。

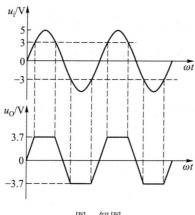

图一解图

2. 因为三只管子均有开启电压,所以它们均为增强型 MOS 管。根据表中所示各极电位可判断出它们各自的工作状态,如解表 1 所示。

解表 1

管　　子	$U_{\text{GS(th)}}/\text{V}$	U_{S}/V	U_{G}/V	U_{D}/V	工 作 状 态
T_1	4	−5	1	3	放大
T_2	−4	3	3	10	截止
T_3	−4	6	0	5	可变电阻

3. 图(a)不能实现正常放大。错在输出端接在 V_{CC} 处,无交流信号输出。

图(b)不能实现正常放大。错在晶体管的基极接在 V_{CC} 处,交流输入信号被短路。

图(c)也不能实现正常放大。错在静态工作点 $I_{\text{BQ}} = 0$,放大器截止。

图(d)能实现小信号正常放大。前提是输入信号 u_i 为正时,不足以使晶体管饱和;u_i 为负时,不会使晶体管截止。

(二)(20 分)

1. 采用估算法。

$$U_{\text{BQ}} \approx \frac{R_{\text{B1}}}{R_{\text{B1}} + R_{\text{B2}}} V_{\text{CC}} = \frac{30}{49 + 30} \times 15 \text{ V} \approx 5.7 \text{ V}$$

$$I_{\text{CQ}} \approx I_{\text{EQ}} = \frac{U_{\text{BQ}} - U_{\text{BEQ}}}{R_{\text{E}}} = \frac{5.7 - 0.7}{2} \text{ mA} = 2.5 \text{ mA}$$

$$U_{\text{CEQ}} = V_{\text{CC}} - I_{\text{CQ}} R_{\text{C}} - I_{\text{EQ}} R_{\text{E}} \approx 15 - 2.5 \times (2 + 2) \text{ V} = 5 \text{ V}$$

2.
$$r_{\text{be}} = r_{\text{bb}'} + (1 + \beta) \frac{26 \text{ mV}}{I_{\text{EQ}}} = 300 + 101 \times \frac{26}{2.5} \text{ } \Omega \approx 1.35 \text{ k}\Omega$$

$$\dot{A}_{um} = -\beta \frac{R_L /\!/ R_C}{r_{be}} = -100 \times \frac{2 /\!/ 2}{1.35} \approx -74$$

$$R_i = R_{B1} /\!/ R_{B2} /\!/ r_{be} = 49 /\!/ 30 /\!/ 1.35 \text{ k}\Omega \approx 1.35 \text{ k}\Omega$$

$$R_o = R_C = 2 \text{ k}\Omega$$

3. 电路的上限截止频率为 $f_H = \dfrac{1}{2\pi C_L (R_L /\!/ R_C)} \approx 99.5 \text{ kHz}$。

在低频区

$$f_{L1} = \frac{1}{2\pi r_{be} \dfrac{C_1 \times \dfrac{C_E}{1+\beta}}{C_1 + \dfrac{C_E}{1+\beta}}} \approx \frac{1}{2\pi r_{be} \dfrac{C_E}{1+\beta}} \approx 253 \text{ Hz}$$

$$f_{L2} = \frac{1}{2\pi C_2 (R_C + R_L)} \approx 4 \text{ Hz}$$

由于 $f_{L2} \ll f_{L1}$，所以电路的下限截止频率为

$$f_L \approx f_{L1} \approx 253 \text{ Hz}$$

(三) (15 分)

1. 由基极回路方程

$$I_{BQ} R_B + U_{BEQ} + (1+\beta) I_{BQ} \left(\frac{R_P}{2} + 2R_E \right) = V_{EE}$$

得

$$I_{BQ} = \frac{V_{EE} - U_{BEQ}}{R_B + (1+\beta)\left(\dfrac{R_P}{2} + 2R_E\right)} \approx \frac{15 - 0.7}{1 + (1+100) \times 10.1} \text{ mA} \approx 0.014 \text{ mA}$$

$$I_{CQ} = \beta I_{BQ} = 100 \times 0.014 \text{ mA} = 1.4 \text{ mA}$$

$$U_{CEQ} = V_{CC} - (-V_{EE}) - I_{CQ} R_C - I_{EQ}\left(\frac{R_P}{2} + 2R_E\right) \approx 30 - 1.4 \times (6 + 0.1 + 10) \text{ V} = 7.46 \text{ V}$$

2.
$$r_{be} = r_{bb'} + (1+\beta)\frac{26 \text{ mV}}{I_{EQ}} \approx 300 + (1+100) \times \frac{26}{1.4} \ \Omega \approx 2.176 \text{ k}\Omega$$

$$A_{ud} = \frac{\beta}{2} \frac{R_C /\!/ R_L}{R_B + r_{be} + (1+\beta)\dfrac{R_P}{2}} \approx 7.5$$

$$A_{uc} = -\beta \frac{R_C /\!/ R_L}{R_B + r_{be} + (1+\beta)\left(\dfrac{R_P}{2} + 2R_E\right)} \approx -0.195$$

3.

$$R_{id} = 2\left[R_B + r_{be} + (1+\beta)\frac{R_P}{2}\right]$$

$$= 2\left[1 + 2.176 + 101 \times 0.1\right] \text{ k}\Omega$$

$$\approx 26.55 \text{ k}\Omega$$

$$R_{ic} = R_B + r_{be} + (1+\beta)\left(\frac{R_P}{2} + 2R_E\right)$$

$$= 1 + 2.176 + 101 \times 10.1 \text{ k}\Omega$$

$$\approx 1.02 \text{ M}\Omega$$

$$R_o = R_C = 6 \text{ k}\Omega$$

(四)（12 分）

1. a. 调整管：T；b. 放大环节：运放 A；c. 基准电压：R_3、D_Z；d. 取样环节：R_1、R_2。

2. 根据串联型稳压电路的稳压原理，由图可知输出电压

$$U_O = \frac{R_1 + R_2}{R_2 + R_1''}U_Z$$

式中，$0 \leqslant R_1'' \leqslant R_1$。

当 $R_1'' = R_1$ 时 $\qquad\qquad\qquad U_O = U_Z = 6 \text{ V}$

当 $R_1'' = 0$ 时 $\qquad\qquad\qquad U_O = 12 \text{ V}$

故输出电压 U_O 的范围为 6~12 V。

3. 由于电路的输出电流 $I_O = \dfrac{U_O}{R_L} = \dfrac{10}{100} \text{ A} = 0.1 \text{ A}$，故运放的输出电流

$$I_{AO} = I_B = \frac{I_E}{1+\beta}$$

$$= \frac{1}{1+\beta}\left(\frac{U_O - U_Z}{R_3} + \frac{U_O}{R_1 + R_2} + I_O\right)$$

$$= \frac{1}{1+50}\left(\frac{10-6}{2} + \frac{10}{2+2} + 100\right) \text{ mA}$$

$$\approx 2 \text{ mA}$$

调整管的管压降 $\qquad U_{CE} = U_I - U_O = 15 - 10 \text{ V} = 5 \text{ V}$

调整管的功耗 $\qquad P_C = U_{CE}I_C = U_{CE}\beta I_B = 5 \times 50 \times 2 \times 10^{-3} \text{ W} = 0.5 \text{ W}$

(五)（10 分）

1. 电流串联负反馈。

2.

$$A_{gf} = \frac{I_o}{U_i} = \frac{1}{R_4 /\!/ R_2}$$

$$A_{uf} = \frac{U_o}{U_i} = \frac{I_o R_L}{U_i} = \frac{R_L}{R_4 /\!/ R_2}$$

(六)(12 分)

1. A_1 为积分电路,A_2 为滞回比较器,A_3 为反相器。

2. 图略(三角波和方波的周期均为 20 ms, 三角波的幅值为 5 V)。

(七)(13 分)

1. 静态时电路中所有的电容均开路,A_1 通过 R_4 引入了直流负反馈,A_2 通过 R_7 引入了直流负反馈,它们的同相输入端电位相等,均等于 12 V。

因此,$u_{O1} = 12$ V,$u_{O2} = 12$ V,$u_O = u_{O1} - u_{O2} = 0$ V。

2. 在交流信号作用时,电路中的所有电容相当于短路。由交流通路可知,A_1 引入了电压串联负反馈,A_2 引入了电压并联负反馈。

3. A_1 与 R_2、R_4 组成同相输入比例运算电路,所以

$$\dot{A}_{u1} = \frac{\dot{U}_{o1}}{\dot{U}_i} = 1 + \frac{R_4}{R_2} = 1 + \frac{100}{20} = 6$$

A_2 与 R_5、R_6、R_7 组成反相输入比例运算电路,所以

$$\dot{A}_{u2} = \frac{\dot{U}_{o2}}{\dot{U}_i} = \frac{\dot{U}_{o1}}{\dot{U}_i} \cdot \frac{\dot{U}_{o2}}{\dot{U}_{o1}} = \dot{A}_{u1}\left(-\frac{R_7}{R_6}\right) = 6 \times \left(-\frac{20}{20}\right) = -6$$

$$\dot{A}_u = \frac{\dot{U}_o}{\dot{U}_i} = \frac{\dot{U}_{o1} - \dot{U}_{o2}}{\dot{U}_i} = \dot{A}_{u1} - \dot{A}_{u2} = 6 - (-6) = 12$$

4. 由于 A_1、A_2 对输入电压 u_i 的放大倍数大小相等、相位相反,所以在输入正弦波时,负载电阻上可能获得的峰值电压为 20 V。故负载上可能获得的最大输出功率为

$$P_{om} = \frac{U_{om}^2}{2R_L} = 25 \text{ W}$$

效率为

$$\eta = \frac{\pi}{4} \frac{U_{om}}{V_{CC}} \approx 65.4\%$$

5. 通过以上分析知,负载上获得最大输出功率时的电压峰值为 20V,此时输入电压的有效值

$$U_i = \frac{U_o}{A_u} = \frac{U_{om}}{\sqrt{2} A_u} \approx 1.18 \text{ V}$$

西安交通大学模拟电子技术基础考试题

（2018 年 6 月）

（一）（共 6 分）　电路题一图所示。已知电阻 $R = 200\ \Omega$，$R_L = 1\ 000\ \Omega$，稳压管的 $U_{Z0} = 1.25\ V$。稳压管在未击穿区（$u_Z \leqslant U_{Z0}$）电流为 0，在击穿区（$u_Z > U_{Z0}$）伏安特性表达式（以图中极性标注）为：$u_Z = U_{Z0} + i_Z \cdot r_Z$，其中 $r_Z = 5\ \Omega$。假设稳压管可以通过无限大电流。

1.（2 分）当输入电压 $u_I = 10\ V$，计算输出电压 u_O。

2.（2 分）当输入电压 $u_I = 5\ V$，计算输出电压 u_O。

3.（2 分）当输入电压 $u_I = 1\ V$，计算输出电压 u_O。

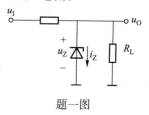

题一图

（二）（共 25 分）晶体管放大电路如题二图所示。其中，晶体管 $\beta = 100$，$U_{BEQ} = 0.7\ V$，$r_{bb'} = 40\ \Omega$，电阻、电容值如图标注。

1.（8 分）计算晶体管的静态工作点 I_{CQ}、U_{CEQ}；

2.（4 分）求电路的中频电压放大倍数 A_{um}；

3.（4 分）求电路中频输入电阻 R_i，输出电阻 R_o；

4.（3 分）求电路的下限截止频率 f_L；

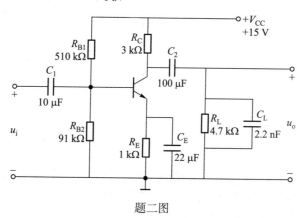

题二图

5. (2分)不考虑晶体管的高频特性限制,求电路的上限截止频率f_H;

6. (4分)当晶体管的β由100变为600,其余参数不变,以下估计哪些正确?

a. U_{CEQ}不变;b. U_{CEQ}变大但晶体管未截止;c. 晶体管截止;d. U_{CEQ}变小但晶体管未饱和;e. 晶体管饱和;f. 增益绝对值变大为原先的6倍;g. 增益绝对值变大,但不会达到6倍;h. 增益绝对值基本恒定,且稍变小。

(三)(5分) 在开环放大电路中引入深度负反馈后,必然引起以下哪些变化?

a. 增益绝对值变大;b. 增益绝对值不变;c. 增益绝对值变小;d. 带宽拓展;e. 带宽变窄;f. 带宽不变;g. 增益稳定性提高;h. 失真度下降;i. 功耗降低;j. 输出电阻减小。

(四)(共14分) 电路如题四图所示,其中,电容足够大,晶体管2N7000的$U_{GS(th)}=2$ V,$K=0.05$ A/V^2,其他参数如图所示。

1. (6分)求电路的静态工作点,包括I_{DQ}和U_{DSQ};

2. (2分)求电路的电压放大倍数A_u;

3. (4分)求电路的中频段(图中容抗足够小)输入电阻和输出电阻;

4. (2分)当电容器C_S被拔掉,电路的静态是否改变? 如果改变,定性说明关键值的改变方向;电路的增益是否改变? 如果改变,定性说明增益绝对值变大还是变小。

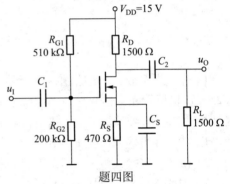

题四图

(五)(共10分) 电路如题五图所示,运放是理想的,乘法器系数为K。

1. (4分)求解图(a)中输出电压u_O与输入电压u_{I1}、u_{I2}、u_{I3}之间的关系;

2. (4分)求解图(b)中输出电压u_O与输入电压u_{I4}的关系;

3. (2分)当图(b)中u_{I4}为直流电压-1 V时,输出u_O是正值还是负值?

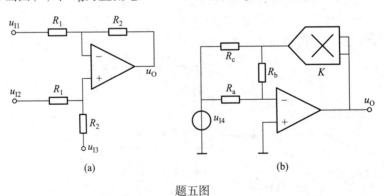

(a)   (b)

题五图

(六)(共11分) 电路如题六图(a)所示,运放是理想的,$R=1$ kΩ,$C=100$ nF。

1. (3分)正常工作时,u_{O1}是什么波形? 正弦波、方波、三角波、还是负指数充放电波形?

2. (3分)求输出信号u_{O1}的频率;

3. (2分)忽略二极管导通电阻,当 R_C 超过多少时,无法实现稳幅?

4. (2分)图(b)所示电路,不考虑稳幅措施,能否产生自激振荡? 如果可以,请选择电阻 R_{G2} 的值。

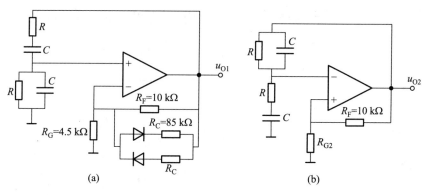

(a)   (b)

题六图

(七)(共 11 分) 电路如题七图所示,两个晶体管为功率晶体管,运放为理想的。输入信号是直流偏移量为 0 V、幅值为 1 V、频率为 1 kHz 的正弦波。其他电路参数如图所示。

1. (2分)求输出波形的幅值 U_{om};

2. (2分)求输出功率 P_o;

3. (2分)忽略运放耗电,忽略 R_1、D_1、D_2、R_2、R_F、R_G 耗电,求电源消耗功率 P_E;

4. (2分)求晶体管的耗散功率 P_T;

5. (2分)在此情况下,求效率 η;

6. (1分)当输入信号的频率、幅度、直流偏移量均不变,仅仅是波形形态由正弦波变为三角波,此时输出功率会变大、变小或者不变?

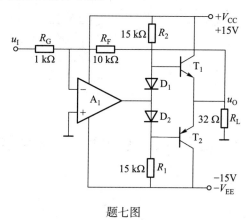

题七图

(八)(共 9 分) 电路如题八图所示。正常工作时,晶体管 c、e 之间电压不得小于 3 V。运放为理想的,稳压管也是理想的。u_3 为经过滤波后的电压,在 12～15 V 内波动。其他电路参数如图所示。

1. (2分)当电位器中心抽头置于中间位置,求输出电压;
2. (4分)在输出正常稳压情况下,求输出电压可调范围;
3. (3分)对电路中存在的反馈,判断(正/负、串/并、电压/电流)反馈性质。

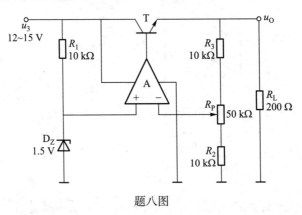

题八图

(九)(共9分)电路如题九图所示,运放和乘法器均是理想的,参数如图标注,图中 u_{OUT} 为输出端。

1. (2分)这是一个低通滤波器,还是高通滤波器?
2. (4分)写出该电路的截止频率表达式;
3. (3分)当图中 $U_C = 3$ V,求该电路的截止频率。

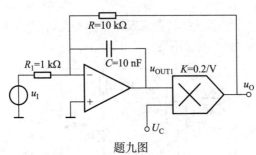

题九图

西安交通大学模拟电子技术基础考试题参考答案及评分标准

(2018年6月)

(一)(共6分)

当稳压管被击穿后

$$u_Z = U_{ZO} + i_Z r_Z$$

①

$$u_I = u_Z + \left(i_Z + \frac{u_Z}{R_L}\right)R \qquad ②$$

由式①、②得

$$u_Z = U_{ZO} + \left(\frac{u_I - u_Z}{R} - \frac{u_Z}{R_L}\right)r_Z$$

$$= U_{ZO} + \frac{u_I}{R}r_Z - \left(\frac{u_Z}{R} + \frac{u_Z}{R_L}\right)r_Z$$

$$= U_{ZO} + \frac{u_I}{R}r_Z - u_Z\frac{r_Z}{R /\!/ R_L}$$

故

$$u_Z = u_O = \frac{R /\!/ R_L}{R /\!/ R_L + r_Z}U_{ZO} + \frac{r_Z}{R} \times \frac{R /\!/ R_L}{R /\!/ R_L + r_Z}u_I$$

1. 当输入电压 $u_I = 10$ V，输出电压 $u_O \approx 1.456$ V。
2. 当输入电压 $u_I = 5$ V，输出电压 $u_O \approx 1.335$ V。
3. 当输入电压 $u_{IN} = 1$ V 时，稳压管未击穿，输出电压 $u_O \approx 0.833$ V。

（二）（共 **25** 分）

1. （8 分）

$$U_{BQ} = V_{CC}\frac{91}{510+91} \approx 2.271 \text{ V}$$

$$R_B = 510\,000 /\!/ 91\,000 \ \Omega \approx 77.2 \text{ k}\Omega,$$

$$I_{BQ} = \frac{U_{BQ} - 0.7 \text{ V}}{R_B + (1+\beta)R_E} \approx 8.81 \ \mu\text{A}$$

$$I_{CQ} = \beta I_{BQ} = 0.881 \text{ mA}$$

$$U_{CEQ} = V_{CC} - I_{CQ}R_C - I_{EQ}R_E \approx 11.48 \text{ V}$$

2. （4 分）

$$r_{be} = r_{bb'} + \frac{U_T}{I_{BQ}} \approx 2\,989 \ \Omega$$

$$A_u = \frac{-\beta(R_C /\!/ R_L)}{r_{be}} \approx -61.26$$

3. （4 分）

$$R_i = R_{B1} /\!/ R_{B2} /\!/ r_{be} = 2\,878 \ \Omega$$

$$R_o = R_C = 3 \text{ k}\Omega$$

4. （3 分）

$$R = r_{be} = 2\,989 \ \Omega, \ C = C_1 /\!/ \frac{C_E}{1+\beta} = 0.213 \ \mu\text{F}, \ f_{L1} = \frac{1}{2\pi RC} \approx 250 \text{ Hz}$$

$$f_{L2} = \frac{1}{2\pi(R_C + R_L)C_2} \approx 0.2 \text{ Hz}$$

由于 $f_{L1} \gg f_{L2}$，故
电路的下限截止频率

$$f_L \approx f_{L1} \approx 250 \text{ Hz}$$

5.（2分）

$$f_H = \frac{1}{2\pi(R_C /\!/ R_L)C_L} = 39.53 \text{ kHz}$$

6.（4分） d 和 g 正确。

（三）（共 5 分）

c、d、g、f 说法正确。

（四）（共 14 分）

1.（6分）

$$U_{GQ} = \frac{R_{G2}}{R_{G1} + R_{G2}}V_{DD} = 4.225 \text{ V}$$

$$I_{DQ} = K(U_{GSQ} - U_{GS(th)})^2$$

$$U_{GSQ} = U_{GQ} - I_{DQ}R_S$$

上式联立求解，得

$$I_{DQ} \approx 4.124 \text{ mA}, \quad U_{DSQ} = V_{DD} - I_{DQ}(R_D + R_S) = 6.876 \text{ V}$$

2.（2分）

$$g_m = 2\sqrt{KI_{DQ}} = 28.72 \text{ mS}, \quad A_u = -g_m R_L' \approx -21.54$$

3.（4分）

$$R_i = R_{G1} /\!/ R_{G2} \approx 143.66 \text{ k}\Omega, \quad R_o = R_D = 1\,500 \text{ }\Omega$$

4.（2分）静态不变；增益绝对值变小。

（五）（共 10 分）

1.（4分）

$$u_O = \frac{R_2}{R_1}(u_{I2} - u_{I1}) + u_{I3}$$

2.（4分）

$$u_O = \sqrt{-\frac{u_{I4}R_b}{KR_a}}$$

3.（2分）当输入为-1 V 时，为正常输入，则输出必然为正值。

（六）（共 11 分）

1.（3分）正常工作时，输出为正弦波。

2. （3分）$f_o = \dfrac{1}{2\pi RC} = 1\ 592\ \text{Hz}$

3. （3分）当 $R_C /\!/ 10\ \text{k}\Omega > 9\ \text{k}\Omega$ 时，无法稳幅。可解出 $R_C > 90\ \text{k}\Omega$，无法稳幅。

4. （2分）能产生自激振荡，$R_{G2} \leqslant 20\ \text{k}\Omega$。

（七）（共 11 分）

1. （2分）$U_{om} = 10\ \text{V}$

2. （2分）$P_o = \dfrac{U_{om}^2}{2R_L} \approx 1.56\ \text{W}$

3. （2分）$P_E = \dfrac{2V_{CC} U_{om}}{\pi R_L} \approx 2.98\ \text{W}$

4. （2分）$P_T = P_E - P_o \approx 1.42\ \text{W}$

5. （2分）$\eta = P_o / P_E = 52.35\%$

6. （1分）此时输出功率会变小。

（八）（共 9 分）

1. （2分）$u_O = 2 \times 1.5\ \text{V} = 3\ \text{V}$

2. （4分）当 $R_P = 50\ \text{k}\Omega$ 时，输出最小电压 $u_{Omin} = (1 + 1/6) \times 1.5\ \text{V} = 1.75\ \text{V}$。

当 $R_P = 0$ 时，输出最大电压 $u_{Omax} = (1 + 6/1) \times 1.5\ \text{V} = 10.5\ \text{V}$。但由于输入最小电压为 12 V，c、e 压差最小 3 V，所以输出电压最大值不超过 9 V。

因此，输出可调范围为 1.75~9 V。

3. （3分）电压串联负反馈。

（九）（共 9 分）

1. （2分）低通滤波器。

2. （4分）$f_H = \dfrac{KU_C}{2\pi RC} = \dfrac{0.2U_C}{2\pi RC} \approx 318.5U_C$

3. （3分）$f_H = \dfrac{KU_C}{2\pi RC} \approx 955.5\ \text{Hz}$

西安交通大学模拟电子技术基础考试题

（2019 年 1 月）

（一）（6 分） 电路如题一图（a）（b）所示。设输入信号 $u_i = 10\sin\omega t$ V，$V_C = 5$ V，二极管导通压降可以忽略不计，试分别画出输出电压 u_O 的波形。

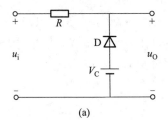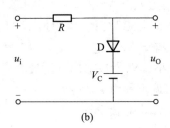

(a)   (b)

题一图

（二）（11 分） 在题二图所示的电路中，$R_D = R_S = 5.1$ kΩ，$R_{G2} = 1$ MΩ，$V_{DD} = 24$ V，场效应管的 $K = 0.05$ mA/V^2，$U_{GS(th)} = 3$ V，各电容器的电容量均足够大。若要求管子的 $U_{GSQ} = 4.5$ V，试求：

1. R_{G1} 的数值；

2. $\dot{A}_{u1} = \dfrac{\dot{U}_{o1}}{\dot{U}_i}$ 及 $\dot{A}_{u2} = \dfrac{\dot{U}_{o2}}{\dot{U}_i}$ 的值。

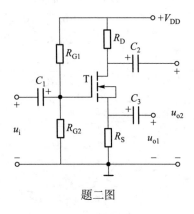

题二图

（三）（22 分） 电路如题三图所示，晶体管 T 的 $\beta = 50$，$r_{bb'} = 300$ Ω，$U_{BE} = 0.7$ V，结电容可以忽略。$R_s = 0.5$ kΩ，$R_B = 300$ kΩ，$R_C = 4$ kΩ，$R_L = 4$ kΩ，$C_1 = C_2 = 10$ μF，$V_{CC} = 12$ V，$C_L = 1\,600$ pF。

1. 试估算 I_{CQ}、U_{CEQ}；

2. 求输入电阻 R_i、输出电阻 R_o、电压放大倍数 $A_u = u_o / u_i$ 及 $A_{us} = u_o / u_s$;

3. 求下限截止频率 f_L 和上限截止频率 f_H;

4. 求最大的不失真输出电压的幅值 U_{om};

5. 当输入电压逐渐增加时,输出首先出现何种非线性失真? 怎样减小这种失真?

(四)(8分) 运算电路如题四图所示。已知模拟乘法器的运算关系式为 $u_O' = k u_X u_Y = -0.1\ \text{V}^{-1} u_X u_Y$。

1. 电路对 u_{I3} 的极性是否有要求? 简述理由;

2. 试求 u_O 与 u_{I1}、u_{I2}、u_{I3} 的关系式。

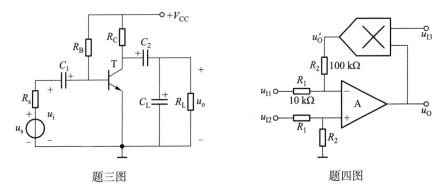

题三图   题四图

(五)(14分) 电路如题五图所示。

1. 计算电压放大倍数 $A_u = \dot{U}_o / \dot{U}_i$;

2. 为了提高输出电压的稳定度,应该引入何种类型的反馈? 指出反馈网络在电路中的两个连接点;

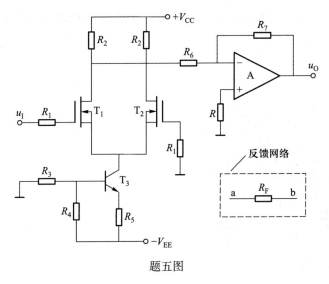

题五图

3. 计算引入反馈后的闭环电压放大倍数 A_{uf}；

4. 若要求引入电压并联负反馈,试说明电路应如何改接。

（六）（8分） 直流稳压电源如题六图所示。已知 $U_2 = 15$ V, $R_L = 20$ Ω,滤波电容 C_1 的容量足够大。

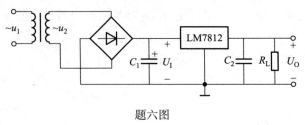

题六图

1. 求负载 R_L 上的电流 I_L；

2. 估算三端稳压器的耗散功率 P；

3. 若测得电容 C_1 上的直流电压分别为 13.5 V、21 V 和 6.8 V,分析电路分别出现何种故障。

（七）（13分） 在题七图所示电路中,已知 $R = 5$ kΩ, $R_1 = R_2 = 25$ kΩ, $R_P = 100$ kΩ, $C = 0.1$ μF, $U_Z = 8$ V。

1. 试画出电容电压 u_C 及输出电压 u_O 的波形图(要有对应关系)；

2. 试求输出电压的幅值和振荡频率；

3. 若 D_1 断路,则产生什么现象?

（八）（11分） 在题八图所示的放大电路中,已知 $V_{CC} = 15$ V, $R_L = 8$ Ω,试问:

1. 静态时,调整哪个电阻可使 $u_O = 0$ V；

2. 当 $u_i \neq 0$ 时,发现输出波形产生交越失真,应调节哪个电阻,如何调节?

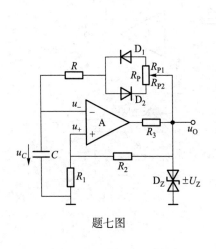

题七图

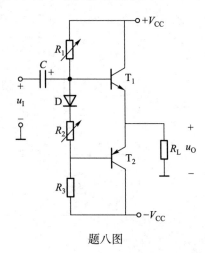

题八图

3. 当输入信号 u_i 为正弦波且有效值为 10 V 时,求电路的输出功率 P_o、电源供给功率 P_V、功率管的耗散功率 P_T 和能量转换效率 η。

（九）（7分） 已知反相输入迟滞比较器如题九图(a)所示,A 为理想运算放大器,输出电压的两个极限值为 ±5 V,D 为理想二极管,输入电压 u_I 的波形如题九图(b)所示。

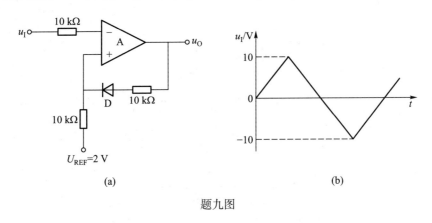

(a)　　　　　　　　　　(b)

题九图

1. 试画出比较器的传输特性;
2. 试画出与输入电压相应的输出电压波形(标明输入、输出的对应关系)。

西安交通大学模拟电子技术基础考试题参考答案及评分标准

（2019 年 1 月）

（一）（每题 3 分,共 6 分）

【解】 画出图(a)(b)输出电压 u_O 的波形分别如题一解图(a)(b)所示。

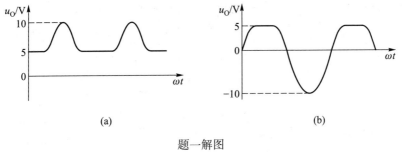

(a)　　　　　　　　　　(b)

题一解图

（二）（11 分）

1. （5 分） 设 T 工作于放大区

$$I_{DQ} = K(U_{GSQ} - U_{GS(th)})^2 \approx 0.11 \text{ mA}$$

将已知及已求得的数据代入式

$$U_{GSQ} = V_{DD}\frac{R_{G2}}{R_{G1} + R_{G2}} - I_{DQ}R_S$$

得

$$4.5 \text{ V} = 24 \text{ V} \times \frac{1 \text{ k}\Omega}{R_{G1} + 1 \text{ k}\Omega} - 0.11 \times 5.1 \text{ V}$$

$$R_{G1} = 3.74 \text{ M}\Omega$$

2. （6分）
$$g_m = 2\sqrt{KI_{DQ}} \approx 0.15 \text{ mS}$$

$$\dot{A}_{u1} = \frac{\dot{U}_{o1}}{\dot{U}_{o1}} = \frac{g_m R_S}{1 + g_m R_S} \approx 0.43$$

$$\dot{A}_{u2} = \frac{\dot{U}_{o2}}{\dot{U}_{o1}} = -\frac{g_m R_D}{1 + g_m R_S} \approx -0.43$$

（三）（22分）

1. （5分）
$$I_{BQ} = \frac{V_{CC} - U_{BEQ}}{R_B} = \frac{12 - 0.7 \text{ mA}}{300} \approx 37.67 \text{ μA}$$

$$I_{CQ} = \overline{\beta} I_{BQ} \approx 50 \times 37.67 \text{ μA} \approx 1.88 \text{ mA}$$

$$U_{CEQ} = V_{CC} - I_{CQ}R_C = 12 - 1.88 \times 4 \text{ V} = 4.88 \text{ V}$$

2. （7分）
$$r_{be} = r_{bb'} + (1+\beta)\frac{U_T}{I_{EQ}}$$

$$= 300 + \frac{26}{37.67 \ 10^{-3}} \ \Omega$$

$$\approx 990 \ \Omega$$

$$R_i = R_B /\!/ r_{be} \approx r_{be} = 990 \ \Omega$$

$$R_o = R_C = 4 \text{ k}\Omega$$

$$A_u = \frac{-\beta(R_C /\!/ R_L)}{r_{be}} \approx -101$$

$$A_{us} = \frac{u_o}{u_i}\frac{u_i}{u_s} = A_u \frac{R_i}{R_s + R_i} = -101 \times \frac{990}{500 + 990} \approx -67.1$$

3. （6分） 求电路的下限截止频率 f_L 和上限截止频率 f_H。

$$f_{L1} = \frac{1}{2\pi(R_i + R_s)C_1} = \frac{1}{2\pi \times (990 + 500) \times 10 \times 10^{-6}} \text{ Hz} \approx 10.7 \text{ Hz}$$

$$f_{L2} = \frac{1}{2\pi(R_L + R_o)C_1} = \frac{1}{2\pi \times (4+4) \times 10^3 \times 10 \times 10^{-6}} \text{ Hz} \approx 2 \text{ Hz}$$

$$f_L = 1.15\sqrt{f_{L1}^2 + f_{L2}^2} = 1.15\sqrt{10.7^2 + 2^2} \text{ Hz} \approx 12.5 \text{ Hz}$$

$$f_H = \frac{1}{2\pi(R_o /\!/ R_L)C_L} = \frac{1}{2\pi(4/\!/4)\times10^3\times1\,600\times10^{-12}} \text{ Hz} \approx 49.8 \text{ kHz}$$

4. （2分） $U_{om} = \min[U_{CEQ}, I_{CQ}R'_L] = \min[4.48, 3.76] \text{ V} = 3.76 \text{ V}$

5. （2分） 首先出现截止失真，减小 R_B，或增大 R_C。

（四）（8分）

1. （4分） 只有电路中引入负反馈，才能实现运算。而只有 u_{I1} 与 u'_0 符号相反，电路引入的才是负反馈。已知 u_0 与 u_{I1} 反相，故 u'_0 应与 u_0 同符号。因为 $k<0$，所以 u_{I3} 应小于零。

2. （4分） 运放同相端电压 $\qquad u_+ = \dfrac{R_2}{R_1+R_2}u_{I2}$

反相端的电流方程为

$$\frac{u_{I1}-u_+}{R_1} = \frac{u_+-u'_0}{R_2}$$

由此可得

$$u'_0 = \frac{R_2}{R_1}(u_{I2}-u_{I1}) = ku_0u_{I3}$$

输出电压

$$u_0 = \frac{R_2}{kR_1} \cdot \frac{u_{I2}-u_{I1}}{u_{I3}} = 100 \cdot \frac{u_{I2}-u_{I1}}{u_{I3}}$$

（五）（14分）

1. （5分）
$$A_{u1} = -\frac{1}{2}g_m(R_2 /\!/ R_6)$$

$$A_{u2} = -\frac{R_7}{R_6}$$

$$A_u = A_{u1}A_{u2} = -\frac{1}{2}\frac{g_m R_7}{R_2+R_6}$$

2. （5分） 电压串联负反馈;将输出电压反馈引至 T_2 的栅极。

3. （2分） $A_{uf} = 1 + \dfrac{R_F}{R_1}$

4. （2分）若要求引入并联电压负反馈,那么将第一级输出由 T_1 的漏极改为 T_2 的漏极,将反馈由 T_2 的栅极改为 T_1 的栅极。

（六）（8分）

1. （2分） $I_L = U_0/R_L = 0.6 \text{ A}$

2. （3分） $P = (U_I - U_0)I_L = 3.6 \text{ W}$

3.（3分） 若 $U_{C1}=13.5$ V,滤波电容 C_1 开路;若 $U_{C1}=21$ V,稳压器未接;若 $U_{C1}=6.8$ V,4 个整流管有一对或一个损坏了。

（七）（13分）

1.（5分） 波形图如题七解图所示。

2.（6分） 利用一阶 RC 电路的三要素法,得

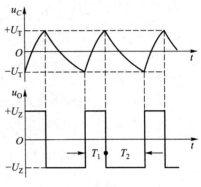

$$T_1=(R_{P1}+R)C\ln\left(1+\frac{2R_1}{R_2}\right)$$

$$T_2=(R_{P2}+R)C\ln\left(1+\frac{2R_1}{R_2}\right)$$

振荡周期

$$T=T_1+T_2=(R_P+2R)C\ln\left(1+\frac{2R_1}{R_2}\right)\approx12.1\text{ ms}$$

题七解图

振荡频率

$$f=1/T\approx83\text{ Hz}$$

3.（2分） 若 D_1 断路,则电路不振荡,输出电压 u_O 恒为 $+U_Z$。

（八）（11分）

1.（1分） 调整电阻 R_1。

2.（2分） 调整电阻 R_2 并适当加大其值。

3.（8分） 输出电压幅值

$$U_{om}=U_{im}=10\sqrt{2}\text{ V}$$

电路的输出功率

$$P_o=\frac{U_{om}^2}{2R_L}=12.5\text{ W}$$

电源供给功率

$$P_V=\frac{2U_{om}}{\pi R_L}V_{CC}\approx16.9\text{ W}$$

功率管的管耗

$$P_T=P_V-P_o=4.4\text{ W}$$

能量转换效率

$$\eta=\frac{P_o}{P_V}\approx74\%$$

（九）（7分）

1.（4分） 传输特性曲线如题九解图(a)所示。

2.（3分） 输入输出波形如题九解图(b)所示。

354

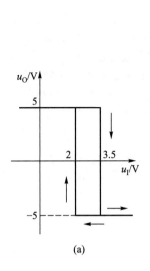

(a)

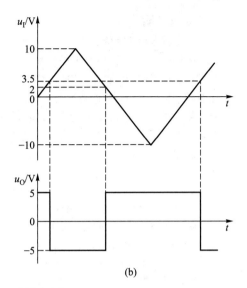

(b)

题九解图